设计师职业培训教程

SketchUp Pro 2015 中文版建筑设计培训教程

张云杰　尚　蕾　编　著

清华大学出版社
北　京

内 容 简 介

SketchUp 是一款极受欢迎并且易于使用的 3D 设计软件，已经在建筑效果设计领域得到了广泛的应用。本书主要针对目前非常热门的 SketchUp 建筑设计技术，将建筑设计职业知识和 SketchUp 软件建筑专业设计方法相结合，通过分课时的培训方法，以详尽的视频教学讲解 SketchUp 2015 中文版的建筑效果设计方法。

全书分 7 个教学日，共 60 个教学课时，主要包括 SketchUp 基础、绘制二维图形、绘制三维图形、模型标注、文字操作、材质和贴图设置、页面设计、动画设计、沙盒工具等内容，并介绍了实际的建筑效果图制作方法。另外，本书还配备了交互式多媒体教学光盘，便于读者学习使用。

本书结构严谨，内容翔实，知识全面，创新实用，可读性强，设计实例专业性强，步骤明确，主要针对使用 SketchUp 2015 中文版进行建筑设计的广大初、中级用户，并可作为大专院校计算机辅助设计课程的指导教材和公司进行 SketchUp 设计培训的内部教材。

图书在版编目(CIP)数据

SketchUp Pro 2015 中文版建筑设计培训教程/张云杰，尚蕾编著. —北京：清华大学出版社，2016（2020.1重印）
(设计师职业培训教程)
ISBN 978-7-302-44295-0

Ⅰ. ①S… Ⅱ. ①张… ②尚… Ⅲ. ①建筑设计—计算机辅助设计—应用软件—职业培训—教材 Ⅳ. ①TU201.4

中国版本图书馆 CIP 数据核字(2016)第 164418 号

责任编辑：张彦青
装帧设计：杨玉兰
责任校对：吴春华
责任印制：沈　露

出版发行：清华大学出版社
　　网　　址：http://www.tup.com.cn, http://www.wqbook.com
　　地　　址：北京清华大学学研大厦 A 座　　**邮　　编：**100084
　　社 总 机：010-62770175　　**邮　　购：**010-62786544
　　投稿与读者服务：010-62776969, c-service@tup.tsinghua.edu.cn
　　质量反馈：010-62772015, zhiliang@tup.tsinghua.edu.cn
印 装 者：北京九州迅驰传媒文化有限公司
经　　销：全国新华书店
开　　本：203mm×260mm　　**印　张：**18.5　　**字　数：**450 千字
　　(附光盘 1 张)
版　　次：2016 年 8 月第 1 版　　**印　次：**2020 年 1 月第 4 次印刷
定　　价：39.00 元

产品编号：066112-01

前　　言

本书是“设计师职业培训教程”丛书中的一本，这套丛书拥有完善的知识体系和教学套路，按照教学日数和课时进行安排，采用阶梯式学习方法，对设计专业知识、软件构架、应用方向以及命令操作都进行了详尽的讲解，循序渐进地提高读者的使用能力。丛书本着服务读者的理念，通过大量的内训用经典实用案例对功能模块进行讲解，使读者能够全面掌握所学知识，并运用到相应的工作中。

本书主要介绍的是 SketchUp 设计软件，SketchUp 是一款极受欢迎并且易于使用的 3D 设计软件，官方网站将其比喻为电子设计中的“铅笔”。SketchUp 是一款面向设计师、注重设计创作过程的软件，其操作简便、即时显现等优点使其灵性十足，给设计师提供了一个在灵感和现实间自由转换的空间，让设计师能在设计过程中享受到方案创作的乐趣，其受惠人员不仅包括建筑和规划设计人员，还包括装潢设计师、户型设计师、机械产品设计师等。该软件目前的最新版本是 SketchUp 2015。为了使读者能更好地学习该软件，同时尽快熟悉 SketchUp 2015 的建筑设计功能，笔者根据在该领域的多年设计经验，精心编写了本书。本书将建筑设计职业知识和 SketchUp 2015 软件建筑专业设计方法相结合，通过分课时的培训方法，以详尽的视频教学讲解 SketchUp 2015 的建筑设计方法。全书分 7 个教学日，共 60 个教学课时，从实用的角度介绍了 SketchUp 2015 建筑设计职业知识和方法。

笔者所在的 CAX 教研室长期从事 SketchUp 的专业建筑设计和教学，数年来承接了大量的项目，并参与了建筑设计的教学和培训工作，积累了丰富的实践经验。本书就像一位专业设计师，将设计项目时的思路、流程、方法、技巧和操作步骤面对面地与读者进行交流，是广大读者快速掌握 SketchUp 2015 的自学实用指导书，也可作为大专院校计算机辅助设计课程的指导教材，以及公司进行 SketchUp 建筑设计培训的内部教材。

本书还配备了交互式多媒体教学演示光盘，将案例制作为多媒体视频，由从教多年的专业讲师进行全程多媒体语音视频跟踪教学，以面对面的形式讲解，便于读者学习使用。光盘中还提供了所有实例的源文件，以便读者练习使用。关于多媒体教学光盘的使用方法，读者可以参看光盘根目录下的光盘说明。另外，本书还提供免费技术支持，欢迎登录云杰漫步多媒体科技的网上技术论坛 http://www.yunjiework.com/bbs 进行交流。论坛分为多个专业的设计板块，可以为读者提供实时的软件技术支持，解答读者的问题。

本书由张云杰、尚蕾编著，参加编写工作的人员有张云杰、尚蕾、刁晓永、靳翔、张云静、郝利剑、周益斌、杨婷、马永健、姜兆瑞、贺安、董闯、宋志刚、李海霞、贺秀亭、彭勇等。书中的设计范例、多媒体和光盘效果均由北京云杰漫步多媒体科技公司设计制作，同时感谢清华大学出版社编辑们的大力协助。

由于本书编写人员水平有限，因此书中难免有不足之处，在此对广大读者表示歉意，望广大读者不吝赐教，对书中的不足之处给予指正。

编　者

目　　录

设计师职业培训教程

第 1 教学日

SketchUp 是一款极受欢迎并且易于使用的 3D 设计软件，官方网站将其比喻为电子设计中的“铅笔”。其开发公司@Last Software 公司成立于 2000 年，规模虽小，但却以 SketchUp 而闻名。为了增强 Google Earth 的功能，让使用者可以利用 SketchUp 创建 3D 模型并放入 Google Earth 中，使得 Google Earth 所呈现的地图更具立体感，更接近真实世界，Google 于 2006 年 3 月宣布收购 3D 绘图软件 SketchUp 及其开发公司@Last Software。SketchUp 2015 是该软件的最新版本。

本教学日主要介绍建筑效果设计职业规划，同时介绍 SketchUp 软件的界面操作、视图操作和对象操作功能。

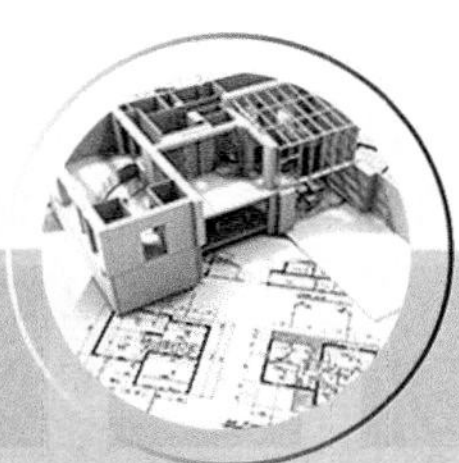

第1课 1课时 设计师职业知识——建筑效果设计职业规划

1.1.1 城市规划设计

SketchUp 在规划行业以其直观便捷的优点深受规划师的喜爱，不管是宏观的城市空间形态，还是较小、较详细的规划设计，SketchUp 辅助建模及分析功能都大大解放了设计师的思维，提高了规划编制的科学性与合理性，因此被广泛应用于控制性详细规划、城市设计、修建性详细设计以及概念性规划等不同规划类型项目中。如图 1-1 所示为结合 SketchUp 构建的规划场景。

图 1-1 城市空间规划

1.1.2 建筑方案设计

SketchUp 在建筑方案设计中应用较为广泛，从前期现状场地的构建，到建筑大概形体的确定，再到建筑造型及立面设计，SketchUp 都以其直观便捷的优点渐渐取代三维建模软件，成为方案设计阶段的首选软件。如图 1-2 所示为结合 SketchUp 构建的建筑方案效果。

图 1-2 建筑方案效果

1.1.3 园林景观设计

由于 SketchUp 操作灵巧，在构建地形高差等方面可以生成直观的效果，而且拥有丰富的景观素材库和强大的贴图材质功能，并且 SketchUp 图纸的风格非常适合景观设计表现，所以应用 SketchUp 进行景观设计已经非常普遍。如图 1-3 所示为结合 SketchUp 创建的简单园林景观模型场景。

图 1-3 景观模型场景

1.1.4　室内设计

室内设计的宗旨是创造满足人们物质和精神生活需要的室内环境，包括视觉环境和工程技术方面的问题，设计的整体风格和细节装饰在很大程度上受业主的喜好和性格特征的影响。传统的 2D 室内设计表现让很多业主无法理解设计师的设计理念，3ds Max 等类似的三维室内效果图又不能灵活地对设计进行改动，而 SketchUp 能够在已知的房型图基础上快速建立三维模型，快捷地添加门窗、家具、电气等组件，并附上地板和墙面的材质贴图，直观地向业主显示出室内效果。如图 1-4 所示为结合 SketchUp 构建的室内场景效果，当然，如果再经过渲染，会得到更好的商业效果图。

图 1-4　室内场景效果

1.1.5　游戏动漫设计和工业设计

越来越多的用户将 SketchUp 运用在游戏动漫中，如图 1-5 所示为结合 SketchUp 构建的动漫游戏场景效果。

SketchUp 在工业设计中的应用也越来越普遍，如机械产品设计、橱窗或展馆的展示设计等，如图 1-6 所示。

图 1-5　动漫游戏场景效果

图 1-6　工业设计效果

第2课　2课时　SketchUp 界面操作

SketchUp 的种种优点使其很快风靡全球，本课就对 SketchUp 2015 的界面进行系统讲解，使读者熟悉 SketchUp 的界面操作。

行业知识链接： SketchUp 是一款面向设计师、注重设计创作过程的软件，其操作简便、即时显示等优点使其灵性十足，让设计师在设计过程中享受到方案创作的乐趣。建筑草图效果是为建筑设计服务的，在建筑设计的方案阶段有着不可替代的作用。如图 1-7 所示为绘制的建筑草图效果，表现出建筑方案设计的直观效果。

图 1-7　建筑草图效果

1.2.1 SketchUp 2015 向导界面

安装好 SketchUp 2015 后，双击桌面上的图标启动软件，首先出现的是【欢迎使用 SketchUp】的向导界面，如图 1-8 所示。

在向导界面中有【添加许可证】按钮、【选择模板】按钮、【始终在启动时显示】复选框等，可以根据需要选择使用。

运行 SketchUp，在出现的向导界面中，单击【选择模板】按钮，然后在【模板】选项组中选择【建筑设计-毫米】选项，如图 1-9 所示。接着单击【开始使用 SketchUp】按钮，即可打开 SketchUp 的工作界面。

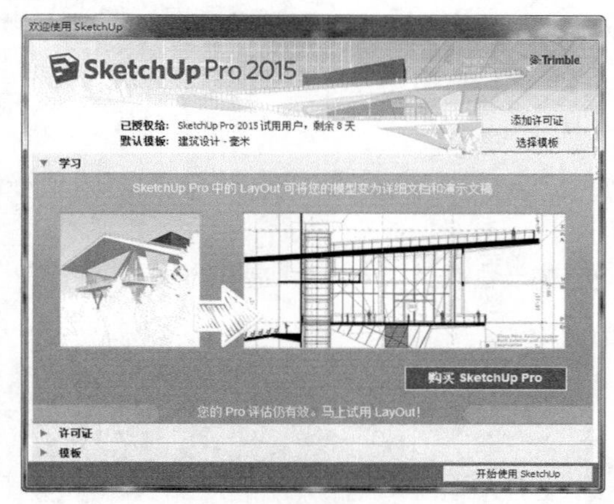

图 1-8　向导界面

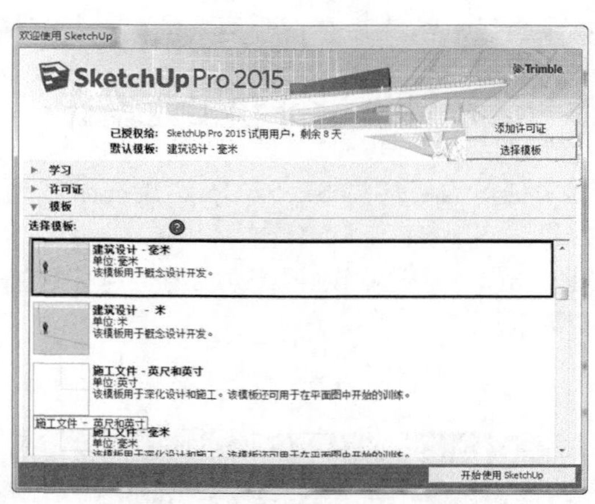

图 1-9　选择模板

SketchUp 2015 的初始工作界面主要由标题栏、菜单栏、工具栏、绘图区、状态栏、数值控制框和窗口调整柄构成，如图 1-10 所示。

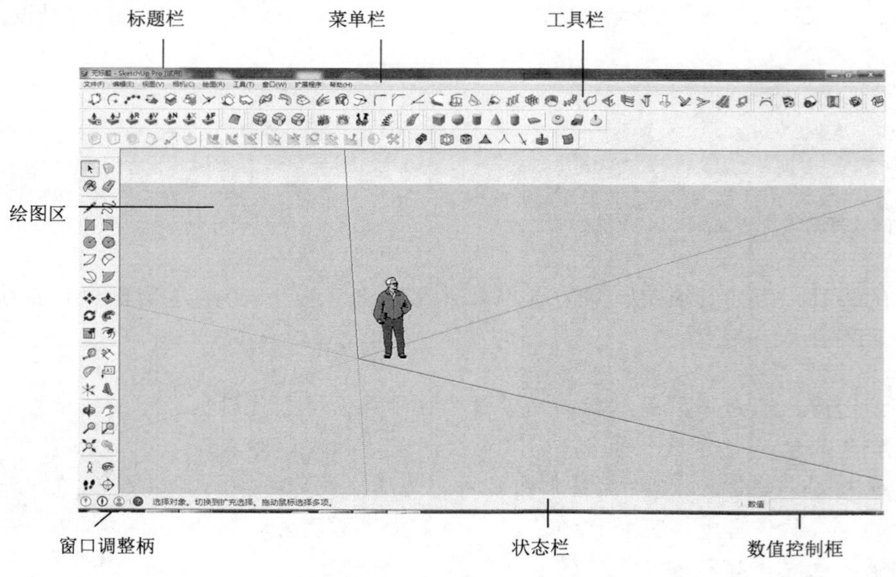

图 1-10　初始界面

提示：也可以选择【帮助】菜单，再选择【欢迎使用 SketchUp 专业版】命令，系统会自动弹出向导界面，选中【始终在启动时显示】复选框即可在启动时显示欢迎界面。

1.2.2 SketchUp 2015 工作界面的标题栏

进入初始工作界面后，标题栏位于界面的最顶部，最左端是 SketchUp 的标志，往右依次是当前编辑的文件名称(如果文件还没有保存命名，这里则显示为“无标题”)、软件版本和窗口控制按钮，如图 1-11 所示。

无标题 - SketchUp Pro

图 1-11　标题栏

1.2.3 SketchUp 2015 工作界面的菜单栏

菜单栏位于标题栏下面，包含【文件】、【编辑】、【视图】、【相机】、【绘图】、【工具】、【窗口】、【扩展程序】和【帮助】9 个主菜单，如图 1-12 所示。

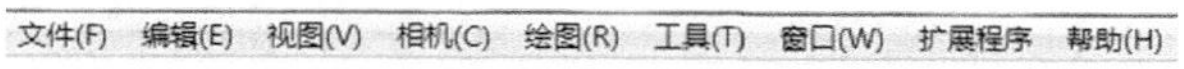

文件(F)　编辑(E)　视图(V)　相机(C)　绘图(R)　工具(T)　窗口(W)　扩展程序　帮助(H)

图 1-12　菜单栏

1) 【文件】菜单

【文件】菜单用于管理场景中的文件，包括【新建】、【打开】、【保存】、【打印】、【导入】和【导出】等常用命令，如图 1-13 所示。

(1) 【新建】命令：快捷键为 Ctrl+N，执行该命令后将新建一个 SketchUp 文件，并关闭当前文件。如果用户没有对当前修改的文件进行保存，在关闭时将会得到提示。如果需要同时编辑多个文件，则需要打开另外的 SketchUp 应用窗口。

(2) 【打开】命令：快捷键为 Ctrl+O，执行该命令可以打开需要进行编辑的文件。同样，在打开时将提示是否保存当前文件。

(3) 【保存】命令：快捷键为 Ctrl+S，该命令用于保存当前编辑的文件。在 SketchUp 中也有自动保存设置。执行【窗口】|【系统设置】命令，然后在弹出的【系统设置】对话框中选择【常规】选项，即可设置自动保存的间隔时间，如图 1-14 所示。

打开一个 SketchUp 文件并操作了一段时间后，桌面出现阿拉伯数字命名的 SketchUp 文件。可以在文件进行保存命名之后再操作；也可以执行【窗口】|【偏好设置】命令，然后在弹出的【系统设置】对话框中选择【常规】选项，接着取消选中【自动保存】复选框即可。

(4) 【另存为】命令：快捷键为 Ctrl+Shift+S，该命令用于将当前编辑的文件另行保存。

(5) 【副本另存为】命令：该命令用于保存过程文件，对当前文件没有影响。在保存重要步骤或构思时，非常便捷。该命令只有在对当前文件命名之后才能激活。

(6) 【另存为模板】命令：该命令用于将当前文件另存为一个 SketchUp 模板。

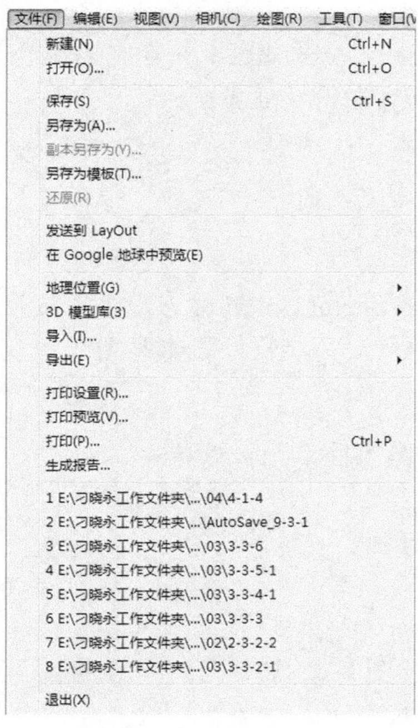

图 1-13 【文件】菜单

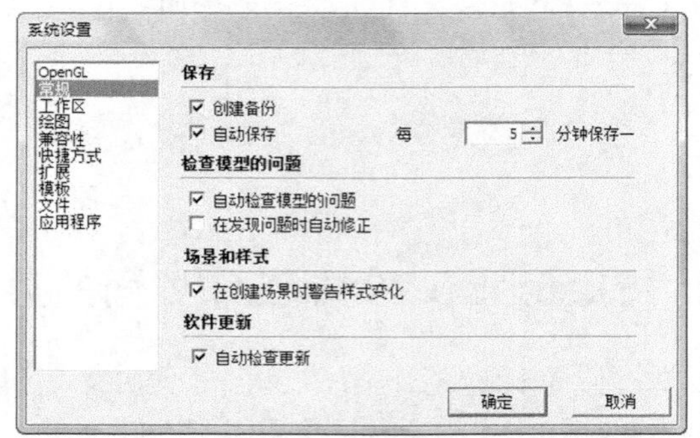

图 1-14 【系统设置】对话框

(7) 【还原】命令：执行该命令后将返回最近一次的保存状态。

(8) 【发送到 LayOut】命令：SketchUp 8.0 专业版本发布了增强的布局 LayOut3 功能，执行该命令可以将场景模型发送到 LayOut 中进行图纸的布局与标注等操作。

(9) 【在 Google 地球中预览】命令：该命令可以在 Google 地图中预览模型场景。

(10) 【3D 模型库】命令：该命令可用于从网上的 3D 模型库中下载需要的 3D 模型，也可以将模型上传，如图 1-15 所示。

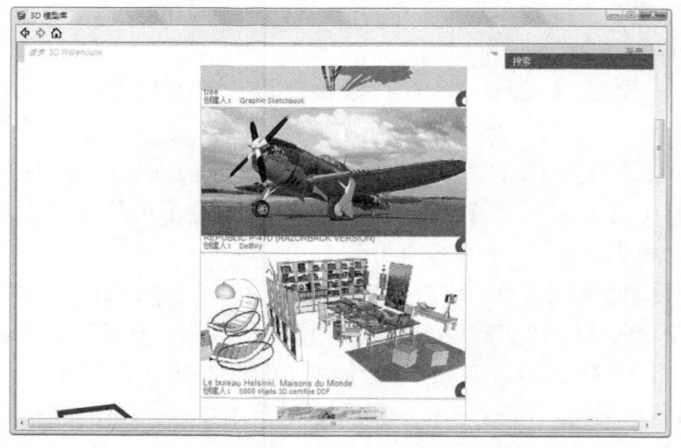

图 1-15 3D 模型库

(11) 【导入】命令：该命令用于将其他文件插入 SketchUp 中，包括组件、图像、DWG/DXF 文件和 3DS 文件等。将图形导入作为 SketchUp 的底图时，可以考虑将图形的颜色修改得较鲜明，以便描图时显示得更清晰。导入 DWG 和 DXF 文件之前，先要在 AutoCAD 里将所有线的标高归零，并最大限度地保证线的完整度和闭合度。导入的文件按照类型可以分为以下 4 类。

- 导入组件：将其他的 SketchUp 文件作为组件导入当前模型中，也可以将文件直接拖入绘图窗口中。
- 导入图像：将一个基于像素的光栅图像作为图形对象放置到模型中，也可以直接拖入一个图像文件至绘图窗口。
- 导入材质图像：将一个基于像素的光栅图像作为一种可以应用于任意表面的材质插入模型中。
- 导入 DWG/DXP 格式的文件：将 DWG/DXF 文件导入 SketchUp 模型中，支持的图形元素包括线、圆弧、圆、多段线、面、有厚度的实体、三维面以及关联图块等。导入图像后，可以通过全屏窗口缩放(快捷键为 Shift+Z)进行查看。

(12) 【导出】命令：该命令包括 4 个子命令，分别为【三维模型】、【二维图形】、【剖面】和【动画】，如图 1-16 所示。

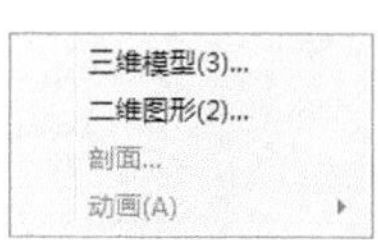

图 1-16 【导出】命令的子命令

- 【三维模型】命令：执行该命令可以将模型导出为 DXF、DWG、3DS 和 VRML 格式。
- 【二维图形】命令：执行该命令可以导出二维光栅图像和二维矢量图形。基于像素的图形可以导出为 JPEG、PNG、TIFF、BMP、TGA 和 EPix 格式，这些格式可以准确地显示投影和材质，和在屏幕上看到的效果一样，用户可以根据图像的大小调整像素，以更高的分辨率导出图像，当然，更大的图像会需要更多的时间。输出图像的尺寸最好不要超过 5000×3500 像素，否则容易导出失败。矢量图形可以导出为 PDF、EPS、DWG 和 DXF 格式，矢量输出格式可能不支持一定的显示选项，例如阴影、透明度和材质。需要注意的是，在导出立面、平面等视图的时候别忘了关闭【透视显示】模式。
- 【剖面】命令：执行该命令可以精确地以标准矢量格式导出二维剖切面。
- 【动画】命令：该命令可以将用户创建的动画页面序列导出为视频文件。用户可以创建复杂模型的平滑动画，并可用于刻录 VCD。

(13) 【打印设置】命令：执行该命令可以打开【打印设置】对话框，在该对话框中可以设置所需的打印设备和纸张大小。

(14) 【打印预览】命令：使用指定的打印设置后，执行该命令可以预览将要打印在纸上的图像。

(15) 【打印】命令：该命令用于打印当前绘图区显示的内容，快捷键为 Ctrl+P。

(16) 【退出】命令：该命令用于关闭当前文档和 SketchUp 应用窗口。

2) 【编辑】菜单

【编辑】菜单用于对场景中的模型进行编辑操作，包括如图 1-17 所示的命令。

(1) 【还原 推/拉】命令：执行该命令将返回上一步的操作，快捷键为 Alt+Back Space。注意，只能撤销创建物体和修改物体的操作，不能撤销改变视图的操作。

(2) 【重做】命令：该命令用于取消【还原】命令，快捷键为 Ctrl+Y。

(3) 【剪切】/【复制】/【粘贴】：利用这 3 个命令可以让选中的对象在不同的 SketchUp 程序窗口之间进行移动，快捷键依次为 Shift+Delete、Ctrl+C 和 Ctrl+V。

(4) 【原位粘贴】命令：该命令用于将复制的对象粘贴到原坐标。

(5) 【删除】命令：该命令用于将选中的对象从场景中删除，快捷键为 Delete。

(6) 【删除参考线】命令：该命令用于删除场景中所有的辅助线，快捷键为 Ctrl+Q。

(7) 【全选】命令：该命令用于选择场景中的所有可选物体，快捷键为 Ctrl+A。

(8) 【全部不选】命令：与【全选】命令相反，该命令用于取消对当前所有元素的选择，快捷键为 Ctrl+T。

(9) 【隐藏】命令：该命令用于隐藏所选物体，快捷键为 H 键。使用该命令可以帮助用户简化当前视图，或者方便对封闭的物体进行内部的观察和操作。

(10) 【取消隐藏】命令：该命令包含 3 个子命令，分别是【选定项】、【最后】和【全部】，如图 1-18 所示。

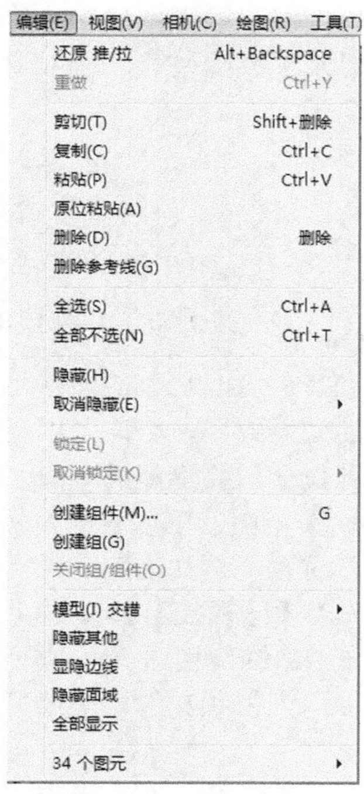

图 1-17 【编辑】菜单

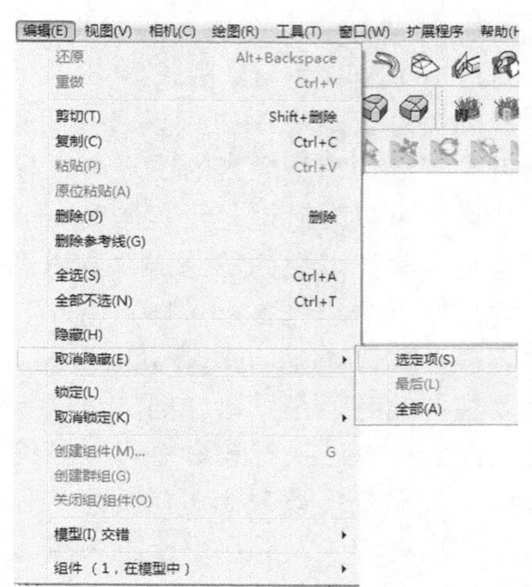

图 1-18 【取消隐藏】命令

- 【选定项】命令：该命令用于显示所选的隐藏物体。隐藏物体时可以执行【视图】|【隐藏物体】命令，如图 1-19 所示。
- 【最后】命令：该命令用于显示最近一次隐藏的物体。
- 【全部】命令：执行该命令后，所有显示的图层的隐藏对象将被显示。注意，此命令对不显示的图层无效。

(11) 【锁定】命令：该命令用于锁定当前选择的对象，使其不能被编辑；而【解锁】命令则用于解除对象的锁定状态。在右键快捷菜单中也可以找到这两个命令，如图 1-20 所示。

3) 【视图】菜单

【视图】菜单包含了模型显示的多个命令，如图 1-21 所示。

(1) 【工具栏】命令：选择该命令后弹出的对话框中包含了 SketchUp 中的所有工具，选中相应工具的复选框，即可在绘图区中显示出相应的工具，如图 1-22 所示。

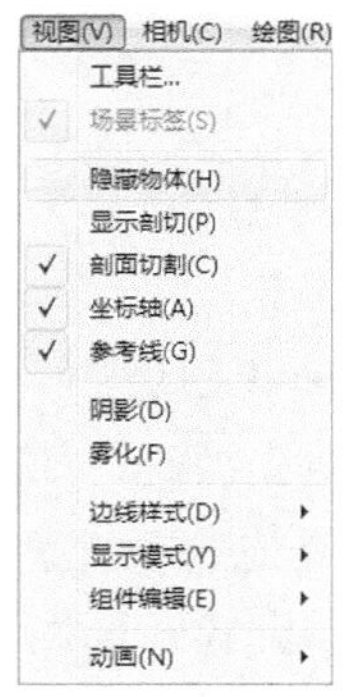

图 1-19　隐藏几何图形

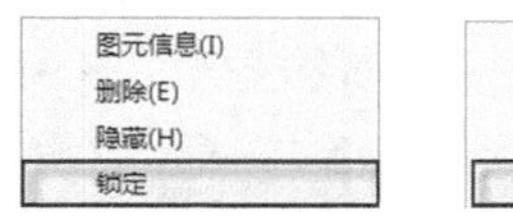

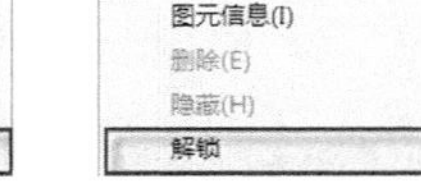

图 1-20　【锁定】和【解锁】命令

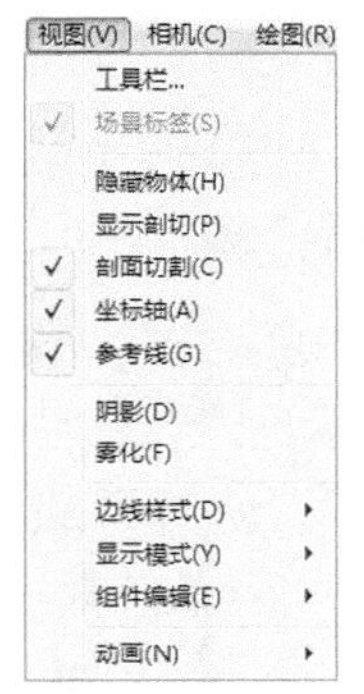

图 1-21　【视图】菜单

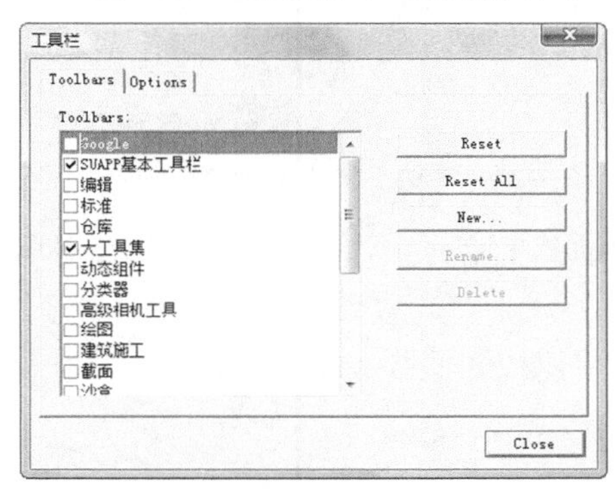

图 1-22　【工具栏】对话框

如果想要显示扩展工具图标，只需在【系统设置】对话框中的【扩展】参数设置中选中所有复选框，如图 1-23 所示。

执行【视图】|【工具栏】命令，并在弹出的【工具栏】对话框中启用需要显示的工具栏即可。

(2) 【场景标签】命令：该命令用于在绘图窗口的顶部激活页面标签。

(3) 【隐藏物体】命令：该命令可以将隐藏的物体以虚线的形式显示。

(4) 【显示剖切】命令：该命令用于显示模型的任意剖切面。

(5) 【剖面切割】命令：该命令用于显示模型的剖面。

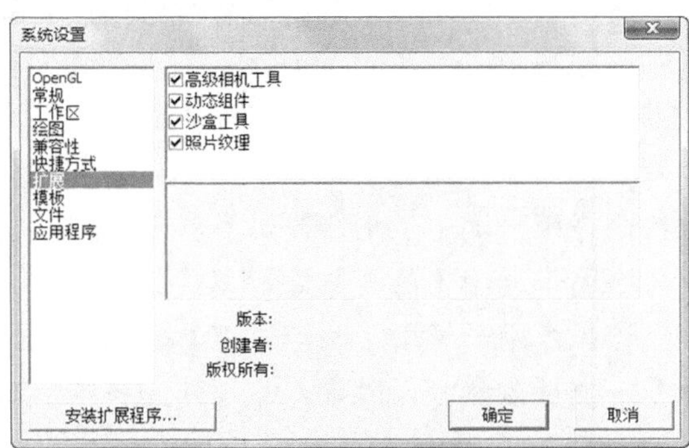

图 1-23　系统使用偏好

(6) 【坐标轴】命令：该命令用于显示或者隐藏绘图区的坐标轴。

(7) 【参考线】命令：该命令用于查看建模过程中的辅助线。

(8) 【阴影】命令：该命令用于显示模型在地面的阴影。

(9) 【雾化】命令：该命令用于为场景添加雾化效果。

(10) 【边线样式】命令：该命令包含了 5 个子命令，其中【边线】和【后边线】命令用于显示模型的边线，【轮廓线】、【深粗线】和【扩展】命令用于激活相应的边线渲染模式，如图 1-24 所示。

(11) 【显示模式】命令：该命令包含了 6 种显示模式，分别为【X 光透视模式】、【线框显示】模式、【消隐】模式、【着色显示】模式、【贴图】模式和【单色显示】模式，如图 1-25 所示。

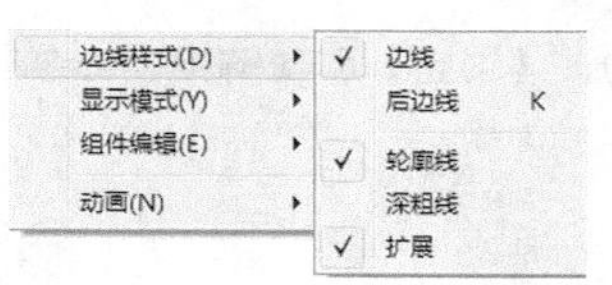

图 1-24 【边线样式】命令

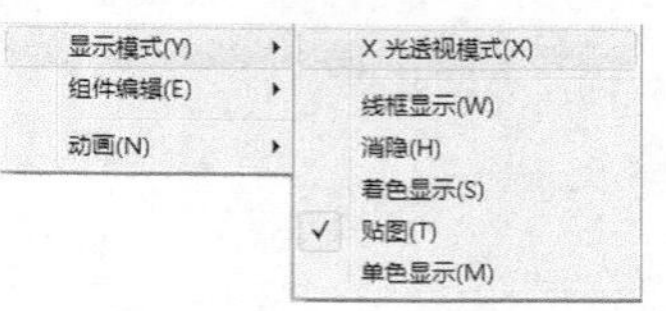

图 1-25 【显示模式】命令

(12) 【组件编辑】命令：该命令包含的子命令用于改变编辑组件时的显示方式，如图 1-26 所示。

(13) 【动画】命令：该命令同样包含了一些子命令，如图 1-27 所示，通过这些子命令可以添加或删除场景，也可以控制动画的播放和设置。有关动画的具体操作，后面会进行详细讲解。

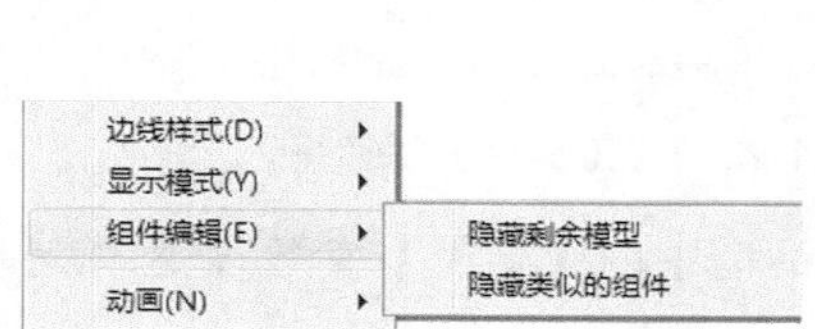

图 1-26 【组件编辑】命令

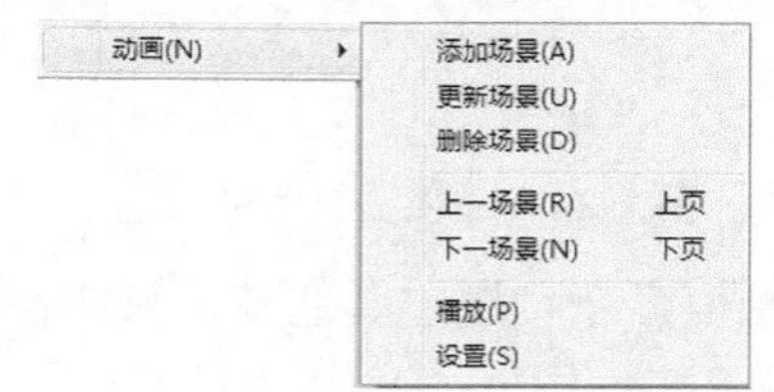

图 1-27 【动画】命令

4) 【相机】菜单

【相机】菜单包含了改变模型视角的命令，如图 1-28 所示。

- 【上一个】命令：该命令用于返回翻看上次使用的视角。
- 【下一个】命令：在翻看上一视图之后，单击该命令可以往后翻看下一视图。
- 【标准视图】命令：SketchUp 提供了一些预设的标准角度的视图，包括顶视图、底视图、前视图、后视图、左视图、右视图和等轴视图。通过该命令的子命令可以调整当前视图，如图 1-29 所示。
- 【平行投影】命令：该命令用于调用【平行投影】显示模式。
- 【透视图】命令：该命令用于调用【透视】显示模式。
- 【两点透视图】命令：该命令用于调用【两点透视】显示模式。
- 【新建照片匹配】命令：执行该命令可以导入照片作为材质，对模型进行贴图。

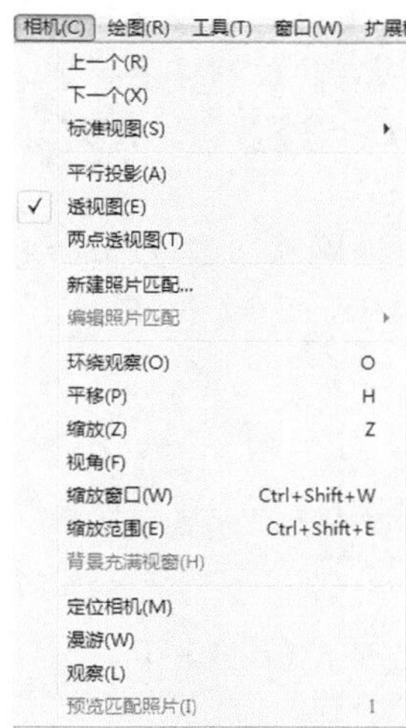

图 1-28 【相机】菜单

图 1-29 【标准视图】命令

- 【编辑照片匹配】命令：该命令用于对匹配的照片进行编辑修改。
- 【环绕观察】命令：执行该命令可以对模型进行旋转查看。
- 【平移】命令：执行该命令可以对视图进行平移。
- 【缩放】命令：执行该命令后，按住鼠标左键在屏幕上进行拖动，可以进行实时缩放。
- 【视角】命令：执行该命令后，按住鼠标左键在屏幕上进行拖动，可以使视野变宽或者变窄。
- 【缩放窗口】命令：该命令用于放大窗口选定的元素。
- 【缩放范围】命令：该命令用于使场景充满视窗。
- 【背景充满视窗】命令：该命令用于使背景图片充满绘图窗口。
- 【定位相机】命令：该命令可以将相机精确放置到眼睛高度或者置于某个精确的点。
- 【漫游】命令：该命令用于调用【漫游】工具。
- 【观察】命令：执行该命令可以在相机的位置沿 z 轴旋转显示模型。

5) 【绘图】菜单

【绘图】菜单包含了绘制图形的几个命令，如图 1-30 所示。

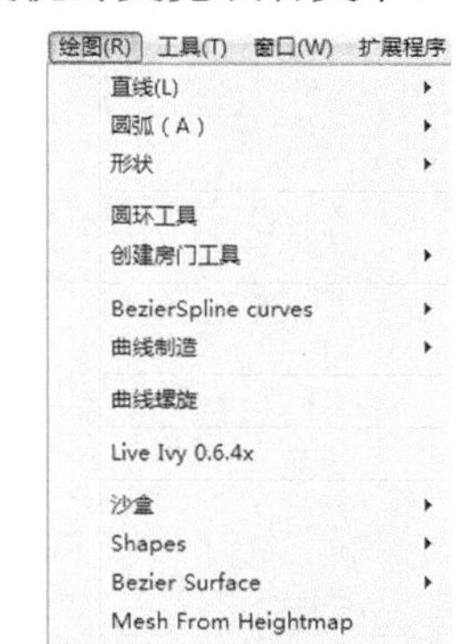

图 1-30 【绘图】菜单

- 【直线】命令：通过该命令的【直线】或【手绘线】子命令，可以绘制直线、相交线或者闭合的图形，如图 1-31 所示。
- 【圆弧】命令：通过该命令的【圆弧】、【两点圆弧】、【3 点圆弧】以及【扇形】子命令，可以绘制圆弧图形，如图 1-32 所示。圆弧一般是由多个相连的曲线片段组成的，但是这些图形可以作为一个弧整体进行编辑。

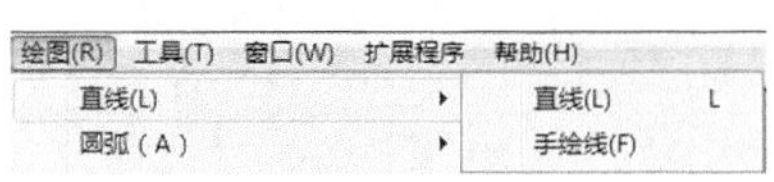

图 1-31 【直线】命令

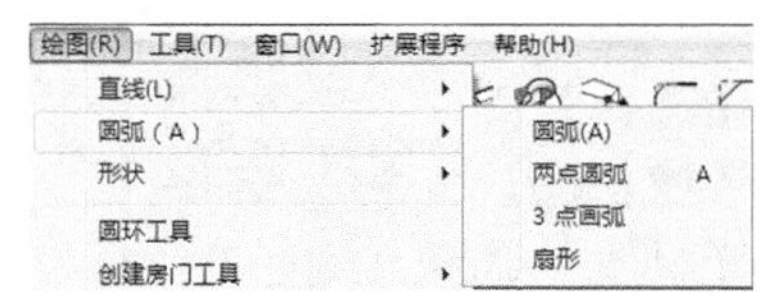

图 1-32 【圆弧】命令

- 【形状】命令：通过该命令的【矩形】、【旋转长方形】、【圆】以及【多边形】子命令，可以绘制不规则的、共面相连的曲线，从而创造出多段曲线或者简单的徒手画物体，如图 1-33 所示。其中，【旋转长方形】命令与【矩形】命令不同，执行【旋转长方形】命令可以绘制边线不平行于坐标轴的矩形。
- 【沙盒】命令：通过该命令的【根据等高线创建】和【根据网格创建】子命令可以创建地形，如图 1-34 所示。

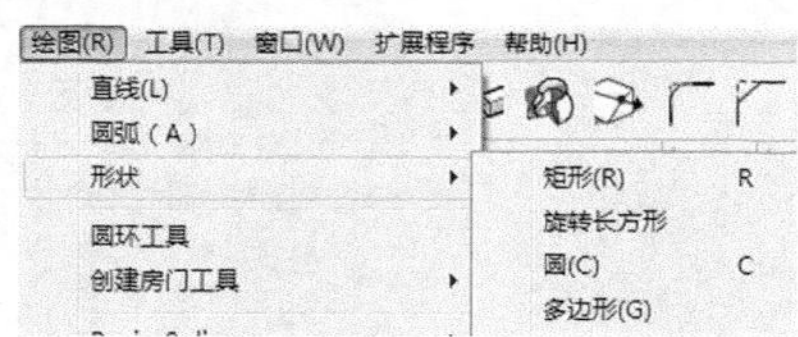

图 1-33 【形状】命令

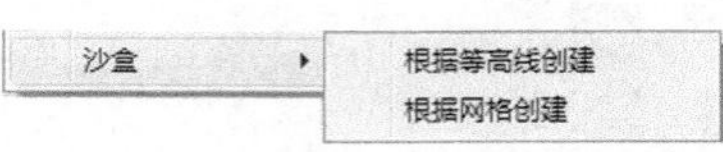

图 1-34 【沙盒】命令

6) 【工具】菜单

【工具】菜单主要包括对物体进行操作的常用命令，如图 1-35 所示。

图 1-35 【工具】菜单

- 【选择】命令：该命令用于选择特定的实体，以便对实体进行其他命令的操作。
- 【橡皮擦】命令：该命令用于删除边线、辅助线和绘图窗口中的其他物体。
- 【材质】命令：执行该命令将打开【材质】对话框，用于为面或组件赋予材质。
- 【移动】命令：该命令用于移动、拉伸和复制几何体，也可以用来旋转组件。
- 【旋转】命令：执行该命令将在一个旋转面里旋转绘图要素、单个或多个物体，也可以选中一部分物体进行拉伸和扭曲。

- 【缩放】命令：执行该命令将对选中的实体进行缩放。
- 【推/拉】命令：该命令用于雕刻三维图形中的面。根据几何体特性的不同，该命令可以移动、挤压、添加或者删除面。
- 【路径跟随】命令：该命令可以使面沿着某一连续的边线路径进行拉伸，在绘制曲面物体时非常方便。
- 【偏移】命令：该命令用于偏移复制共面的面或者线，可以在原始面的内部和外部偏移边线，偏移一个面会创造出一个新的面。
- 【实体外壳】命令：该命令可以将两个组件合并为一个物体并自动成组。
- 【实体工具】命令：该命令下包含了 5 种布尔运算功能，可以对组件进行并集、交集和差集的运算。
- 【卷尺】命令：该命令用于绘制辅助测量线，使精确建模操作更简便。
- 【量角器】命令：该命令用于绘制一定角度的辅助量角线。
- 【坐标轴】命令：该命令用于设置坐标轴，也可以对坐标轴进行修改，对绘制斜面物体非常有效。
- 【尺寸】命令：该命令用于在模型中标示尺寸。
- 【文字标注】命令：该命令用于在模型中输入文字。
- 【三维文字】命令：该命令用于在模型中放置三维文字，可设置文字的大小及挤压厚度。
- 【剖切面】命令：该命令用于显示物体的剖切面。
- 【高级相机工具】命令：该命令包含创建相机以及对相机的一些设置，如图 1-36 所示。
- 【互动】命令：该命令用于通过设置组件属性，给组件添加多个属性，如多种材质或颜色。运行动态组件时会根据不同属性进行动态化显示。
- 【沙盒】命令：该命令包含了 5 个子命令，分别为【曲面起伏】、【曲面平整】、【曲面投射】、【添加细部】和【对调角线】，如图 1-37 所示。

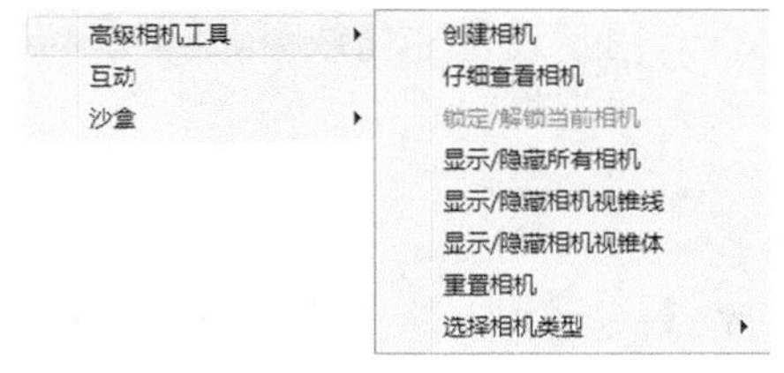

图 1-36 【高级相机工具】命令

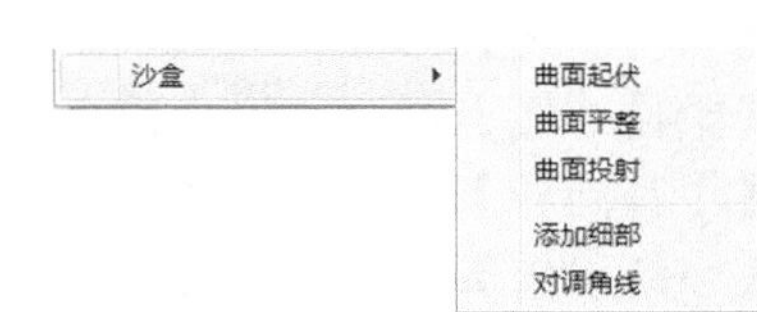

图 1-37 【沙盒】命令

7) 【窗口】菜单

【窗口】菜单中的命令代表着不同的编辑器和管理器，如图 1-38 所示。通过这些命令可以打开相应的浮动窗口，以便快捷地使用常用编辑器和管理器，而且各个浮动窗口可以相互吸附对齐，单击即可展开，如图 1-39 所示。

- 【模型信息】命令：选择该命令将弹出【模型信息】对话框。
- 【图元信息】命令：选择该命令将弹出【图元信息】对话框，用于显示当前选中实体的属性。

图 1-38 【窗口】菜单

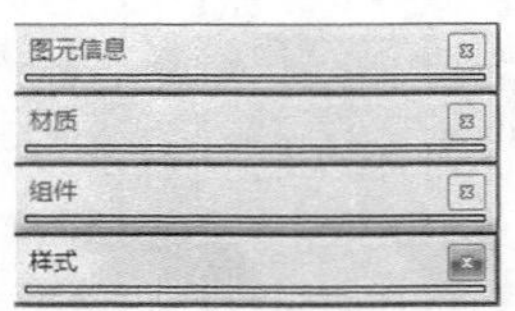

图 1-39 浮动窗口

- 【材料】命令：选择该命令将弹出【材质】对话框。
- 【组件】命令：选择该命令将弹出【组件】对话框。
- 【样式】命令：选择该命令将弹出【风格】对话框。
- 【图层】命令：选择该命令将弹出【图层】对话框。
- 【大纲】命令：选择该命令将弹出【大纲】对话框。
- 【场景】命令：选择该命令将弹出【场景】对话框，用于突出当前场景。
- 【阴影】命令：选择该命令将弹出【阴影设置】对话框。
- 【雾化】命令：选择该命令将弹出【雾化】对话框，用于设置雾化效果。
- 【照片匹配】命令：选择该命令将弹出【照片匹配】对话框。
- 【柔化边线】命令：选择该命令将弹出【柔化边线】对话框。
- 【工具向导】命令：选择该命令将弹出【指导】对话框。
- 【系统设置】命令：选择该命令将弹出【系统属性】对话框，从中可以设置 SketchUp 的应用参数。
- 【隐藏对话框】命令：该命令用于隐藏所有对话框。
- 【Ruby 控制台】命令：选择该命令将弹出【Ruby 控制台】对话框，用于编写 Ruby 命令。
- 【组件选项】/【组件属性】命令：这两个命令用于设置组件的属性，包括组件的名称、大小、位置和材质等。通过设置属性，可以实现动态组件的变化显示。
- 【照片纹理】命令：该命令用于直接从 Google 地图上截取照片纹理，并将其作为材质贴图赋予模型物体的表面。

8) 【扩展程序】菜单

【扩展程序】菜单如图 1-40 所示，其中包含了用户添加的大部分插件，还有部分插件可能分散在其他菜单中，后面会对常用插件做详细介绍。

9)【帮助】菜单

通过【帮助】菜单中的命令，可以了解软件各个部分的详细信息和学习教程，如图 1-41 所示。

执行【帮助】|【关于 SketchUp 专业版】命令，将弹出【关于 SketchUp】对话框，在该对话框中可以找到版本号和用途，如图 1-42 所示。

图 1-40　【扩展程序】菜单

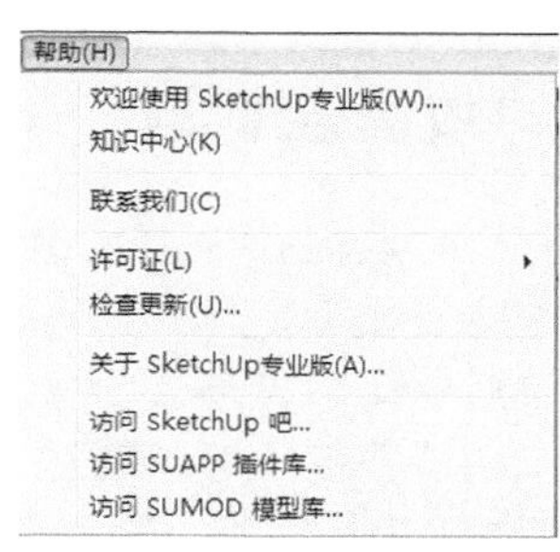

图 1-41　【帮助】菜单

图 1-42　【关于 SketchUp】对话框

1.2.4　SketchUp 2015 工作界面的工具栏

SketchUp 2015 的【工具栏】对话框中包含了常用的工具，用户可以自定义这些工具的显示、隐藏状态或显示大小等，如图 1-43 所示。

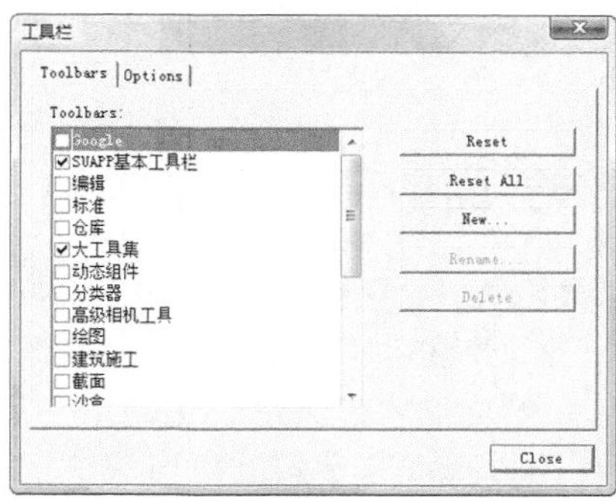

图 1-43　【工具栏】对话框

1.2.5　SketchUp 2015 工作界面的绘图区

绘图区又叫绘图窗口，占据了界面中最大的区域，在这里可以创建和编辑模型，也可以对视图进行调整。在绘图窗口中还可以看到绘图坐标轴，分别用红、黄、绿 3 色显示。

激活绘图工具时，如果想取消鼠标处的坐标轴光标，可以执行【窗口】|【系统设置】命令，然

后在弹出的【系统设置】对话框的【绘图】选项中取消选中【显示十字准线】复选框，如图 1-44 所示。

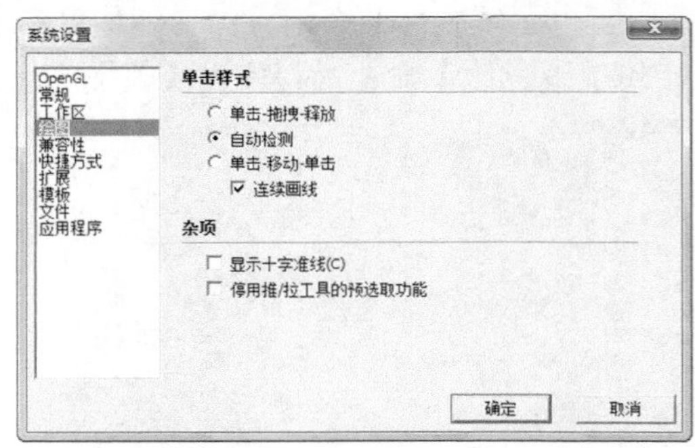

图 1-44　【系统设置】对话框

1.2.6　SketchUp 2015 工作界面的数值控制框

绘图区的左下方是数值控制框，这里会显示绘图过程中的尺寸信息，也可以接受键盘输入的数值。数值控制框支持所有的绘制工具，其工作特点如下。

(1) 由鼠标拖动指定的数值会在数值控制框中动态显示。如果指定的数值不符合系统属性指定的数值精度，在数值前面会加上“～”符号，表示该数值不够精确。

(2) 用户可以在命令完成之前或命令完成之后输入数值。输入数值后，按 Enter 键确定。

(3) 当前命令仍然生效的时候(开始新的命令操作之前)，可以持续不断地改变输入的数值。

(4) 一旦退出命令，数值控制框就不会再对该命令起作用了。

(5) 输入数值之前不需要单击数值控制框，可以直接通过键盘输入，数值控制框随时候命。

1.2.7　SketchUp 2015 工作界面的状态栏

状态栏位于界面的底部，用于显示命令提示和状态信息，是对命令的描述和操作提示，这些信息会随着对象的改变而改变。

1.2.8　SketchUp 2015 工作界面的窗口调整柄

窗口调整柄位于界面的右下角，显示为一个条纹组成的倒三角符号，通过拖动窗口调整柄可以调整窗口的大小。当界面最大化显示时，窗口调整柄是隐藏的，此时只需双击标题栏将界面缩小即可看到。

如要调整绘图区窗口大小，可单击绘图区右上角的【向下还原】按钮，该按钮会自动切换为【最大化】按钮，在这种状态下，可以拖曳右下角的窗口调整柄进行调整(界面的边界会呈虚线显示)，也可以将光标放置在界面的边界处，光标会变成双向箭头，拖曳箭头即可改变界面大小。

课后练习

案例文件：ywj\01\1-1.skp

视频文件：光盘→视频课堂→第 1 教学日→1.2

练习案例分析及步骤如下。

课后练习讲解卡通小房子模型的创建过程，最后要进行图像后期处理，最终完成编辑的小房子图片如图 1-45 所示。

图 1-45　完成编辑的小房子图片

本范例在制作的过程中，要运用到【推/拉】、【空间直线】、【门窗插件】等命令，案例的创建步骤如图 1-46 所示。

练习案例操作步骤如下。

step 01 单击【大工具集】工具栏中的【矩形】按钮，绘制 10000mm×10000mm 的矩形，并按照给出的尺寸绘制其他矩形，再单击【推/拉】按钮，向上推拉 4000mm，如图 1-47 所示。

制作房子基础

制作门窗

完成房子的模型

添加各部分材质

渲染并后期处理

图 1-46　小房子案例创建步骤

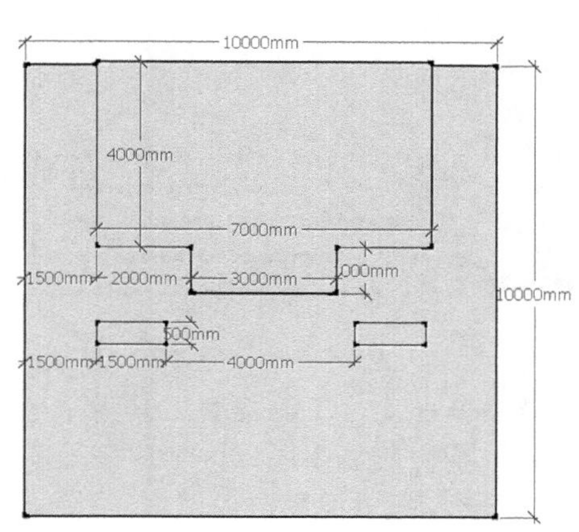

图 1-47　绘制矩形

step 02 单击【大工具集】工具栏中的【尺寸】按钮，在图形正面做出台阶尺寸，单击【矩形】按钮，按照所给出的尺寸绘制楼梯台阶轮廓图形，如图 1-48 所示。

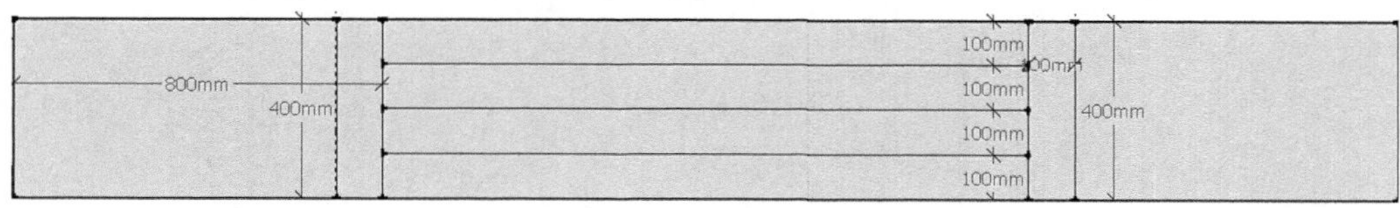

图 1-48　绘制楼梯台阶轮廓

step 03 单击【大工具集】工具栏中的【推/拉】按钮，按住 Ctrl 键将做好的台阶轮廓从上至下依次向外推拉 150mm、300mm、450mm、600mm，两个外侧矩形向外推拉 600mm，如图 1-49 所示，创建楼梯。

step 04 使用相同的方法将平面向上推拉 1500mm，单击【偏移】按钮，将顶面向外偏移 100mm，单击【推/拉】按钮，将外侧边框向上推拉 80mm，如图 1-50 所示，创建房子首层。

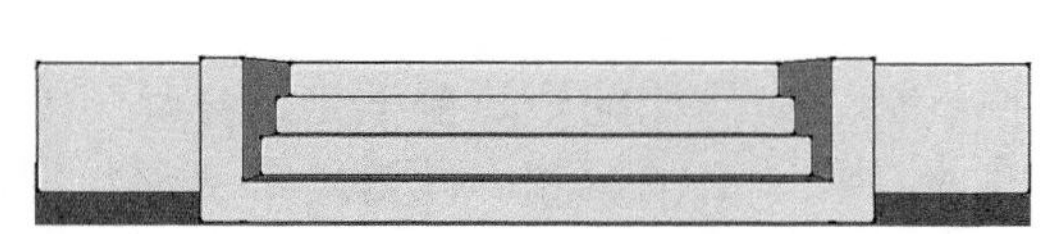

图 1-49　创建楼梯

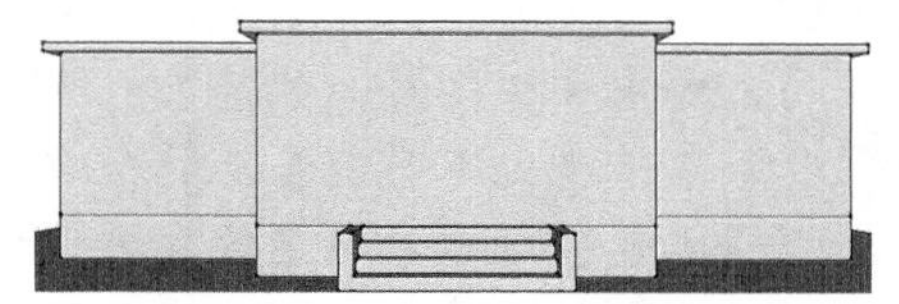

图 1-50　创建首层

step 05 单击【大工具集】工具栏中的【尺寸】按钮，做出所需图形尺寸，单击【矩形】按钮和【圆弧】按钮，按照所给出的尺寸绘制首层门窗图形，如图 1-51 所示。

step 06 单击【大工具集】工具栏中的【移动】按钮，将所做好的窗框选中，按住 Ctrl 键向外复制，单击【偏移】按钮，将 3 个窗框统一向内偏移 30mm，如图 1-52 所示。

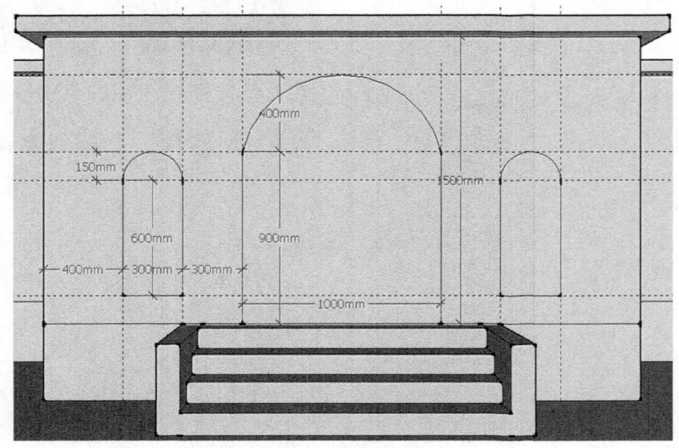

图 1-51 创建首层门窗

图 1-52 创建门窗

step 07 单击【大工具集】工具栏中的【尺寸】按钮，做出所需图形尺寸，单击【直线】按钮，绘制所需图形，内部间隔均为 30mm。单击【推/拉】按钮，将外部边框统一向外推拉 20mm，将中间图形内部框向外推拉 10mm，如图 1-53 所示。

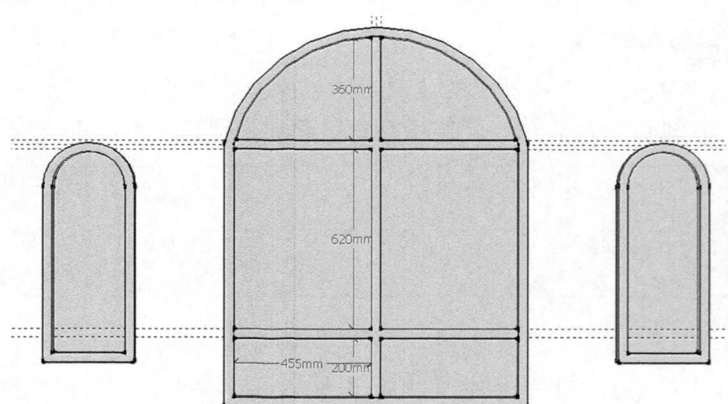

图 1-53 创建门窗细节

step 08 单击【大工具集】工具栏中的【推/拉】按钮，将墙体上窗框轮廓统一向内推拉 30mm。然后选择已做好的窗户，单击【移动】按钮，将窗户移动至指定位置，如图 1-54 所示。

step 09 单击【大工具集】工具栏中的【尺寸】按钮，做出所需图形尺寸，单击【矩形】按钮，绘制窗框图形，如图 1-55 所示。

step 10 单击【大工具集】工具栏中的【移动】按钮，选择已做好的窗框轮廓移动出来，单击【偏移】按钮，将窗框向内偏移 40mm，单击【尺寸】按钮，做出所需图形尺寸，单击【矩形】按钮，绘制所需图形，如图 1-56 所示。

图 1-54　推拉移动首层门窗

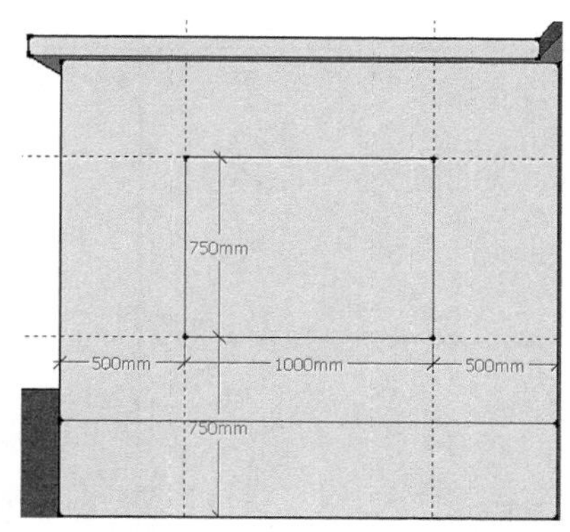

图 1-55　创建窗子

step 11 单击【大工具集】工具栏中的【推/拉】按钮，将窗框向外推拉 30mm，同时将首层窗框向内推拉 70mm，单击【移动】按钮，将窗户移动至指定位置，如图 1-57 所示。

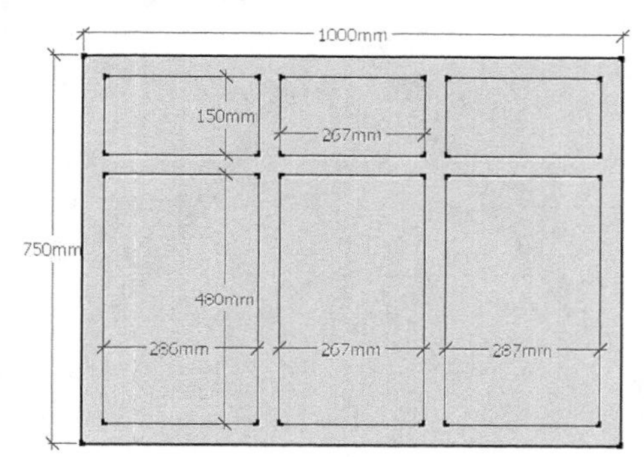

图 1-56　创建窗子细节

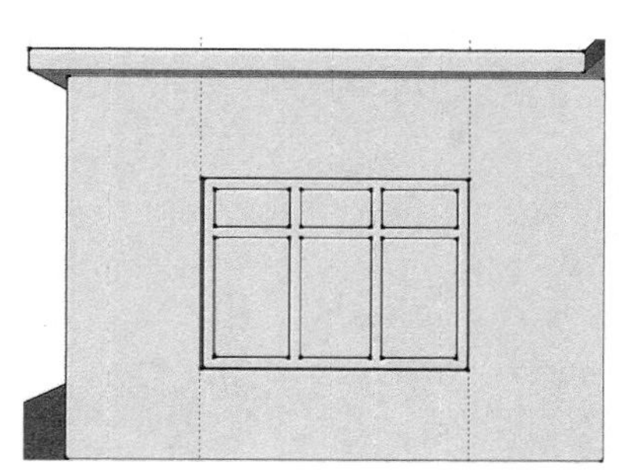

图 1-57　推拉移动窗子

step 12 使用相同方法做出另一侧的窗户，如图 1-58 所示，房子首层创建完成。

图 1-58　首层创建完成

step 13 单击【大工具集】工具栏中的【推/拉】按钮，将屋顶向上推拉 1300mm，单击【尺寸】按钮，做出所需图形尺寸，单击【直线】按钮，绘制图形，如图 1-59 所示。

step 14 单击【大工具集】工具栏中的【卷尺】按钮，将中心线垂直于屋顶向上分别移动 2000mm、1500mm，单击【直线】按钮，连接屋顶和辅助线绘制屋顶，如图 1-60 所示。

step 15 单击【大工具集】工具栏中的【推/拉】按钮，按住 Ctrl 键将屋顶向外推拉 50mm，再向前方推拉 500mm，单击【直线】按钮，将其他地方补充完成，如图 1-61 所示，制作出屋顶。

step 16 单击【大工具集】工具栏中的【卷尺】按钮和【尺寸】按钮，做出所需图形辅助线，并标出尺寸。单击【直线】按钮和【圆弧】按钮，做出窗框轮廓，如图 1-62 所示。

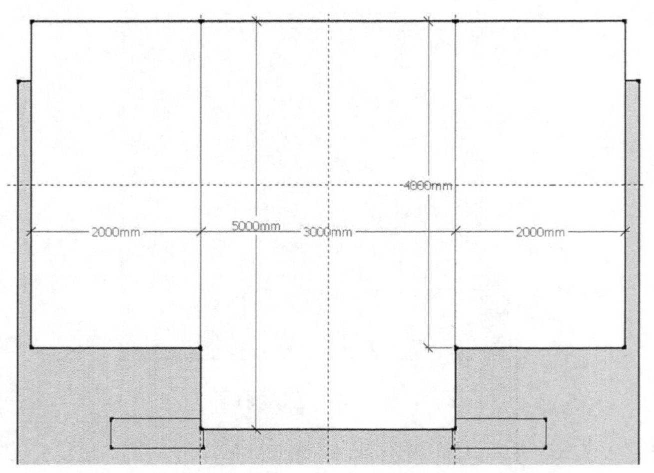

图 1-59　绘制屋顶尺寸

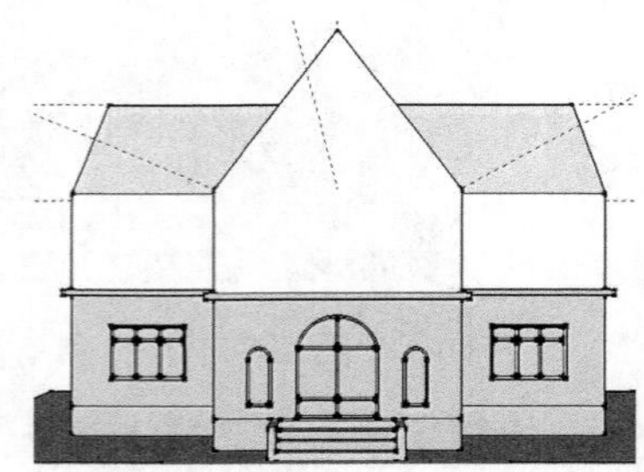

图 1-60　创建二层及屋顶

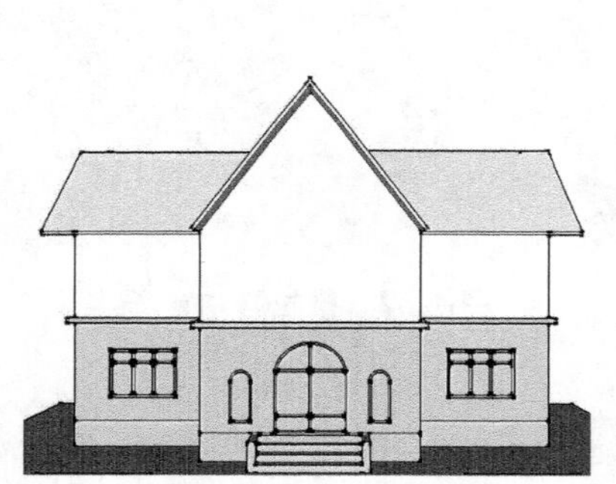

图 1-61　制作屋顶

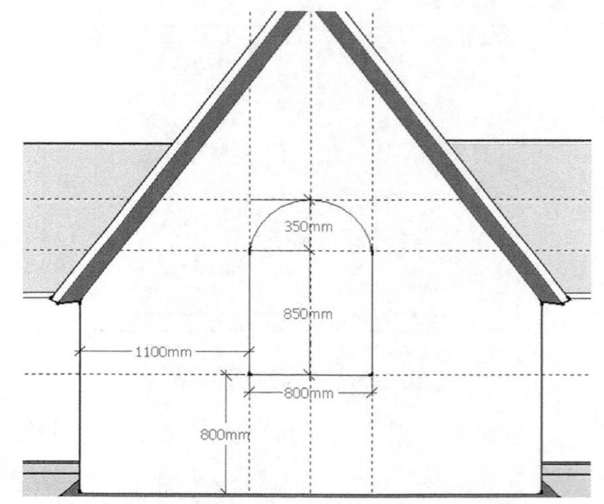

图 1-62　绘制二层窗框轮廓

step 17 使用上述绘制窗户的方法绘制窗户，单击【尺寸】按钮，做出所需图形尺寸，单击【矩形】按钮和【圆弧】按钮，绘制窗户图形，如图 1-63 所示。

step 18 单击【大工具集】工具栏中的【推/拉】按钮，将外部窗框向外推拉 50mm，内部窗框向外推拉 30mm，将二层窗框向内推拉 100mm。单击【移动】按钮，将做好的窗户移动至指定位置，如图 1-64 所示。

step 19 单击【大工具集】工具栏中的【尺寸】按钮，做出所需图形尺寸，单击【矩形】按钮，绘制出窗子图形，如图 1-65 所示。

step 20 单击【大工具集】工具栏中的【移动】按钮，按住 Ctrl 键将做好的窗框轮廓选中并移动出来。单击【尺寸】按钮，做出所需图形尺寸，单击【矩形】按钮，做出所需图形，如图 1-66 所示。

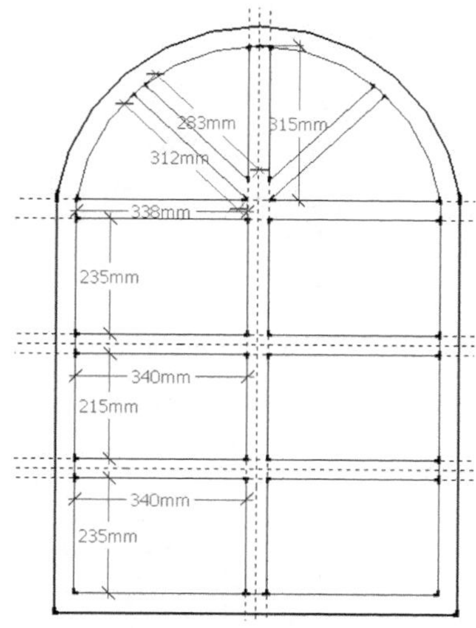

图 1-63　创建窗子

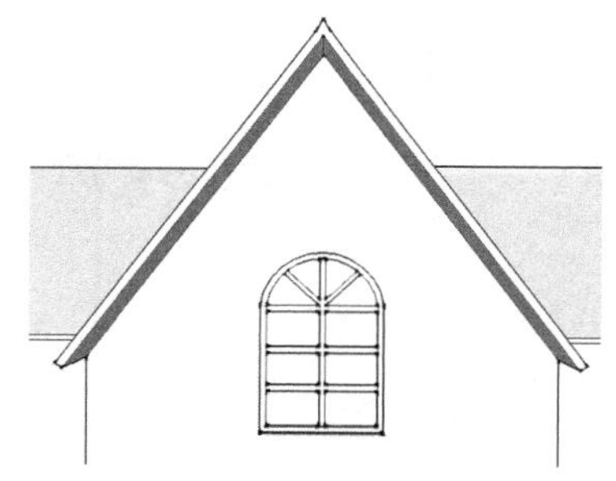

图 1-64　推拉移动窗子

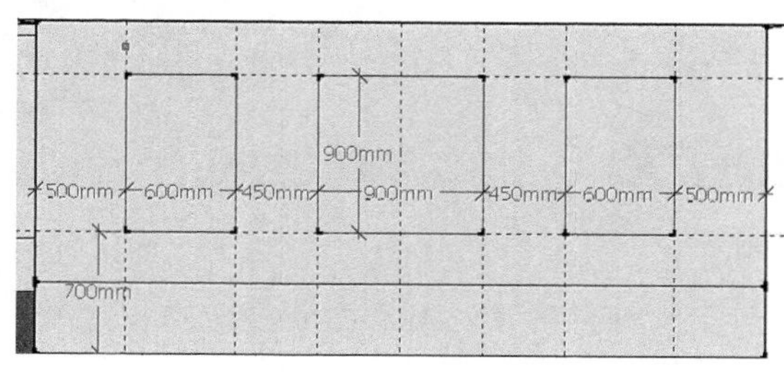

图 1-65　创建窗子

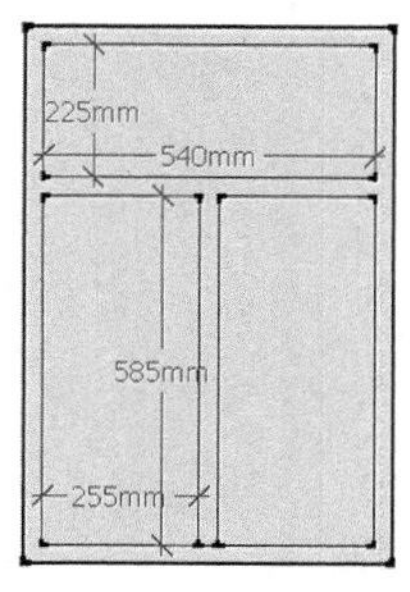

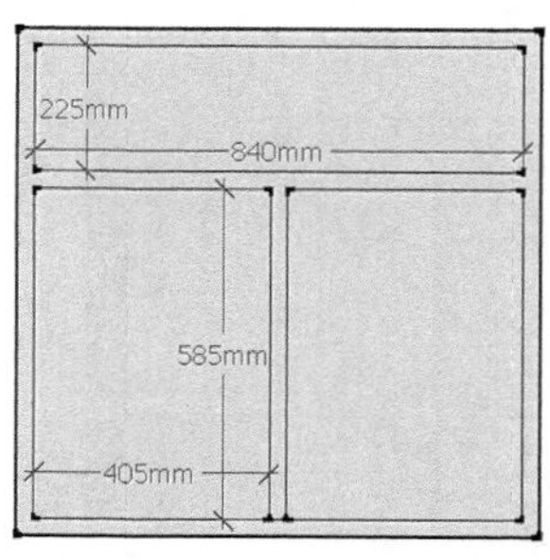

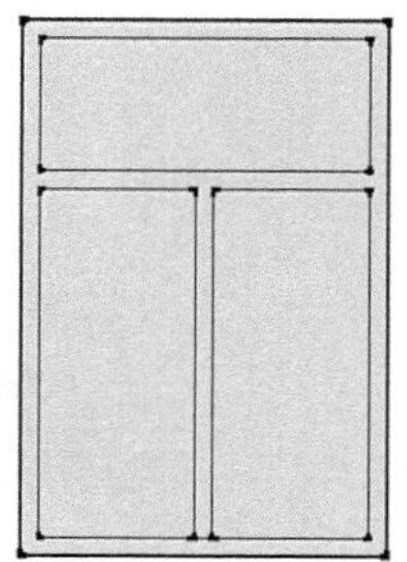

图 1-66　创建窗子细节

step 21 单击【大工具集】工具栏中的【推/拉】按钮，将窗框向外推拉 30mm，单击【推/拉】按钮，将首层窗户轮廓向内推拉 100mm，单击【移动】按钮，将做好的窗户移动至指定位置，如图 1-67 所示。

step 22 按照步骤 17～18 制作二层窗户，如图 1-68 所示。

step 23 单击【大工具集】工具栏中的【偏移】按钮，将花池轮廓向内偏移 65mm，单击【推/拉】按钮，将外框向上推拉 150mm，如图 1-69 所示，模型主体制作完成。

step 24 单击【大工具集】工具栏中的【材质】按钮，弹出【材质】对话框，在【砖和覆层】列表框中选择【棕褐色粗砖】选项，单击【编辑】选项卡中的浏览按钮，选择下载好的材质，设置墙围材质，如图 1-70 所示。

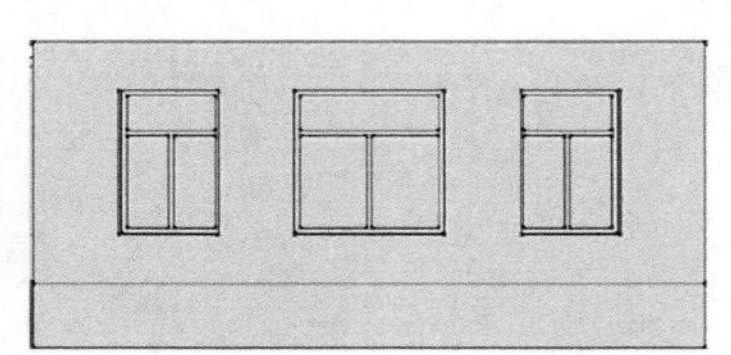

图 1-67　推拉移动窗子

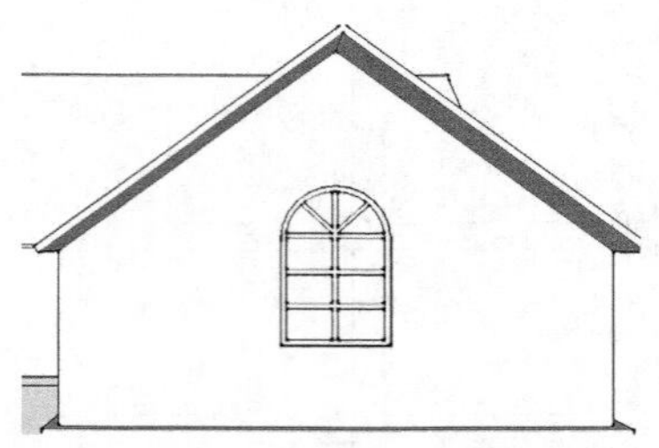

图 1-68　创建的二层窗子

图 1-69　模型主体完成

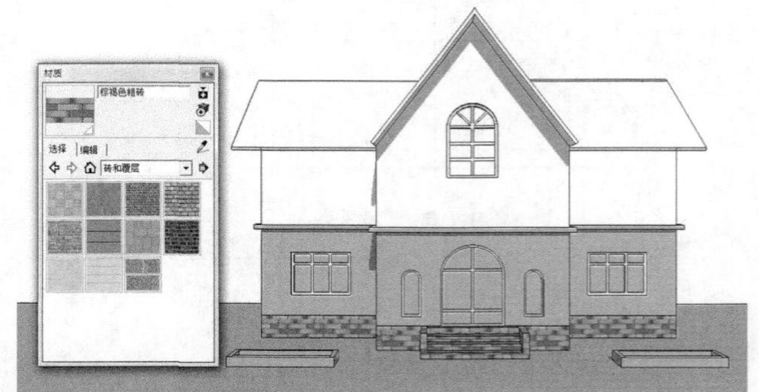

图 1-70　添加墙围材质

step 25 单击【大工具集】工具栏中的【材质】按钮，弹出【材质】对话框，在【颜色】列表框中选择【颜色 E04】选项，设置外墙材质，如图 1-71 所示。

图 1-71　添加墙体材质

step 26 单击【大工具集】工具栏中的【材质】按钮，弹出【材质】对话框，在【颜色】列表框中选择【颜色 H04】选项，调整不透明度为 50，设置玻璃材质，如图 1-72 所示。

step 27 单击【大工具集】工具栏中的【材质】按钮，弹出【材质】对话框，在【砖和覆层】列表框中选择【仿古砖】选项，单击【编辑】选项卡中的浏览按钮，选择下载好的材质，设置屋顶材质，如图 1-73 所示。

图 1-72　添加玻璃材质

图 1-73　添加屋顶材质

step 28 单击【大工具集】工具栏中的【材质】按钮，弹出【材质】对话框，在【石头】列表框中选择【砖石建筑】选项，设置花池材质，如图 1-74 所示。

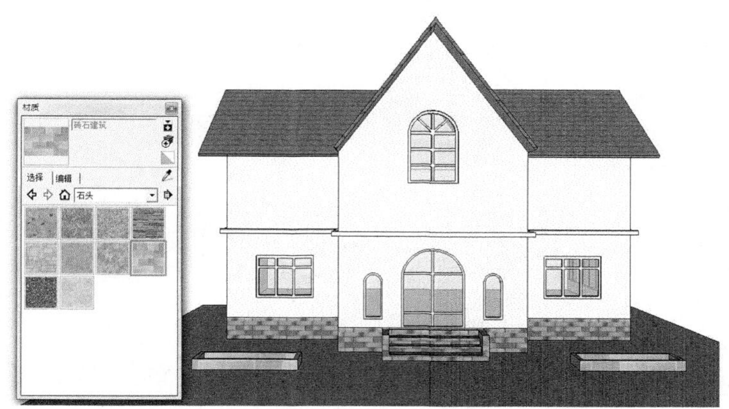

图 1-74　添加花池材质

step 29 单击【大工具集】工具栏中的【材质】按钮，弹出【材质】对话框，在【植被】列表框中选择【人工草皮植被】选项，设置地面材质，如图 1-75 所示。

step 30 添加背景及绿植，如图 1-76 所示。

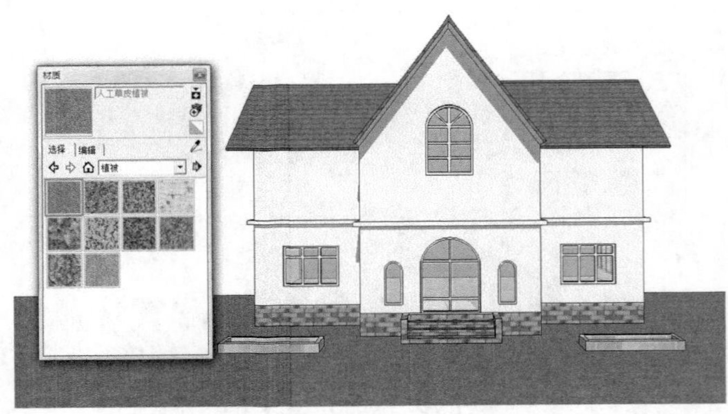

图 1-75　添加地面材质

step 31 单击 VfS: Main Toolbar 工具栏中的【渲染】按钮，渲染模型并进行后期处理，完成的小房子图片如图 1-77 所示。

图 1-76　添加背景及绿植

图 1-77　完成的小房子图片

建筑草图设计实践： 在绘制建筑方案或者初步设计图纸的同时还常常要制作建筑模型，以弥补图纸的不足。这个阶段的设计图应能清晰、明确地表现出整个设计方案的意图，通常，使用 SketchUp 等软件绘制建筑模型是较好、较快的方法。如图 1-78 所示为绘制初步的建筑模型草图。

图 1-78　绘制初步的建筑模型草图

第 3 课　2 课时　SketchUp 视图操作

视图操作是 SketchUp 软件基本操作的重要组成部分，本节就来介绍视图操作的主要功能。

行业知识链接： 建筑设计中使用的效果图主要分为室内效果图、建筑效果图和景观效果图。其中常用的建筑效果图有立面效果图、建筑透视图和建筑鸟瞰图等，如图 1-79 所示为建筑透视图效果。

图 1-79　建筑透视图效果

1.3.1　视图工具

SketchUp 默认的操作视图为透视图，其他的几种视图需要通过单击【视图】工具栏里相应的工具按钮来完成，如图 1-80 所示。

图 1-80　【视图】工具栏

1.3.2　环绕观察工具

在工具栏中单击【转动】工具按钮，然后把鼠标指针放在透视图视窗中，按住左键，通过拖动鼠标可以进行视窗内视点的旋转。通过旋转可以观察模型各个角度的情况。

1.3.3　平移工具

在工具栏中单击【平移】工具按钮，就可以在视窗中平行移动。

1.3.4　实时缩放工具

在工具栏中单击【实时缩放】工具按钮，然后把鼠标指针移到透视图视窗中，按住左键不放，拖动鼠标就可以对视窗中的视角进行缩放。指针上移则放大，下移则缩小，由此可以随时观察模型的细部和全局状态。

1.3.5　充满视窗工具

在工具栏中单击【充满视窗】工具按钮，即可使场景中的模型最大化显示于绘图区中。

1.3.6　上一视图工具

在工具栏中单击【上一个】工具按钮，即可看到上一次调整后的视图。

1.3.7　缩放窗口工具

在工具栏中单击【缩放窗口】工具按钮，框选所要选择放大的视图，即可放大视图。

课后练习

案例文件：ywj\01\1-2.skp
视频文件：光盘→视频课堂→第 1 教学日→1.3

练习案例分析及步骤如下。

课后练习是对一个草图文件进行视图操作，改变视图的观察效果。本案例的操作步骤如图 1-81 所示。

练习案例操作步骤如下。

step 01 打开 1-2.skp 图形文件，单击【环绕观察】按钮，观察图形整体，如图 1-82 所示。

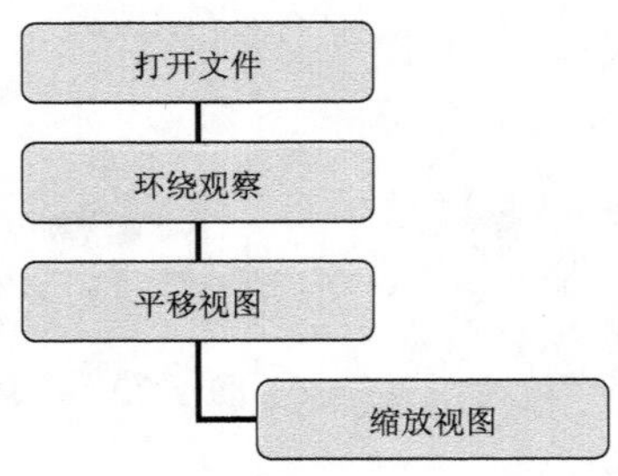

图 1-81　案例操作步骤

图 1-82　环绕观察模型

step 02 单击【平移】按钮，平移观察图形一侧，如图 1-83 所示。

step 03 单击【缩放】按钮，放大图形进行观察，如图 1-84 所示。

图 1-83　平移观察模型

图 1-84　缩放观察模型

建筑草图设计实践：建筑效果图有时需要标示出其他方面的效果，如白天或者夜景，或者不同的季节效果。这时可以选择控制 SketchUp 的阴影特性，包括时间、日期和实体的位置朝向，可以用页面来保存不同的阴影设置，以自动展示不同季节和时间段的光影效果。如图 1-85 所示为 SketchUp 中不同的阴影效果。

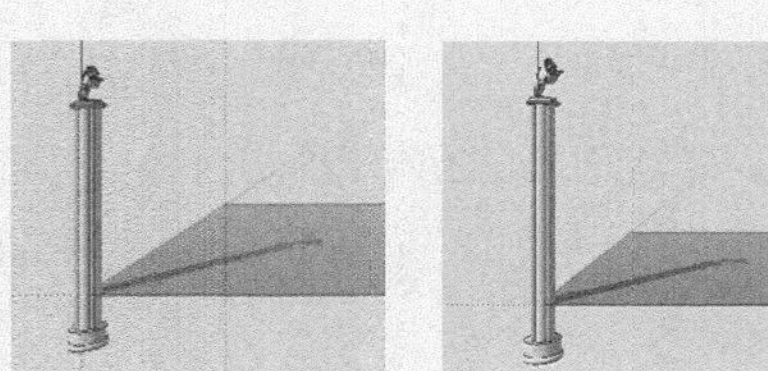

图 1-85　SketchUp 中不同的阴影效果

第 4 课　2 课时　SketchUp 对象操作

SketchUp 是一款面向设计师、注重设计创作过程的软件，其对于设计对象的操作功能也很强大，下面来介绍一下 SketchUp 对象操作中关于图形操作的主要方法。

行业知识链接：SketchUp 提供很多种显示模式，包含背景、天空、边线和表面等显示效果，通过选择不同的显示风格，可以让用户的图面表达更具艺术感，体现强烈的独特个性。如图 1-86 所示为不同模式下的建筑草图效果。

图 1-86　不同模式下的建筑草图效果

1.4.1　选择图形

【选择】工具按钮用于给其他工具命令指定操作的实体，对于用惯了 AutoCAD 的人来说，可能会不习惯，建议将 Space 键定义为【选择】工具按钮的快捷键，养成用完其他工具之后随手按一下 Space 键的习惯，这样就会自动进入选择状态。

使用【选择】工具按钮选取物体的方式有 4 种：点选、窗选、框选以及使用鼠标右键关联选择。

1. 点选

点选就是在物体元素上单击进行选择。选择一个面时，如果双击该面，将同时选中这个面和构成面的线。如果在一个面上单击 3 次以上，那么将选中与这个面相连的所有面、线和被隐藏的虚线(组和组件不包括在内)，如图 1-87 所示。

2. 窗选

窗选的方法为从左往右拖动鼠标指针，只有完全包含在矩形选框内的实体才能被选中，选框是实线。例如用窗选方法选择沙发的一半部分，如图 1-88 所示。

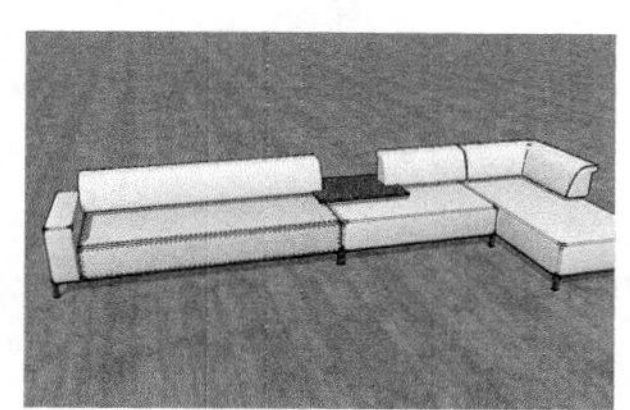

图 1-87　在面上连续单击 3 次

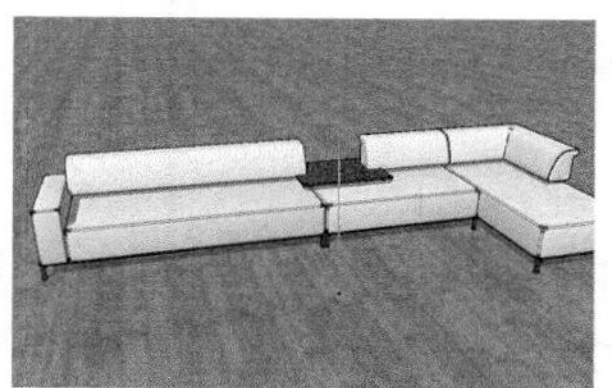

图 1-88　窗选选择图形

3. 框选

框选的方法为从右往左拖动鼠标指针，这种方法选择的图形包括选框内和选框所接触的所有实体，选框呈虚线显示。例如用框选方法选择沙发部分，如图 1-89 所示。

4. 右键关联选取

激活【选择】工具按钮后，在某个物体元素上右击，将会弹出一个快捷菜单，选择【选择】命令可以进行扩展选择，如图 1-90 所示。

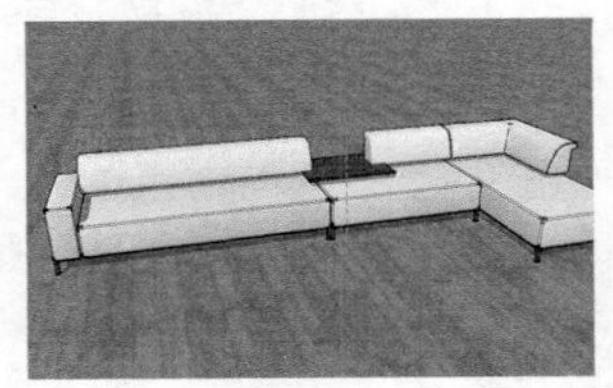

图 1-89　框选选择图形

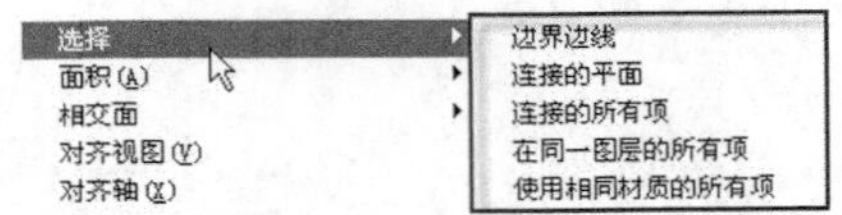

图 1-90　【选择】命令

使用【选择】工具按钮并配合键盘上相应的按键也可以进行不同的选择。

- 激活【选择】工具按钮后，按住 Ctrl 键可以进行加选，此时鼠标指针的形状变为。
- 激活【选择】工具按钮后，按住 Shift 键可以交替选择物体的加减，此时鼠标指针的形状变为。
- 激活【选择】工具按钮后，同时按住 Ctrl 键和 Shift 键可以进行减选，此时鼠标指针的形状变为。

如果要选择模型中的所有可见物体，除了选择【编辑】|【全选】命令外，还可以使用 Ctrl+A 快捷键。

右击鼠标可以指定材质的表面，如果要选择的面在组或组件内部，则需要双击进入组或组件内部进行选择。右击鼠标，在弹出的快捷菜单中选择【选择】|【使用相同材质的所有项】命令，那么具有相同材质的面都被选中，如图 1-91 所示。

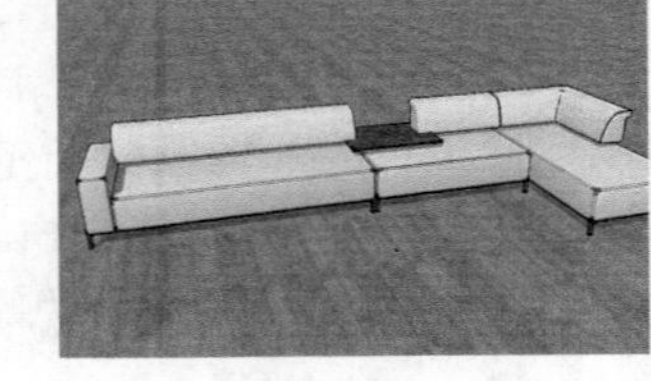

图 1-91　选择相同材质的所有项后的效果

1.4.2　取消选择

如果要取消当前的所有选择，可以在绘图窗口的任意空白区域单击，也可以选择【编辑】|【全部不选】菜单命令，或者使用 Ctrl+T 快捷键。

1.4.3　删除图形

下面介绍删除图形和隐藏边线的方法。

1. 删除图形

单击【擦除】工具按钮后，单击想要删除的几何体即可将其删除。如果按住鼠标左键不放，然后在需要删除的物体上拖曳，此时被选中的物体会呈高亮显示，松开鼠标左键即可全部删除。如果偶然选中了不想删除的几何体，可以在删除之前按 Esc 键取消这次删除操作。当鼠标移动过快时，可能会漏掉一些线，这时只需重复拖曳操作即可。

> **提示：** 如果要删除大量的线，更快的方法是先单击【选择】按钮进行选择，然后按 Delete 键删除。

2. 隐藏边线

使用【擦除】工具按钮的同时按住 Shift 键，将不再删除几何体，而是隐藏边线，如图 1-92 所示。

3. 柔化边线

使用【擦除】工具按钮的同时按住 Ctrl 键，将不再删除几何体，而是柔化边线，如图 1-93 所示。

图 1-92　隐藏边线

图 1-93　柔化边线

4. 取消柔化效果

使用【擦除】工具按钮的同时按住 Ctrl 键和 Shift 键就可以取消柔化效果，如图 1-94 所示。

图 1-94　取消柔化效果

阶段进阶练习

本教学日主要学习了 SketchUp 的工作界面操作，这样可以在绘图中很方便地找到所需要的工具，同时学习了观察模型和对象操作的方法与技巧，这些都是在绘图过程中经常用到的。

使用本教学日学过的内容，对如图 1-95 所示的建筑草图模型进行操作。

一般练习步骤和内容如下。

(1) 选择打开草图模型。

(2) 进行视图操作。

(3) 进行对象操作。

图 1-95　建筑草图模型

设计师职业培训教程

第2教学日

“工欲善其事，必先利其器”，在选择使用 SketchUp 软件创建模型之前，必须熟练掌握 SketchUp 的一些基本工具和命令，包括线、多边形、圆形、矩形等基本形体的绘制，通过推拉、缩放等基础命令生成三维体块等操作，本教学日主要介绍通过绘制二维图形、三维图形以及模型操作等功能建立基本的模型。

第1课 1课时 设计师职业知识——建筑效果设计基础

2.1.1 建筑效果图形式

建筑设计的成果表达即建筑表现，历来都是建筑学及相关领域课题研究实践的重要内容之一。随着数字时代的到来，建筑设计的操作对象不断丰富，设计表达的途径和成果更在数字技术媒介的影响和支持下日新月异。从手绘草图、工程图纸到计算机辅助绘图，从实体模型到计算机信息集成建筑模型，乃至数字化多媒体交互影像的设计制作，各种设计表达方法和手段在设计过程的不同阶段更新交替，发挥着各具特色的影响和作用。

建筑表现这个名词进入人们的生活也就是在近几年的时间，简单地说，效果图就是将一个还没有实现的构想，通过笔、计算机等工具将其体积、色彩、结构提前展示在人们眼前，以便更好地认识这个物体。现阶段主要用于建筑业、工业、装修业。

效果图是一个比较笼统的说法，向下细分有建筑效果图、装修效果图、工业产品效果图等，其中常见的有下面几类。

1. 广告效果图

这种效果图表现方法是重点突出建筑周边的环境、绿化，对建筑本身的表现要求很少。再就是对这类效果图的色彩更加强调，特别是在冷暖色对比、整个图片的色彩饱和度、明暗对比方面都相对更艺术化、理想化。这类效果图多被一般建筑商看好，也很能让普通老百姓接受，优点是视觉效果很好、容易吸引购房者，缺点是可信度低，往往开发商根本达不到效果图上的预期效果，如图 2-1 所示。

2. 照片效果图

这种表现方法重点在于整个建筑真实再现，通常这类效果图画面比较灰，对周边环境的真实性要求较严谨，尽可能追求照片效果。制作方法一般需要通过大量真实数码图片进行合成。优点是可信度高，通过它基本能想象出整个建筑完工后的效果。缺点是制作难度较大，视觉冲击力不是很好。但这类效果表现技法是一个发展方向，原因很简单，人们渐渐不太相信那些看上去很完美的效果图图片了，如图 2-2 所示。

图 2-1 广告效果图

图 2-2 照片效果图

3. 结构效果图

该类效果图表现技法主要针对的人群是接受过高等教育的知识人群和建筑师，重点在于努力将建筑的自身美体现出来，如图 2-3 所示。

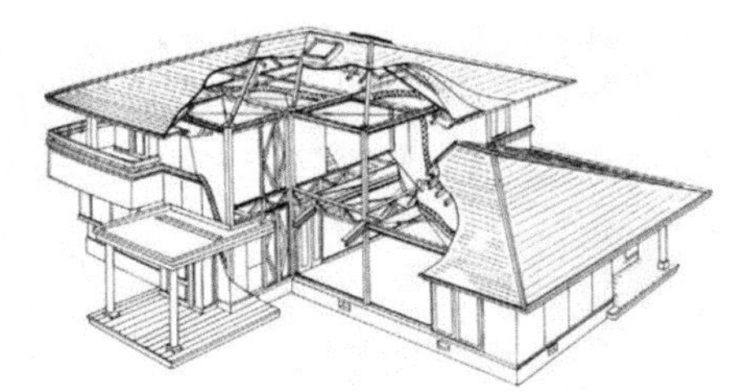

图 2-3 结构效果图

进入 20 世纪 60 年代后，人们的物质生活和文化水平都得到了很大提高，社会财富也极大丰富，科学技术迅速发展，受这些因素的影响，人们的思想观念发生了根本性转变，这一转变的核心就是以“物为本源”的价值观转变成以“人为本源”的价值观。

随着建筑业、房地产业的持续高速发展，室内设计成为更贴近公众需求的一种设计模式，在人类从事的建筑活动中，建筑设计和室内设计目标都是一致的，同是为创建人类赖以生存的建筑空间而工作。但从设计肩负的任务、内容和设计主体对象多方面比较，就会发现两者有着本质的区别。正是由于这种区别存在并影响其各自发展，也就决定了室内设计在建筑活动中，将肩负起更重要的社会职责。

室内设计肩负的工作，是在建筑设计完成原型空间基础上进行的第二次设计。目的是把这种原型空间通过再设计升华，获得更高质量的个性空间。这种按照具体空间再次进行的个性化设计，创造出的空间是更接近使用者需求的空间，是完全不同于原型空间的一种更富于人情味和艺术化的空间境界。室内设计所面对的主体对象多是具有强烈性格的个人，因此室内设计必须采取特殊性原则进行设计，这样就决定了室内设计的严谨性和狭窄性，室内建筑师也就不具备更大的自由度，只能在有限的空间里去创造。在创造过程中还允许使用者的参与和选择，这就更增加了创作时的难度和心理压力。但是正因为这种面对面的设计，又给室内设计带来了无限机遇和优势，更容易贴近使用者的需求，获得了更大的发挥余地。

2.1.2 建筑效果设计原则

建筑装饰是一门语言艺术。本节将针对建筑装饰的一些基础知识进行简述，这部分内容对于欲从事效果图制作的读者会有所帮助，对于后面的深入学习也是一个铺垫。

1. 建筑的色彩

色彩是一门学科，在学会设计和制作效果图之前，首先应掌握一些关于色彩的基本知识。对于建筑而言，色彩是能够迅速被人感知的因素，其不是一个抽象的概念，而是与建筑中的物体材料、质地紧密地联系在一起。在建筑设计中，色彩占有重要地位，因为建筑设计最终是以其形态和色彩为人们所感知的。色彩使用的好坏，除了对视觉产生影响外，还对人的情绪、心理产生影响，另外，色彩还可以创造建筑环境的情调和气氛，也是一种最实际的装饰因素。

建筑效果图的色彩与建筑材料是密切相关的，一方面，建筑效果图必须真实反映建筑材料的色感与质感；另一方面，建筑效果图必须具有一定的艺术创意，要表达出一定的氛围与意境，如图 2-4 所示为住宅楼色彩设计。

构成建筑效果图色彩的因素主要有两点：一是建筑材料，二是天空与环境的色彩。对于前者，必须使用其固有色，以表现真实；而对于后者，创意空间则较大。例如天空既可以是蓝蓝的，又可以是灰蒙蒙的；环境既可以是充满生机的春天，又可以是白雪皑皑的冬天，还可以是夜色或黄昏。

制作效果图时，色彩的运用原则如下。

首先，确定效果图的主色调。任何一幅美术作品必须具有一个主色调，效果图也是如此，这就像乐曲的主旋律一样，主导了整个作品的艺术氛围。

其次，处理好统一与变化的关系。主色调强调了色彩风格的统一，但是通篇都使用一种颜色，就使作品失去了活力，表现出的情感也非常单一，甚至死板。所以要在统一的基础上求变，力求表现出建筑的韵律感和节奏感。

最后，处理好色彩与空间的关系。由于色彩能够影响物体的大小、远近等物理属性，因此，利用这种特性可以在一定程度上改变建筑空间的大小、比例、透视等视觉效果。例如，墙面大就用收缩色，墙面小就用膨胀色。这样可以在一定程度上改善效果图的视觉效果。如图 2-5 所示为购物中心主色调和空间范例。

图 2-4　住宅楼色彩

图 2-5　购物中心主色调和空间范例

2. 建筑环境处理

室外建筑效果图的环境通常也称为配景，主要包括天空、配景楼、树木、花草、车辆、人物等，还可以根据需要添加路灯、路标、喷泉、休息椅、长廊等建筑附属。

对于室外建筑效果图而言，天空是必需的环境元素，不同的时间与气候下，天空的色彩是不同的，也会影响效果图的表现意境。

造型简洁、体积较小的室外建筑物，如果没有过多的配景楼、树木与人物等衬景，可以使用浮云多变的天空图，以增加画面的景观。造型复杂、体积庞大的室外建筑物，可以使用平和宁静的天空图，以突出建筑物的造型特征，缓和画面的纷繁。如果是地处闹市的商业建筑，为了表现其繁华热闹的景象，可以使用夜景天空图。

天空在室外建筑效果图中占的画面比例较大，但主要起陪衬作用，因此，不宜过分雕琢，必须从实际出发，合理运用，以免分散主题。如图 2-6 所示为小区的环境设计。

3. 建筑要素

(1) 平衡。

所谓平衡是指空间构图中各元素的视觉分量给人以稳定的感觉。不同的形态、色彩、质感在视觉传达和心理上会产生不同分量的感觉，只有不偏不倚的稳定状态，才能产生平衡、庄重、肃穆的美感。平衡有对称平衡和非对称平衡之分，对称平衡是指画面中心两侧或四周的元素具有相等的视觉分量，给人以安全、稳定、庄严的感觉；非对称平衡是指画面中心两侧或四周的元素比例不等，但是利用视觉规律，通过大小、形状、远近、色彩等因素来调节构图元素的视觉分量，从而达到一种平衡状态，给人以新颖、活泼、运动的感觉。例如，相同的两个物体，深色的物体要比浅色的物体感觉上重一些；表面粗糙的物体要比表面光滑的物体显得重一些。如图 2-7 所示的手绘图，体现了空间构图的平衡。

图 2-6　小区环境

图 2-7　手绘图

(2) 统一。

统一是美术设计中的重要原则之一，制作建筑效果图时也是如此，一定要使画面拥有统一的思想与格调，把所涉及的构图要素运用艺术的手法创造出协调统一的感觉。这里所说的统一，是指构图元素的统一、色彩的统一、思想的统一、氛围的统一等多方面的。统一不是单调，在强调统一的同时，切忌把作品推向单调，应该是既不单调又不混乱，既有起伏又有协调的整体艺术效果。例如，有时为了获得空间的协调统一，可以借助正方形，圆形、三角形等基本元素，使不协调的空间得以和谐统一，或者也可以使用适当的文字进行点缀。

(3) 比例。

在进行效果图构图时，比例问题是很重要的，主要包括两个方面：一是指造型比例；二是指构图比例。

首先，对于效果图中的各种造型，不论其形状如何，都存在着长、宽、高 3 个方向的度量。这 3 个方向上的度量比例一定要合理，才会给人以美感。例如，制作一座楼房的室外效果图，其中长、宽、高就是一个比例问题，只有把长、宽、高之间的比例设置合理，效果图看起来才逼真，这是每位从事效果图制作的人都能体会到的。实际上，在建筑和艺术领域有一个非常实用的比例关系，那就是黄金分割——1∶1.618，这对于制作建筑造型具有一定的指导意义，当然，不同的问题还要结合实际情况进行不同的处理。

其次，当具备了比例和谐的造型后，把它放在一个环境中时，需要强调构图比例，理想的构图比例是 2∶3、3∶4、4∶5 等。对于室外效果图来说，主体与环境设施、人体、树木等要保持合理的比例，如图 2-8 所示。

(4) 节奏。

节奏体现了形式美。在效果图中，将造型或色彩以相同或相似的序列重复交替排列可以获得节奏感。自然界中有许多事物，例如人工编织物、斑马纹等，由于有规律地重复出现，或者有秩序地变化，所以给人以美的感受。在现实生活中，人类有意识地模仿和运用自然界中的一些纹理，创造出了很多有条理性、重复性和连续性的美丽图案，例如皮革纹理、布匹纹理等，很多都是重复美。

节奏就是有规律的重复，各空间要素之间具有单纯的、明确的、秩序井然的关系，使人产生匀速有规律的动感。

(5) 对比。

有效地运用任何一种差异，通过大小、形状、方向、明暗及情感对比等方式，都可以引起读者的注意力。在制作效果图时，应用最多的是明暗对比，这主要体现在灯光的处理技术上，如图 2-9 所示。

图 2-8　构图比例突出主题

图 2-9　学院建筑灯光对比

4. 效果图设计审美

效果图设计审美有 3 个要素：空间构图、色彩、建筑审美。

(1) 构图要素之线条。

- 垂直线：显得刚强有力，给人以向上的感觉，使空间有提高之感，但运用过多会使人感到刻板单调。
- 水平线：使人感到宁静、轻松、平稳，使空间有开阔、完整的感觉。
- 斜线：具有运动感，可以活跃气氛，当垂直线或水平线过多时，用斜线加以调节，可起到软化的作用。
- 曲线：它的变化是无限的，可不断改变方向，富有动感，给人以柔和、自由、轻松的感觉。
- 形和体：在同一空间中过多地出现某一种形体，会产生呆板、单调之感，若在方形的基础上增加球形灯或曲线花瓶或曲线纹理，这样空间就开始活跃起来。如图 2-10 所示为建筑线条的设计应用。

(2) 协调、统一原则。

如果过于协调统一，将会单调、沉闷。一个好的设计应既不单调也不混乱，既有起伏变化又有协调统一。

(3) 比例、尺度。

比例是指物体长、宽、高 3 方面度量的关系，只有比例和谐才会引起人们的美感，最佳比例为黄金分割点(0.618)。尺度是指和人体保持相应的尺寸与大小的关系，如局部小，可通过对比衬托出整体的高大。

(4) 均衡与稳重。

均衡指空间前后左右各部分的关系，如对称均衡显现了严肃庄重、明显完整的统一性，不对称均衡则有轻松活泼的效果。稳重是指空间整体上下之间的轻重关系，可从大小、形状、色彩、质地上决定，如深色比浅色重，粗糙比光滑重。如图 2-11 所示为高层建筑设计时的比例和均衡应用。

图 2-10　建筑线条的应用

图 2-11　高层建筑的比例和均衡应用

(5) 节奏、韵律。

节奏是指有规律的重复，有 3 种，即连续、渐变、交错(一隐一现、一黑一白、一冷一暖、一大一小、一长一短)。

(6) 色彩。

处理好协调与对比、统一与变化、主景与背景的关系，先确定好主调，如大面积不宜过于鲜艳，小面积可提高亮度、饱和度。暖色、亮色具有扩散效果，显得体积大；冷色、暗色则具有内聚效果，显得体积小，如图 2-12 所示。

5. 效果图的构图

(1) 黄金分割法。

把一条线段分割为两部分，使其中一部分与全长之比等于另一部分与该部分之比，其近似值是 0.618。由于按此比例设计的造型十分美丽，因此称为黄金分割，也称为中外比。这个数值的作用不仅体现在绘画、雕塑、音乐、建筑等艺术领域，而且在管理、工程设计等领域也有着不可忽视的作用，如图 2-13 所示。

图 2-12 建筑色彩设计

图 2-13 黄金分割构图

(2) 九宫格。

“九宫格”是我国书法史上临帖写仿的一种界格，又叫“九方格”，即在纸上画出若干大方框，再于每个方框内分出 9 个小方格，以便对照字帖范字的笔画部位进行练字。九宫格的中间一小格称为“中宫”，上面 3 格称为“上三宫”，下面 3 格称为“下三宫”，左右两格分别称为“左宫”和“右宫”。九宫格构图也称井字构图，实际上属于黄金分割式的一种形式，就是把画面平均分成 9 块，在中心块上四个角的点用任意一点的位置来安排主体位置。实际上这几个点都符合“黄金分割定律”，是最佳的位置，当然还应考虑平衡、对比等因素。这种构图能呈现变化与动感，画面富有活力。这 4 个点也有不同的视觉感应，上方两点动感就比下方强，左面比右面强。如图 2-14 所示为中国典型四合院的宫格布局。

(3) 十字形构图。

十字形构图就是把画面分成 4 份，也就是通过画面中心画横竖两条线，中心交叉点是安放主体的位置。此种构图，使画面增加了安全感、和平感、庄重感及神秘感，也存在着呆板等缺陷，适宜表现对称式构图，如表现古建筑题材，可产生中心透视效果，如神秘感的体现，主要是表现在十字架、教堂等摄影中。所以说不同的题材应选用不同的表现方法，如图 2-15 所示。

(4) 三角形构图。

三角形构图在画面中所表达的主体放在三角形中，或影像本身呈三角形的态势，此构图是视觉感应方式，如有形态形成的也有阴影形成的三角形态，如果是自然形成的线形结构，这时可以把主体安排在三角形斜边中心位置上，以图有所突破，但只有在全景使用时效果最好。三角形构图可产生稳定感，倒置时则不稳定，可用于不同景物，如近景人物、特写等摄影。

图 2-14 四合院的宫格布局

图 2-15 高层十字形构图

(5) 三分法构图。

三分法构图是指把画面横分 3 份，每一份中心都可放置主体形态，这种构图适宜多形态平行焦点的主体；也可表现大空间、小对象，也可反向选择。这种画面表现鲜明，构图简练，可用于近景等不同景别。

(6) A 字形构图。

A 字形构图是指在画面中，以 A 字形的形式来安排画面的结构。A 字形构图具有极强的稳定感，具有向上的冲击力和强劲的视觉引导力，可表现高大自然物体及自身存在这种形态的物体。如果把表现对象放在 A 字顶端会合处，此时是强制式的视觉引导，让人不想注意这个点都不行。在 A 字形构图中不同倾斜角度的变化，可产生不同的画面动感效果，而且形式新颖，主体指向鲜明，但也是较难掌握的一种构图方法，需要经验积累。

(7) S 字形构图。

S 字形构图在画面中优美感得到了充分的发挥，首先体现在曲线的美感。S 字形构图动感效果强，既动且稳，可用于各种幅面的画面，这需要根据题材的对象来选择。表现题材时，远景俯拍效果最佳，如山川、河流、地域等自然的起伏变化，也可表现众多的人体、动物、物体的曲线排列变化以及各种自然、人工所形成的形态。一般情况下，S 字形构图都是从画面的左下角向右上角延伸，也可以使用不同方向的构图，如图 2-16 所示。

(8) V 字形构图。

V 字形构图是最富有变化的一种构图方法，其主要变化是在方向上的安排或倒放、横放，但不管怎么放，其交合点必须是向心的。双用 V 字形时，能使单用 V 字形构图的性质发生根本性的改变。单用时画面不稳定的因素极大，双用时不但具有向心力，而且稳定感得到了满足。正 V 形构图一般用在前景中，作为前景的框式结构来突出主体。

(9) C 形构图。

C 形构图具有曲线美的特点，又能产生变异的视觉焦点，画面简洁明了。然而在安排主体对象时，必须安排在 C 形的缺口处，使人的视觉随着弧线推移到主体对象。C 形构图可在方向上任意调整，一般情况下，多在工业题材、建筑题材上使用。

(10) O 形构图。

O 形构图也就是圆形构图，是把主体安排在圆心中所形成的视觉中心。圆形构图可分外圆与内圆构图，外圆是自然形态的实体结构，内圆是空心结构如管道、钢管等，外圆是在(一般都是比较大的、粗的)实心圆物体形态上的构图，主要是利用主体安排在圆形中的变异效果来体现表现形式的。

内圆构图产生的视觉透视效果是震撼的，视点安排可在画面的正中心形成的构图结构，也可偏离中心的方位，如左上角或右上角产生动感，下方产生的动感小但稳定感增强了。

如果摄取内圆叠加形式的组合，产生的多圆连环的光影透视效果是激动人心的，如再配合规律曲线，则所产生的效果更加强烈，如炮管内的来复线，既优美又配合了视觉指向。

(11) W 形构图。

W 形构图具有极好的稳定性，非常适合人物的近景拍摄。其在背景及前景的处理中能得到很好的发挥，运用此种构图，需要寻求细小的变化及视觉的感应。

(12) 口形构图。

口形构图也称框式构图，一般多应用在前景构图中，如利用门、窗、山洞口、其他框架等作为前景来表达主体，阐明环境。这种构图符合人们的视觉经验，使人感觉到透过门和窗来观看影像。如图 2-17 所示，产生现实的空间感和透视效果是强烈的。

图 2-16　S 字形构图

图 2-17　建筑口形构图

第2课　3 课时　绘制二维图形

二维绘图是 SketchUp 绘图的基本，复杂的图形都可以由简单的点、线构成，本课介绍的二维基本绘图方法包括点、线、圆和圆弧等，SketchUp 也可以直接绘制矩形和正多边形，下面进行具体介绍。

行业知识链接：二维平面图的方向应与总图方向一致。平面图的长边应该与横式幅面图纸的长边一致。在同一张图纸上绘制多于一层的平面图时，各层平面图也应该按层数由低向高的顺序从左至右或从下至上布置。如图 2-18 所示为住宅建筑平面效果图。

图 2-18　平面效果图

2.2.1 矩形工具

执行【矩形】命令主要有以下几种方式。

- 在菜单栏中选择【绘图】|【形状】|【矩形】命令。
- 直接按 R 键。
- 单击【大工具集】工具栏中的【矩形】按钮。

在绘制矩形时，如果出现了一条虚线，并且带有“正方形”提示，则说明绘制的为正方形；如果出现“黄金分割”的提示，则说明绘制的是带黄金分割的矩形，如图 2-19 所示。

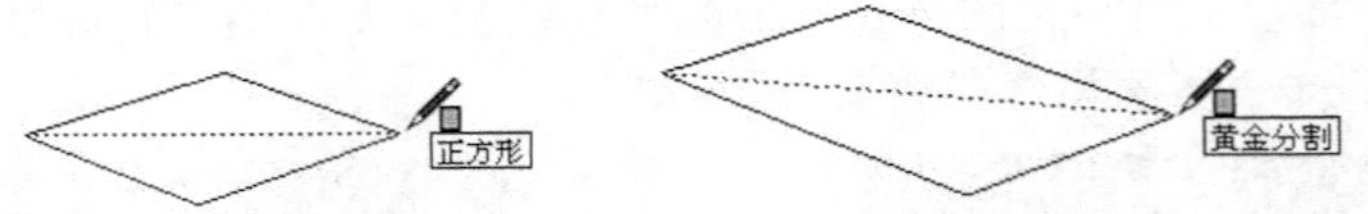

图 2-19　绘制矩形

如果想要绘制的矩形不与默认的绘图坐标轴对齐，可以在绘制矩形前使用【工具】|【坐标轴】命令重新放置坐标轴。

绘制剖矩形时，它的尺寸会在数值控制框中动态显示，用户可以在确定第一个角点或者刚绘制完矩形后，通过键盘输入精确的尺寸。除了输入数字外，用户还可以输入相应的单位，例如英制的或者 mm 等单位，如图 2-20 所示。

尺寸 200, 200

图 2-20　数值控制框

> **提示：**没有输入单位时，ShetchUp 会使用当前默认的单位。

2.2.2 线条工具

执行【线条】命令主要有以下几种方式。

- 在菜单栏中选择【绘图】|【直线】|【直线】命令。
- 直接按 L 键。
- 单击【大工具集】工具栏中的【直线】按钮。

绘制 3 条以上的共面线段首尾相连就可以创建一个面，在闭合一个表面时，可以看到【端点】提示。如果是在着色模式下，成功创建一个表面后，新的面就会显示出来，如图 2-21 所示。

如果在一条线段上拾取一点作为起点绘制直线，那么这条新绘制的直线会自动将原来的线段从交点处断开，如图 2-22 所示。

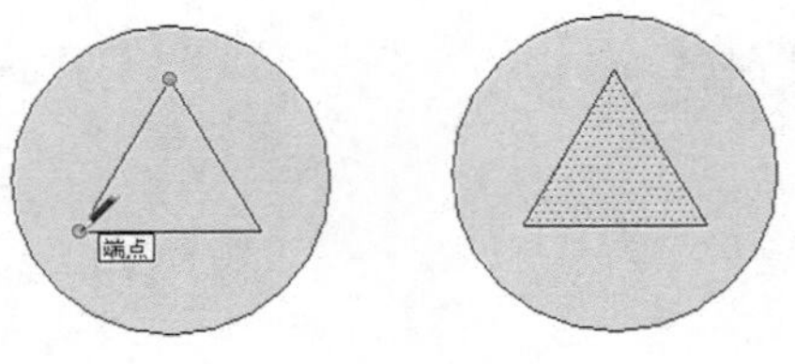

图 2-21　在面上绘制线

图 2-22　拾取点绘制直线

如果要分割一个表面，只需绘制一条端点位于表面周长上的线段即可，如图 2-23 所示。

有时候，交叉线不能按照用户的需要进行分割，例如分割线没有绘制在表面上。在打开轮廓线的情况下，所有不是表面周长上的线都会显示为较粗的线。如果出现这样的情况，可以使用【线】工具按钮在该线上绘制一条新的线来进行分割。SketchUp 会重新分析几何体并整合这条线，如图 2-24 所示。

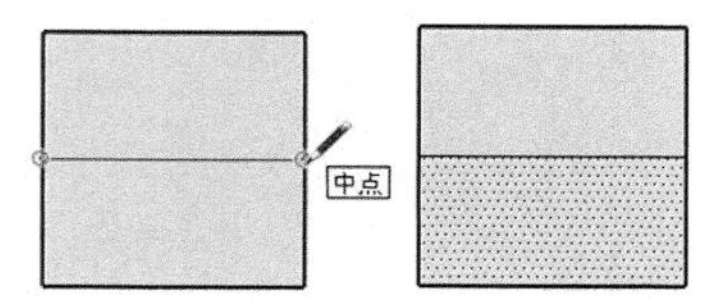

图 2-23　绘制直线分割面(1)

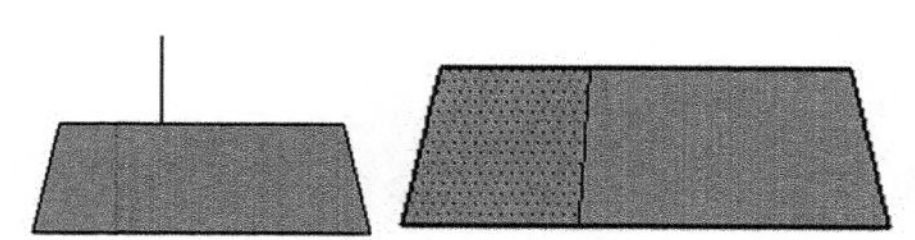

图 2-24　绘制直线分割面(2)

在 SketchUp 中绘制直线时，除了可以输入长度外，还可以输入线段终点的准确空间坐标，输入的坐标有两种，一种是绝对坐标，另一种是相对坐标。

- 绝对坐标：用中括号输入一组数字，表示以当前绘图坐标轴为基准的绝对坐标，格式为[x/y/z]。
- 相对坐标：用尖括号输入一组数字，表示相对于线段起点的坐标，格式为<x/y/z>。

利用 SketchUp 强大的几何体参考引擎，用户可以使用【线】工具按钮直接在三维空间中绘制。在绘图窗口中显示的参考点和参考线，表达了要绘制的线段与模型中几何体的精确对齐关系，例如平行或垂直等；如果要绘制的线段平行于坐标轴，那么线段会以坐标轴的颜色亮显，并显示“在红色轴线上”“在绿色轴线上”或“在蓝色轴线上”的提示，如图 2-25 所示。

有的时候，SketchUp 不能捕捉到需要的对齐参考点，这是因为捕捉的参考点可能受到了其他几何体干扰，这时可以按 Shift 键来锁定需要的参考点。例如，将鼠标指针移动到一个表面上，当指针显示“在表面上”的提示后按 Shift 键，此时线条会变粗，并锁定在这个表面所在的平面上，如图 2-26 所示。

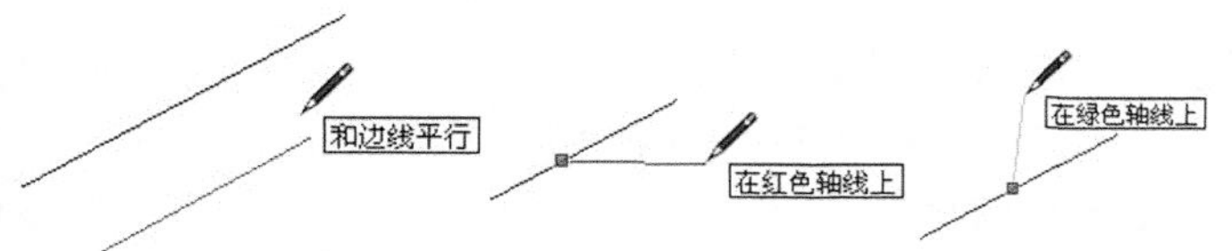

图 2-25　绘制直线

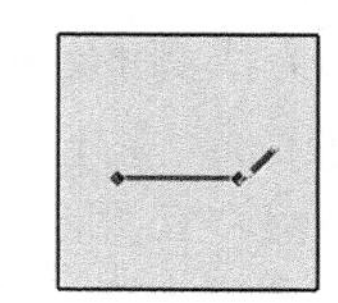

图 2-26　绘制粗直线

在已有面的延伸面上绘制直线的方法是，将鼠标指针指向已有的参考面(注意不必单击)，当出现“在平面上”的提示后，按 Shift 键的同时移动鼠标指针到需要绘线的地方并单击，然后松开 Shift 键绘制直线即可，如图 2-27 和图 2-28 所示。

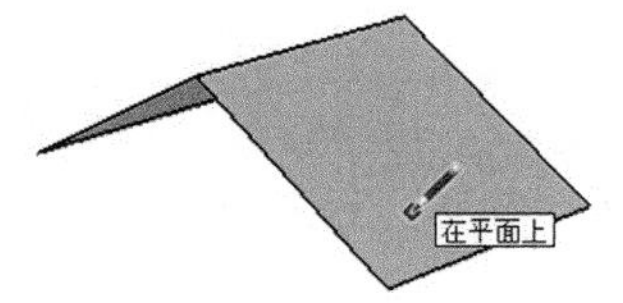

图 2-27　在平面上

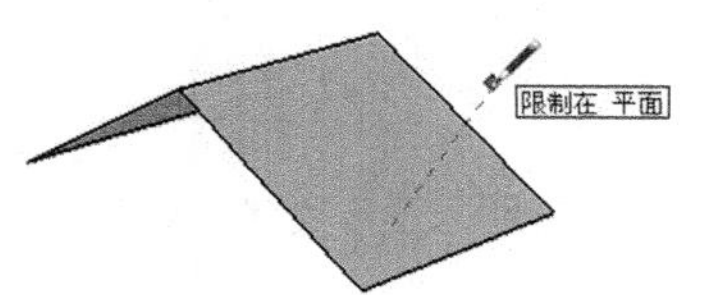

图 2-28　移动鼠标指针

线段可以等分为若干段。先在线段上右击，然后在弹出的快捷菜单中选择【拆分】命令，接着移动鼠标指针，系统将自动参考不同等分段数的等分点(也可以直接输入需要拆分的段数)，完成等分后，单击线段查看，可以看到线段被等分成几个小段，如图 2-29 所示。

图 2-29　拆分直线

2.2.3　圆工具

执行【圆】命令主要有以下几种方式。

- 在菜单栏中选择【绘图】|【形状】|【圆】命令。
- 直接按 C 键。
- 单击【大工具集】工具栏中的【圆】按钮。

如果要将圆绘制在已经存在的表面上，可以将光标移动到那个面上，SketchUp 会自动将圆进行对齐，如图 2-30 所示。也可以在激活圆工具后，移动光标至某一表面，当出现“在平面上”的提示时，按 Shift 键的同时移动光标到其他位置绘制圆，那么这个圆会被锁定于在刚才那个表面平行的面上，如图 2-31 所示。

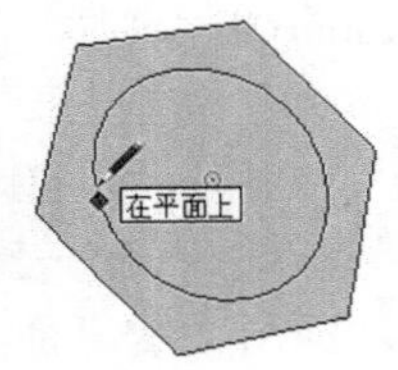

图 2-30　在平面上绘制圆

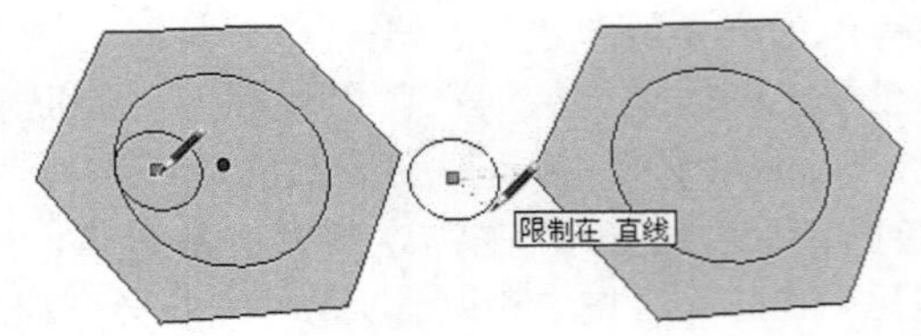

图 2-31　移动绘制平面

一般完成圆的绘制后便会自动封面，如果将面删除，就会得到圆形边线。如果想要对单独的圆形边线进行封面，可以使用【直线】工具按钮连接圆上的任意两个端点，如图 2-32 所示。

右击圆，在弹出的快捷菜单中选择【图元信息】命令，打开【图元信息】对话框，在该对话框中可以修改圆的参数，其中【半径】表示圆的半径，【段】表示圆的边线段数，【长度】表示圆的周长，如图 2-33 所示。

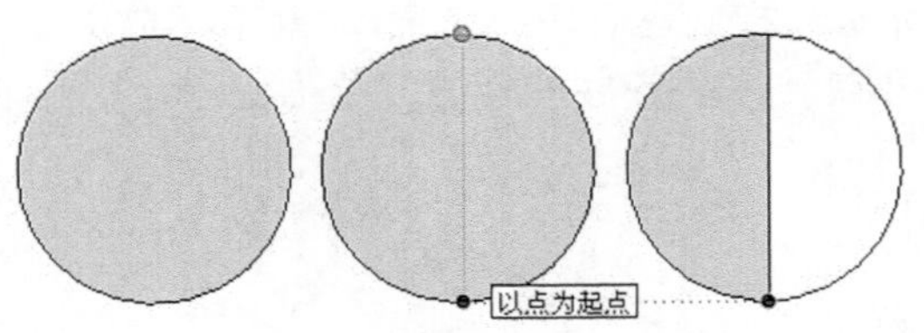

图 2-32　使用直线分割圆面

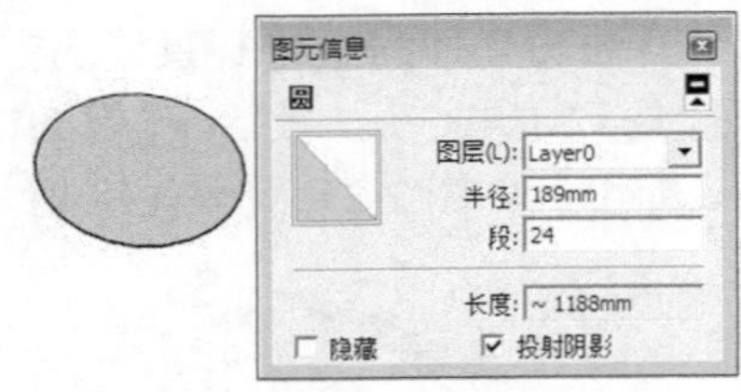

图 2-33　图元信息

修改圆或圆弧半径的方法如下。

- 在圆的边上右击(注意是边而不是面)，然后在弹出的快捷菜单中选择【图元信息】命令，接着调整【半径】参数即可。

- 使用【缩放】工具按钮进行缩放(具体的操作方法，在后面会进行详细的讲解)。

修改圆的边数方法如下。

- 激活【圆】工具，并且在还没有确定圆心前，在数值控制框内输入边的数值(例如输入 5)，然后再确定圆心和半径。
- 完成圆的绘制后，在开始下一个命令之前，在数值控制框内输入【边数 S】的数值(例如输入 10S)。
- 在【图元信息】对话框中修改【段】的数值，方法与上述修改半径的方法相似。

提示：使用【圆】工具绘制的圆，实际上是由直线段组合而成的。圆的段数较多时，外观看起来就比较平滑，但是，较多的片段数会使模型变得更大，从而降低系统性能。其实较小的片段数值结合柔化边线和平滑表面，也可以取得圆润的几何体外观。

2.2.4 圆弧工具

执行【两点圆弧】命令主要有以下几种方式。

- 在菜单栏中选择【绘图】|【圆弧】|【两点圆弧】命令。
- 直接按 A 键。
- 单击【大工具集】工具栏中的【两点圆弧】按钮。

绘制两点圆弧，调整圆弧的凸出距离时，圆弧会临时捕捉到半圆的参考点，如图 2-34 所示。

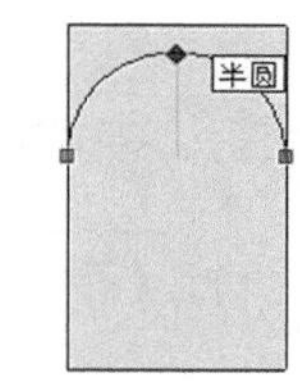

图 2-34 圆弧的半径

在绘制圆弧时，数值控制框内首先显示的是圆弧的弦长，然后是圆弧的凸出距离，用户可以输入数值来指定弦长和凸距。圆弧的半径和段数的输入需要专门的格式。

(1) 指定弦长：单击确定圆弧的起点后，就可以输入一个数值来确定圆弧的弦长。数值控制框显示为【长度】时，输入目标长度。也可以输入负值，表示要绘制的圆弧在当前方向的反向位置，例如(−1,0)。

(2) 指定凸出距离：输入弦长以后，数值控制框显示为【距离】时，输入要凸出的距离，负值的凸距表示圆弧往反向凸出。如果要指定圆弧的半径，可以在输入的数值后面加上字母 r(例如 2r)，然后确认(可以在绘制圆弧的过程中或完成绘制后输入)。

(3) 指定段数：要指定圆弧的段数，可以输入一个数字，然后在数字后面加上字母 s(例如 8s)，接着单击确认。输入段数可以在绘制圆弧的过程中或完成绘制后输入。

使用【圆弧】工具可以绘制连续圆弧线，如果弧线以青色显示，则表示与原弧线相切，出现的提示为【在顶点处相切】，如图 2-35 所示。绘制好这样的异形弧线以后，可以进行推拉，形成特殊形体，如图 2-36 所示。

用户可以利用【推/拉】工具推拉带有圆弧边线的表面，推拉的表面成为圆弧曲面系统。虽然曲面系统可以像真的曲面那样显示和操作，但实际上是一系列平面的集合。

执行【圆弧】命令主要有以下两种方式。

- 在菜单栏中选择【绘图】|【圆弧】|【圆弧】命令。

- 单击【大工具集】工具栏中的【圆弧】按钮。

绘制圆弧时，先确定圆心位置与半径距离，然后绘制圆弧角度，如图 2-37 所示。

执行【扇形】命令主要有以下两种方式。

- 在菜单栏中选择【绘图】|【圆弧】|【扇形】命令。
- 单击【大工具集】工具栏中的【扇形】按钮。

绘制扇形时，先确定圆心位置与半径距离，然后绘制圆弧角度，确定圆弧角度之后所绘制的是封闭的圆弧面，如图 2-38 所示。

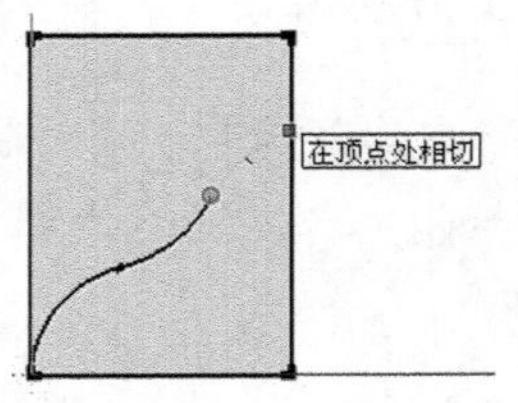

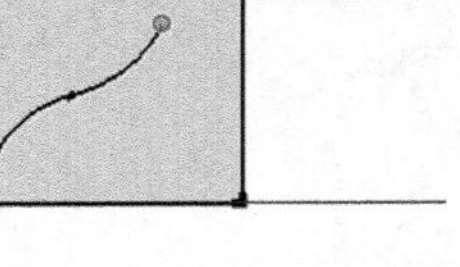

图 2-35　绘制圆弧

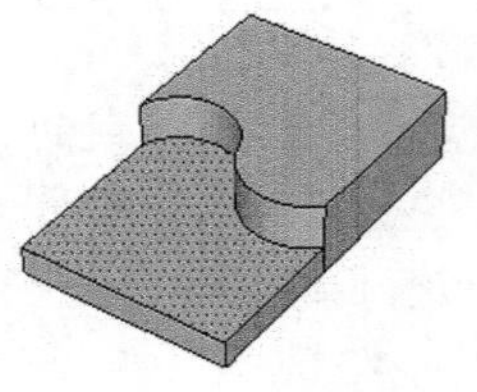

图 2-36　推拉绘图

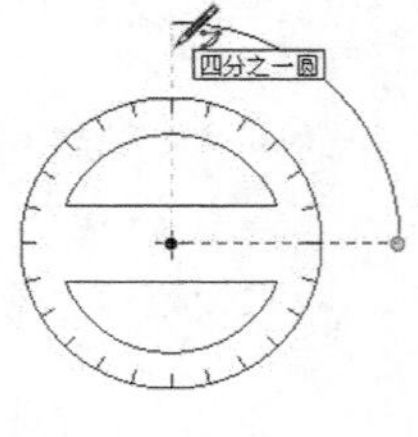

图 2-37　圆弧角度

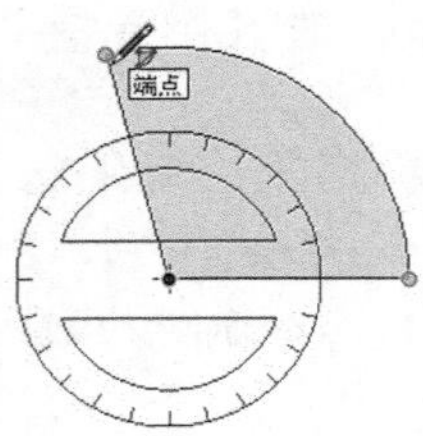

图 2-38　绘制扇形

> **提示：** 绘制弧线(尤其是连续弧线)的时候常常会找不准方向，可以通过设置辅助面，然后在辅助面上绘制弧线来解决。

2.2.5　多边形工具

执行【多边形】命令主要有以下两种方式。

- 在菜单栏中选择【绘图】|【形状】|【多边形】菜单命令。
- 单击【大工具集】工具栏中的【多边形】按钮。

单击【多边形】按钮，在输入框中输入 6，然后单击确定圆心的位置，移动鼠标指针调整圆的半径，可以直接输入一个半径，再次单击确定完成绘制，如图 2-39 所示。

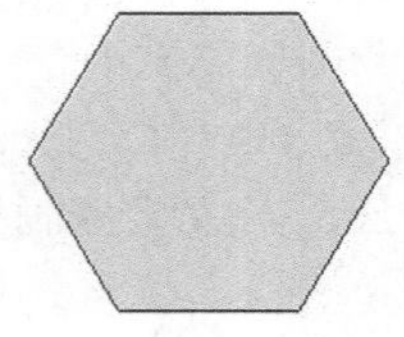

图 2-39　多边形

2.2.6　手绘线工具

执行【手绘线】命令主要有以下两种方式。

- 在菜单栏中选择【绘图】|【直线】|【手绘线】命令。
- 单击【大工具集】工具栏中的【手绘线】按钮。

曲线可放置在现有的平面上，或与现有的几何图形相独立(与轴平面对齐)。要绘制曲线时，先选择手绘线工具，当光标变为一支带曲线的铅笔时，在放置曲线的起点处单击并拖动光标开始绘图，如图 2-40 所示。松开鼠标按键后即停止绘图。如果将曲线终点设在绘制起点处即可绘制闭合形状，如图 2-41 所示。

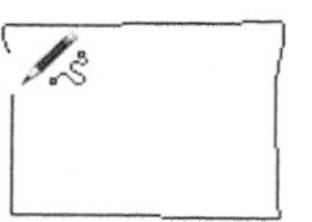

图 2-40　手绘线工具

图 2-41　完成绘制手绘线工具

课后练习

案例文件：ywj\02\2-1.skp

视频文件：光盘→视频课堂→第 2 教学日→2.2

练习案例分析及步骤如下。

课后练习的纪念性公园作为公园体系中的重要组成部分之一，有着其他类型公园不可替代的功能和作用，成为建设现代文明社会、人文社会的一个重要的文化组成部分，被越来越多的人所重视。现代社会发展速度越来越快，人们对于古代文化的遗忘越来越严重，因此对古代文化遗产的保护日显重要。在人们忙于奔波和劳累的时候，一种可以让人们忘记烦恼和忧愁，减轻压力的同时又可以怀念历史文化的场所日显重要，而纪念性公园的出现正是在这样的因素下产生的，如图 2-42 所示。

本课案例主要练习纪念性公园平面效果的绘制，首先建立绘制区域，之后进行底部轮廓的绘制，这里要用到很多二维图形的绘制命令，再绘制主建筑物和其他建筑物，最后添加背景材质完成模型，本案例的绘制思路和步骤如图 2-43 所示。

图 2-42　中式纪念公园景观全图

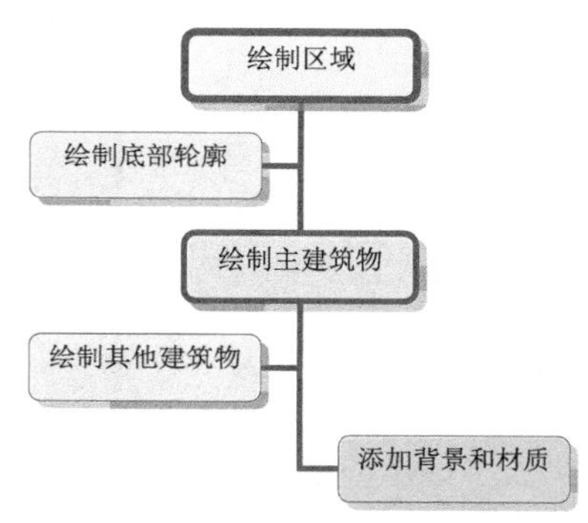

图 2-43　绘制纪念性公园步骤

练习案例操作步骤如下。

step 01 单击【大工具集】工具栏中的【直线】按钮，绘制模型区域，如图 2-44 所示。

step 02 单击【大工具集】工具栏中的【直线】按钮和【圆弧】按钮，绘制主道路轮廓，如图 2-45 所示。

图 2-44　绘制模型区域

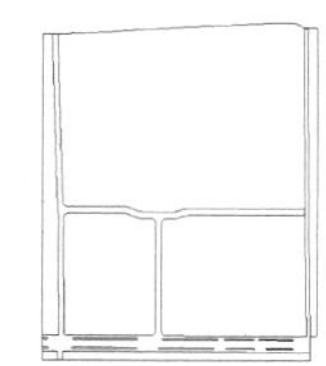

图 2-45　绘制主道路轮廓

step 03 单击【直线】按钮和【圆弧】按钮，绘制主建筑物底部轮廓，如图 2-46 所示。

step 04 单击【直线】按钮和【圆弧】按钮，绘制附属建筑物底部轮廓，如图 2-47 所示。

step 05 单击【大工具集】工具栏中的【直线】按钮，绘制庭院走廊轮廓，如图 2-48 所示。

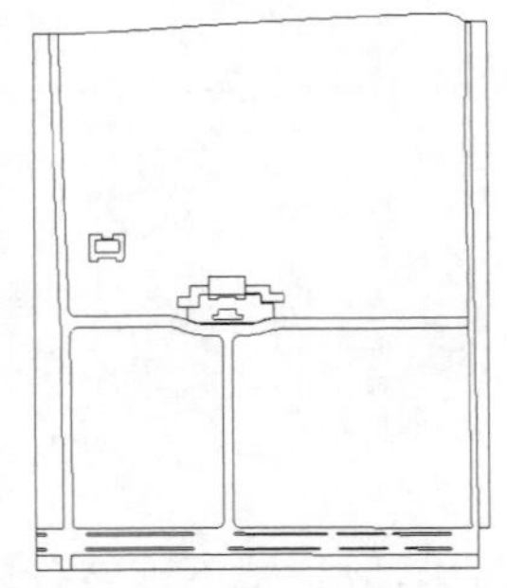

图 2-46　主建筑物底部轮廓

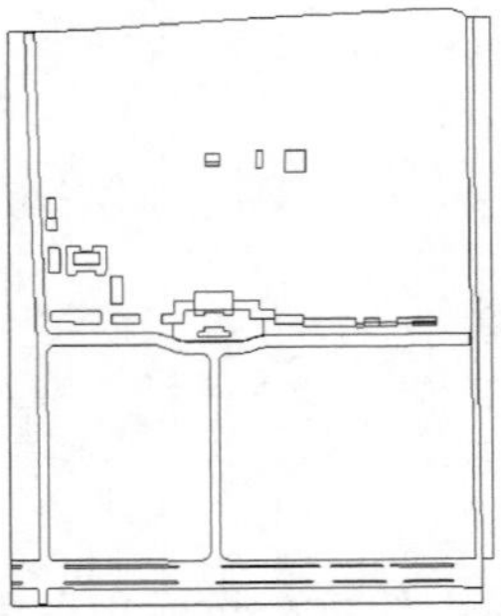

图 2-47　绘制附属建筑物底部轮廓

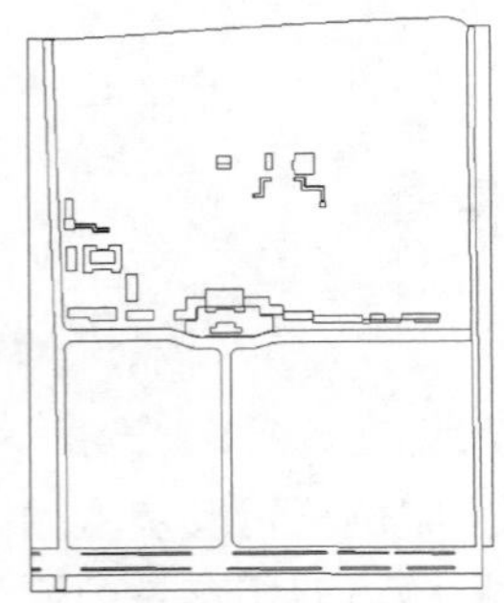

图 2-48　绘制庭院走廊轮廓

step 06 单击【直线】按钮和【圆弧】按钮，绘制围墙及观光路轮廓，如图 2-49 所示。

step 07 单击【直线】按钮和【圆弧】按钮，绘制停车带及附属建筑内院，如图 2-50 所示。

step 08 单击【大工具集】工具栏中的【直线】按钮，绘制主建筑物轮廓，如图 2-51 所示。

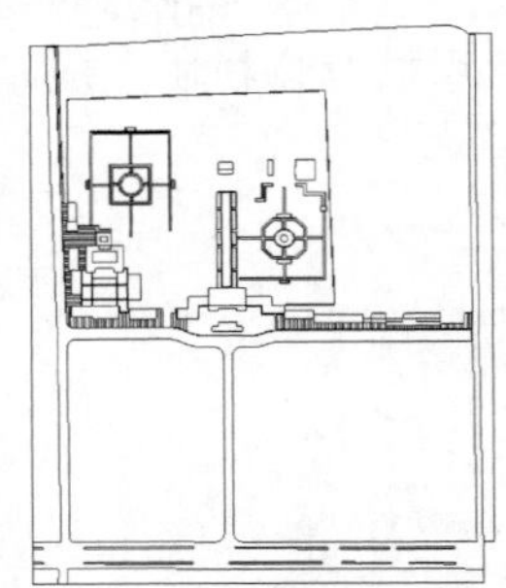

图 2-49　绘制围墙及观光路轮廓

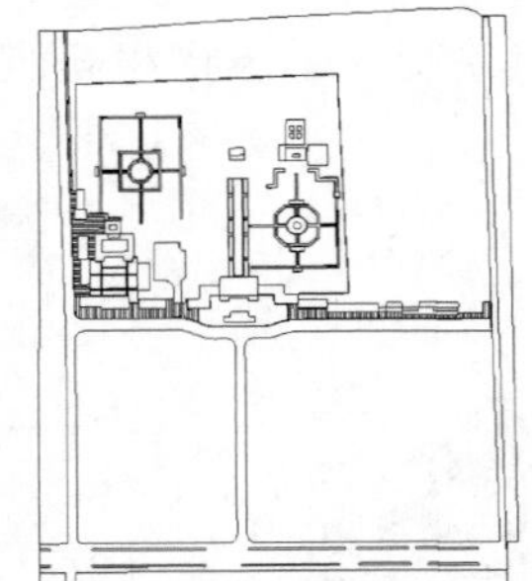

图 2-50　绘制停车带及附属建筑内院

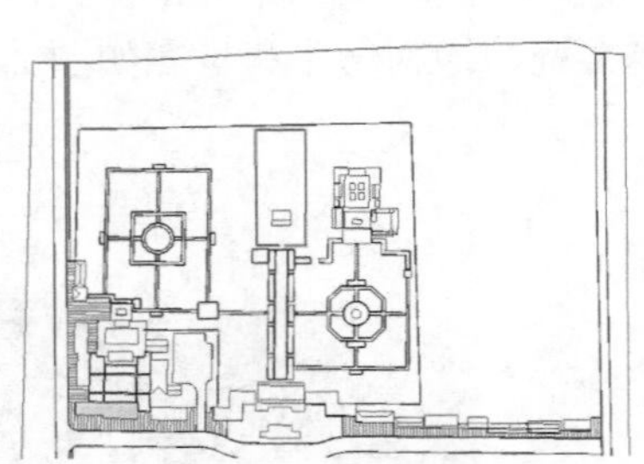

图 2-51　绘制主建筑物轮廓

step 09 单击【直线】按钮和【圆弧】按钮，绘制主建筑物轮廓亭子及内部主道路绿化带轮廓，如图 2-52 所示。

step 10 单击【大工具集】工具栏中的【直线】按钮，绘制绿化树池轮廓，如图 2-53 所示。

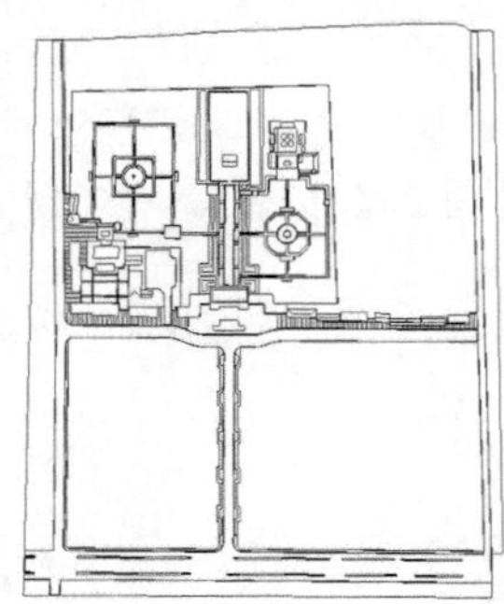

图 2-52　绘制主建筑物轮廓亭子及内部主道路绿化带轮廓

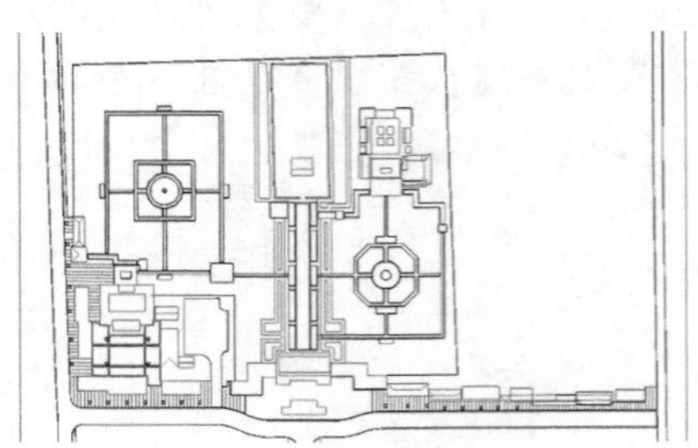

图 2-53　绘制绿化树池轮廓

step 11 单击【大工具集】工具栏中的【直线】按钮，绘制虚拟物体轮廓，如图 2-54 所示。

step 12 单击【大工具集】工具栏中的【矩形】按钮，绘制主通道口轮廓，如图 2-55 所示。

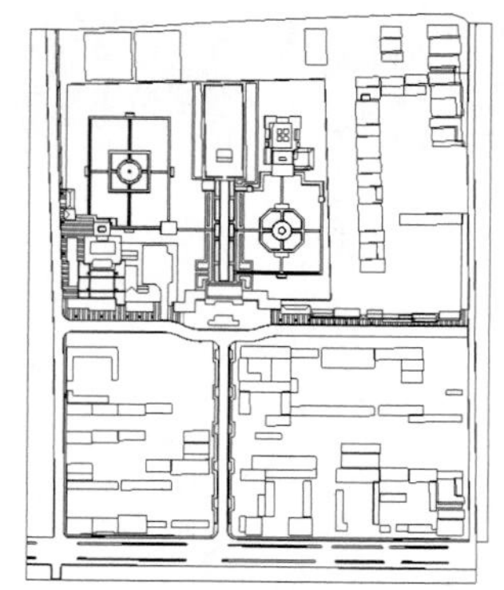
图 2-54　绘制虚拟物体轮廓

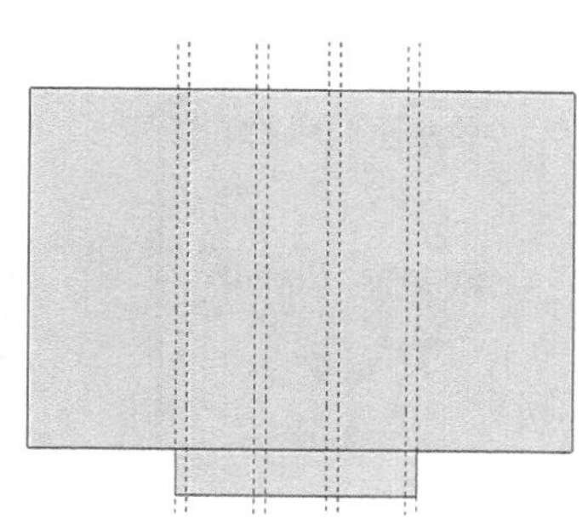
图 2-55　绘制主通道口轮廓

step 13 单击【直线】按钮和【推/拉】按钮，选择一处台阶推拉一定高度绘制正门台阶轮廓，如图 2-56 所示。

step 14 单击【直线】按钮和【推/拉】按钮，按一定高度做出台阶形状，绘制正门台阶，如图 2-57 所示。

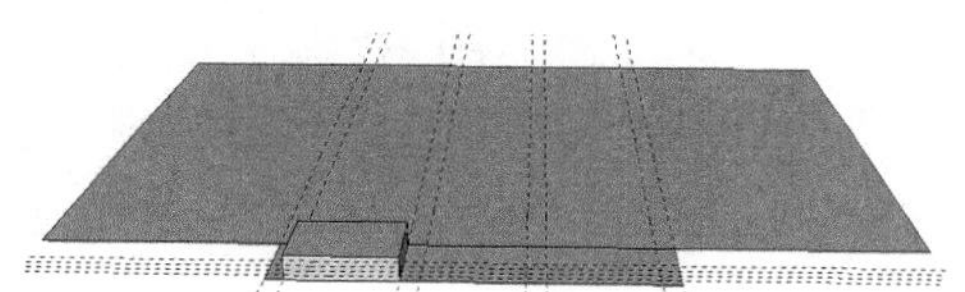
图 2-56　绘制正门台阶轮廓

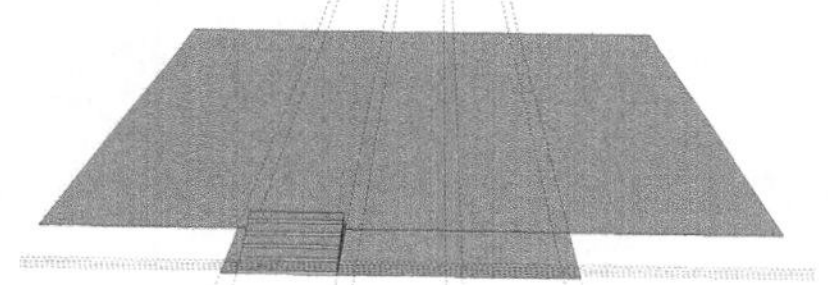
图 2-57　绘制正门台阶

step 15 按照同样的方法，将所有台阶全部绘制完成，如图 2-58 所示。

step 16 单击【卷尺】按钮，按原尺寸线做出辅助线，单击【直线】按钮，绘制所需图形，绘制正门台阶左侧墙，如图 2-59 所示。

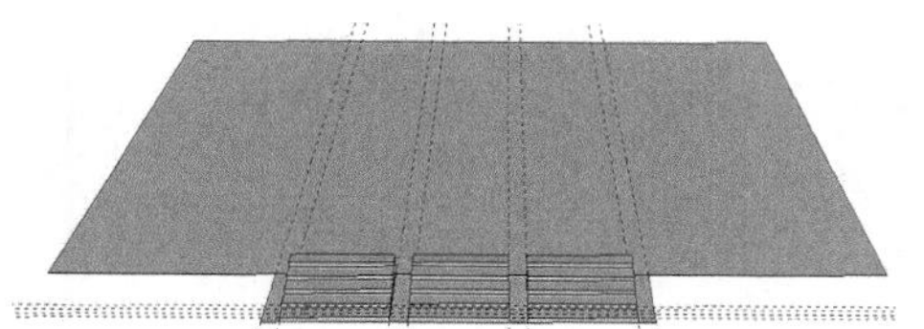
图 2-58　绘制全部正门台阶

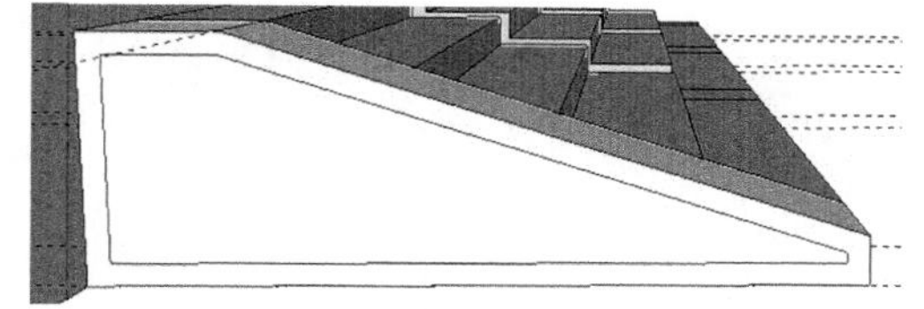
图 2-59　绘制正门台阶左侧墙

step 17 单击【偏移】按钮，偏移一定尺寸，单击【推/拉】按钮，推拉一定尺寸，绘制正门台阶左侧墙，如图 2-60 所示。

step 18 按照同样的方法，做出所有台阶侧墙。正门台阶绘制完成，如图 2-61 所示。

step 19 单击【大工具集】工具栏中的【推/拉】按钮，向上推拉一定尺寸，绘制建筑物首层底，如图 2-62 所示。

step 20 单击【大工具集】工具栏中的【圆】按钮，按一定半径画圆，绘制外侧柱子底部轮廓，如图 2-63 所示。

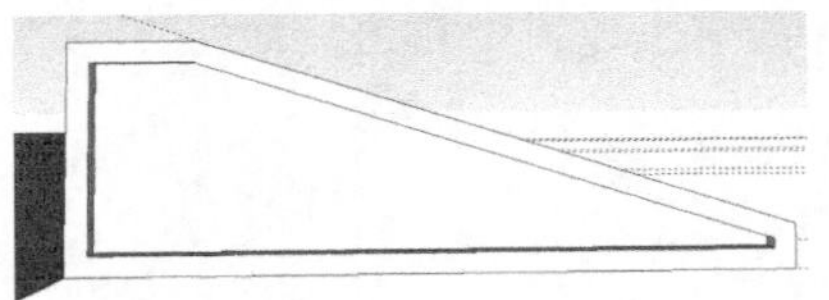

图 2-60　绘制正门台阶左侧墙

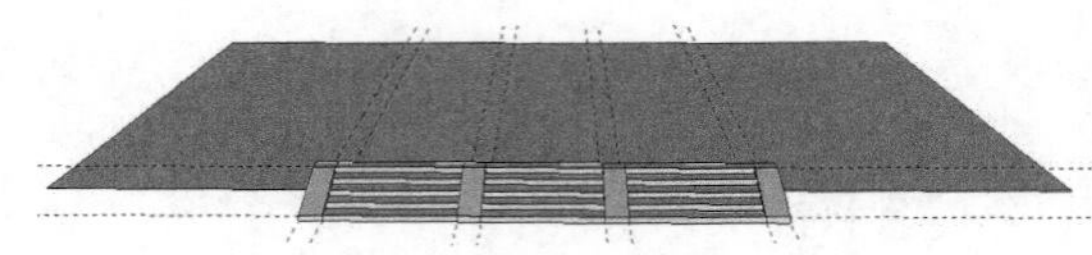

图 2-61　完成正门台阶绘制

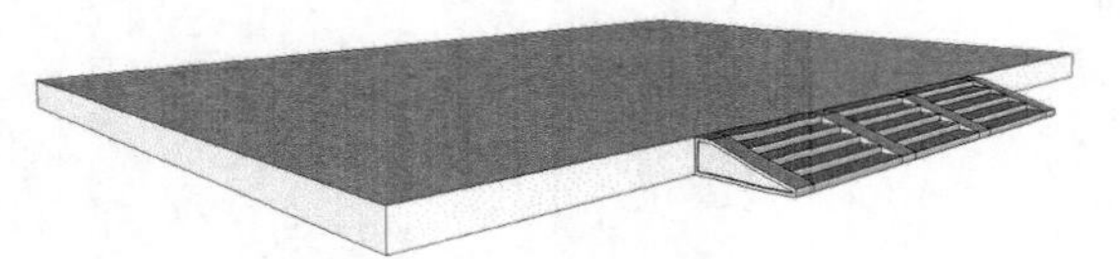

图 2-62　绘制建筑物首层底

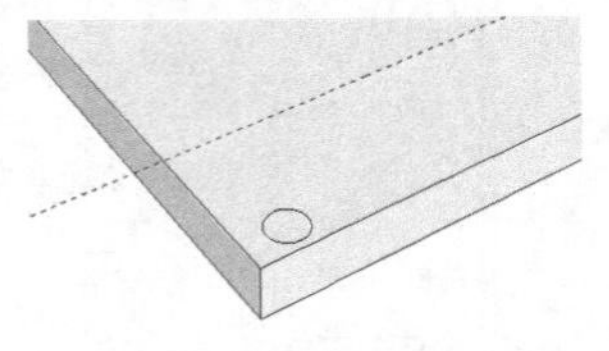

图 2-63　绘制外侧柱子底部轮廓

step 21 单击【推/拉】按钮推拉一定尺寸，然后单击【缩放】按钮，选择圆顶面，按 Ctrl 键，缩放一定比例，绘制外侧柱子底部，如图 2-64 所示。

step 22 单击【大工具集】工具栏中的【推/拉】按钮，推拉一定尺寸，绘制外侧柱子柱身，如图 2-65 所示。

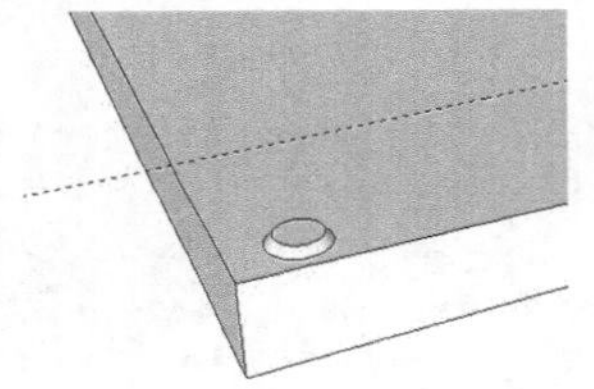

图 2-64　绘制外侧柱子底部

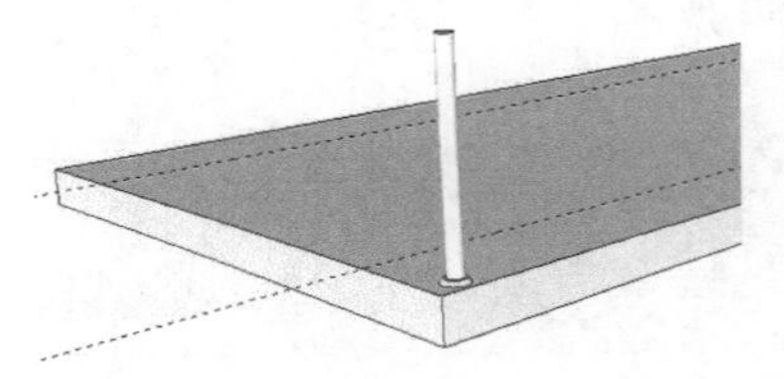

图 2-65　绘制外侧柱子柱身

step 23 按照上述步骤画出所有构造柱，绘制内、外侧柱子，如图 2-66 所示。

step 24 单击【大工具集】工具栏中的【卷尺】按钮，做出首层墙体辅助线，单击【矩形】按钮，绘制墙体轮廓，如图 2-67 所示。

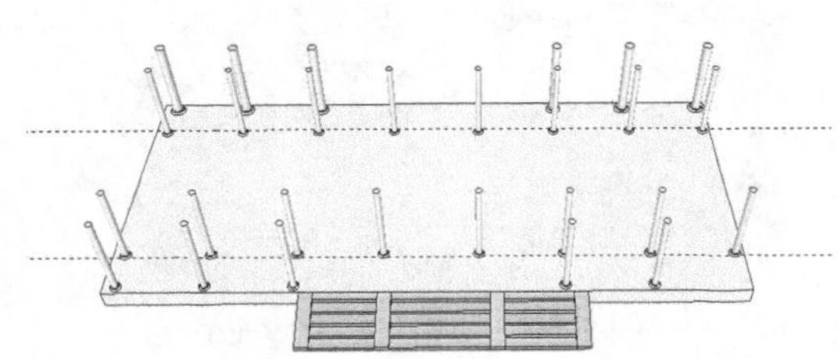

图 2-66　绘制内、外侧柱子

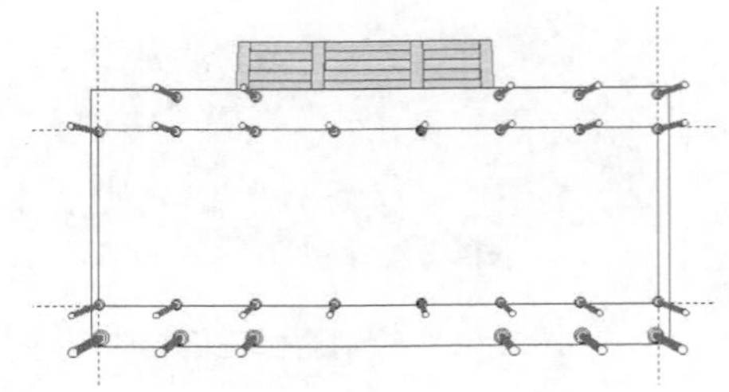

图 2-67　绘制墙体轮廓

step 25 单击【推/拉】按钮，将墙体拉伸至内柱高度，绘制首层墙体，如图 2-68 所示。

step 26 单击【卷尺】按钮，按照一定尺寸绘出窗台辅助线，单击【矩形】按钮，按照柱间距离画出窗台轮廓，然后再单击【推/拉】按钮，做出窗台，绘制首层窗台，如图 2-69 所示。

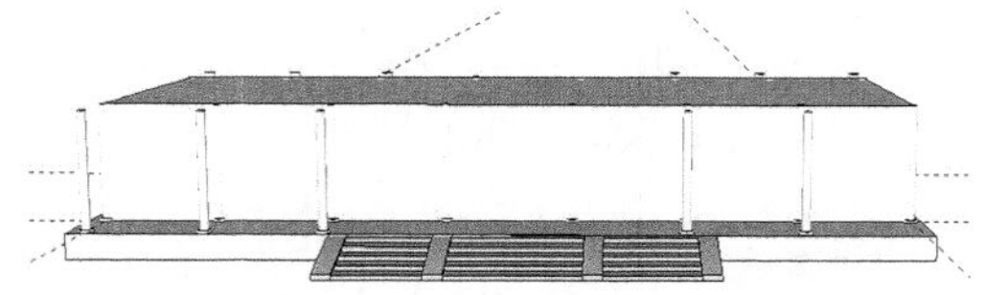

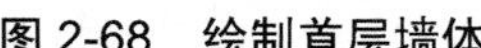

图 2-68　绘制首层墙体

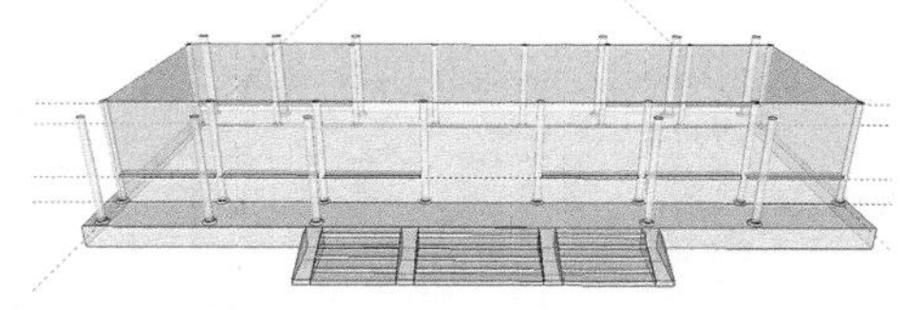

图 2-69　绘制首层窗台

step 27 单击【卷尺】按钮，按照实际测量绘出门辅助线，如图 2-70 所示。

step 28 单击【矩形】按钮，按照辅助线画出正门，单击【推/拉】按钮，推拉一定尺寸，绘制正门，如图 2-71 所示。

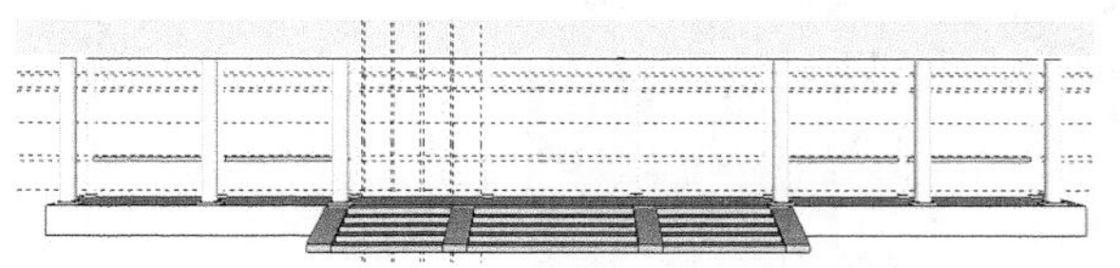

图 2-70　绘出门辅助线

图 2-71　绘制正门

step 29 单击【卷尺】按钮，按照实际测量绘出窗子辅助线，如图 2-72 所示。

step 30 单击【矩形】按钮，按照辅助线画出正面窗户轮廓，单击【推/拉】按钮，推拉一定尺寸，绘制正面窗子，如图 2-73 所示。

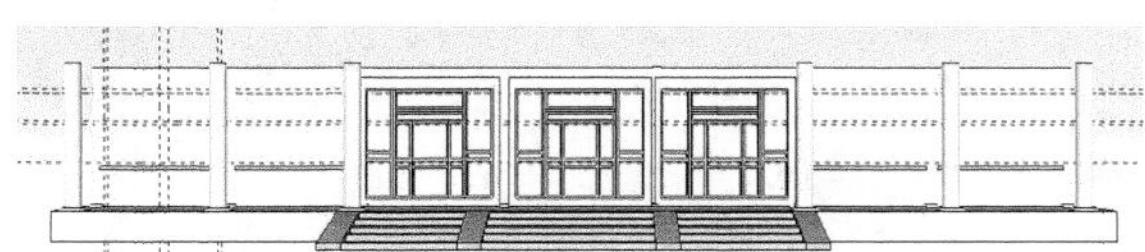

图 2-72　绘出窗子辅助线

图 2-73　绘制正面窗子

step 31 单击【偏移】按钮，在顶视图中将首层屋顶偏移至外部柱子外侧，再单击【偏移】按钮，偏移至外部柱子内侧，将中间部分删除，绘制首层屋顶轮廓部分，如图 2-74 所示。

step 32 单击【推/拉】按钮，将柱上方矩形推拉，绘制首层屋顶部分，如图 2-75 所示。

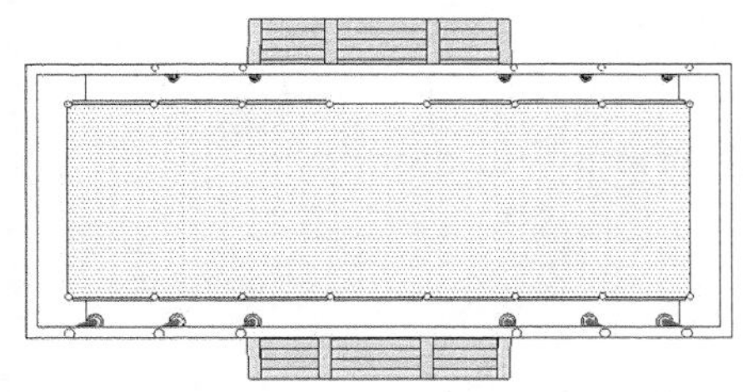

图 2-74　绘制首层屋顶轮廓部分

图 2-75　绘制首层屋顶

step 33 单击【直线】按钮，绘制出顶部，如图 2-76 所示。

step 34 完成其余建筑模型的绘制，如图 2-77 所示。

step 35 为场景添加树木与人物组件，赋予地面材质，渲染后效果如图 2-78 所示。

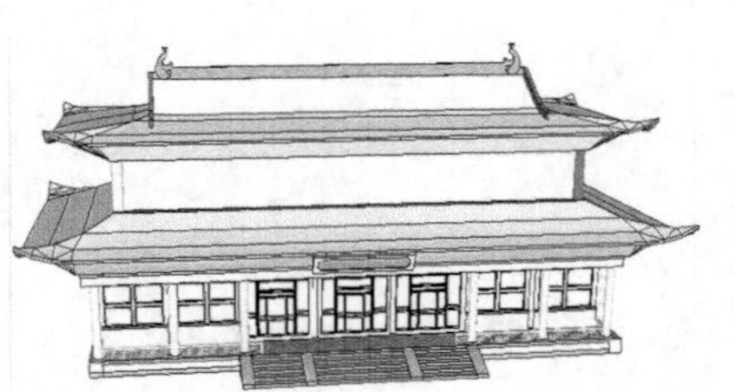

图 2-76　绘制屋顶

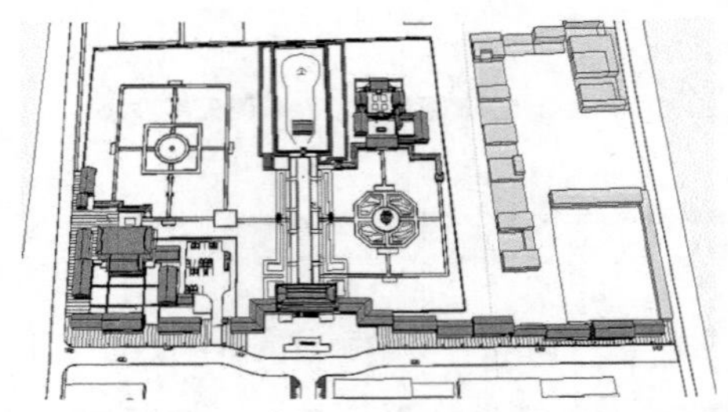

图 2-77　绘制其余建筑模型

图 2-78　渲染效果

建筑设计实践：建筑平面效果图主要反映房屋的平面形状、大小和房间的相互关系、内部布置、墙的位置、厚度和材料、门窗的位置以及其他建筑构配件的位置和大小等。建筑平面图效果是砌墙、安装门窗、室内装修和编制预算的重要依据。如图 2-79 所示为 SketchUp 绘制的建筑平面效果图的实际应用。

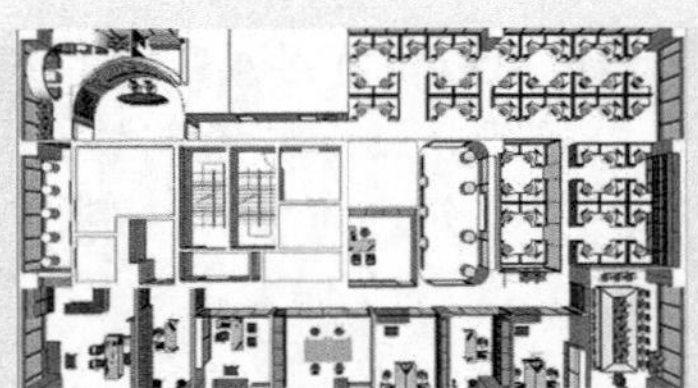

图 2-79　建筑平面效果图的实际应用

第3课　3课时　绘制三维图形

SketchUp 的三维绘图功能，是通过推拉、缩放等基础命令生成三维体块，并可以通过偏移复制来编辑三维体块，从而形成三维的图形模型，下面就详细介绍一下各功能命令。

行业知识链接：绘制建筑草图的模型主体时，要进行体块拉伸高度，在建筑模型界面右下侧数值控制框中可以输入相应的高度，注意将建立的模型按照实际需要进行清楚地编组。如果没有特殊情况，一般方法都是分层拉伸，之后建立组块，将建好的各个层组块进行上下拼接，从而形成建筑的主体。如图 2-80 所示为建筑主体的草图模型效果。

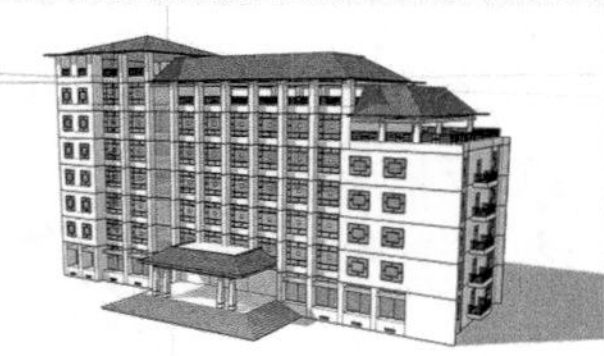

图 2-80　建筑主体草图模型效果

2.3.1　推/拉工具

执行【推/拉】命令主要有以下几种方式。

- 在菜单栏中选择【工具】|【推/拉】命令。
- 直接按 P 键。
- 单击【大工具集】工具栏中的【推/拉】按钮。

根据推拉对象的不同，SketchUp 会进行相应的几何变换，包括移动、挤压和挖空。【推/拉】工具可以完全配合 SketchUp 的捕捉参考进行使用。使用【推/拉】工具推拉平面时，推拉的距离会在数值控制框中显示。用户可以在推拉的过程中或完成推拉后输入精确的数值进行修改，在进行其他操作之前可以一直更新数值。如果输入的是负值，则表示将往当前的反方向推拉。

【推/拉】工具的挤压功能可以用来创建新的几何体，如图 2-81 所示。用户可以使用【推/拉】工具对几乎所有的表面进行挤压(不能挤压曲面)。【推/拉】工具还可以用来创建内部凹陷或挖空的模型，如图 2-82 所示。

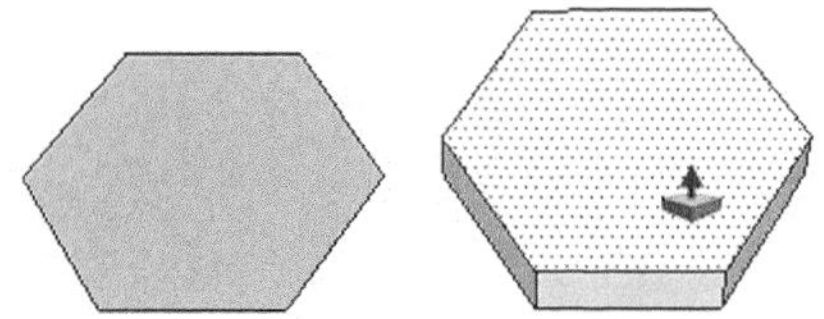

图 2-81　推/拉模型 1

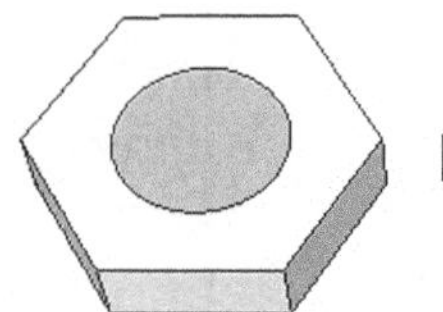

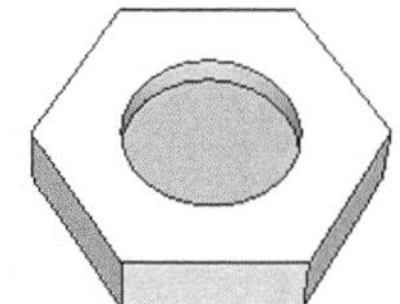

图 2-82　推/拉模型 2

使用【推/拉】工具并配合键盘上的相应按键可以进行一些特殊的操作。配合 Alt 键可以强制表面在垂直方向上推拉，否则会挤压出多余的模型，如图 2-83 所示。

配合 Ctrl 键可以在推拉的时候生成一个新的面(按 Ctrl 键后，鼠标指针的右上角会多出一个“+”)，如图 2-84 所示。

SketchUp 还没有像 3ds Max 一样有多重合并，然后进行拉伸的命令。但有一个变通的方法，就是在拉伸第一个平面后，在其他平面上双击就可以拉伸同样的高度，如图 2-85～图 2-87 所示。

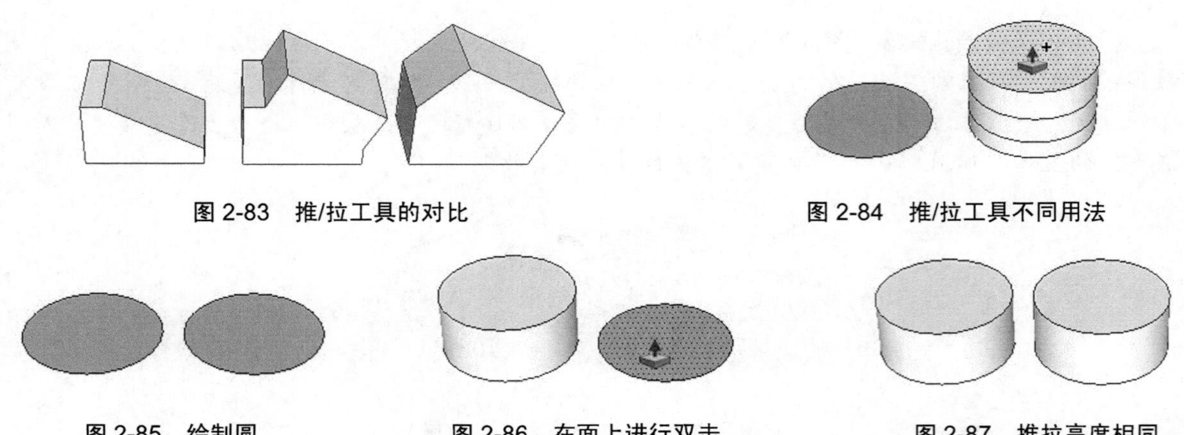

图 2-83　推/拉工具的对比

图 2-84　推/拉工具不同用法

图 2-85　绘制圆

图 2-86　在面上进行双击

图 2-87　推拉高度相同

也可以同时选中所有需要拉伸的面，然后使用【推/拉】工具进行拉伸，如图 2-88 和图 2-89 所示。

图 2-88　同时选中面

图 2-89　同时向上移动

> **提示：**【推/拉】工具只能作用于表面，因此不能在【线框显示】模式下工作。按 Alt 键的同时进行推拉可以使物体变形，也可以避免挤出不需要的模型。

2.3.2　物体的移动/复制

执行【移动】命令主要有以下几种方式。

- 在菜单栏中选择【工具】|【移动】命令。
- 直接按 M 键。
- 单击【大工具集】工具栏中的【移动】按钮。

使用【移动】工具移动物体的方法非常简单，只需选择需要移动的元素或物体，然后激活【移动】工具，接着移动鼠标指针即可。在移动物体时，会出现一条参考线；另外，在数值控制框中会动态显示移动的距离(也可以输入移动数值或者三维坐标值进行精确移动)。

在进行移动操作之前或移动的过程中，可以按 Shift 键来锁定参考。这样可以避免参考捕捉受到别的几何体干扰。

在移动对象的同时按 Ctrl 键就可以复制选择的对象(按 Ctrl 键后，鼠标指针右上角会多出一个“+”)。

完成一个对象的复制后，如果在数值控制框中输入“2/”，会在两个图形复制间距中间位置再复制一份；如果输入“2*”或“2×”，将会以复制的间距再阵列出一份，如图 2-90 所示。

当移动几何体上的一个元素时，SketchUp 会按需要对几何体进行拉伸。用户可以用这个方法移动点、边线和表面，如图 2-91 所示。也可以通过移动线段来拉伸一个物体。

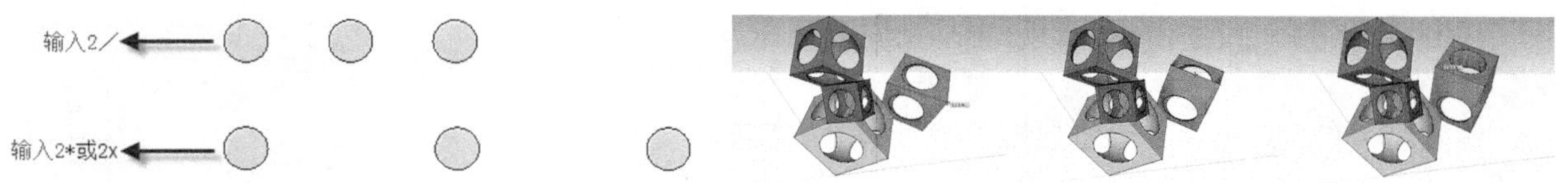

图 2-90　复制　　　图 2-91　移动工具

使用【移动】工具的同时按 Alt 键可以强制拉伸线或面，生成不规则几何体，也就是说 SketchUp 会自动折叠这些表面，如图 2-92 所示。

在 SketchUp 中可以编辑的点只存在于线段和弧线两端，以及弧线的中点。可以使用【移动】工具进行编辑，在激活此工具前不要选中任何对象，直接捕捉即可，如图 2-93 所示。

图 2-92　强制拉伸线和面

图 2-93　捕捉点

2.3.3　物体的旋转

执行【旋转】命令主要有以下几种方式。

- 在菜单栏中选择【工具】|【旋转】命令。
- 直接按 Q 键。
- 单击【大工具集】工具栏中的【旋转】按钮。

打开图形文件，利用 SketchUp 的参考提示可以精确定位旋转中心。如果选中了【启用角度捕捉】复选框，将会根据设置好的角度进行旋转，如图 2-94 所示。

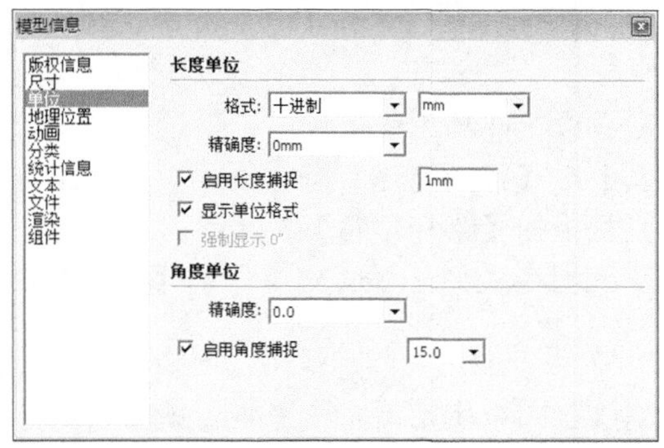

图 2-94　【模型信息】对话框

使用【旋转】工具并配合 Ctrl 键可以在旋转的同时复制物体。例如在完成一个圆柱体的旋转复制后，如果输入“6*”或者“6×”就可以按照上一次的旋转角度将圆柱体复制 6 个，共存在 7 个圆柱体，如图 2-95 所示；假如在完成圆柱体的旋转复制后，输入“2 / ”，那么就可以在旋转的角度内再复制两份，共存在 3 个圆柱体，如图 2-96 所示。

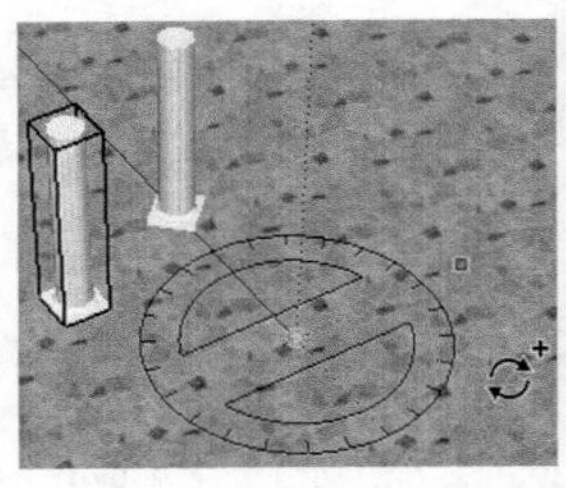
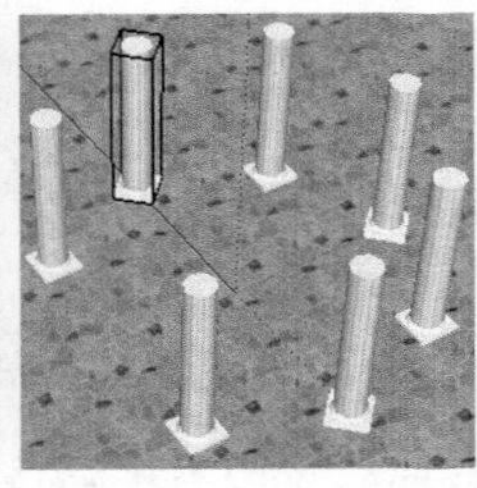

图 2-95　旋转复制(1)

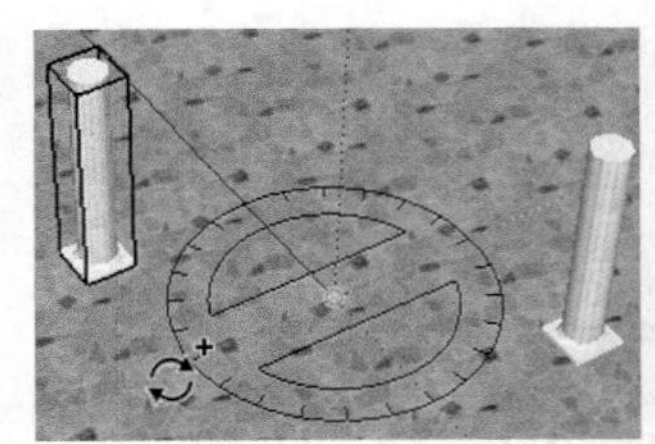
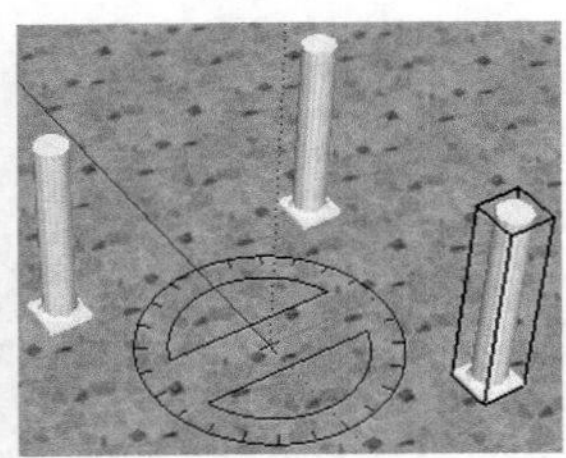

图 2-96　旋转复制(2)

使用【旋转】工具只旋转某个物体的一部分时，可以将该物体进行拉伸或扭曲，如图 2-97 所示。

当物体对象是组或者组件时，如果激活【移动】工具(激活前不要选择任何对象)并将鼠标指针指向组或组件的一个面上，那么该面上会出现 4 个红色的标记点，移动鼠标指针至一个标记点上，会出现红色的旋转符号，此时可直接在这个平面上让物体沿自身轴旋转，并且可以通过数值控制框输入需要旋转的角度值，而不需要使用【旋转】工具，如图 2-98 所示。

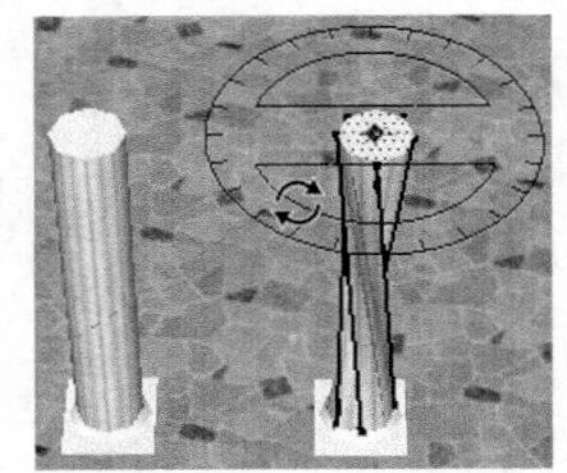

图 2-97　旋转扭曲

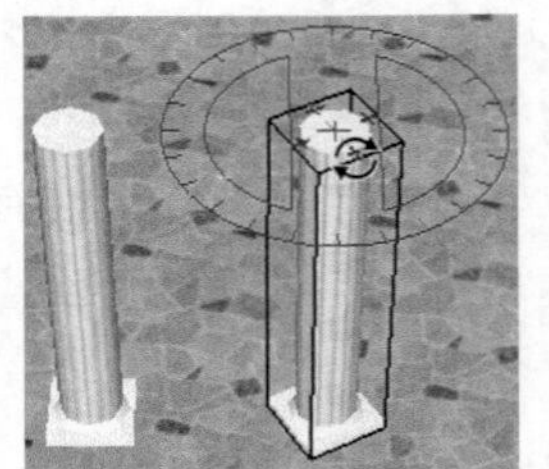

图 2-98　旋转模型

> **提示：** 如果旋转会导致一个表面被扭曲或变成非平面时，将激活 SketchUp 的自动折叠功能。

2.3.4　图形的路径跟随

执行【路径跟随】命令主要有以下两种方式。

- 在菜单栏中选择【工具】|【跟随路径】命令。
- 单击【大工具集】工具栏中的【路径跟随】按钮。

SketchUp 中的【跟随路径】工具类似于 3ds Max 中的【放样】命令，可以将截面沿已知路径放样，从而创建复杂几何体。

> **提示：** 为了使【跟随路径】工具从正确的位置开始放样，在放样开始时，必须单击邻近剖面的路径，否则，【跟随路径】工具会在边线上挤压，而不是从剖面到边线。

2.3.5 物体的缩放

执行【路径跟随】命令主要有以下几种方式。

- 在菜单栏中选择【工具】|【缩放】命令。
- 直接按S键。
- 单击【大工具集】工具栏中的【缩放】按钮。

使用【缩放】工具可以缩放或拉伸选中的物体，方法是在激活【缩放】工具后，通过移动缩放夹点来调整所选几何体的大小，不同的夹点支持不同的操作。在拉伸的时候，数值控制框中会显示缩放比例，用户也可以在完成缩放后输入一个数值，数值的输入方式有以下3种。

(1) 输入缩放比例。

直接输入不带单位的数字，例如2.5表示缩放2.5倍、−2.5表示往夹点操作方向的反方向缩放2.5倍。缩放比例不能为0。

(2) 输入尺寸长度。

输入一个数值并指定单位，例如，输入2m表示缩放到2米。

(3) 输入多重缩放比例。

一维缩放需要一个数值；二维缩放需要两个数值，用逗号隔开；等比例的三维缩放也只需要一个数值，但非等比的三维缩放却需要3个数值，分别用逗号隔开。

上面说过不同的夹点支持不同的操作，这是因为有些夹点用于等比缩放，有些则用于非等比缩放(即一个或多个维度上的尺寸以不同的比例缩放，非等比缩放也可以看作拉伸)。

如图2-99所示，显示了所有可能用到的夹点，有些隐藏在几何体后面的夹点在光标经过时就会显示出来，而且也是可以操作的。当然，用户也可以打开X光模式(选择【窗口】|【样式】命令，打开【编辑】选项卡，单击【平面设置】按钮，再单击【以X光透视模式显示】按钮)，这样就可以看到隐藏的夹点了。

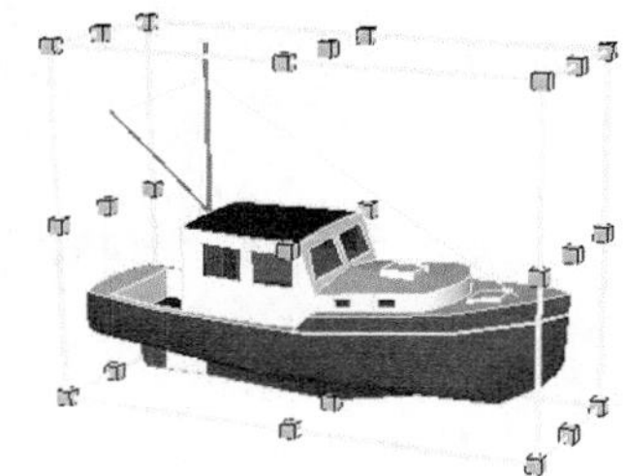

图2-99　缩放命令

2.3.6 图形的偏移复制

执行【路径跟随】命令主要有以下几种方式。

- 在菜单栏中选择【工具】|【偏移】命令。
- 直接按F键。
- 单击【大工具集】工具栏中的【偏移】按钮。

线的偏移方法和面的偏移方法大致相同，唯一需要注意的是，选择线的时候必须选择两条以上相连的线，而且所有的线必须处于同一平面上，如图2-100中所示的台阶属于偏移。

对于选定的线，通常使用【移动】工具(快捷键为M键)并配合Ctrl键进行复制，复制时可以直接输入复制距离。对于两条以上连续的线段或者单个面，可以使用【偏移】工具(快捷键为F键)进行复制。

图2-100　台阶偏移

提示：使用【偏移】工具一次只能偏移一个面或者一组共面的线。

课后练习

案例文件：ywj\02\2-2.skp
视频文件：光盘→视频课堂→第 2 教学日→2.3

练习案例分析及步骤如下。

课后练习通过仿古牌楼的绘制，读者可以应用到绘图的基本工具，这些基本工具在以后绘制模型中都会用到，仿古牌楼的最终效果如图 2-101 所示。

本案例主要练习草图模型的绘制过程，首先绘制柱子，再绘制牌楼底部，之后绘制上部效果，最后添加材质完成效果，仿古牌楼的绘制思路和步骤如图 2-102 所示。

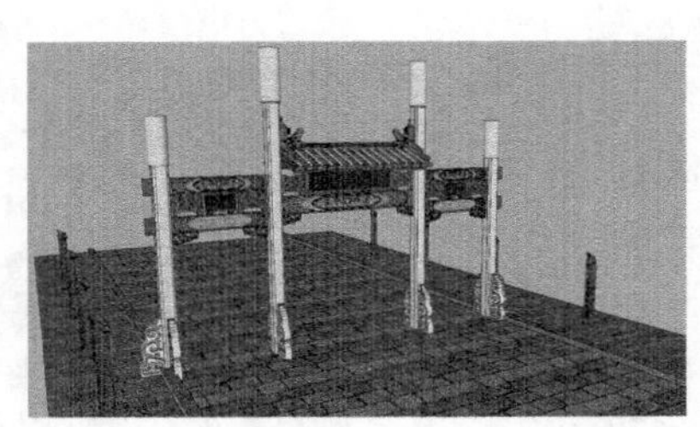

图 2-101　仿古牌楼效果

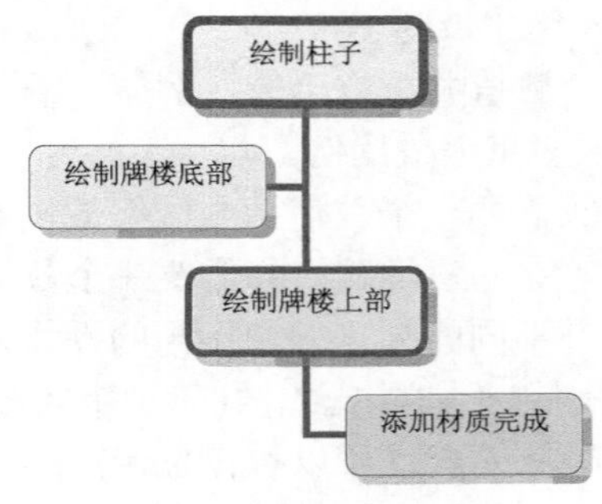

图 2-102　仿古牌楼绘制步骤

练习案例操作步骤如下。

step 01 单击【大工具集】工具栏中的【矩形】按钮，绘制矩形面，矩形尺寸为长 51885mm，宽 17480mm，并创建为群组，如图 2-103 所示。双击进入组内部，单击【大工具集】工具栏中的【直线】按钮，绘制直线，如图 2-104 所示。

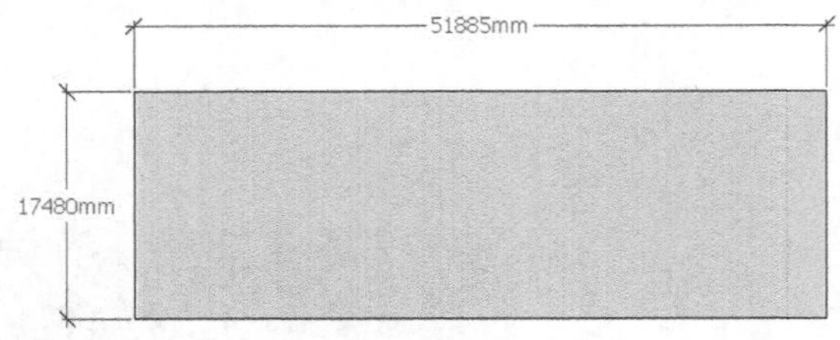

图 2-103　绘制矩形面

图 2-104　绘制直线

step 02 双击进入组内部，单击【大工具集】工具栏中的【推/拉】按钮，推拉图形，推拉高度为 200mm，如图 2-105 所示。

step 03 单击【大工具集】工具栏中的【圆】按钮，绘制圆，直径为 400mm，如图 2-106 所示。

step 04 单击【大工具集】工具栏中的【推/拉】按钮，推拉圆形，推拉高度为 70mm，如图 2-107 所示。

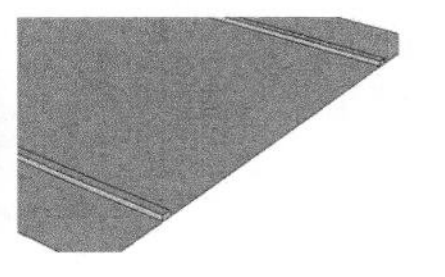

图 2-105　推拉图形

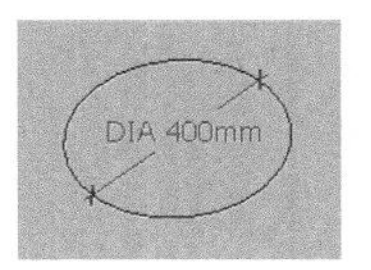

图 2-106　绘制圆

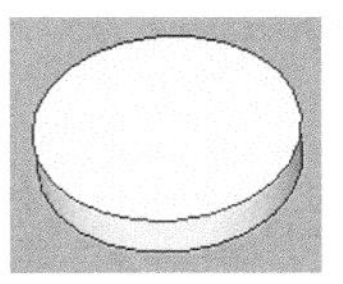

图 2-107　推拉圆形

step 05 单击【大工具集】工具栏中的【偏移】按钮，向内偏移距离为 37mm，如图 2-108 所示。

step 06 单击【大工具集】工具栏中的【推/拉】按钮，推拉图形，推拉高度为 2160mm，如图 2-109 所示。

step 07 单击【大工具集】工具栏中的【直线】按钮，绘制柱头侧边并创建为群组，如图 2-110 所示。单击【大工具集】工具栏中的【推/拉】按钮，推拉柱头，厚度为 117mm，如图 2-111 所示。

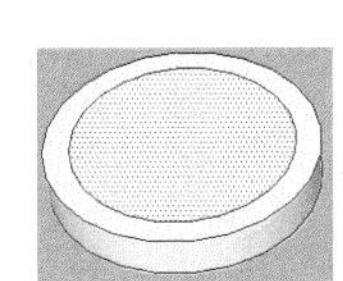

图 2-108　偏移图形

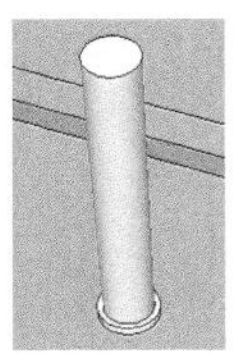

图 2-109　推拉图形

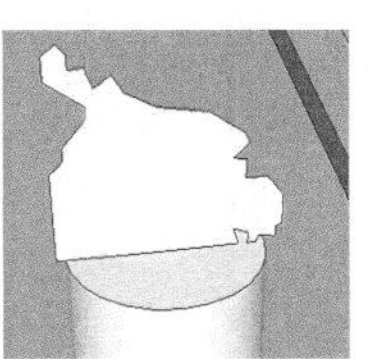

图 2-110　绘制柱头侧边

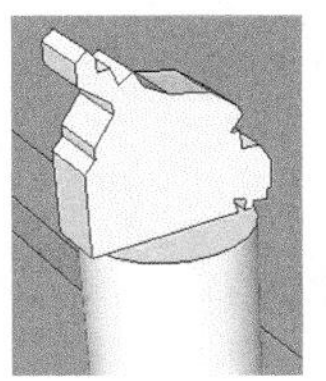

图 2-111　推拉柱头图形

step 08 单击【大工具集】工具栏中的【移动】按钮，按 Ctrl 键，移动复制柱子，如图 2-112 所示。

step 09 单击【大工具集】工具栏中的【矩形】按钮，绘制矩形，矩形尺寸为长 400mm，宽 400mm，如图 2-113 所示。单击【大工具集】工具栏中的【圆】按钮，绘制圆，半径为 245mm，如图 2-114 所示。删除多余线条并创建为组，如图 2-115 所示。

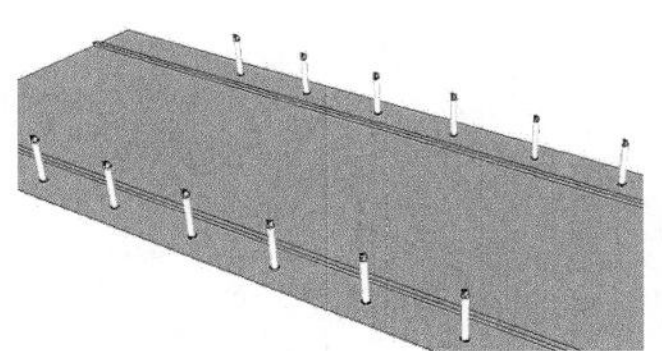

图 2-112　移动复制柱子

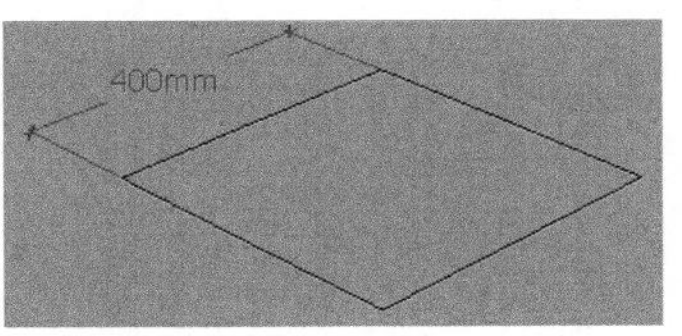

图 2-113　绘制矩形

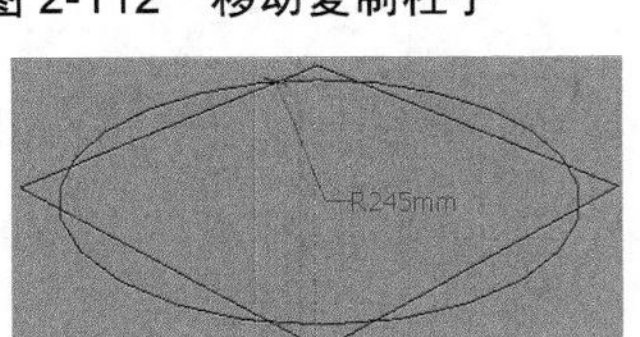

图 2-114　绘制圆形

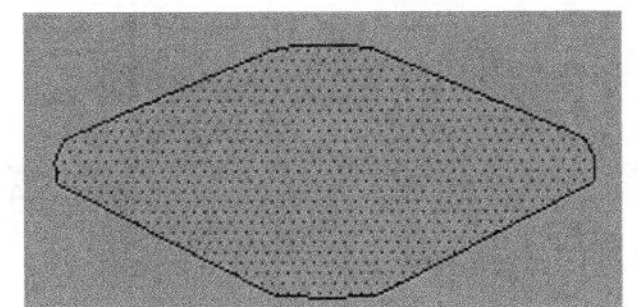

图 2-115　删除线条

step 10 双击进入组内部，单击【大工具集】工具栏中的【推/拉】按钮，推拉图形，推拉高度为 7530mm，如图 2-116 所示。再次双击进入组内部，单击【推/拉】按钮，推拉侧边厚度为 10mm，如图 2-117 所示。

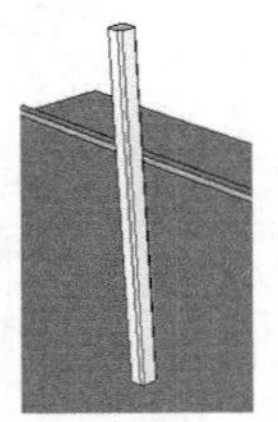

图 2-116 推拉图形

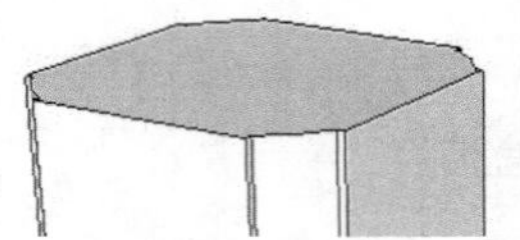

图 2-117 推拉侧边

step 11 单击【大工具集】工具栏中的【直线】按钮和【圆弧】按钮，绘制柱子底座侧边轮廓并创建为组，如图 2-118 所示。单击【推/拉】按钮，将柱子底座侧边轮廓推拉出一定厚度，如图 2-119 所示。

图 2-118 绘制柱子底座侧边轮廓

图 2-119 推拉柱子底座侧边轮廓

step 12 单击【大工具集】工具栏中的【移动】按钮，配合使用 Ctrl 键，移动复制柱子，如图 2-120 所示。

step 13 单击【大工具集】工具栏中的【矩形】按钮，绘制牌楼上部分木质轮廓位置，如图 2-121 所示。

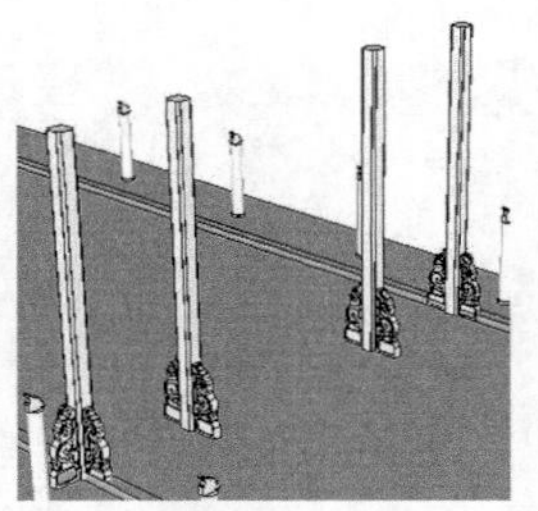

图 2-120 移动复制柱子

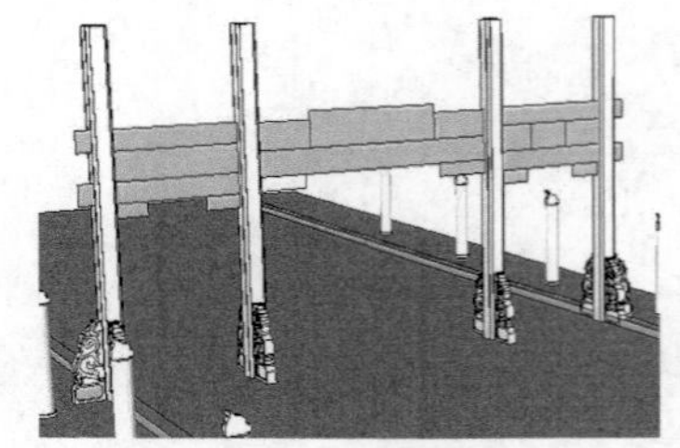

图 2-121 绘制牌楼上部分木质轮廓位置

step 14 单击【直线】按钮和【圆弧】按钮，绘制牌楼上部分轮廓，单击【推/拉】按钮，推拉一定厚度，如图 2-122 所示。

step 15 单击【大工具集】工具栏中的【推/拉】按钮，推拉柱子高度，如图 2-123 所示。

step 16 单击【大工具集】工具栏中的【矩形】按钮，绘制矩形，如图 2-124 所示。

step 17 单击【大工具集】工具栏中的【直线】按钮，绘制直线，如图 2-125 所示。

step 18 单击【大工具集】工具栏中的【路径跟随】按钮，绘制顶部并创建为组，如图 2-126 所示。

step 19 单击【大工具集】工具栏中的【直线】按钮和【圆弧】按钮，绘制顶部轮廓，如

图 2-127 所示。

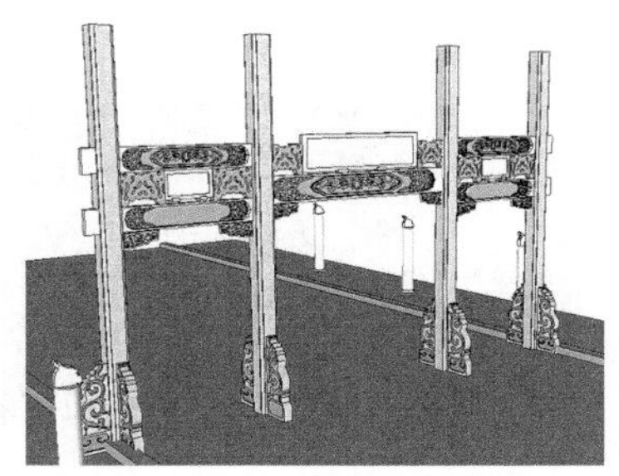

图 2-122　推拉出牌楼上部分图形

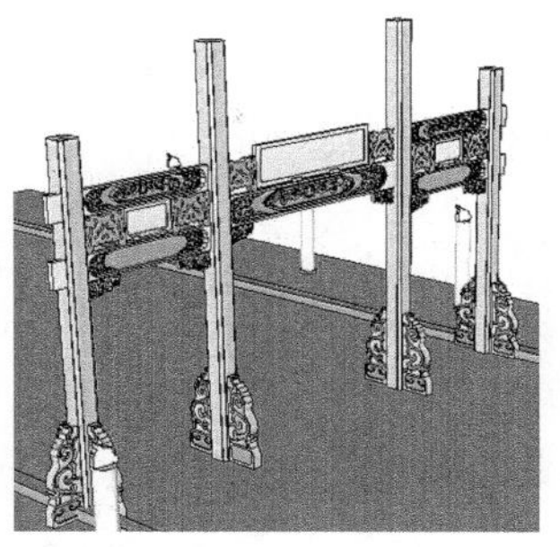

图 2-123　推拉柱子高度

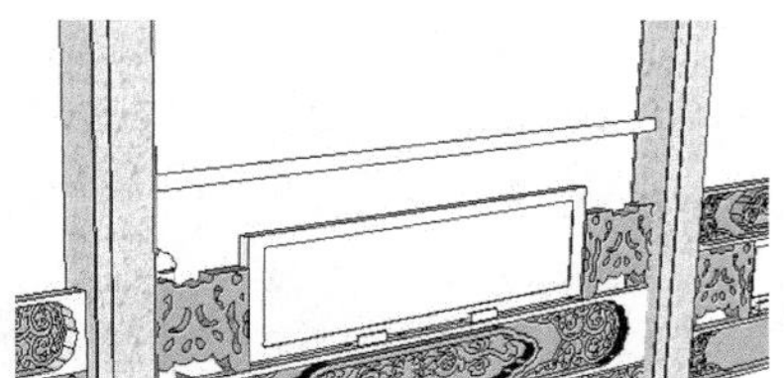

图 2-124　绘制矩形

图 2-125　绘制直线

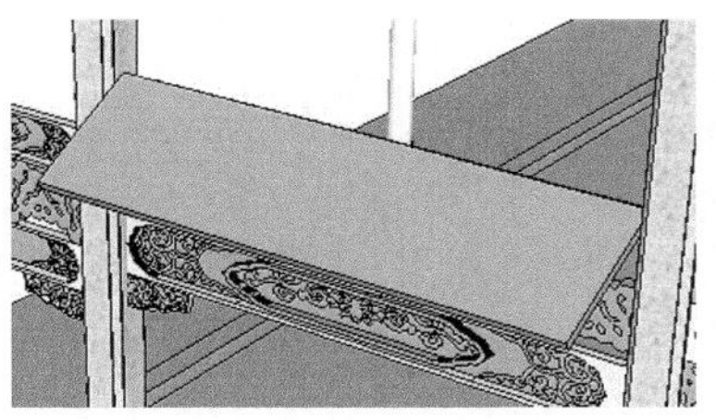

图 2-126　绘制顶部

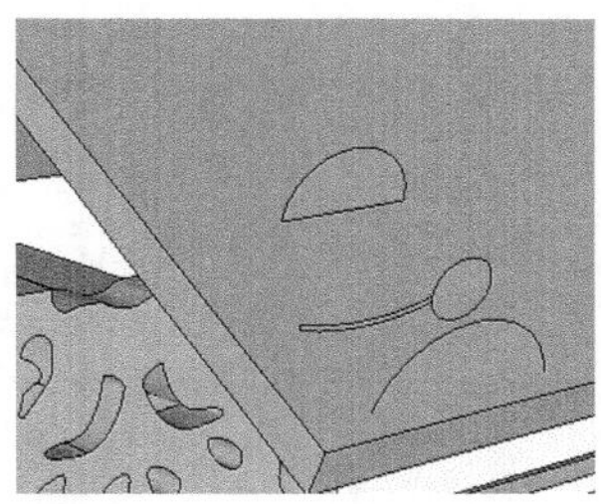

图 2-127　绘制顶部轮廓

step 20 单击【大工具集】工具栏中的【路径跟随】按钮，绘制顶部细节并创建为组，如图 2-128 所示。

step 21 用同样的方法完成顶部绘制，如图 2-129 所示。

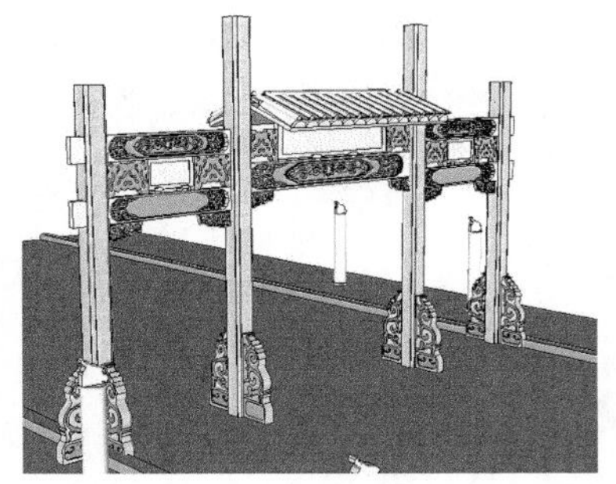

图 2-128　绘制顶部细节

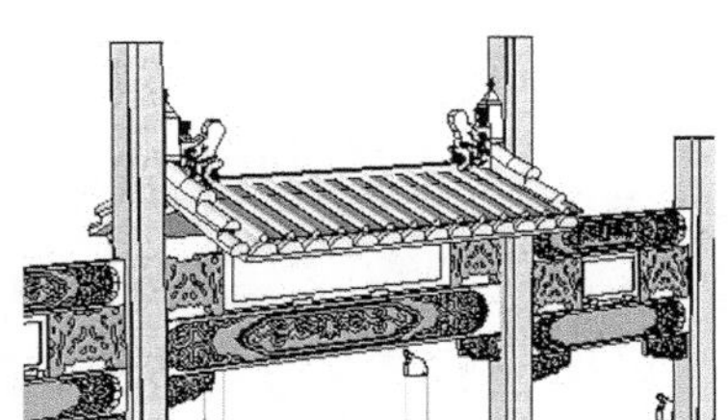

图 2-129　完成顶部绘制

step 22 单击【圆】按钮和【推/拉】按钮，绘制圆柱，如图 2-130 所示。

step 23 为模型赋予材质，完成仿古牌楼的绘制，如图 2-131 所示。

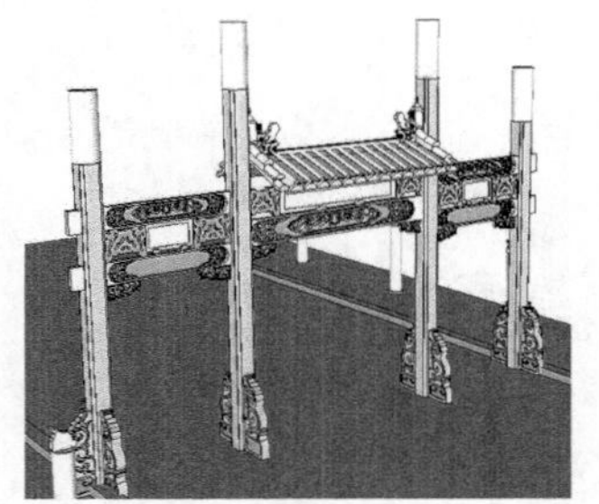

图 2-130　绘制圆柱

图 2-131　完成仿古牌楼绘制

建筑设计实践： 住宅建筑透视图表示建筑物内部空间或形体与实际所能看到的住宅建筑本身相类似的主体图像，它具有强烈的三维空间透视感，非常直观地表现了住宅的造型、空间布置、色彩和外部环境，一般是在住宅设计和住宅销售时使用。从高处俯视的透视图又叫作“鸟瞰图”或“俯视图”。如图 2-132 所示为 SketchUp 绘制的某建筑的透视图效果。

图 2-132　某建筑透视图效果

第 4 课　2 课时　模型操作

绘制完成三维图形的模型后，通常要对模型进行修饰或修改操作，本课主要讲解相交平面、实体工具、柔化边线和照片匹配等的模型操作方法。

行业知识链接： 在草图模型绘制中，墙体拉伸可以先不考虑窗洞的问题，在体块墙体拉伸完毕之后，再在墙面上开窗洞。开窗洞的方法不一，一般是把墙体边缘线偏移至应该开窗洞边缘，上下左右各一条，之后将 4 条线条中两端多余部分删除，选中墙面上 4 条线段围合成的区域，向建筑内部进行推拉(推拉深度与当面墙体的墙体厚度一样)。窗框的制作是在立面中运用矩形命令形成闭和窗框平面，之后对其进行拉伸形成窗户，并将其编成组。如图 2-133 所示为建筑窗户模型效果图。

图 2-133　建筑窗户模型效果图

2.4.1 相交平面

执行【模型交错】命令方式为：在菜单栏中选择【编辑】|【模型交错】命令。

下面举例说明【模型交错】命令的用法。

(1) 创建两个立方体，如图 2-134 所示。

(2) 选中圆柱体右击，在弹出的快捷菜单中选择【模型交错】|【模型交错】命令，此时就会在立方体与圆柱体相交的地方产生边线，删除不需要的部分，如图 2-135 所示。

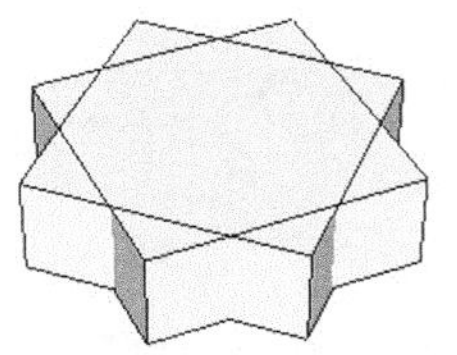

图 2-134 创建立方体

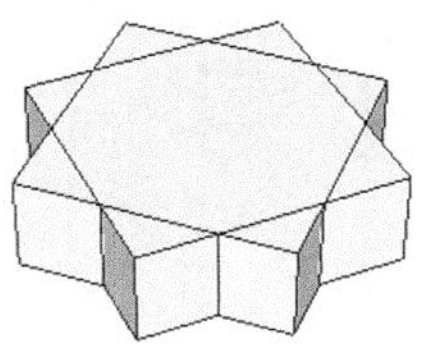

图 2-135 模型交错

SketchUp 中的【模型交错】命令相当于 3ds Max 中的布尔运算功能。布尔是英国的数学家，在 1847 年发明了理二值之间关系的逻辑数学计算法，包括联合、相交、相减。后来在计算机图形处理操作中引用了这种逻辑运算方法，以使简单的基本图形组合产生新的形体，并由二维布尔运算发展到三维图形的布尔运算。

2.4.2 实体工具栏

执行【实体工具】命令方式为：在菜单栏中选择【视图】|【工具栏】|【实体工具】命令；或者在菜单栏中选择【工具】|【实体工具】命令，这样就打开了实体工具栏，下面介绍其中较为常用的几个工具。

1. 实体外壳

【实体外壳】工具用于对指定的几何体加壳，使其变成一个群组或者组件。下面举例进行说明。

(1) 激活【实体外壳】工具，然后在绘图区域移动鼠标指针，此时指针显示为，提示用户选择第一个组或组件，选择圆柱体组件，如图 2-136 所示。

(2) 选择一个组件后，鼠标指针显示为，提示用户选择第二个组或组件，选中立方体组件，如图 2-137 所示。

(3) 完成选择后，组件会自动合并为一体，相交的边线都被自动删除且自成为一个组件，如图 2-138 所示。

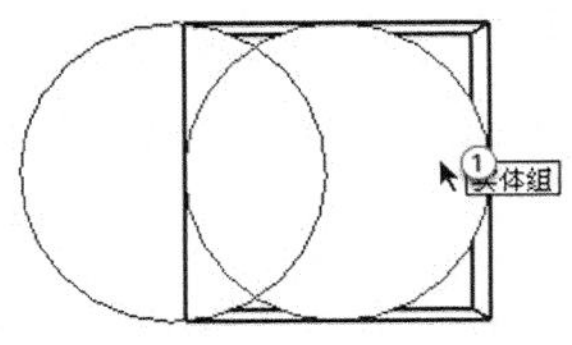

图 2-136 选择模型

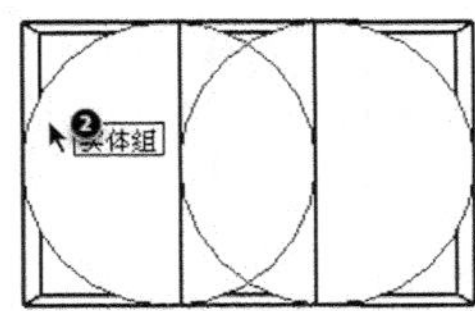

图 2-137 选择另一个模型

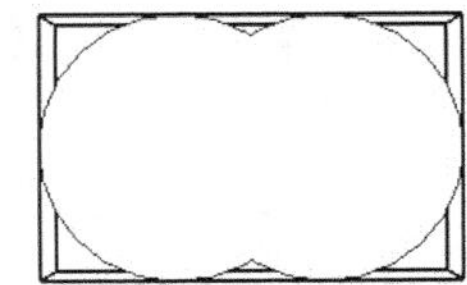

图 2-138 选择另一个模型

2. 相交

【相交】工具用于保留相交的部分，删除不相交的部分。该工具的使用方法同【外壳】工具相似，激活【相交】工具后，鼠标指针会显示选择第一个物体和第二个物体，完成选择后将保留两者相交的部分，如图 2-139 所示。

3. 联合

【联合】工具用来将两个物体合并，相交的部分将被删除，运算完成后两个物体将成为一个物体。该工具在效果上与【实体外壳】工具相同，如图 2-140 所示。

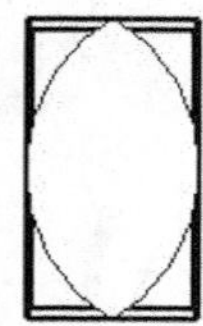

图 2-139　相交命令

图 2-140　并集命令

4. 减去

使用【减去】工具的时候同样需要选择第一个物体和第二个物体，完成选择后将删除第一个物体，并在第二个物体中减去与第一个物体重合的部分，只保留第二个物体剩余的部分。

激活【减去】工具后，如果先选择左边圆柱体，再选择右边圆柱体，那么保留的就是圆柱体不相交的部分，如图 2-141 所示。

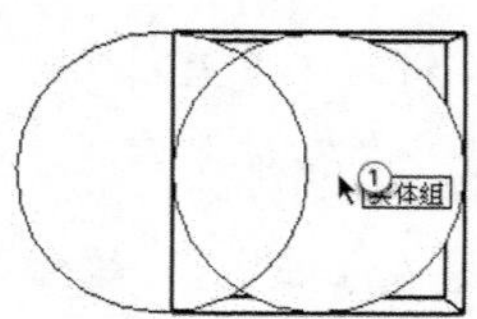

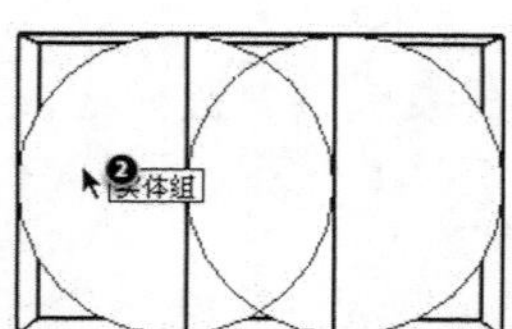

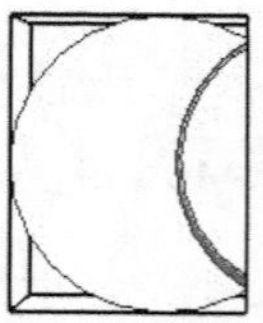

图 2-141　去除命令

5. 剪辑

激活【剪辑】工具，并选择第一个物体和第二个物体后，将在第二个物体中修剪与第一个物体重合的部分，第一个物体保持不变。

激活【剪辑】工具后，如果先选择左边圆柱体，再选择右边圆柱体，那么修剪之后，左边圆柱体将保持不变，右边圆柱体被挖除了一部分，如图 2-142 所示。

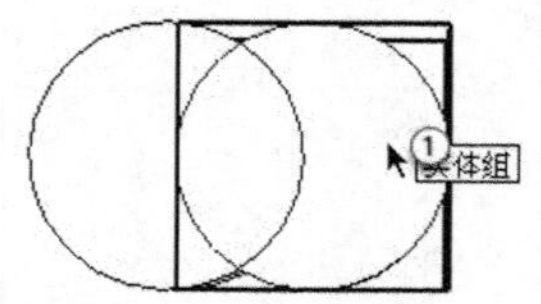

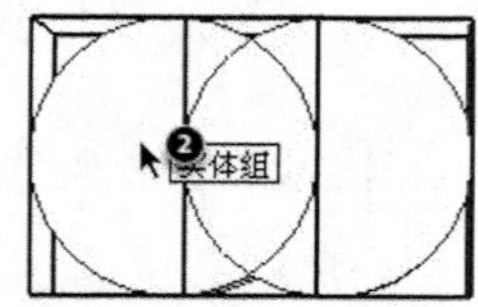

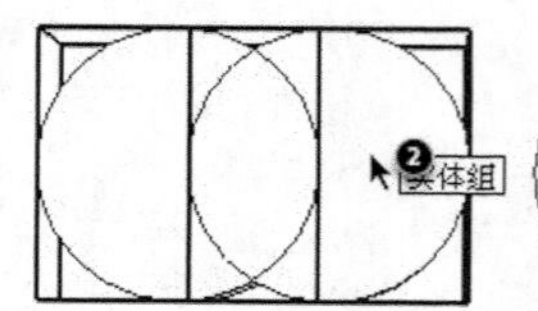

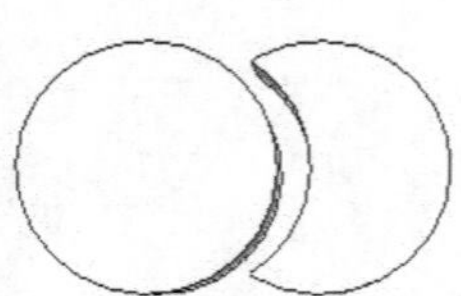

图 2-142　修剪命令

6. 拆分

使用【拆分】工具可以将两个物体相交的部分分离成单独的新物体，原来的两个物体被修剪掉相交的部分，只保留不相交的部分，如图 2-143 所示。

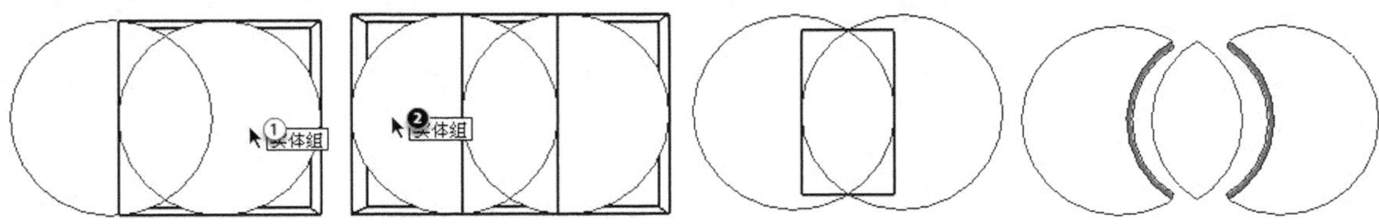

图 2-143　拆分命令

2.4.3　柔化边线

执行【柔化边线】命令方式为：在菜单栏中选择【窗口】|【柔化边线】命令。

1. 柔化边线

柔化边线有以下 4 种方法。

(1) 使用【擦除】工具的同时按 Ctrl 键，可以柔化边线而不删除边线。

(2) 在边线上右击，然后在弹出的快捷菜单中选择【柔化】命令。

(3) 选中多条边线，然后在选集上右击，接着在弹出的快捷菜单中选择【柔化/平滑边线】命令，此时将弹出【柔化边线】对话框，如图 2-144 所示。

- 【允许角度范围】滑块：拖动该滑块可以调节光滑角度的下限值，超过此值的夹角都将被柔化处理。
- 【平滑法线】复选框：启用该复选框可以指定对符合允许角度范围的夹角实施光滑和柔化效果。
- 【软化共面】复选框：启用该复选框将自动柔化连接共面表面间的交线。

(4) 选择【窗口】|【柔化边线】命令也可以进行边线柔化操作，如图 2-145 所示。

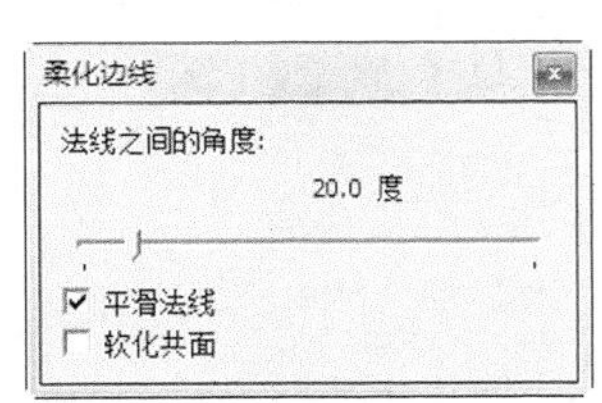

图 2-144　【柔化边线】对话框

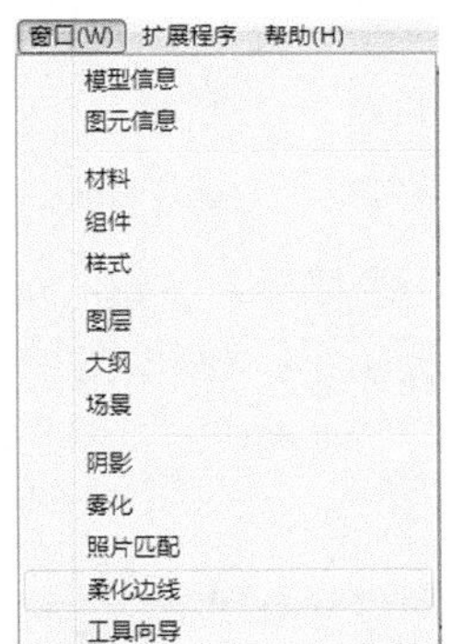

图 2-145　【柔化边线】命令

2. 取消柔化

取消边线柔化效果的方法同样有 4 种，与柔化边线的 4 种方法相互对应。

- 使用【擦除】工具的同时按 Ctrl+Shift 组合键，可以取消对边线的柔化。

- 在柔化的边线上右击，在弹出的快捷菜单中选择【取消柔化】命令。
- 选中多条柔化的边线，在选集上右击，在弹出的快捷菜单中选择【柔化/平滑边线】命令，接着在【柔化边线】对话框中调整允许的角度范围为 0。
- 选择【窗口】|【柔化边线】命令，在弹出的【柔化边线】对话框中调整允许的角度范围为 0。

> **提示**：例如在一个曲面上，隐藏线后，面的个数不会减少，但是如果优化边线却能使这些面成为一个面。个数减少，便于选择。

2.4.4 照片匹配

执行【照片匹配】命令方式为：在菜单栏中选择【相机】|【新建照片匹配】命令。

SketchUp 的【照片匹配】功能可以根据实景照片计算出相机的位置和视角，然后在模型中创建与照片相似的环境。

关于照片匹配的命令有两个，分别是【新建照片匹配】命令和【编辑照片匹配】命令，这两个命令可以在【相机】菜单中找到，如图 2-146 所示。

当视图中不存在照片匹配时，【编辑照片匹配】命令将显示为灰色状态，这时不能使用该命令，当一个照片匹配后，【编辑照片匹配】命令才能被激活。用户在新建照片匹配时，将弹出【照片匹配】对话框，如图 2-147 所示。

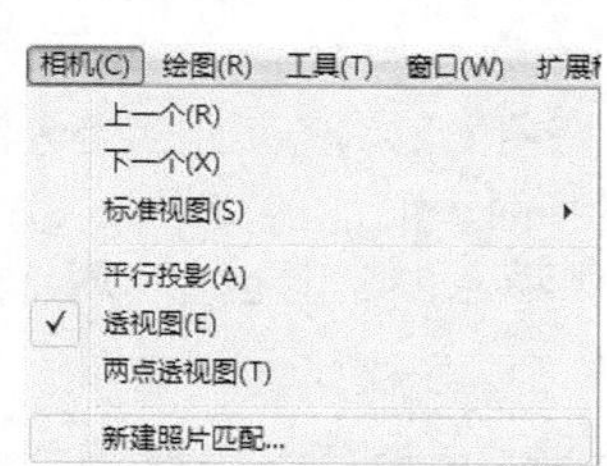

图 2-146　匹配新照片

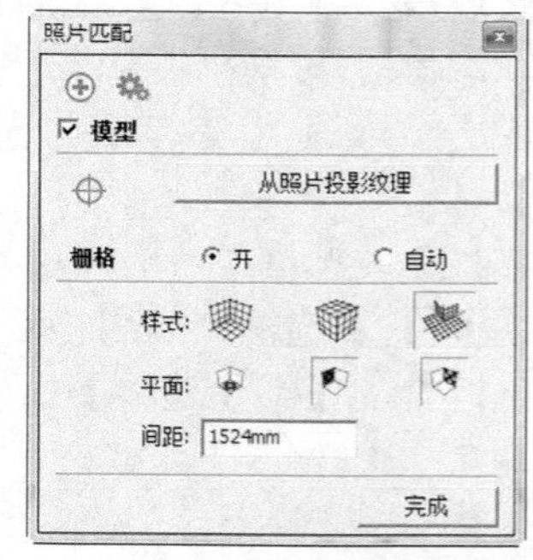

图 2-147　【照片匹配】对话框

- 【从照片投影纹理】按钮：单击该按钮将会把照片作为贴图覆盖模型的表面材质。
- 【栅格】选项组：该选项组下包含了 3 种网格，分别为【样式】、【平面】和【间距】。

课后练习

案例文件：ywj\02\2-3.skp

视频文件：光盘→视频课堂→第 2 教学日→2.4

练习案例分析及步骤如下。

课后练习范例讲解建筑凸窗模型的制作，主要是对绘制的模型进行操作，从而完成模型的制作，如图 2-148 所示为完成的建筑凸窗模型。

本案例为绘制建筑凸窗模型，主要是生成三维特征后，通过绘制二维草图，拉伸和切除生成特征，最后添加相应的材质，建筑凸窗模型的绘制思路和步骤如图 2-149 所示。

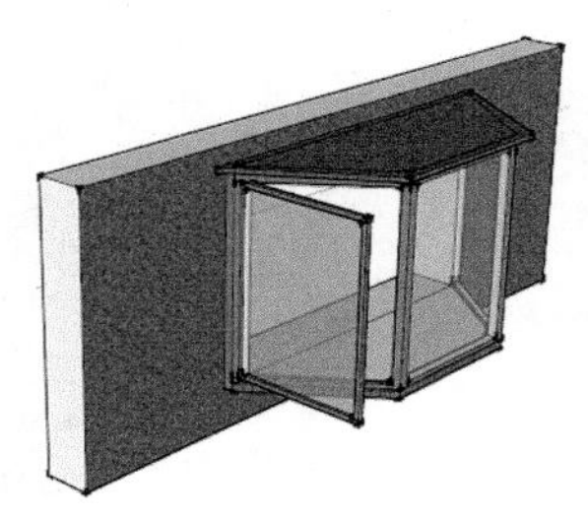

图 2-148　建筑凸窗模型

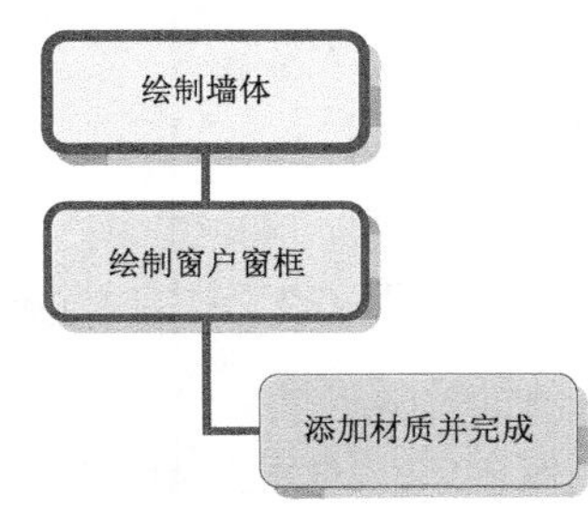

图 2-149　建筑凸窗模型绘制步骤

练习案例操作步骤如下。

step 01 单击【大工具集】工具栏中的【矩形】按钮，绘制 1000mm×15000mm 的矩形，如图 2-150 所示。

step 02 单击【大工具集】工具栏中的【推/拉】按钮，推拉墙体高为 6000mm，如图 2-151 所示。

step 03 单击【大工具集】工具栏中的【矩形】按钮，绘制 4000mm×7000mm 的墙面矩形，如图 2-152 所示。

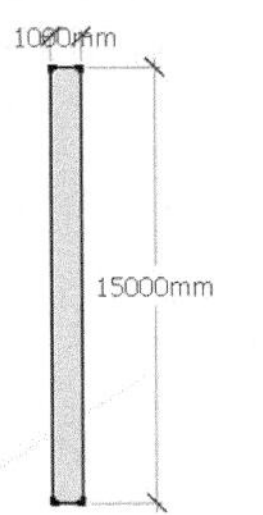

图 2-150　绘制矩形

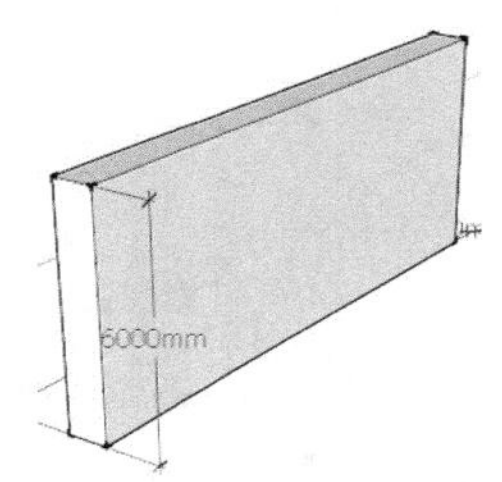

图 2-151　推拉面

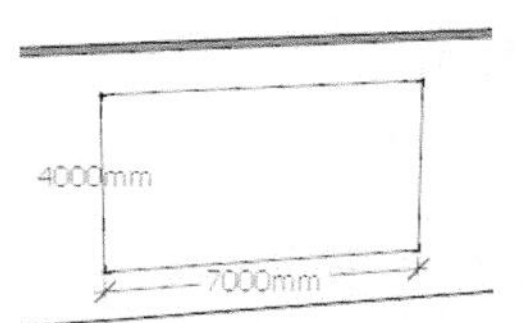

图 2-152　绘制墙面矩形

step 04 单击【大工具集】工具栏中的【推/拉】按钮，推拉窗户深为 1000mm，如图 2-153 所示。

step 05 单击【大工具集】工具栏中的【直线】按钮，绘制两条 200mm 的直线，如图 2-154 所示。

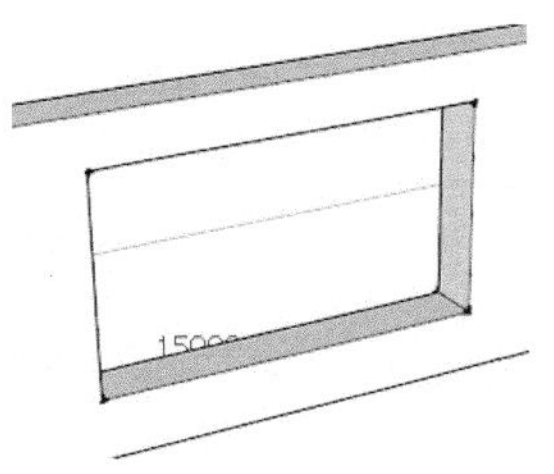

图 2-153　推拉切除

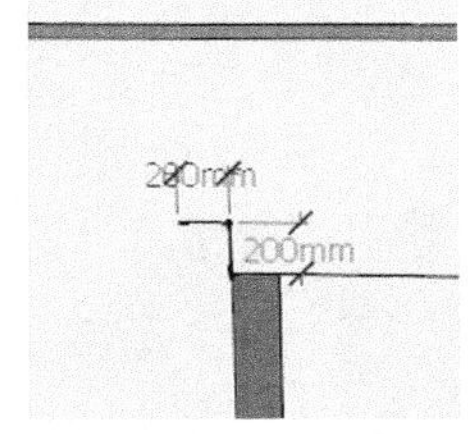

图 2-154　绘制直线

step 06 单击【大工具集】工具栏中的【矩形】按钮，绘制 4400mm×7400mm 的矩形，如图 2-155 所示。

step 07 单击【大工具集】工具栏中的【推/拉】按钮，推拉窗框高为 200mm，如图 2-156 所示。

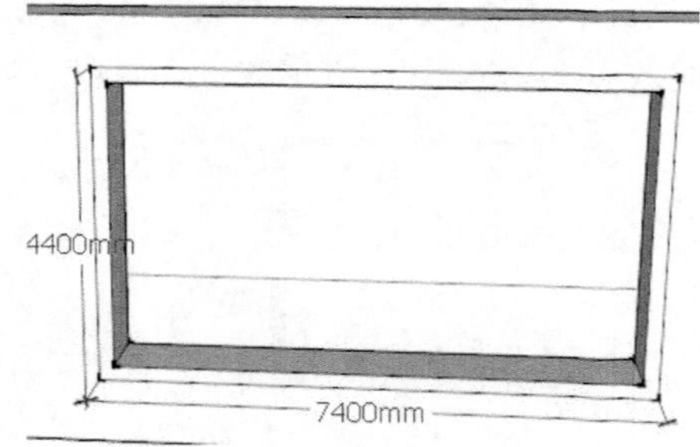

图 2-155　根据直线定位矩形

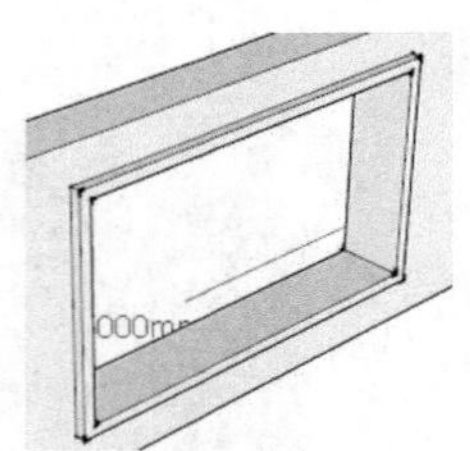

图 2-156　推拉窗框

step 08 单击【大工具集】工具栏中的【直线】按钮，绘制 2500mm 的空间直线，如图 2-157 所示。

step 09 单击【大工具集】工具栏中的【直线】按钮，绘制对称的直线，如图 2-158 所示。

step 10 单击【大工具集】工具栏中的【直线】按钮，绘制封闭面并删除多余直线，如图 2-159 所示。

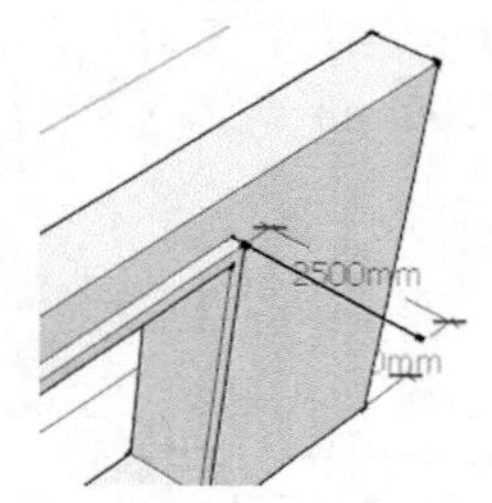

图 2-157　绘制空间直线

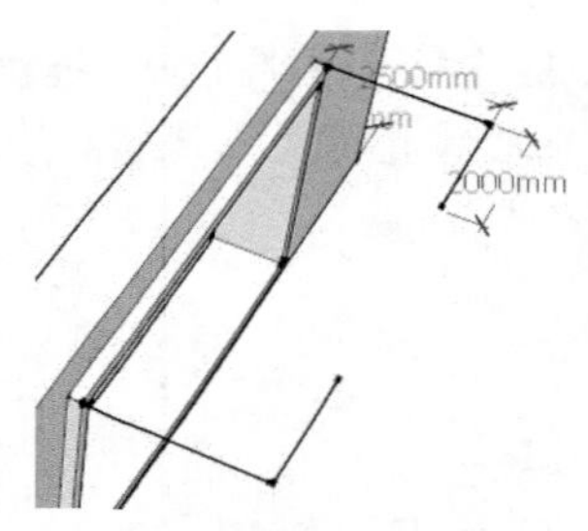

图 2-158　绘制对称直线

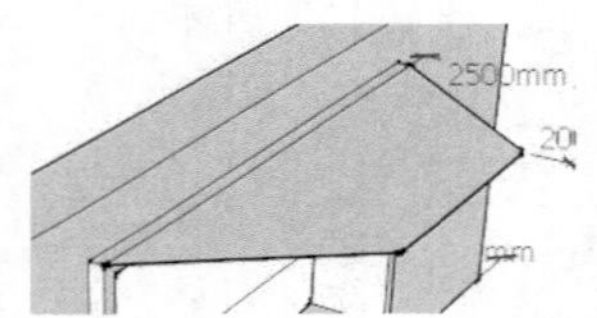

图 2-159　绘制面并删除直线

step 11 单击【大工具集】工具栏中的【推/拉】按钮，推拉梯形面高为 200mm，如图 2-160 所示。

step 12 单击【大工具集】工具栏中的【直线】按钮，绘制长分别为 2900mm 和 2000mm 的直线，如图 2-161 所示。

step 13 单击【大工具集】工具栏中的【直线】按钮，绘制封闭面，如图 2-162 所示。

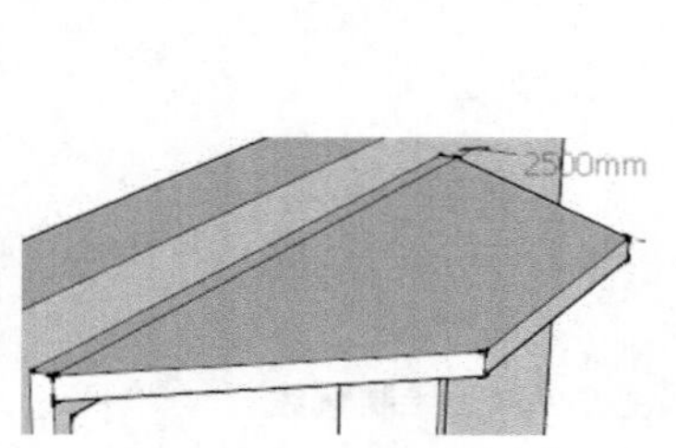

图 2-160　推拉梯形面

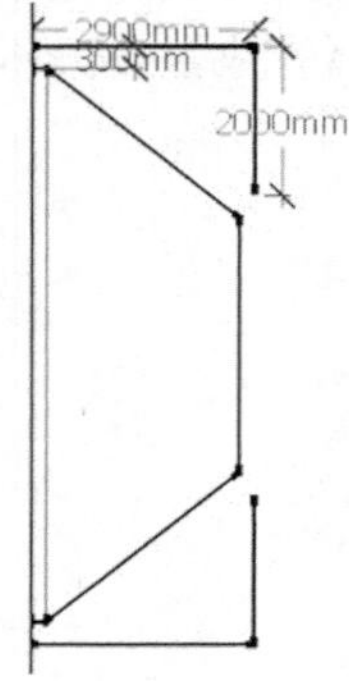

图 2-161　绘制直线图形

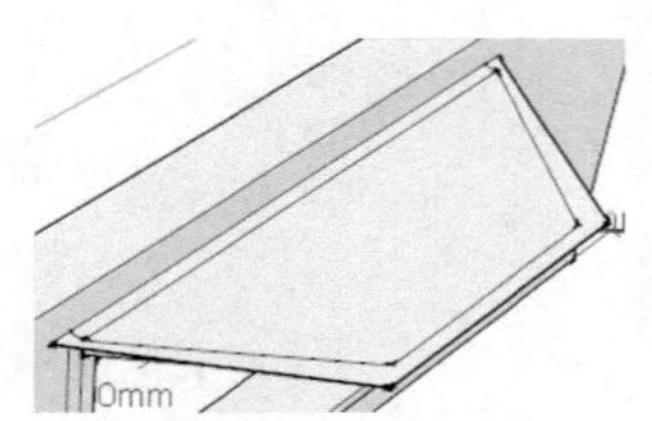

图 2-162　封闭草图并删除直线

step 14 单击【大工具集】工具栏中的【推/拉】按钮，推拉雨搭高为 100mm，如图 2-163 所示。

step 15 单击【大工具集】工具栏中的【直线】按钮，绘制两条长 4400mm 的空间直线，如图 2-164 所示。

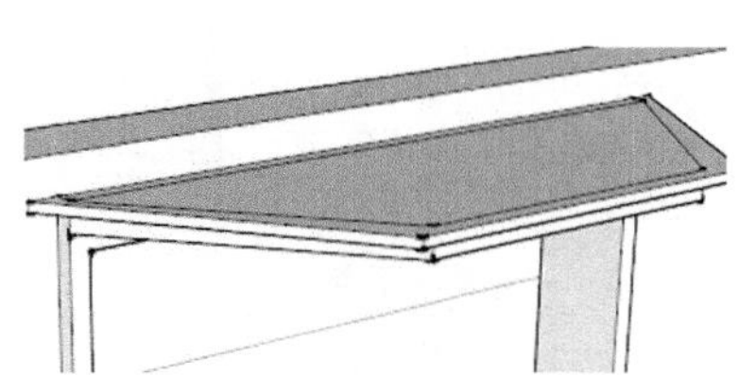

图 2-163　推拉雨搭

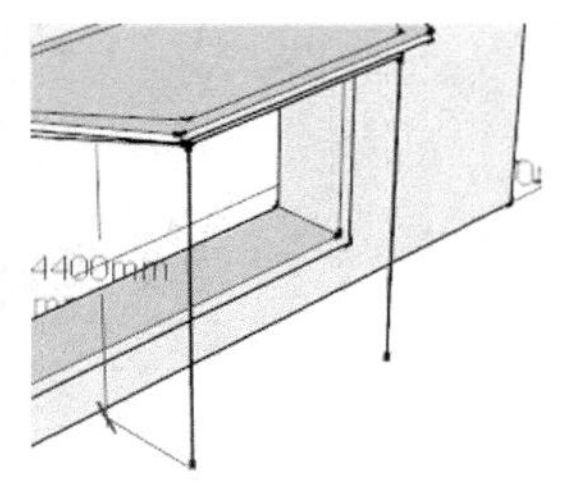

图 2-164　绘制空间直线

step 16 单击【大工具集】工具栏中的【直线】按钮，绘制封闭面，如图 2-165 所示。

step 17 单击【大工具集】工具栏中的【推/拉】按钮，推拉窗台高为 200mm，如图 2-166 所示。

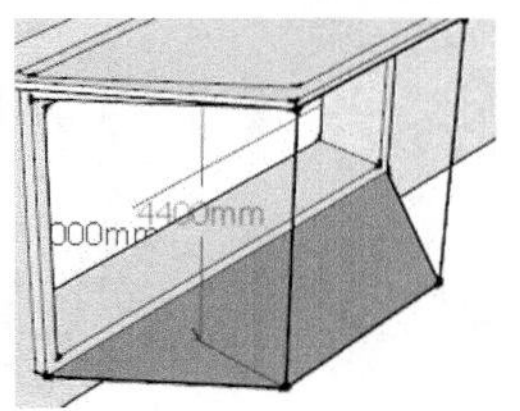

图 2-165　绘制封闭面

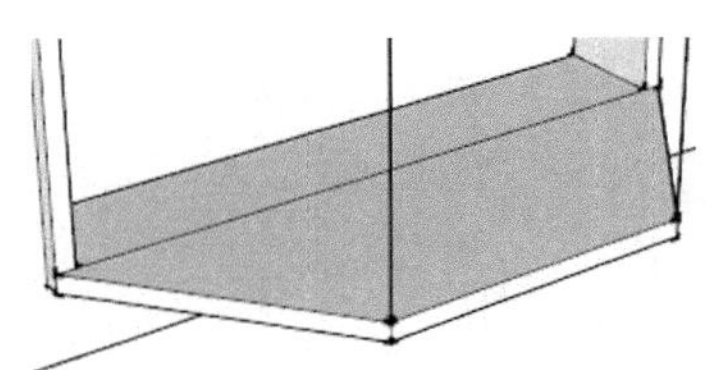

图 2-166　推拉窗台

step 18 单击【大工具集】工具栏中的【直线】按钮，绘制窗台上间距为 200mm 的直线，如图 2-167 所示。

step 19 单击【大工具集】工具栏中的【推/拉】按钮，推拉窗框高为 100mm，如图 2-168 所示。

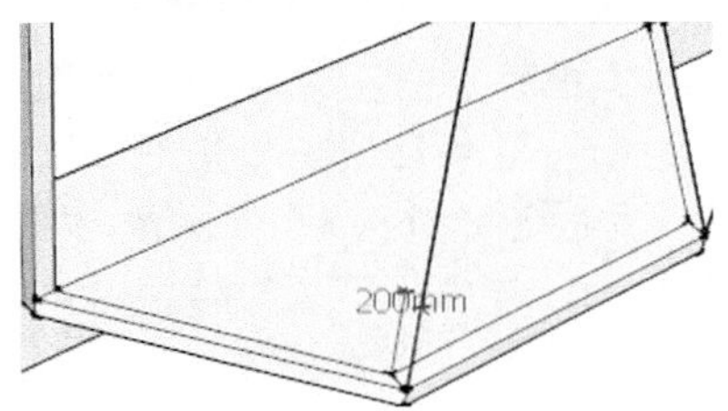

图 2-167　绘制窗框矩形

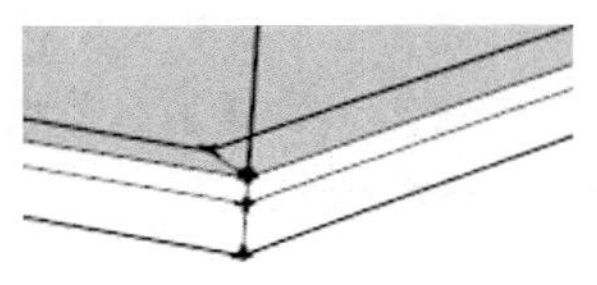

图 2-168　推拉窗框

step 20 单击【大工具集】工具栏中的【直线】按钮，绘制窗框上的垂线，如图 2-169 所示。

step 21 单击【大工具集】工具栏中的【推/拉】按钮，推拉窗框至最顶部，如图 2-170 所示。

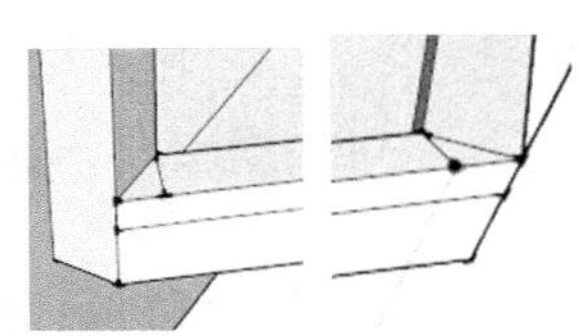

图 2-169　绘制窗框上的垂线

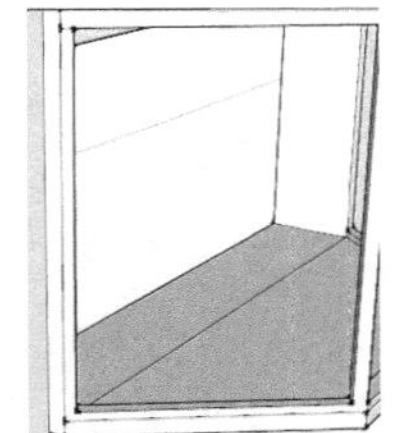

图 2-170　推拉生成窗框

step 22 单击【大工具集】工具栏中的【直线】按钮，绘制中间窗框上的垂线，如图 2-171 所示。

step 23 单击【大工具集】工具栏中的【推/拉】按钮，推拉中间的窗框至最顶部，如图 2-172

所示。

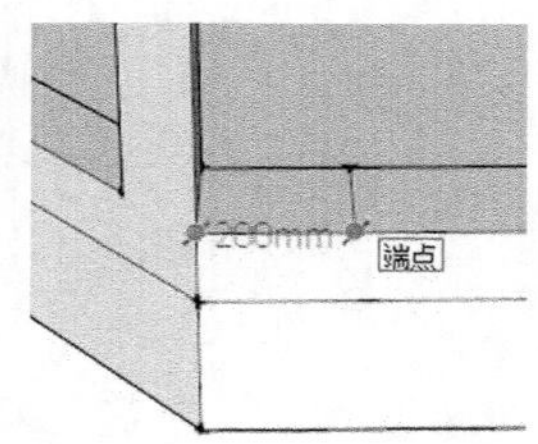

图 2-171　绘制间距 200mm 的垂线

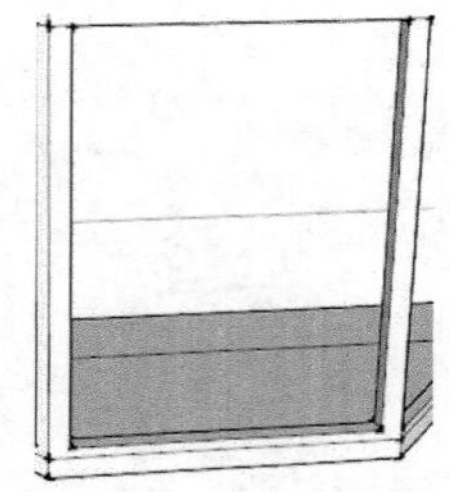

图 2-172　推拉中间的窗框

step 24 单击【大工具集】工具栏中的【推/拉】按钮，推拉侧面的窗框至最顶部，如图 2-173 所示。

step 25 单击【大工具集】工具栏中的【直线】按钮，绘制空间不规则矩形，如图 2-174 所示。

图 2-173　推拉对称的侧窗框

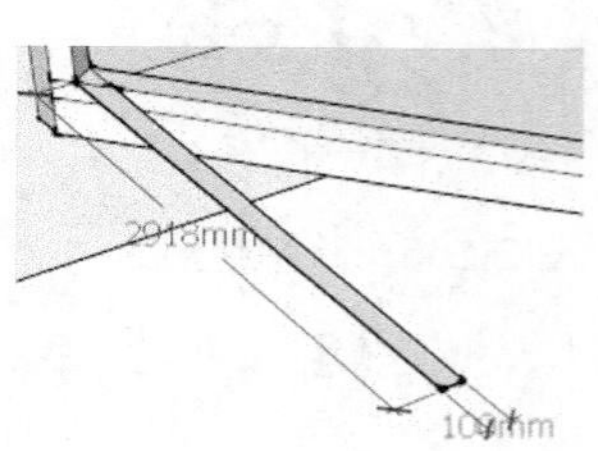

图 2-174　绘制空间矩形

step 26 单击【大工具集】工具栏中的【推/拉】按钮，推拉窗户至最顶部，如图 2-175 所示。

step 27 单击【大工具集】工具栏中的【矩形】按钮，绘制间距为 100mm 的矩形，如图 2-176 所示。

step 28 单击【大工具集】工具栏中的【推/拉】按钮，推拉窗户进深为 100mm，如图 2-177 所示。

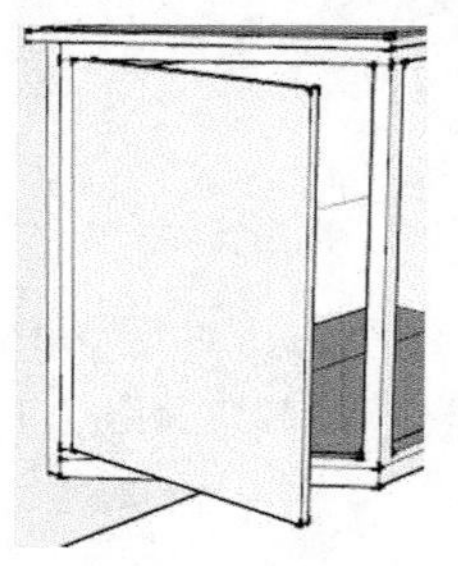

图 2-175　推拉窗户

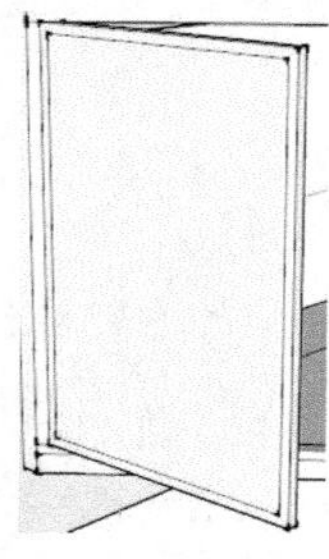

图 2-176　绘制间距 100mm 的矩形

图 2-177　推拉切除

step 29 单击【大工具集】工具栏中的【矩形】按钮，绘制中间窗框封闭的矩形，如图 2-178 所示。

step 30 单击【大工具集】工具栏中的【矩形】按钮，绘制侧面窗框封闭的矩形，如图 2-179 所示。

step 31 最后为模型赋予材质，得到完成的建筑凸窗模型，如图 2-180 所示。

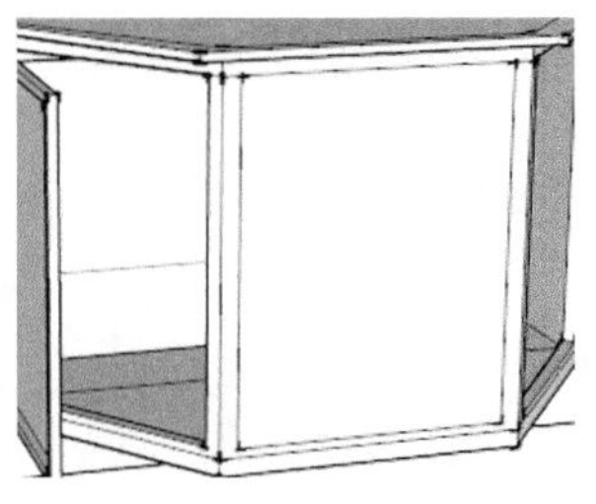
图 2-178　绘制中间的封闭面

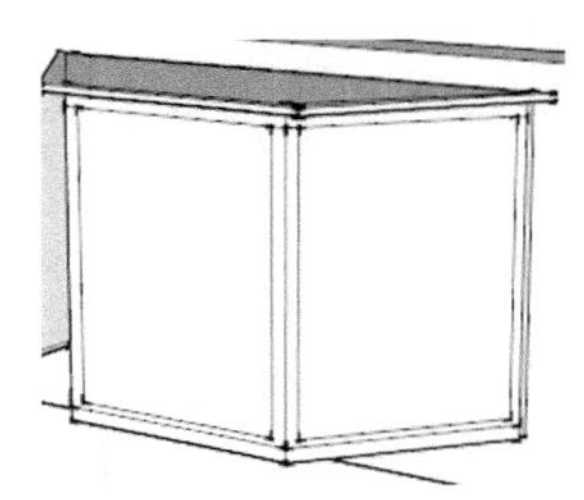
图 2-179　绘制侧封闭面

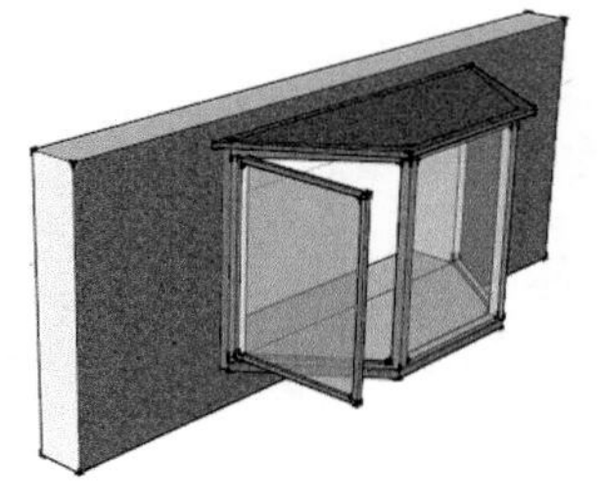
图 2-180　完成创建的凸窗模型

建筑设计实践：窗户作为建筑的基本构件，不仅是建筑物采光、通风的装置，更肩负着开阔视野、沟通内外空间关系的重要责任，因此设计上要十分重视。在建筑设计中，窗户的设计基本方法是首先要确定窗户的位置，然后考虑窗户的大小，接下来再设计窗户的形式，进行窗户的划分并确定窗户的开启形式，最后选定窗户的构件。如图 2-181 所示为实际的建筑物窗户的效果。

图 2-181　建筑物窗户的效果

阶段进阶练习

在本教学日学习中，使用了 SketchUp 的一些基本命令与工具，制作简单的模型并修改模型。同时经过本章的学习后，可以通过模型操作绘制较为复杂的模型，在以后的绘图中遇到复杂模型时可以轻松应对。希望读者熟练操作这些基本工具，在以后绘图应用中会经常用到。

使用本教学日学过的各种命令，创建如图 2-182 所示较为简单的住宅建筑模型效果。

一般创建步骤和方法如下。

(1) 绘制墙体框架。

(2) 绘制窗户。

(3) 绘制屋顶。

(4) 进行细节模型操作。

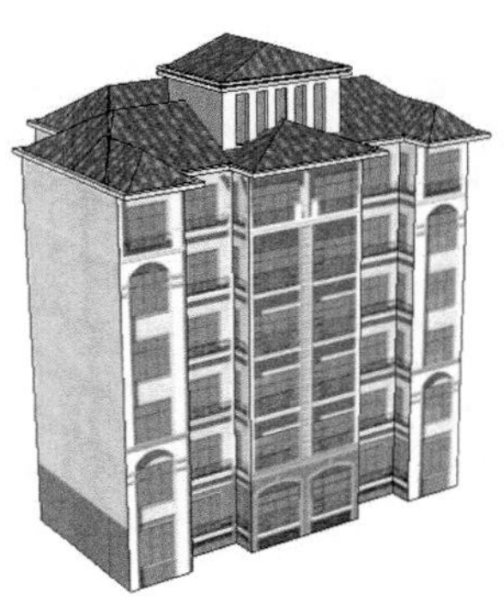
图 2-182　简单建筑模型

设计师职业培训教程

第 3 教学日

SketchUp 满足了设计师的职业需求，不依赖图层，而是提供了更加方便的组/组件管理功能，这种分类和现实生活中物体的分类十分相似，用户之间还可以通过组或组件进行资源共享，并且很容易修改。

经过了前面的学习，相信读者已经掌握了基本模型的制作方法。本教学日主要讲解模型尺寸标注、文字标注以及对于群组和组件的管理。SketchUp 尺寸标注可以更直观地观察模型大小，也可以辅助绘图把握绘图的准确性，而文字的绘制可以更方便地为图形添加说明。另外，本教学日还将系统介绍 SketchUp 中组和组件的相关知识，包括组和组件的创建、编辑、共享及动态组件的制作原理。

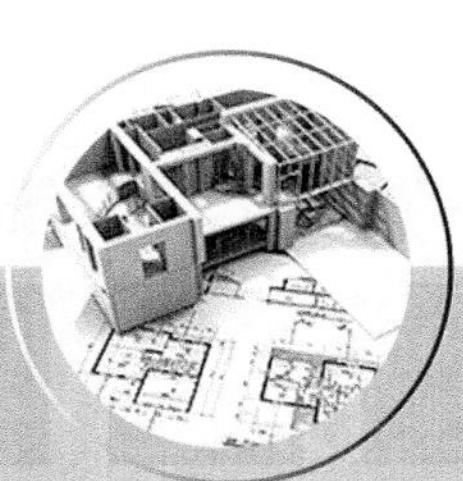

第1课 1课时 设计师职业知识——SketchUp在建筑方案设计中的应用

3.1.1 前期现状场地及建筑形体分析阶段

建筑方案设计是依据设计任务书而编制的文件，由设计说明书、设计图纸、投资估算、透视图 4 部分组成，一些大型或重要的建筑，根据工程的需要可加做建筑模型。建筑方案设计必须贯彻国家及地方有关工程建设的政策和法令，应符合国家现行的建筑工程建设标准、设计规范和制图标准以及确定投资的有关指标、定额和费用标准规定。建筑方案设计的内容和深度应符合有关规定的要求。建筑方案设计一般应包括总平面、建筑、结构、给水排水、电气、采暖通风及空调、动力和投资估算等专业，除总平面和建筑专业应绘制图纸外，其他专业以设计说明简述设计内容，但当设计说明难以表达设计意图时，可以用设计简图进行表示。建筑方案设计可以由业主直接委托有资格的设计单位进行设计，也可以采取竞选的方式进行设计。方案设计竞选可以采用公开竞选和邀请竞选两种方式。建筑方案设计竞选应按有关管理办法执行。

建筑方案设计的前期准备阶段也可称之为设计的“预热阶段”。在这个阶段，建筑师要对建设项目进行整体把握，通过对建设要求、地段环境、经济因素和相关规范等重要内容进行系统全面的分析研究，为方案设计确立科学的根据。在这个过程中，可以利用 SketchUp 对现状的场地和建筑进行模拟，以提供较为精准的三维空间设计依据，比如要考虑新建的建筑高度要控制在多高，形体组合是否与周边建筑相协调、是否会对街道景观和重要的视觉通道造成遮挡等问题。SketchUp 还支持数字地形高程数据，利用地理信息系统中的这些数据，可以快速构建精确的山体和河流等重要的地形因子。如果和 Google Earth 相配合，可以快速又方便地截取地表特征，这使得 SketchUp 在现状场地环境的立体构建上有着其他软件无可比拟的优点。由于技术原因，国内还没有大面积搭建完整的三维模型平台，但是在局部地区的建筑设计中，采用 SketchUp 软件结合 Google Earth 来还原基地的周边环境，将大大提高项目设计在前期准备阶段的成果价值，使建筑师更为高效、准确地认识和解析现状。

从一开始就可利用 SketchUp 模拟出真实场景，如图 3-1 所示，然后再对细节的模型进行简单处理，这样就得到一个完整、连续并且可体验的地形场景，如图 3-2 所示。

图 3-1 模拟真实场景

图 3-2 调整细节部分

在建筑形体推敲阶段，不需要很精确的模型，而只要初步确定建筑尺寸，构建建筑群的天际轮廓线，从而对单体建筑的高度和建筑群的组合方式做出修改，并使其与周边环境相协调。体块模型往往以建筑的功能为基本单位划分为不同的模块，可以使用 SketchUp 将各个功能模块用不同的颜色区分表现，这对于功能分区和交通流线分析有着很大的启发作用，如图 3-3 所示。

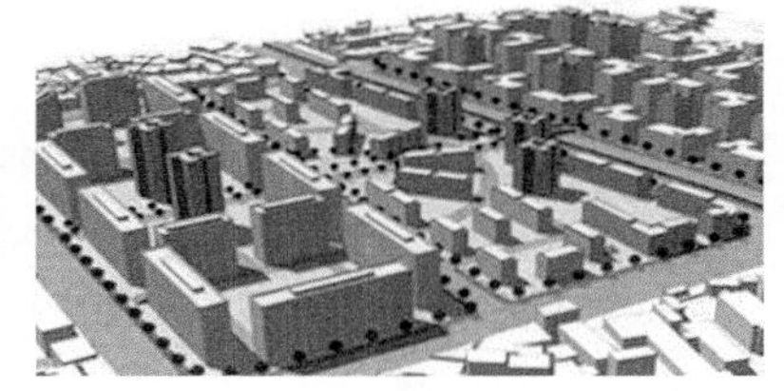

图 3-3 功能模块的颜色区分

3.1.2 建筑平面设计构思阶段

传统的平面设计多采用 AutoCAD 软件，根据草图进行绘制，这种方法将平面设计与三维造型分开进行，在很大程度上限制了对造型的思考，使最终效果与设计草图之间产生较大的差异，并且不利于快速地修改。而将 SketchUp 软件与 AutoCAD 结合使用，可以在方案设计的初期便实现平面和立面的自然融合，保持设计思维的连贯性，互相深化并不断促进设计灵感的创新。在 SketchUp 中，设计师可以对平面草图进行粗模的搭建，以及从不同角度观察建筑体块的关系是否与场景相协调等，进一步编辑修改方案，再与 AutoCAD 软件合作完成标准的图纸绘制。

例如在某小区的设计过程中，建筑师在前期工作的基础上形成了几种初步的设计概念，手绘出小区规划平面草图，然后利用扫描设备将草图转化为电子图片导入 SketchUp 软件中，SketchUp 软件可以将二维的草图迅速转化为三维的场景模型，验证设计效果是否达到预期目标，如图 3-4 所示。

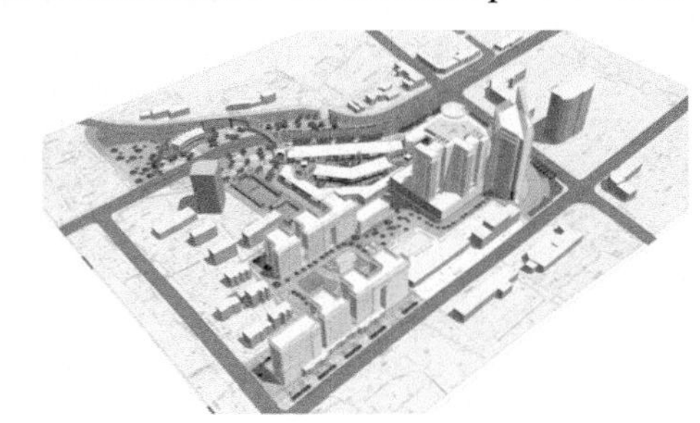

图 3-4 验证设计效果

3.1.3 建筑造型及立面设计阶段

这个阶段的主要任务是在上一阶段确立的建筑体块的基础上进行的深入。设计师要考虑好建筑风格、窗户形式、屋顶形式、墙体构件等细部元素，丰富建筑构件，细化建筑立面，如图 3-5 所示。利用 SketchUp 可以灵活构建三维几何形体，由于计算机拥有对模型参数的强大处理能力，可以使模型构建更为精确和可计量化。在构建建筑形体的时候，SketchUp 灵活的图像处理又可以不断激发设计师的灵感，生成原本没有考虑到的新颖的造型形态，还可以不断转换观察角度，随时对造型进行探索和完善，并即时显现修改过程，最终帮助设计师完成设计。

图 3-5 细化建筑立面

第2课 2课时 标注尺寸

SketchUp 中的尺寸标注，可以随着模型的尺寸变化而变化，可以帮助设计师在绘制模型时更好地把控尺寸。本课主要讲解尺寸标注的具体方法。

行业知识链接：在 SketchUp 中，标注是重要的环节，是对于模型数据的有效测量和表示方法，在标注方式中有线段、半径、直径等多种标注方式，标注须字体大小适中，清晰明了。如图 3-6 所示为某建筑模型的尺寸标注效果。

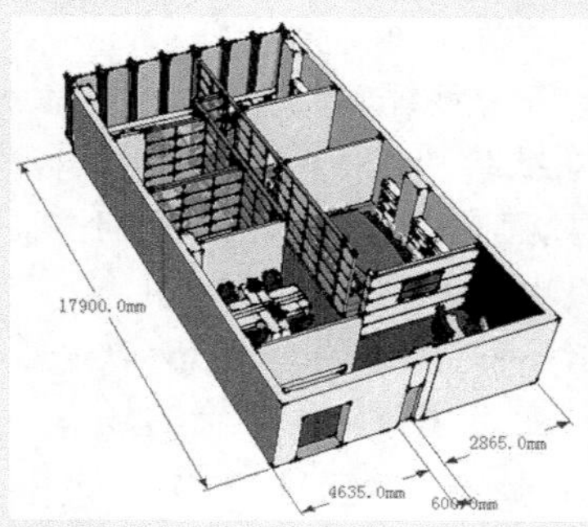

图 3-6 建筑模型尺寸标注效果

3.2.1 测量模型

测量模型是 SketchUp 模型制作中重要的辅助方法，下面来介绍不同的测量方式。

1. 测量距离

执行【卷尺】命令主要有以下几种方式。

- 在菜单栏中选择【工具】|【卷尺】命令。
- 直接按 T 键。
- 单击【大工具集】工具栏中的【卷尺】按钮。

(1) 测量两点间的距离。

激活【卷尺】工具，然后拾取一点作为测量的起点，接着拖动鼠标会出现一条类似参考线的“测量带”，其颜色会随着平行的坐标轴而变化，并且数值控制框会实时显示“测量带”的长度，再次单击拾取测量的终点后，测得的距离会显示在数值控制框中。

(2) 全局缩放。

使用【卷尺】工具可以对模型进行全局缩放，这个功能非常实用，用户可以在方案研究阶段先构建粗略模型，当确定方案后需要更精确的模型尺寸时，只要重新指定模型中两点的距离即可。

在 SketchUp 中可以通过【多边形】工具(快捷键为 Alt+B)创建正多边形，但是只能控制多边形的边数和半径，不能直接输入边长。不过有个变通的方法，就是利用【卷尺】工具进行缩放。以一个边长为 1000mm 的六边形为例，首先创建一个任意大小的等边六边形，然后将它创建为组并进入组件的编辑状态，再使用【卷尺】工具(快捷键为 Q 键)测量一条边的长度，接着通过键盘输入需要的长度 1000mm。注意，一定要先创建为组，然后进入组内进行编辑，否则会将场景模型都进行缩放。

2. 测量角度

执行【量角器】命令主要有以下两种方式。

- 在菜单栏中选择【工具】|【量角器】命令。
- 单击【大工具集】工具栏中的【量角器】按钮。

(1) 测量角度。

激活【量角器】工具后，在视图中会出现一个圆形的量角器，鼠标指针指向的位置就是量角器的中心位置，量角器默认对齐红/绿轴平面。

在场景中移动光标时，量角器会根据旁边的坐标轴和几何体而改变自身的定位方向，用户可以按住 Shift 键锁定所在平面。

在测量角度时，将量角器的中心设在角的顶点上，然后将量角器的基线对齐到测量角的起始边，接着再拖动鼠标旋转量角器，捕捉要测量角的第二条边，此时光标处会出现一条绕量角器旋转的辅助线，捕捉到测量角的第二条边后，测量的角度值会显示在数值控制框中，如图 3-7 所示。

(2) 创建角度辅助线。

激活【量角器】工具，然后捕捉辅助线将经过的角的顶点，并单击将量角器放置在该点上，接着在已有的线段或边线上单击，将量角器的基线对齐到已有的线上，此时会出现一条新的辅助线，移动光标到需要的位置，辅助线和基线之间的角度值会在数值控制框中动态显示，如图 3-8 所示。

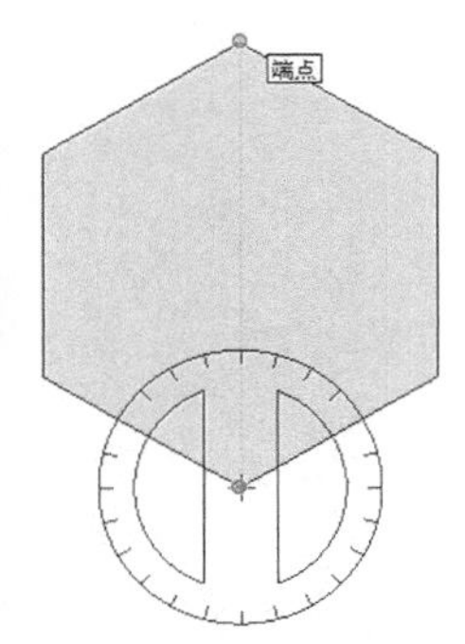

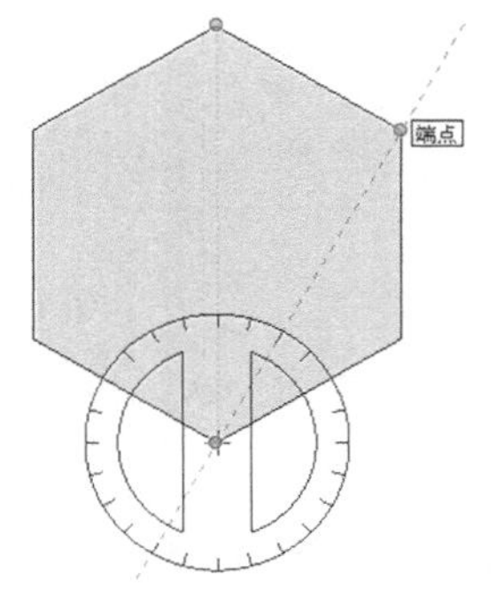

图 3-7　测量角度

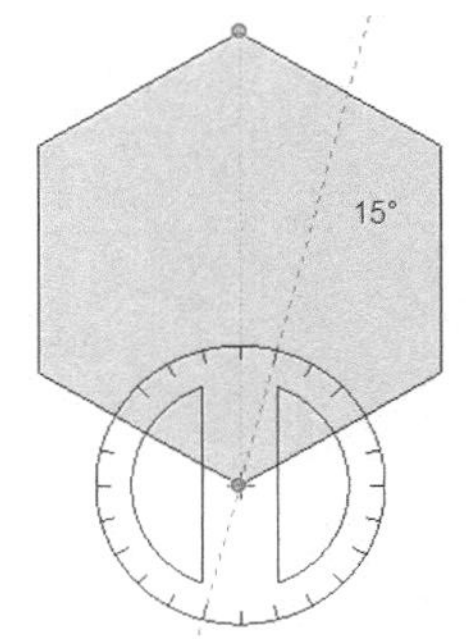

图 3-8　输入角度值

角度可以通过数值控制框输入，输入的值可以是角度(例如 15°)，也可以是斜率(角的正切，例如 1∶6)；输入负值表示将往当前鼠标指定方向的反方向旋转。在进行其他操作之前可以持续输入修改。

(3) 锁定旋转的量角器。

按住 Shift 键可以将量角器锁定在当前的平面定位上。

提示：【卷尺】工具没有平面限制，该工具可以测出模型中任意两点的准确距离。尺寸的更改可以根据不同图形要求进行设置。当调整模型长度的时候，尺寸标注也会随之更改。

3.2.2 辅助线的绘制与管理

1. 绘制辅助线

绘制辅助线主要有以下两种方式。

- 在菜单栏中选择【工具】|【卷尺】或【量角器】命令。
- 单击【大工具集】工具栏中的【卷尺】按钮或【量角器】按钮。

使用【卷尺】工具绘制辅助线的方法如下。

激活【卷尺】工具，然后在线段上单击拾取一点作为参考点，此时在光标上会出现一条辅助线随着光标移动，同时会显示辅助线与参考点之间的距离，确定辅助线的位置后，单击即可绘制一条辅助线，如图 3-9 所示。

2. 管理辅助线

眼花缭乱的辅助线有时候会影响视线，从而产生负面影响，此时可以通过选择【编辑】|【还原导向】命令或者【编辑】|【删除参考线】命令删除所有的辅助线，如图 3-10 所示。

在【图元信息】对话框中可以查看辅助线的相关信息，并且可以修改辅助线所在的图层，如图 3-11 所示。

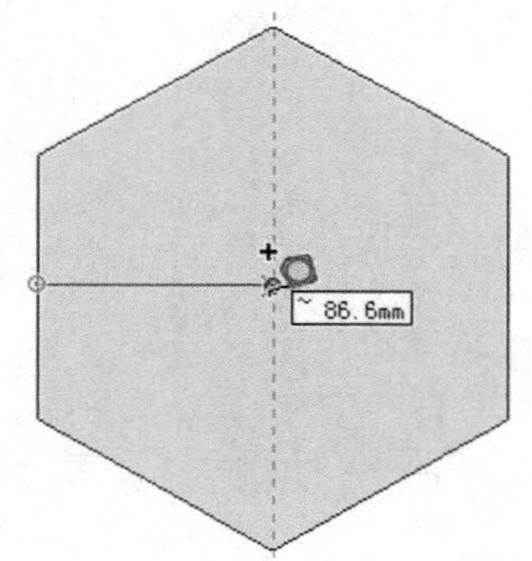

图 3-9 测量距离

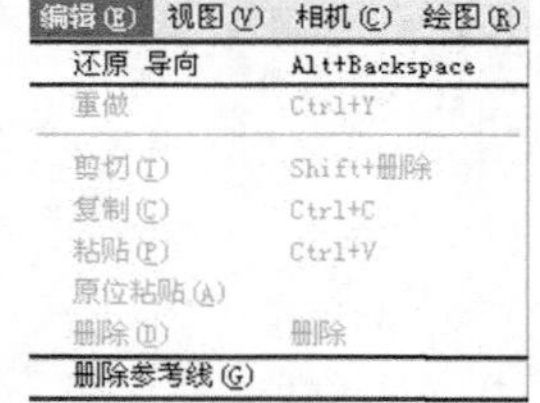

图 3-10 菜单命令

图 3-11 【图元信息】对话框

辅助线的颜色可以通过【样式】对话框进行设置，在【样式】对话框中切换到【编辑】选项卡，然后对【参考线】选项后面的颜色色块进行调整，如图 3-12 所示。

3. 导出辅助线

在 SketchUp 中可以将辅助线导出到 AutoCAD 中，以便为进一步精确绘制立面图提供帮助。导出辅助线的方法如下。

选择【文件】|【导出】|【三维模型】命令，然后在弹出的【输出模型】对话框中设置【输出类型】为 AutoCAD DWG File(*.dwg)，接着单击【选项】按钮，并在弹出的【DAE 导出选项】对话框中选中所需选项的复选框，最后依次单击【确定】按钮和【导出】按钮，如图 3-13 所示。为了能更

清晰地显示和管理辅助线，可以将辅助线单独放在一个图层上再进行导出。

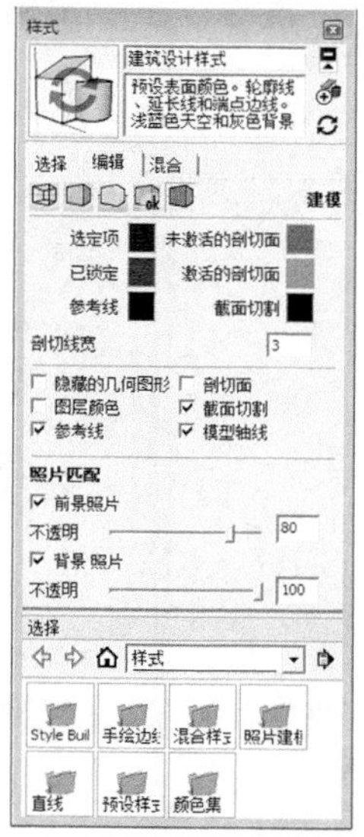
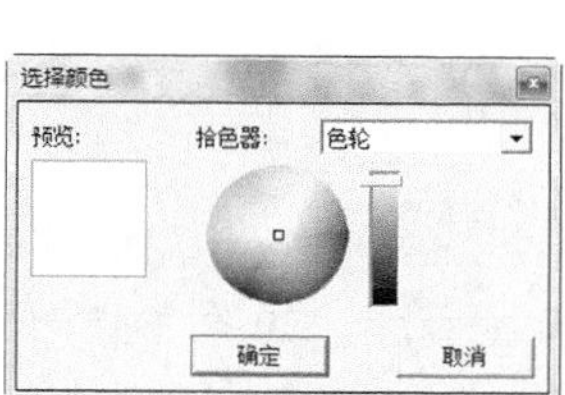

图 3-12 【样式】对话框

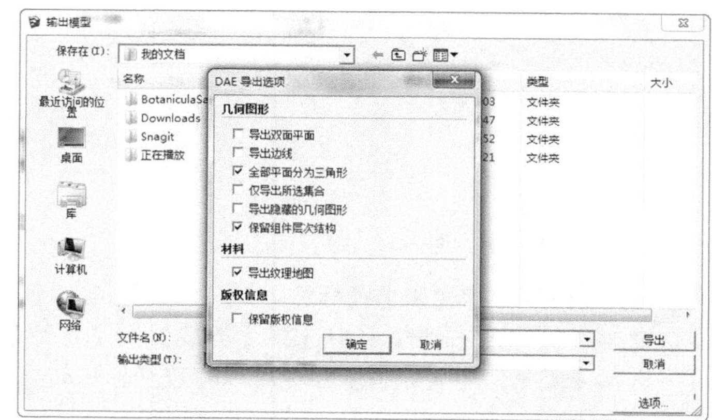

图 3-13 导出辅助线

提示：辅助线可以帮助设计者在绘图过程中把握尺寸。

3.2.3 标注模型尺寸

执行【尺寸】命令主要有以下两种方式。

- 在菜单栏中选择【工具】|【尺寸】命令。
- 单击【大工具集】工具栏中的【尺寸】按钮。

(1) 标注线段。

激活【尺寸】工具，然后依次单击线段两个端点，接着移动鼠标拖曳一定的距离，再次单击确定标注的位置，如图 3-14 所示。

用户也可以直接单击需要标注的线段进行标注，选中的线段会呈高亮显示，单击线段后拖曳出一定的标注距离即可，如图 3-15 所示。

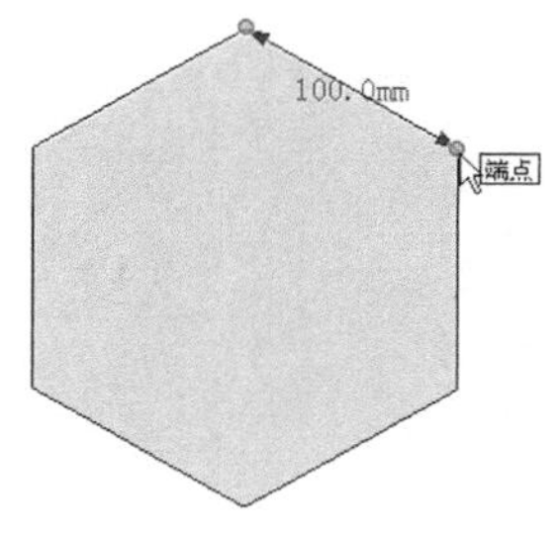

图 3-14 尺寸标注(1)

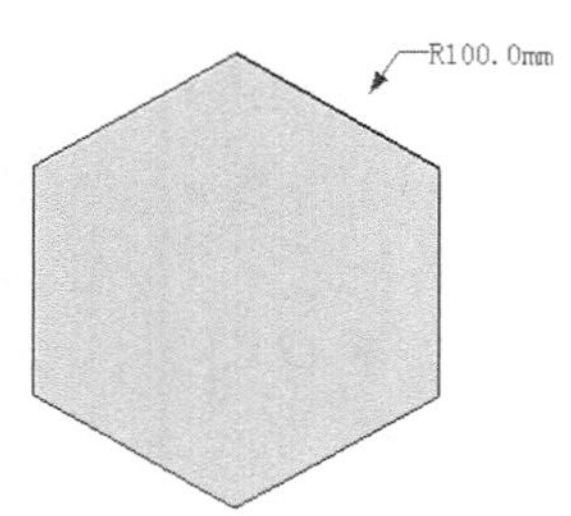

图 3-15 尺寸标注(2)

(2) 标注直径。

激活【尺寸】工具，然后单击要标注的圆，接着移动鼠标拖曳出标注的距离，再次单击左键确定标注的位置，如图 3-16 所示。

(3) 标注半径。

激活【尺寸】工具，然后单击要标注的圆弧，接着拖曳鼠标确定标注的距离，如图 3-17 所示。

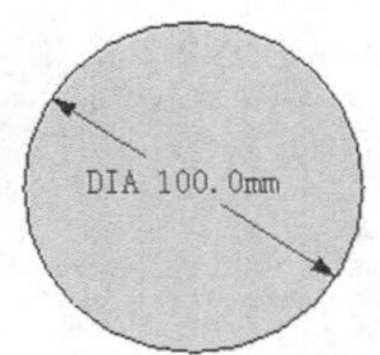

图 3-16　直径标注

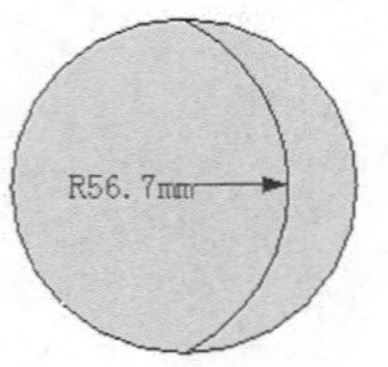

图 3-17　半径标注

(4) 互换直径标注和半径标注。

在半径标注的右键菜单中选择【类型】|【直径】命令，可以将半径标注转换为直径标注，同样，选择【类型】|【半径】命令可以将直径标注转换为半径标注，如图 3-18 所示。

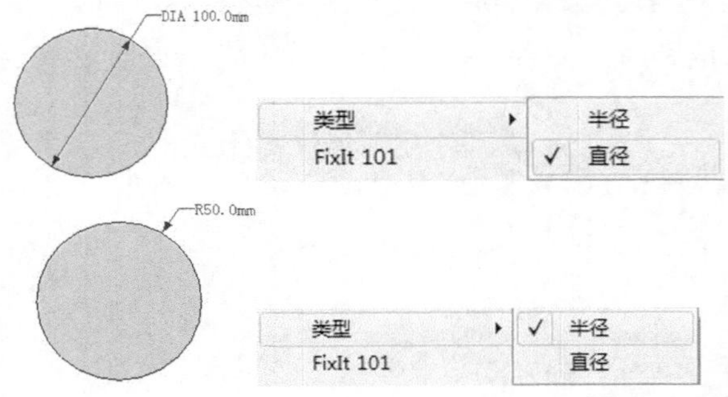

图 3-18　标注转换

SketchUp 中提供了许多种标注的样式以供使用者选择，修改标注样式的步骤为选择【窗口】|【模型信息】命令，然后在弹出的【模型信息】对话框中选择【尺寸】选项，接着在【引线】选项组的【端点】下拉列表中选择【斜线】或者其他方式，如图 3-19 所示。

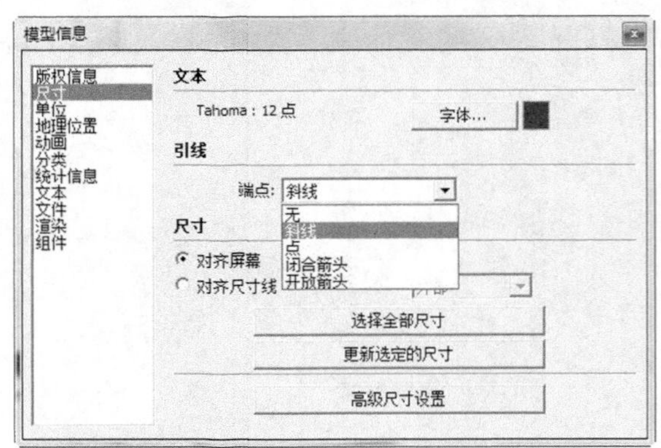

图 3-19　【模型信息】对话框

课后练习

案例文件：ywj\03\3-1.skp
视频文件：光盘→视频课堂→第 3 教学日→3.2

练习案例分析及步骤如下。

通过教室门头的绘制，可以重温一遍基本绘图的方法，并应用本节所学的尺寸设置方法，绘制出模型，创建的模型如图 3-20 所示。

本案例主要练习标注的方法，首先在绘制墙体和门的过程中，需要应用尺寸标注的方法，最后再标注文字，案例的绘制步骤如图 3-21 所示。

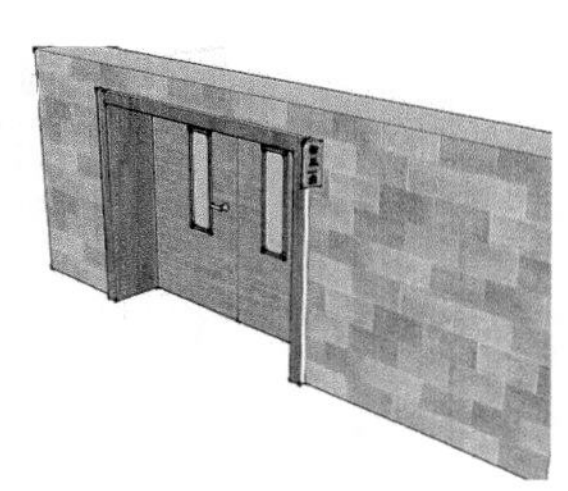

图 3-20 教室门头设计模型

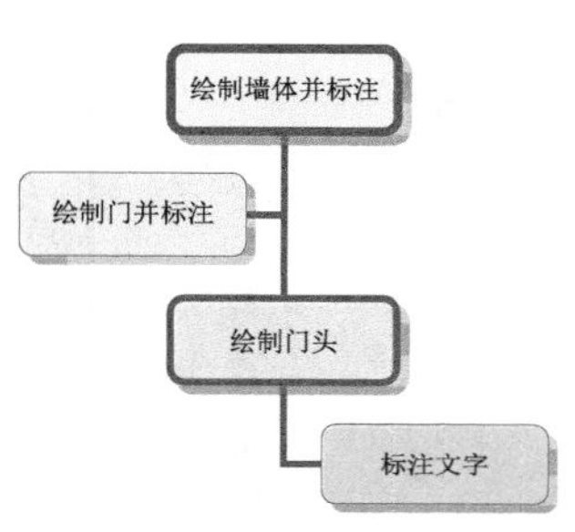

图 3-21 教室门头绘制步骤

练习案例操作步骤如下。

step 01 单击【大工具集】工具栏中的【矩形】按钮，绘制 500mm×5000mm 的矩形，如图 3-22 所示。

step 02 单击【大工具集】工具栏中的【推/拉】按钮，推拉墙体高为 2000mm，如图 3-23 所示。

step 03 单击【大工具集】工具栏中的【矩形】按钮，绘制边长为 2000mm 的矩形，选择【工具】|【尺寸】命令，标注尺寸，如图 3-24 所示。

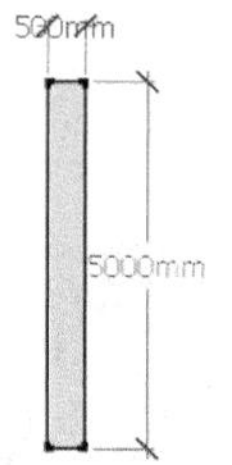

图 3-22 绘制矩形

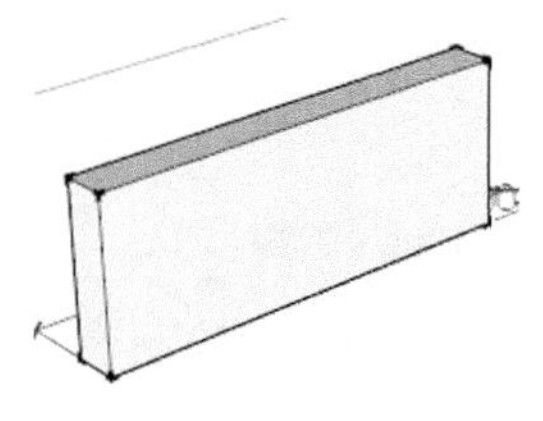

图 3-23 推拉墙壁

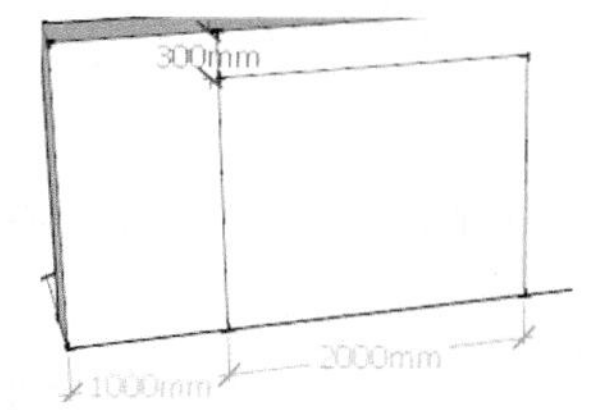

图 3-24 绘制墙面矩形

step 04 单击【大工具集】工具栏中的【推/拉】按钮，推拉门的进深为 400mm，如图 3-25 所示。

step 05 单击【大工具集】工具栏中的【矩形】按钮，绘制间距为 100mm 的矩形，单击【大工具集】工具栏中的【尺寸】按钮标注尺寸，如图 3-26 所示。

step 06 单击【大工具集】工具栏中的【推/拉】按钮，推拉门框高为 50mm，如图 3-27 所示。

step 07 单击【大工具集】工具栏中的【直线】按钮，绘制中心直线，如图 3-28 所示。

step 08 单击【大工具集】工具栏中的【矩形】按钮，绘制 800mm×200mm 的矩形，选择【尺寸】工具标注出尺寸，如图 3-29 所示。

step 09 单击【大工具集】工具栏中的【矩形】按钮，绘制 800mm×200mm 的矩形，如图 3-30 所示。

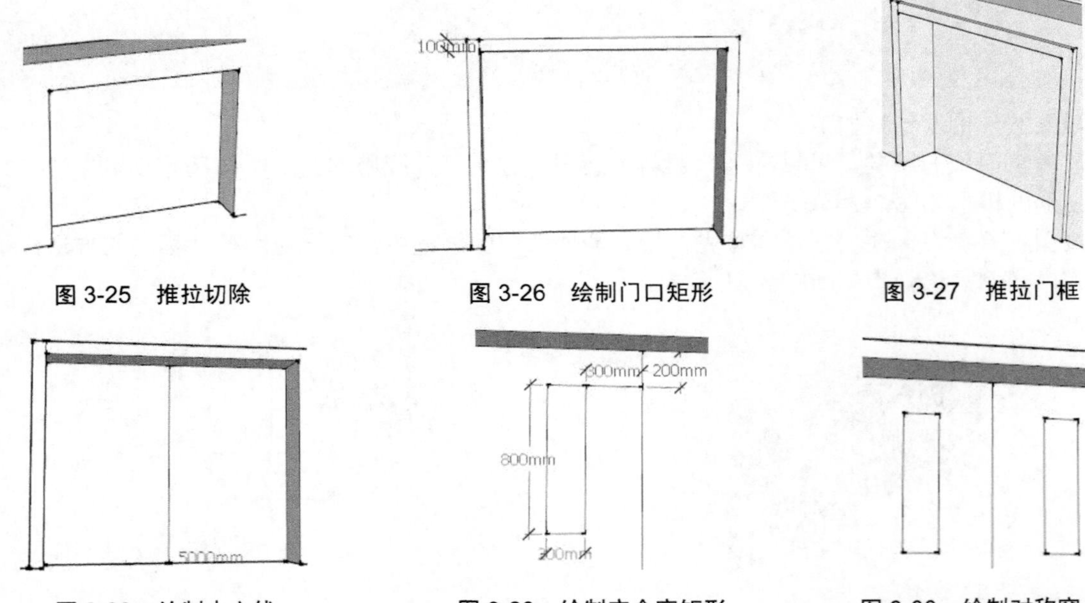

图 3-25　推拉切除　　图 3-26　绘制门口矩形　　图 3-27　推拉门框

图 3-28　绘制中心线　　图 3-29　绘制安全窗矩形　　图 3-30　绘制对称窗户

step 10 单击【大工具集】工具栏中的【矩形】按钮，绘制间距为 20mm 的矩形，如图 3-31 所示。

step 11 单击【大工具集】工具栏中的【矩形】按钮，绘制对称的矩形，如图 3-32 所示。

step 12 单击【大工具集】工具栏中的【推/拉】按钮，推拉安全窗高为 20mm，如图 3-33 所示。

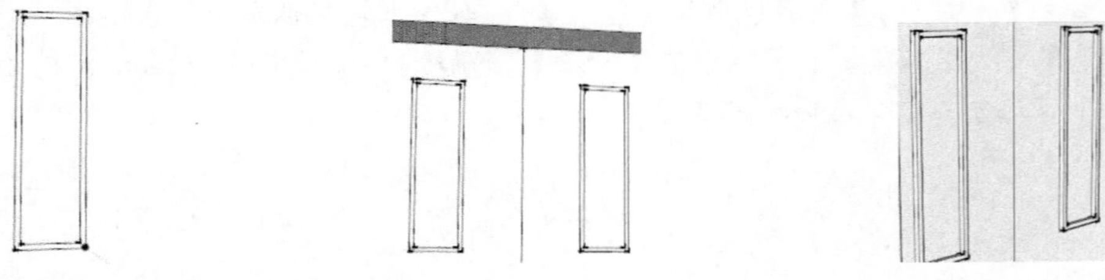

图 3-31　绘制间距为 20mm 的矩形　　图 3-32　绘制对称矩形　　图 3-33　推拉安全窗

step 13 单击【大工具集】工具栏中的【圆】按钮，绘制直径为 60mm 的圆形，如图 3-34 所示。

step 14 单击【大工具集】工具栏中的【推/拉】按钮，推拉圆形高为 10mm，如图 3-35 所示。

step 15 单击【大工具集】工具栏中的【圆】按钮，绘制直径为 20mm 的圆形，单击【尺寸】按钮，标注出尺寸，如图 3-36 所示。

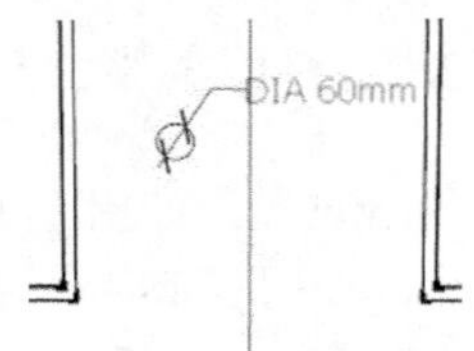

图 3-34　绘制圆形

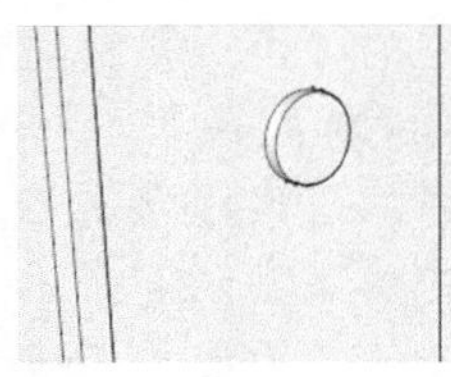

图 3-35　推拉圆形

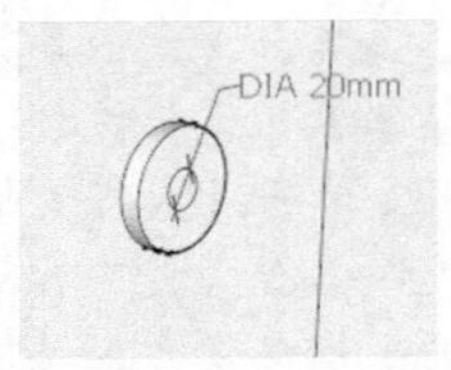

图 3-36　绘制面上的圆形

step 16 单击【大工具集】工具栏中的【直线】按钮，绘制空间直线长分别为 50mm 和 100mm，如图 3-37 所示。

step 17 单击【大工具集】工具栏中的【推/拉】按钮，推拉圆形生成把手，如图 3-38 所示。

step 18 单击【大工具集】工具栏中的【直线】按钮，绘制高为 130mm，底边长为 100mm 的三角形，单击【尺寸】按钮，标注出尺寸，如图 3-39 所示。

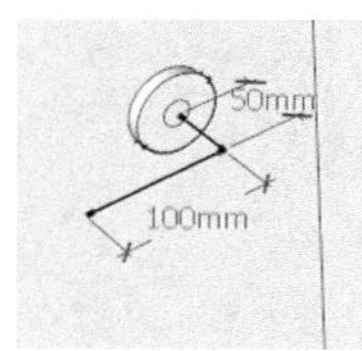

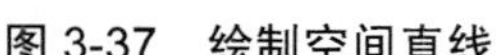

图 3-37　绘制空间直线

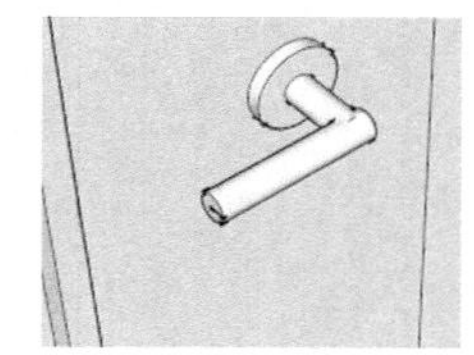

图 3-38　推拉圆形生成把手

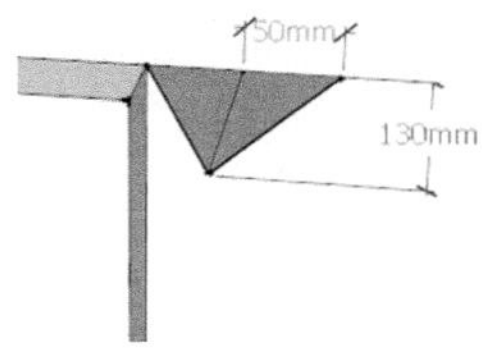

图 3-39　绘制三角形

step 19 单击【大工具集】工具栏中的【推/拉】按钮，推拉三角形高为 300mm，如图 3-40 所示。

step 20 单击【大工具集】工具栏中的【三维文字】按钮，弹出【放置三维文本】对话框，输入“初”字，如图 3-41 所示，单击【放置】按钮。

step 21 在绘图区中，在需要的平面上单击放置文字，如图 3-42 所示。

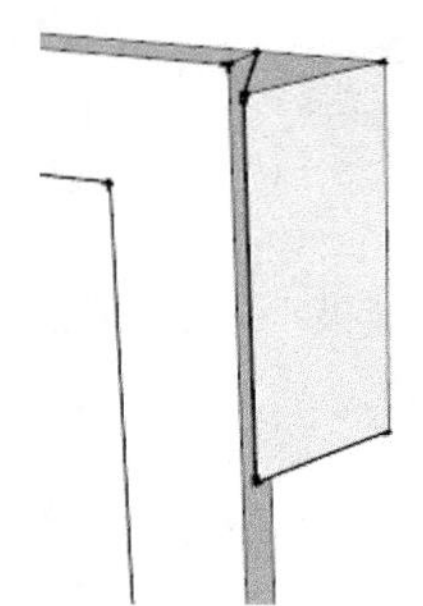

图 3-40　推拉三角形

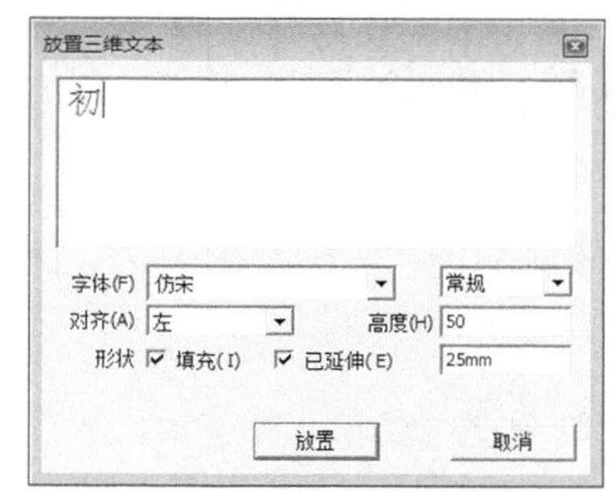

图 3-41　添加文字

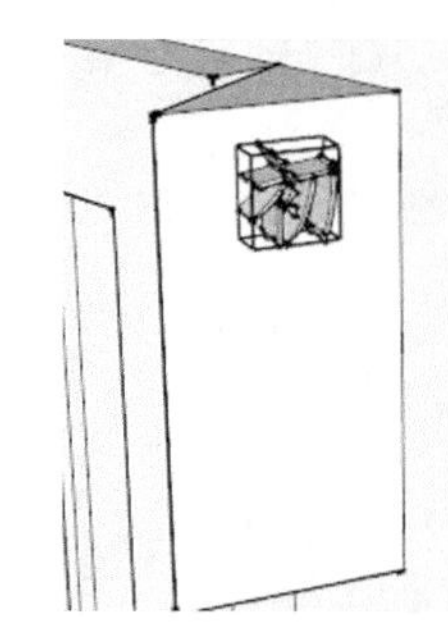

图 3-42　放置文字

step 22 运用【三维文字】命令，添加其他文字，如图 3-43 所示。

step 23 为模型赋予材质，完成教室门头模型设计，如图 3-44 所示。

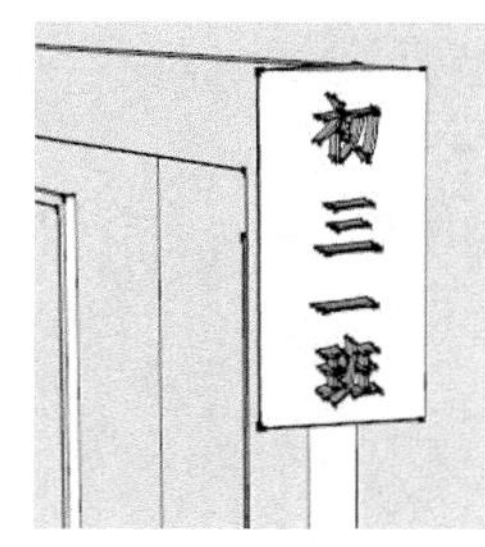

图 3-43　创建其他文字

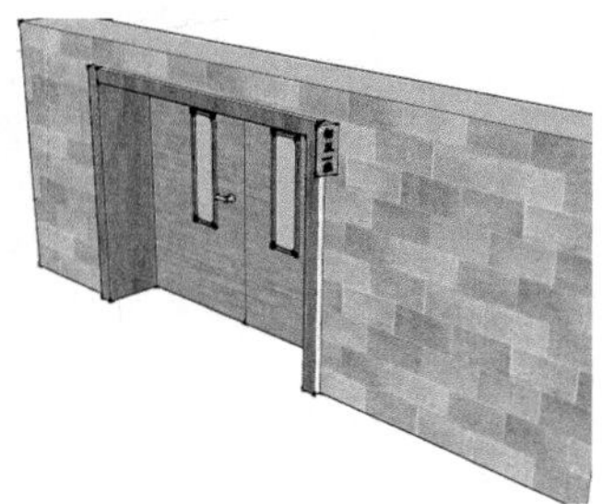

图 3-44　完成的教室门头模型

建筑设计实践：整体式建筑宜采用土建与装修、设备一体化设计，同时将室内装修与设备安装的施工组织计划与主体结构施工计划有效结合，做到同步设计、同步施工，以缩短施工周期。因此，尺寸标注在建筑设计中是很重要的。如图 3-45 所示为建筑标注的基本参数。

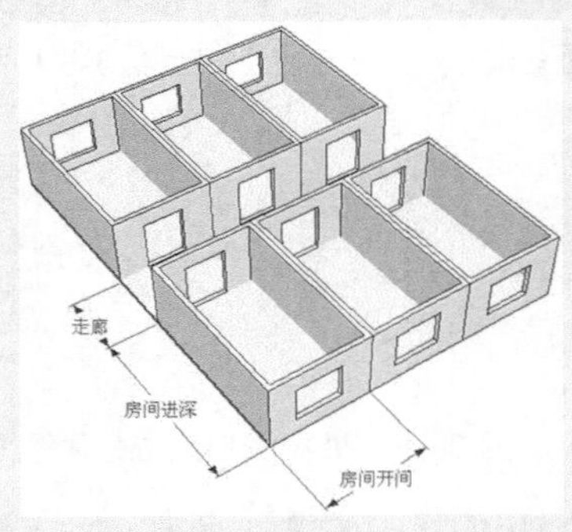

图 3-45　建筑标注的基本参数

第 3 课　2 课时　标注文字

标注文字可以让观察者更直观地看到模型，更清楚地表达设计者的意图。本课主要讲解文字标注的具体方法。

行业知识链接：在建筑模型的绘制中，建筑上重要的文字必须标注出来，这样才能显示出一些重要的信息和效果，表达设计师的设计思想。如图 3-46 所示为绘制的建筑大门效果，通过门牌文字可表现出建筑的含义。

图 3-46　建筑大门及文字效果

3.3.1　标注二维文字

执行【文字】命令主要有以下两种方式。

- 在菜单栏中选择【工具】|【文字】命令。
- 单击【大工具集】工具栏中的【文字】按钮。

在插入引线文字的时候，先激活【文字】工具，然后在实体(表面、边线、顶点、组件、群组等)上单击，指定引线指向的位置，接着拖曳出引线的长度，并单击确定文本框的位置，最后在文本框中输入注释文字，如图 3-47 所示。

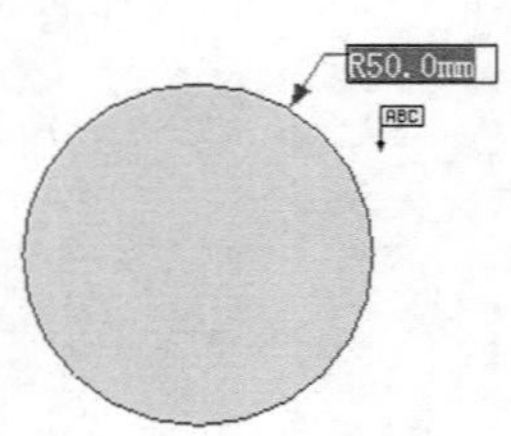

图 3-47　文本标注

输入注释文字后，按两次 Enter 键或者单击文本框的外侧就可以完成输入，按 Esc 键可以取消操作。文字也可以不需要引线直接放置在实体上，只需在需要插入文字的实体上双击即可，引线将被自动隐藏。

插入屏幕文字的时候，先激活【文字】工具，然后在屏幕的空白处单击，接着在弹出的文本框中输入注释文字，最后按两次 Enter 键或者单击文本框的外侧完成输入。屏幕文字在屏幕上的位置是固定的，不受视图改变的影响。另外，在已经编辑好的文字上双击即可重新编辑文字，也可以在文字的右键菜单中选择【编辑文字】命令编辑文字。

3.3.2 标注三维文字

执行【三维文字】命令主要有以下两种方式。

- 在菜单栏中选择【工具】|【三维文字】命令。
- 单击【大工具集】工具栏中的【三维文字】按钮。

激活【三维文字】工具，会弹出【放置三维文本】对话框，如图 3-48 所示。该对话框中的【高度】表示文字的大小，【已延伸】表示文字的厚度，如果不选中【填充】复选框，则组成的文字只有轮廓线。

在【放置三维文本】对话框的文本框中输入文字后，单击【放置】按钮，即可将文字拖放至合适的位置，生成的文字自动成组，使用【缩放】工具可以对文字进行缩放，如图 3-49 所示。

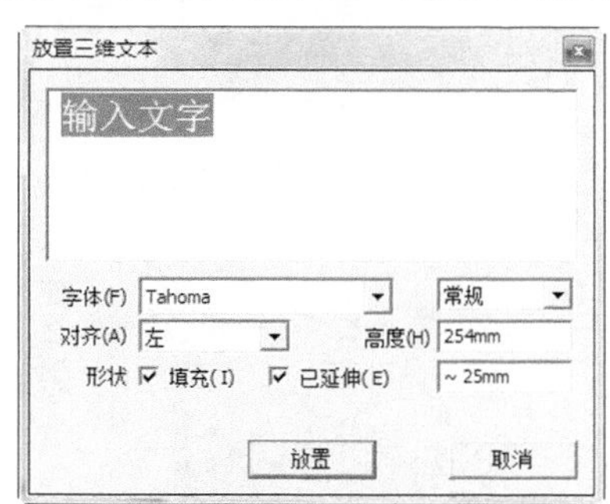

图 3-48 【放置三维文本】对话框

图 3-49 放置三维文本

课后练习

案例文件：ywj\03\3-2.skp

视频文件：光盘→视频课堂→第 3 教学日→3.3

练习案例分析及步骤如下。

课后练习通过月形门洞的绘制，让读者了解到尺寸对于模型的精度把握很重要，标注文字可以对模型进行说明。月形门洞的最终效果如图 3-50 所示。

本案例主要练习标注和文字注释建筑模型效果，首先制作墙的效果，然后制作门洞效果，最后标注文字，案例的绘制步骤如图 3-51 所示。

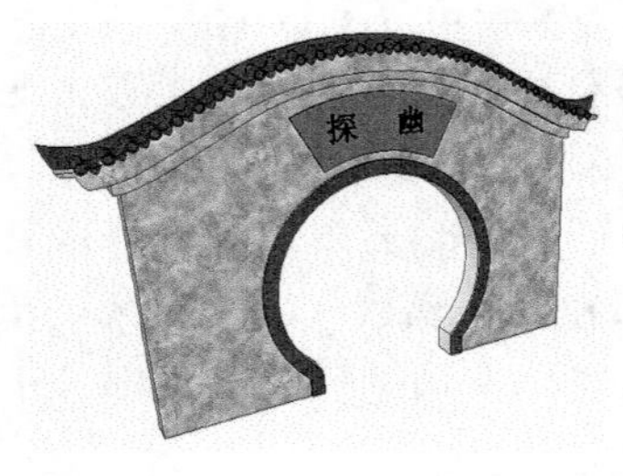

图 3-50　月形门洞效果

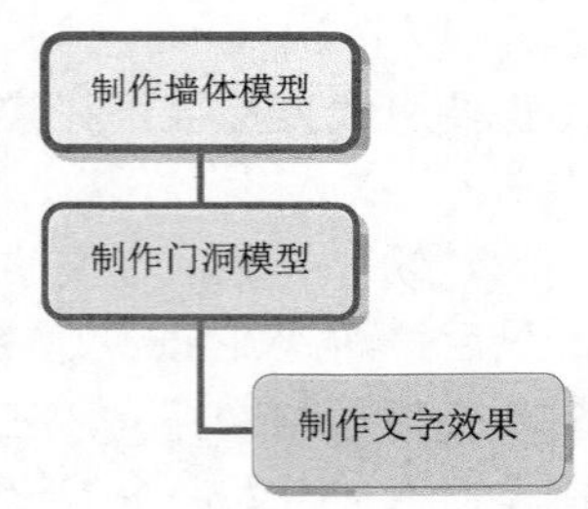

图 3-51　月形门洞绘制步骤

练习案例操作步骤如下。

step 01 单击【大工具集】工具栏中的【矩形】按钮，绘制矩形面，矩形尺寸为长 6700mm，宽 4600mm，并创建为群组，如图 3-52 所示。

step 02 单击【直线】按钮和【圆弧】按钮，绘制轮廓，如图 3-53 所示。

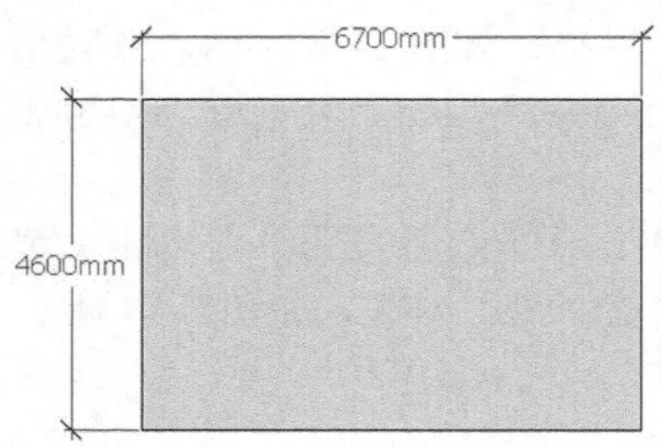

图 3-52　绘制矩形面

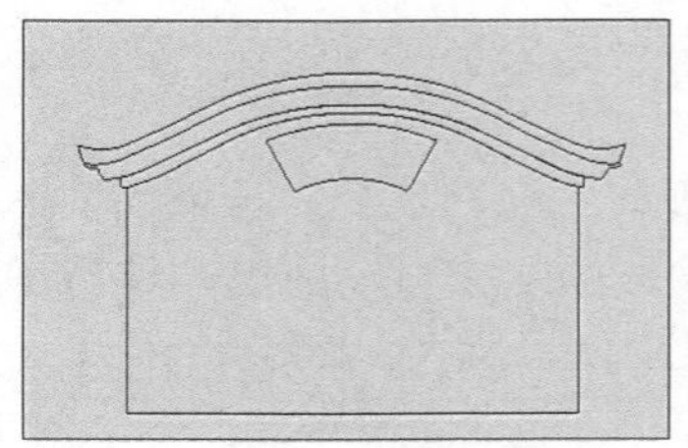

图 3-53　绘制轮廓

step 03 删除多余线条，如图 3-54 所示。

step 04 单击【大工具集】工具栏中的【推/拉】按钮，推拉厚度，如图 3-55 所示。

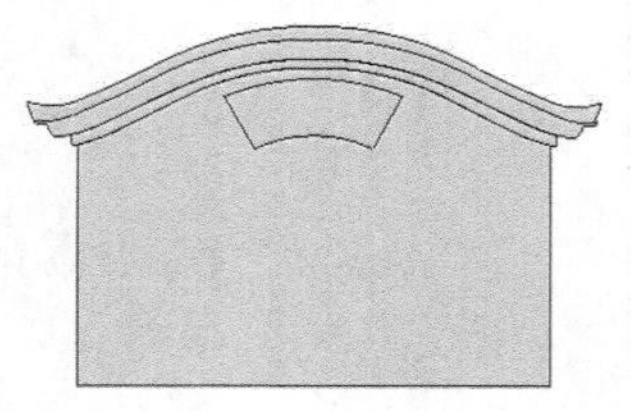

图 3-54　删除多余线条

图 3-55　推拉厚度

step 05 单击【圆】按钮和【推/拉】按钮，绘制门洞顶部，如图 3-56 所示。

step 06 单击【大工具集】工具栏中的【卷尺】按钮，绘制辅助线，如图 3-57 所示。

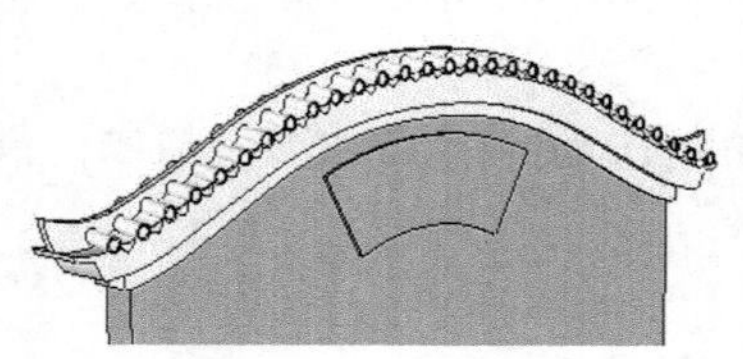

图 3-56　绘制门洞顶部

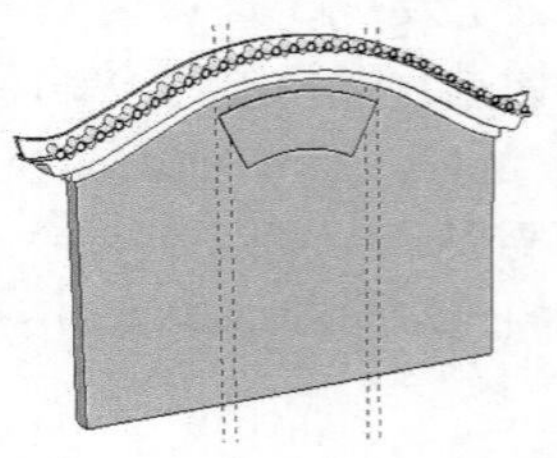

图 3-57　绘制辅助线

step 07 单击【直线】按钮和【圆】按钮，绘制门洞轮廓，如图 3-58 所示。

step 08 单击【推/拉】按钮，推拉出门洞，如图 3-59 所示。

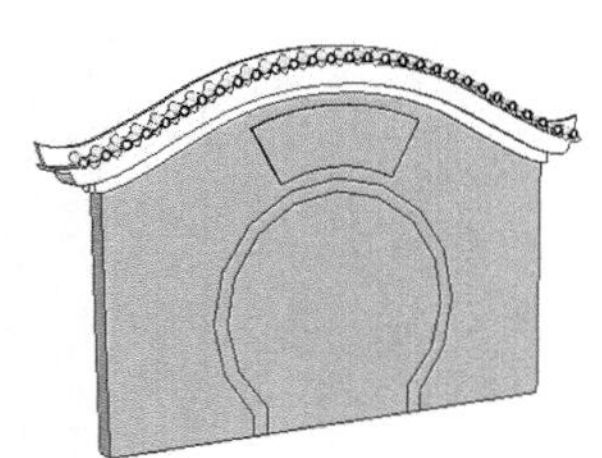

图 3-58　绘制门洞轮廓

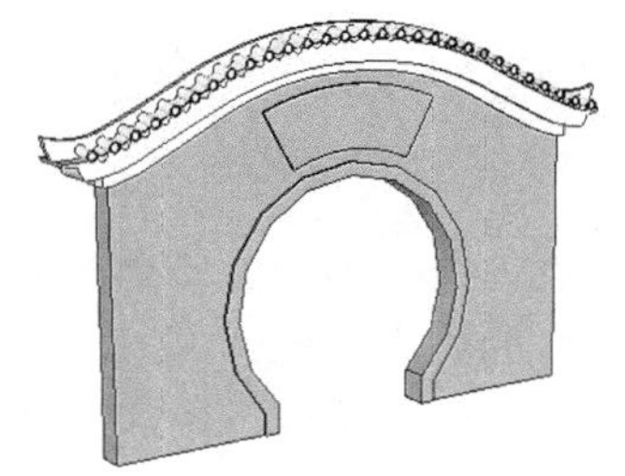

图 3-59　推拉出门洞

step 09 单击【大工具集】工具栏中的【三维文字】按钮，打开【放置三维文字】对话框，输入文字“探幽”，如图 3-60 所示。

step 10 放置文字到合适位置，赋予模型材质，完成月形门洞绘制，如图 3-61 所示。

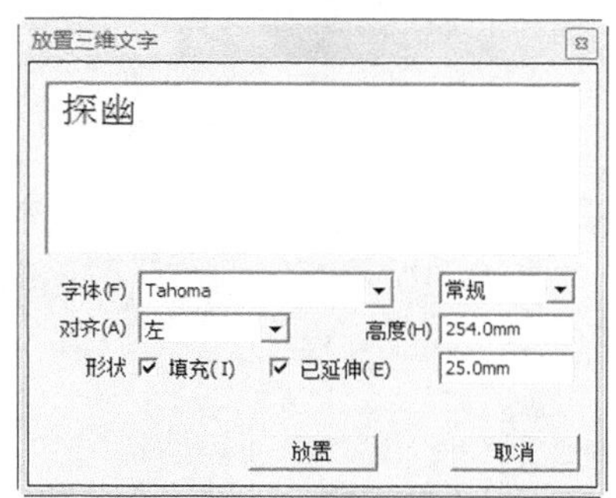

图 3-60　输入文字

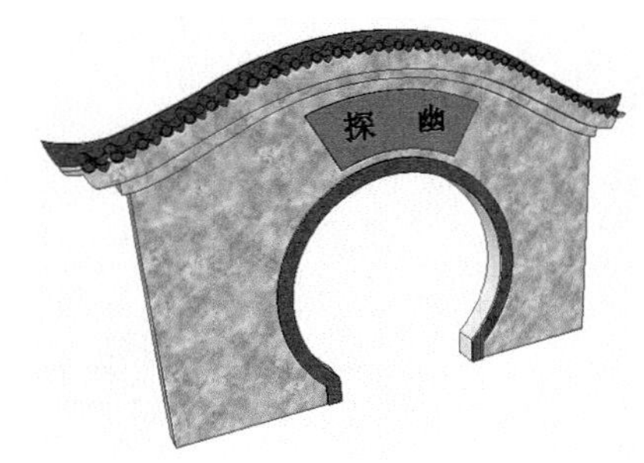

图 3-61　绘制完成的月形门洞

建筑设计实践：装配整体式建筑的施工图设计文件应完整，预制构件的加工图纸应全面准确地反映预制构件的规格、类型、加工尺寸、连接形式。如图 3-62 所示为商业建筑模型的文字效果。

图 3-62　商业建筑模型的文字效果

第4课 2课时 图层和群组管理

群组是一些点、线、面或者实体的集合，与组件的区别在于没有组件库和关联复制的特性。但是组可以作为临时性的群组管理，并且不占用组件库，也不会使文件变大，所以使用起来很方便，而图层主要是为了方便模型的管理。本课主要介绍模型的图层和群组管理方法。

行业知识链接：SketchUp 的图层集成了颜色、线形及状态等，通过不同的图层名称设置不同的方式，方便制图过程中对图层进行管理。如图 3-63 所示为绘制的建筑阳台模型，使用图层和群组进行管理十分方便。

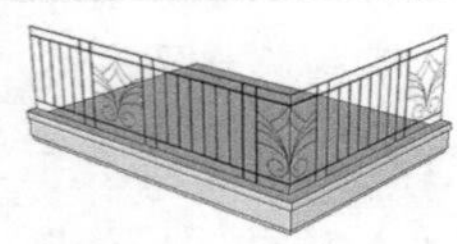

图 3-63　建筑草图效果

3.4.1　图层的运用及管理

选择【窗口】|【图层】命令可以打开【图层】对话框，在【图层】对话框中可以查看和编辑模型中的图层，其中显示了模型中所有的图层和图层的颜色，并指出图层是否可见，如图 3-64 所示。

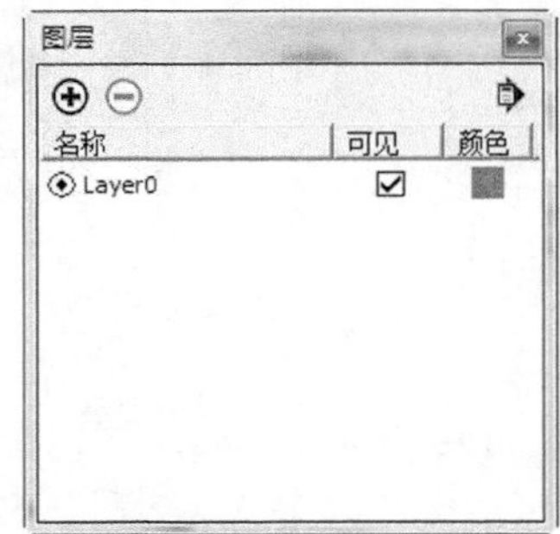

图 3-64　【图层】对话框

3.4.2　创建组

执行【创建组】命令主要有以下两种方式。

- 在菜单栏中选择【编辑】|【创建组】命令。
- 在右键快捷菜单中选择【创建群组】命令。

选中要创建为组的物体，选择【编辑】|【创建组】命令。组创建完成后，外侧会出现高亮显示的边界框，创建组前后的效果如图 3-65 和图 3-66 所示。

图 3-65 创建组之前

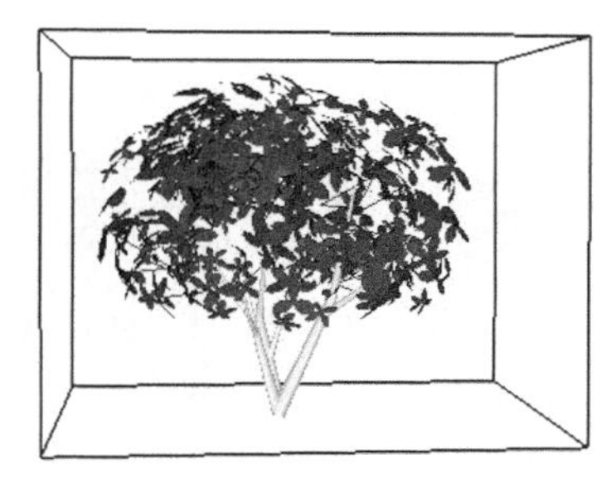

图 3-66 创建组之后

组的优势有以下 5 点。

(1) 快速选择：选中一个组就选中了组内的所有元素。

(2) 几何体隔离：组内的物体和组外的物体相互隔离，操作互不影响。

(3) 协助组织模型：几个组还可以再次成组，形成一个具有层级结构的组。

(4) 提高建模速度：用组来管理和组织划分模型，有助于节省计算机资源，提高建模和显示速度。

(5) 快速赋予材质：分配给组的材质会由组内使用默认材质的几何体继承，而事先指定了材质的几何体不会受影响，这样可以大大提高赋予材质的效率。当组被炸开以后，此特性就无法应用了。

3.4.3 编辑组

执行【编辑组】命令主要有以下两种方式。

- 双击组进入组内部编辑。
- 在右键快捷菜单中选择【编辑组】命令。

创建的组可以被分解，分解后组将恢复到成组之前的状态，同时组内的几何体会和外部相连的几何体结合，并且嵌套在组内的组会变成独立的组。当需要编辑组内部的几何体时，就需要进入组的内部进行操作。在组上双击，或者右击，在弹出的快捷菜单中选择【编辑组】命令，即可进入组进行编辑。

提示：SketchUp 组件比组更加占用内存。在 SketchUp 中如果整个模型都细致地进行了分组，那么可以随时炸开某个组，而不会与其他几何体粘在一起。

课后练习

案例文件：ywj\03\3-3.skp

视频文件：光盘→视频课堂→第 3 教学日→3.4

练习案例分析及步骤如下。

课后练习是群组管理，通过对模型添加群组，可以方便掌握模型的各个模块。图 3-67 所示为案例效果。

本案例主要练习通过群组绘制栏架的模型，首先绘制栏框，之后绘制栏架并群组操作，最后完成整组栏架的效果，案例的绘制思路和步骤如图 3-68 所示。

图 3-67　案例模型

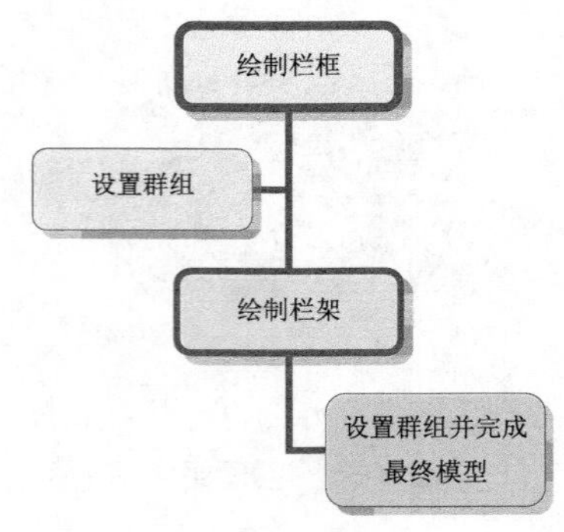

图 3-68　案例绘制思路和步骤

练习案例操作步骤如下。

step 01 单击【大工具集】工具栏中的【矩形】按钮，绘制宽 120mm，长 2380mm 的矩形，如图 3-69 所示。

step 02 单击【大工具集】工具栏中的【推/拉】按钮，推拉矩形，推拉厚度为 50mm，如图 3-70 所示。

step 03 选择模型并右击，在弹出的快捷菜单中选择【创建群组】命令，将模型创建为群组，如图 3-71 所示。

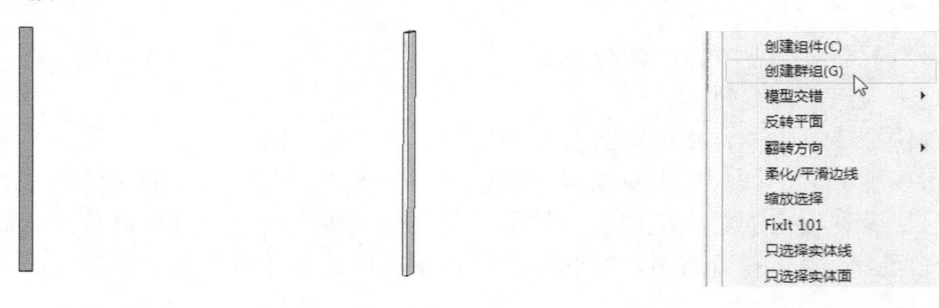

图 3-69　绘制矩形　　图 3-70　推拉矩形　　图 3-71　创建群组

step 04 单击【大工具集】工具栏中的【移动】按钮，移动复制模型，如图 3-72 所示。

step 05 单击【大工具集】工具栏中的【直线】按钮，绘制出窗户线条，如图 3-73 所示。

step 06 单击【大工具集】工具栏中的【推/拉】按钮，推拉图形并创建为群组，如图 3-74 所示。

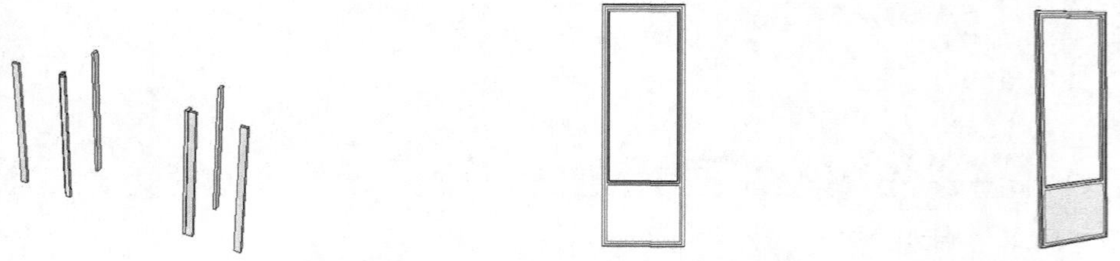

图 3-72　移动复制图形　　图 3-73　绘制窗户线条　　图 3-74　推拉图形

step 07 单击【大工具集】工具栏中的【直线】按钮，绘制出窗框内部及顶部结构轮廓，如图 3-75 所示。

step 08 单击【大工具集】工具栏中的【推/拉】按钮，推拉图形并创建为群组，如图 3-76 所示。

step 09 单击【大工具集】工具栏中的【移动】按钮，移动复制模型，添加材质，完成模型绘制，如图 3-77 所示。

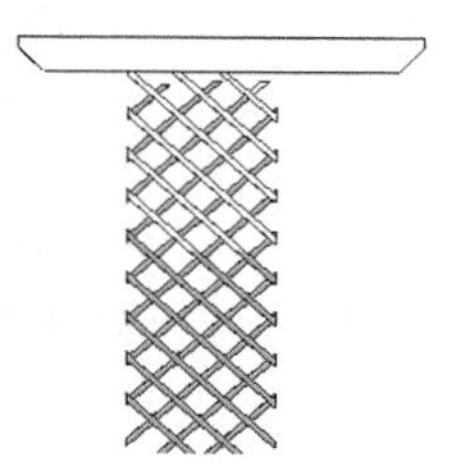
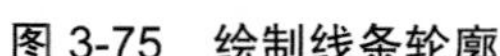

图 3-75　绘制线条轮廓

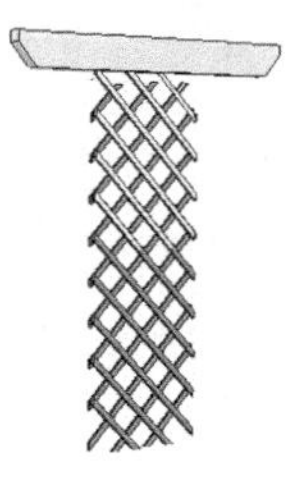

图 3-76　推拉图形

图 3-77　绘制完成的模型

建筑设计实践：在绘制建筑模型时，应为不同墙面上的窗户单独制作玻璃，并和相对应的窗框组组合成一个新的组合，以便移动和管理(可以做成一个层来进行管理)。如果是多层的模型，且上下层玻璃在竖直方向上位于同一平面，则可以从顶层至底层制作一块大玻璃来表示(这样有利于此种情况下玻璃的管理)。如图 3-78 所示为某建筑模型中墙面窗的效果，主要通过层和群组进行管理。

图 3-78　墙面窗模型效果

第 5 课　2 课时　组件操作

组件是将一个或多个几何体的集合定义为一个单位，使之可以像一个物体那样进行操作。组件可以是简单的一条线，也可以是整个模型，尺寸和范围也没有限制。组件与组类似，但多个相同的组件之间具有关联性，可以进行批量操作，在与其他用户或其他 SketchUp 组件之间共享数据时也更为方便。本课主要介绍组件操作的具体方法。

行业知识链接：在建筑模型的设计过程中，景观小品通常是在建筑主模型建模结束后建造，景观小品模型建成后将其作为一个组件，并将其放在相应的位置。如图 3-79 所示为绘制的景观树的组件效果。

图 3-79　景观树效果

3.5.1　创建组件

执行【创建组件】命令主要有以下几种方式。

- 在菜单栏中选择【编辑】|【创建组件】命令。

- 直接按 G 键。
- 在右键快捷菜单中选择【创建组件】命令。

组件的优势有以下 6 点。

(1) 独立性：组件可以是独立的物体，小至一条线，大至住宅、公共建筑，包括附着于表面的物体，例如门窗、装饰构架等。

(2) 关联性：对一个组件进行编辑时，与其关联的组件将会同步更新。

(3) 附带组件库：SketchUp 附带一系列预设组件库，并且还支持自建组件库，只需将自建的模型定义为组件，并保存到安装目录的 Components 文件夹中即可。在【系统设置】对话框的【文件】选项中，可以查看组件库的位置，如图 3-80 所示。

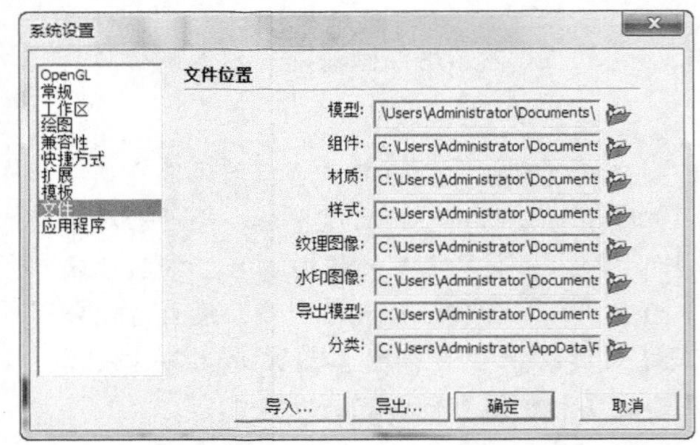

图 3-80 【系统设置】对话框

(4) 与其他文件链接：组件除了存在于创建它们的文件中，还可以导出到其他的 SketchUp 文件中。

(5) 组件替换：组件可以被其他文件中的组件替换，以满足不同精度的建模和渲染要求。

(6) 特殊的行为对齐：组件可以对齐到不同的表面上，并且在附着的表面上挖洞开口。组件还拥有自己内部的坐标系。

> **提示：** 灵活运用组件可以节省绘图时间，提升效率。

3.5.2 编辑组件

执行【编辑组件】命令主要有以下两种方式。

- 双击组件进入组件内部编辑。
- 在右键快捷菜单中选择【编辑组件】命令。

创建组件后，组件中的物体会被包含在组件中而与模型的其他物体分离。SketchUp 支持对组件中的物体进行编辑，这样可以避免炸开组件进行编辑后再重新制作组件。

如果要对组件进行编辑，最常用的是双击组件进入组件内部编辑，当然还有很多其他编辑方法，下面进行详细介绍。

> **提示：** SketchUp 中所有复制的组件和原组件都会自动改变，这是 SketchUp 中非常有用的功能。

3.5.3 插入组件

插入组件主要有以下两种方式。

- 在菜单栏中选择【窗口】|【组件】命令。
- 在菜单栏中选择【文件】|【导入】命令。

在 SketchUp 2015 中自带了一些二维人物组件。这些人物组件可随视线转动面向相机，如果想使用这些组件，直接将其拖曳到绘图区即可，如图 3-81 所示。

当组件被插入当前模型中时，SketchUp 会自动激活【移动/复制】工具，并自动捕捉组件坐标的原点，组件将其内部坐标原点作为默认的插入点。

若要改变默认的插入点，必须在组件插入之前更改其内部坐标系。选择【窗口】|【模型信息】命令，打开【模型信息】对话框，然后在【组件】选项中选中【显示组件轴线】复选框，即可显示内部坐标系，如图 3-82 所示。

图 3-81 添加二维人物

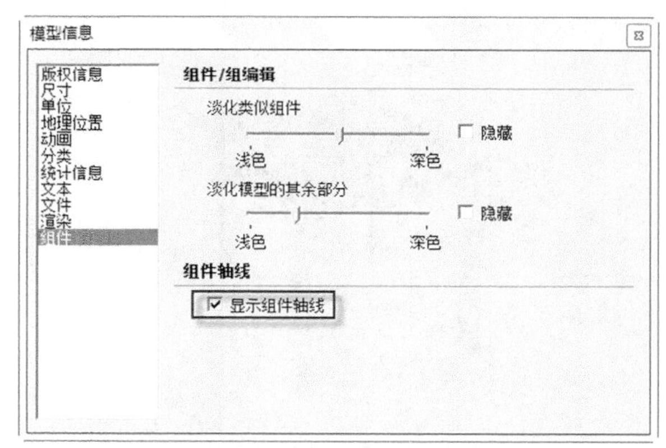

图 3-82 显示组件轴线

其实在安装完 SketchUp 后，就已经有了一些这样的素材。SketchUp 安装文件并没有附带全部的官方组件，可以登录官方网站 http://sketchup.google.com/3dwarehouse/下载全部的组件安装文件(注意，官方网站上的组件是不断更新和增加的，需要及时下载更新)。另外，还可以在官方论坛 http://www.sketchupbbs.com 下载更多的组件，充实自己的 SketchUp 配景库。

SketchUp 中的配景也是通过插入组件的方式放置的，这些配景组件可以从外部获得，也可以自己制作。人、车、树配景可以是二维组件物体，也可以是三维组件物体。在前面有关 PNG 贴图的学习中，已经对几种树木组件的制作过程进行了讲解，读者可以根据场景设计风格进行不同树木组件的制作及选用。

3.5.4 动态组件

动态组件(Dynamic Components)使用起来非常方便，在制作楼梯、门窗、地板、玻璃幕墙、篱笆栅栏等方面应用较为广泛。例如当缩放一扇带边框的门(窗)时，由于事先固定了门(窗)框尺寸，就可以实现门(窗)框尺寸不变，而门(窗)整体尺寸变化。读者也可登录 Google 3D 模型库，下载所需的动态组件。

动态组件包含几方面的特征：固定某个构件的参数(尺寸、位置等)，复制某个构件，调整某个构件的参数，调整某个构件的活动性等。具备以上一种或多种属性的组件即可被称为动态组件。

课后练习

案例文件：ywj\03\3-4.skp
视频文件：光盘→视频课堂→第 3 教学日→3.5

练习案例分析及步骤如下。

课后练习主要是制作木廊架模型，通过对模型添加组件，可以在绘制模型过程中提高效率，如图 3-83 所示为案例效果。

本案例主要练习组件操作，首先绘制廊柱，之后绘制廊顶轮廓，再创建组件，最后完成廊架模型的制作，案例的绘制思路和步骤如图 3-84 所示。

图 3-83　木廊架模型效果

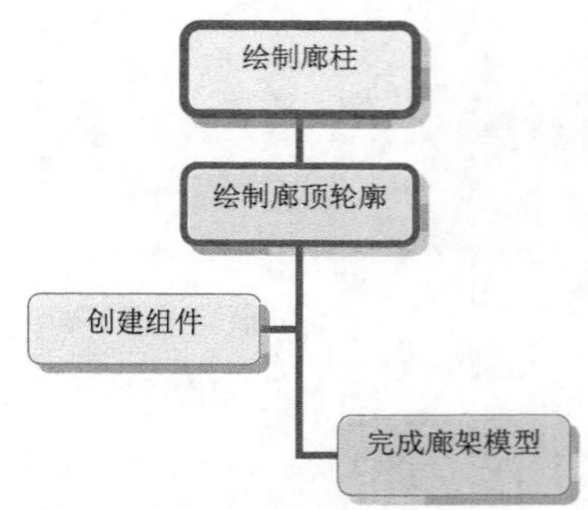

图 3-84　案例绘制思路和步骤

练习案例操作步骤如下。

step 01 单击【大工具集】工具栏中的【直线】按钮，绘制柱子线条轮廓，如图 3-85 所示。

step 02 单击【大工具集】工具栏中的【矩形】按钮，绘制矩形路径，如图 3-86 所示。

step 03 单击【大工具集】工具栏中的【路径跟随】按钮，绘制柱子，如图 3-87 所示。

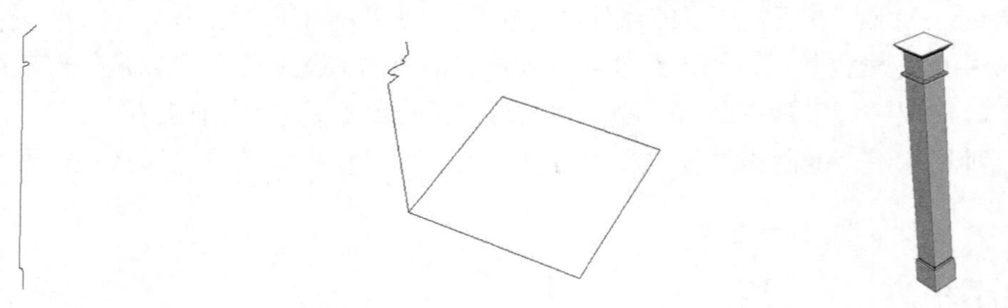

图 3-85　绘制线条轮廓　　图 3-86　绘制矩形　　图 3-87　绘制柱子

step 04 单击【大工具集】工具栏中的【直线】按钮，绘制廊架的顶部轮廓，如图 3-88 所示。

step 05 选择模型，右击，在弹出的快捷菜单中选择【创建组件】命令，打开【创建组件】对话框，将模型创建为组件，如图 3-89 和图 3-90 所示。

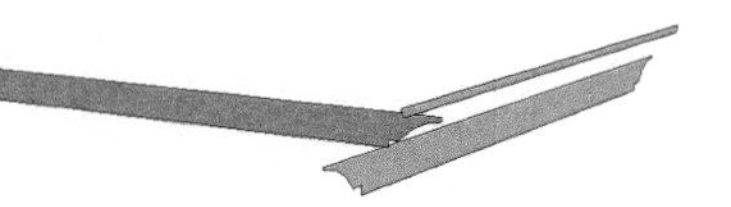

图 3-88 绘制线条轮廓

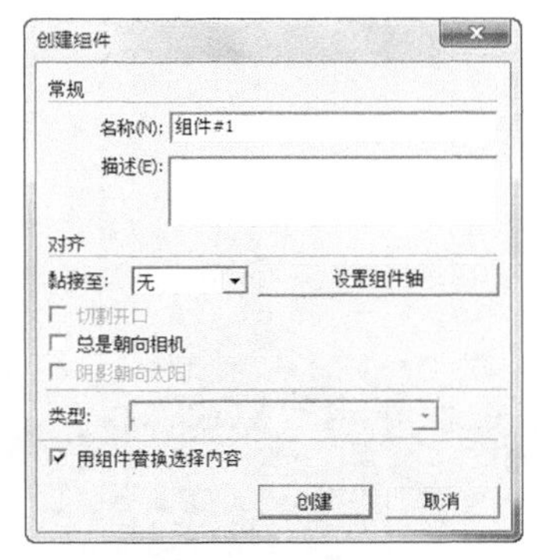

图 3-89 【创建组件】对话框

图 3-90 将模型创建为组件

step 06 单击【大工具集】工具栏中的【移动】按钮，移动复制模型，如图 3-91 所示。

step 07 双击进入组件内部，单击【推/拉】按钮，推拉图形并赋予模型材质，完成模型绘制，如图 3-92 所示。

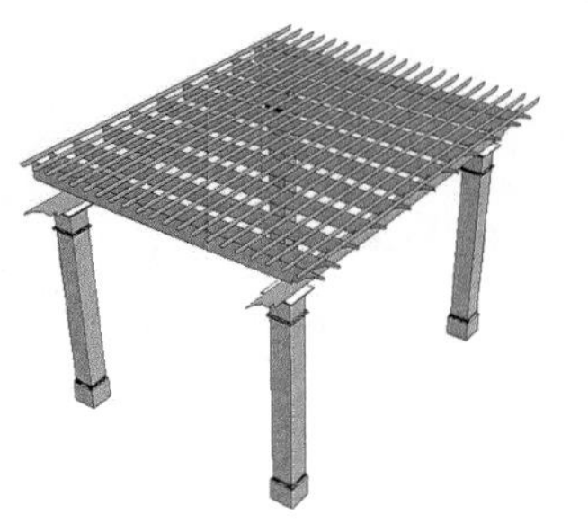

图 3-91 移动复制图形

图 3-92 完成模型绘制

建筑设计实践： 建筑设计中，需要考虑建筑物内外地坪、楼地面、地下层地面、阳台、平台、檐口、屋脊、女儿墙、雨棚、门、窗、台阶等处的标高和相互关系，因此在模型绘制中对于这些建筑物组件的管理很重要，并需要表示清楚。如图 3-93 所示为某半地下建筑设计的效果图，很多部分都是重要的组件效果。

图 3-93 半地下建筑效果

阶段进阶练习

本教学日学习了 SketchUp 中组/组件的管理功能，使图形分类更加清晰，用户之间还可以通过组或组件进行资源共享，在修改图形的时候也更加得心应手。另外还学习了应用尺寸标注工具对模型进行尺寸标注和尺寸大小控制，以及为模型添加文字说明的方法。

使用本教学日学过的各种命令，创建如图 3-94 所示的景观亭建筑模型效果。

一般创建步骤和方法如下。

(1) 绘制亭子底座。

(2) 绘制亭子柱子并形成组件。

(3) 绘制亭子屋脊。

(4) 完成整个亭子效果。

图 3-94　景观亭建筑模型

第4教学日

SketchUp 拥有强大的材质库，可以应用于边线、表面、文字、剖面、组和组件中，并实时显示材质效果，所见即所得。而且在赋予材质以后，可以方便地修改材质的名称、颜色、透明度、尺寸大小及位置等属性特征，这是 SketchUp 最大的优势之一。本教学日将带领大家一起学习 SketchUp 材质功能的应用，包括材质的提取、填充、坐标调整、特殊形体的贴图以及 PNG 贴图的制作及应用等。

第1课 1课时 设计师职业知识——建筑效果设计构成

4.1.1 建筑效果构成要素

建筑效果的构成要素主要包括统一、对比、均衡、韵律、比例和色彩等，下面逐一进行介绍。

1. 统一

建筑中各组成部分，其体形、体量、色彩、线条、风格具有一定程度的相似性和一致性，给人以统一感，可产生整齐、庄严、肃穆感；与此同时，为克服呆板、单调之感，应力求在统一之中有变化。统一是形式美最基本的要求，其包含两层意思，一是秩序，相对于因缺少共性的控制要素而带来的整体形态杂乱无章而言；二是变化，相对于形体要素简单重复的单调而言。

- 形式统一：以简单的几何形体取得统一。在建筑学中，最主要、最简单的一类统一叫作简单几何形状的统一。任何简单的、容易认识的几何形状，都具有必然的统一感；通过共同的协调要素达到统一，建筑各组成部分之间或建筑形体各构成要素之间，具有相同或相似的形状或体形，它们在重复出现的过程中流露出相互之间的一种完美的协调关系，这样有助于使整个建筑产生统一的效果。如图4-1所示为设计形式统一的建筑群。

图4-1 设计形式统一的建筑群

- 材料统一：突出主体，主从分明，以陪衬求统一。在一个有机统一的整体中，各组成要素应有主和从的关系，即主体与附属、一般与重点的差别，否则会因过于呆板、缺乏变化和组织松散而失去统一性。可以利用形象变化突出主体，如运用轴线的处理突出主体，建筑构图中常运用轴线来安排各组成部分间的主次关系。轴线可强调位置，主要部分安排在主轴上，从属部分则安排在轴线的两侧或周围。等量的二元体若没有轴线则很难形成统一的整体。

2. 对比

在建筑构图中常利用色彩、体量、质感等在程度上的差异来取得艺术上的表现效果。差异程度显著的表现称为对比。

- 大小对比：在建筑构图中常用若干较小的体量来与一个较大的体量进行对比，以突出主体，强调重点。纪念性建筑常用此手法来取得雄伟的效果。
- 方向对比：在建筑的空间组合和立面处理中，常常用垂直与水平方向的对比丰富建筑形象，垂直上的体型与横向展开的体型组合在一座建筑中，以求体量上不同方向的夸张。

> **提示：**曲和直的对比也是建筑造型中常用的处理手法。

- 形状对比：与方向对比相比较，形状对比更富有变化和新奇感。由不同形状造型组合而成的建筑形体与单一体型相比更富有变化和效果。
- 虚实对比：建筑形象中虚实常指实墙与空洞(门、窗、空廊)的对比。在纪念性建筑中，常用虚实对比来营造严肃的气氛(虚实的巧妙结合使外观显得轻巧而端庄)。有些建筑出于功能要求形成大面实墙，但艺术效果又不需要强调实墙面的特点，这种情况常加以空廊或作质地处理，以虚实对比的手法打破实墙面的沉重与闭塞感。
- 色彩对比：色彩对比包括色相对比和色度对比两个方面。色相对比是指两个相对的补色为对比色，如红与绿、黄与紫。

3. 均衡

建筑构图中应当遵循均衡的原则，即关键在于有明确的均衡中心(或中轴线)。

- 对称均衡：在这类均衡中，建筑物对称轴线的两边是完全一样的，只要把均衡中心以某种巧妙的手法加以强调，会立刻给人一种安定的均衡感。
- 不对称均衡：不对称均衡要比对称均衡更需要强调均衡中心，要在均衡中心加上一个有力的“强音”，也可利用杠杆的平衡原理。
- 稳定：与均衡相关的另一个概念是稳定，均衡涉及的是建筑空间各单元左与右、前与后的相对关系，而稳定则是涉及建筑整体上下之间的轻重关系。随着现代新结构、新材料的发展，不少底层架空的建筑，利用粗糙材料的质感、浓郁的色彩、特殊的结构加强底层的厚重感，同样达到了稳定的效果。

4. 韵律

在视觉艺术中，韵律是物体的各元素系统重复的一种属性。

- 连续韵律：在建筑构图中由于一种或几种组成部分的连续重复排列而产生的一种韵律，有：距离相等，形式相同，如柱列；距离相等，形状不同，如园林展窗；不同形式交替出现，如立面上窗、柱、花饰等的交替出现；上下层不同。
- 渐变韵律：在建筑构图中变化规则在某一方面有规律地递增，或有规律地递减所形成的韵律。
- 起伏韵律：渐变韵律如果按照一定规律时而增加，时而减少，或具有不规则的节奏感，即为起伏韵律，这种韵律较为活泼而富有运动感。
- 交错韵律：在建筑构图中各组成部分有规律地纵横穿插或交错产生的韵律。其变化规律按纵横两个方面或多个方向发展，因而是一种较复杂的韵律。建筑要素穿插形成的交错韵律如图 4-2 所示。

5. 比例

比例是各个组成部分在尺度上的相互关系及其与整体的关系。如整体上(或局部构件)的长宽高之间的关系；建筑物整体与局部(或局部与局部)之间的大小关系。

建筑之间的完美比例莫过于黄金分割法的成熟运用，包括建筑的长宽高、主次景的位置、建筑物内部的各个构件、门、窗、栏杆等均是如此。有时也可利用空间分割的灵活性或通过调整各构成要素(如窗、门、洞、线角等)的比例关系来协调建筑整体的比例关系。

影响建筑比例的因素有建筑材料和尺度处理。建筑材料，如石柱结构、砖结构、木结构、混凝土、钢结构。尺度处理(真实尺寸和尺度感)，如住宅、办公楼、学校等建筑常以人体大小来度量建筑物的实际大小，从而给人的印象与建筑物真实大小一致(自然的尺度)；为了表现雄伟的气势，在建造宫殿、寺庙、教堂、纪念堂等时常采取大的比例，以表现建筑的庄严、雄伟(夸大的尺度)，如图 4-3 所示；以较小的尺度可获得亲切宜人的尺度感，常用来创造小巧、亲切、舒适的气氛，如庭园建筑(亲切的尺度)。

图 4-2　交错韵律的建筑构图

图 4-3　建筑大比例视图

6. 色彩

色彩的处理与建筑所处空间的艺术感染力有密切的关系。运用色彩和质地来提高建筑的艺术效果，是建筑设计中常用的手法。处理色彩质感的方法，主要是通过对比或微差取得协调，突出重点，以提高艺术的表现力。

- 对比：在风景区布置景点建筑时，如果要突出建筑物，除了选择合适的地形方位和塑造优美的建筑空间体型外，建筑物的色彩最好采用与树丛、山石等具有明显对比的颜色。
- 微差：空间的组成要素之间表现出更多的相同性，并使其不同性在对比之下可以忽略不计时所具有的差异。为了强调亲切、宁静、雅致和朴素的艺术气氛，多采用微差的手法取得协调和突出艺术意境。

考虑色彩和质感时，必须考虑视线距离的影响。距离越远，空间中彼此接近的颜色越容易变成灰色调；而对比强烈的色彩，暖色相对会显得越加鲜明，如图 4-4 所示。距离越近，质感对比越显强烈；距离增大，质感对比的效果会随之减弱。在处理建筑物墙面质感时也要考虑视线距离的远近、所选材料的品种以及决定分格线条的宽窄和深度。

图 4-4　颜色强烈的对比设计

4.1.2 现代建筑效果和效果设计

下面介绍一下现代建筑效果图的发展历程和设计方式。

1. 现代建筑效果图

在 20 世纪 80 年代至 90 年代初期，基本上建筑效果图都是通过手绘的方法进行传达的，这是最古老、最原始的方式，那时候建筑效果图的逼真程度往往是由绘画师的水平决定的，所以那时候的建筑效果图只是靠艺术工作者们的脑袋“想”出来的。在 20 世纪 90 年代末期，随着 3D 技术的进步，计算机逐渐代替了传统的手绘，3D 和计算机技术慢慢地走入了设计者的工作中。3D 技术不仅可以做到精确表达，而且可以获得高仿真效果，在建筑设计表现方面尤为出色。在建筑方面，计算机不仅可以把设计稿件中的建筑模拟出来，还可以添加人、车、树、建筑配景，甚至白天和黑夜的灯光变化也能很详细地模拟出来。通过对这些建筑及周边环境的模拟而生成的图片称为建筑效果图，如图 4-5 所示。

建筑效果图的制作不同于家庭装修效果图的制作，对建筑设计效果图制作的过程及方法有了全面的认识和了解后将会更容易。其具体的步骤是，首先为主体建筑物和房间内的各种家具建模，亦可用作一些细化的小型物体的建模工作，如室内的一些小摆设、表面不规则的或不要求精确尺寸的物体，它们只需视觉上能达到和谐，这样可大大缩短建模时间；然后渲染输出，利用专业的效果图渲染软件进行材质和灯光的设定、渲染直至输出；最后对渲染结果作进一步加工，利用 Photoshop 等图形处理软件对上面的渲染结果进行修饰。

2. 建筑效果图设计简介

自从社会分工有了建筑设计，便开始出现了建筑表现。实质上，建筑表现从目的来分有两种：一是设计师为了推敲和完善设计而做的表现，通常由设计师自身去完成，属于辅助设计；二是作为一种沟通手段而做的表现，是架设在设计师和业主之间的桥梁，是为了让设计师能以更有效、更简明、更直接的方式阐述设计意图和实施结果，同时也让业主更省时、省力地理解设计师的设计意图。

建筑效果的表现有很多种形式，当然形式会受到很多客观条件的制约，例如制作周期、造价等现实因素。目前存在的表现形式很多，如沙盘模型、效果图、漫游动画、虚拟现实等，每一种形式都各有利弊。随着计算机的应用，建筑表现有了更多的选择。采用计算机绘制效果图有许多传统手绘无法相比的优势，如快捷、方便修改调整、更精确等，同时对绘制者的手绘功底要求也降低了，这使更多的人介入这个行业，同时使设计师完全从繁重的手工绘制工作中解脱出来。

从业人员的壮大，使得计算机建筑表现迅速从设计师手中脱离出来，成为一个新兴行业，发展非常迅速。制作经验、技法的积累，使制作部分很快变得系统起来。在国内，城市建设的快节奏也为建筑设计和建筑表现创建了极大的发展空间，经过十几年的发展，国内计算机建筑表现已经划分得极为细致，从形式上可以分为计算机建筑效果图(指静帧)、计算机建筑漫游动画、计算机建筑虚拟现实(指交互的)等。其中效果图从表现内容上又包括建筑室外效果图、建筑室内效果图、园林效果图等，其中需求量最大的就是室内装饰效果图。计算机效果图绘制使用的软件很多，国内常用的有 3ds Max、SketchUp 等，还有一些由第三方开发的渲染引擎，如 Insight、Brazil、Vray、FinalRender 和 MentalRay。

建筑设计与结构设计是整个建筑设计过程中两个最重要的环节，对整个建筑物的外观效果、结构稳定起着至关重要的作用，而二者之间又存在着相互协调、互相制约的关系。如图 4-6 所示为建筑室内结构设计。

图 4-5 建筑效果图

图 4-6 建筑室内结构

随着科学技术的发展，专业化程度越高，建筑设计与结构设计的相互配合就显得更为重要。一个好的建筑设计，必须有一个好的结构体系才能实现，结构设计的好坏，关系到建筑物是否适用、经济、美观。特别在高烈度地震区，建筑设计必须在满足结构抗震要求的前提下，才能谈得上建筑物的造型美观、功能完善等。因此，要设计出既要满足建筑美观、造型优美，又要使结构安全、经济、合理的建筑物，是每个建筑师与结构师都必须关注的问题。以建筑构思和结构构思的有机融合去实践建筑个性的艺术表现，即便是从建筑艺术的角度来看，作为一个建筑师也应了解结构设计的概念、原理，提高自己运用结构的素养和技巧。

任何一个建筑设计方案，都会对具体的结构设计产生影响，而有限的结构设计技术水平又制约着建筑设计层次。因此，在建筑设计的过程中，建筑设计者应具备一定的结构基础知识，能与结构设计适当结合，相互协调，使二者相统一，这样才能创作出真正优秀的建筑设计作品。

建筑与结构两者之间有着最密切的关系，特别是在高层建筑设计中，由于结构是以水平荷载为主要控制荷载，故结构体系的造型和结构布置要考虑最有利于抗震和抗风的要求。同时，结构构件截面尺寸还要满足刚度和版性的要求，这样便对建筑设计形成了一定的约束和限制，使建筑与结构必须相互协调统一，二者还应不断地相互配合，彼此渗透，这样才能设计出真正满意的建筑。

一个优秀的工程设计是建筑设计和结构设计的有机结合。例如某加工厂厂房的设计，加工厂设备较大，车间要求宽敞、净空要高，不设隔墙，防火要求较高。之前的设计均采用排架结构，墙体为 240 砖墙，屋盖为薄腹梁钢筋混凝土大板结构，建成后能满足厂方的使用要求，但设计不足之处是自重大、不经济、施工周期长，并且跨度受限制。根据结构设计必须考虑经济合理、施工方便的原则，之后所设计的加工厂，均采用门式钢架轻型房屋钢结构，标高 1 米以下为砖砌体，以上墙体为压型彩钢板，屋盖相同。这样设计既能满足使用要求，同时也克服了之前设计的结构形式的不足。

对于像加工厂类的建筑，设计时必须满足生产工艺的要求，在功能布局上应该考虑生产活动和运输活动的方便及提高生产效率，为工厂创造良好的工作环境，这是设计原则；建筑的艺术效果则相对来说处于比较次要的地位，如图 4-7 所示。所以，在均能满足要求的前提下，经济、施工方便、施工周期短的方案则成为首选方案。而对于民用建筑里的公共建筑，如幼儿园类的建筑，则与其不同，这类建筑的艺术效果就显得重要得多。设计时不仅要满足儿童安全防护、游戏运动、获取知识等要求，还要考虑幼儿建筑要活泼、明快，追求“新、奇、趣、美”的建筑风格，选择生动、鲜明、有益于儿童身心健康的造型、材料和色彩。因此，该类建筑的平面要活泼多变，有伸有缩，立面高低错落，房屋各部分体型不一。这样的建筑造型给结构设计带来了一些困难，但此类建筑的艺术效果及使用功能是很重要的。因此，结构设计需要想办法配合建筑设计，理解建筑设计的意图，相互配合解决问题。

图 4-7　工厂设计

因此，一个好的建筑是建筑与结构设计相互密切配合的结果。但要分清具体配合的侧重点，有时艺术、美观要求是重要的，有时使用功能、生产工艺是重要的。总之，建筑师的设计可以将优美的建筑造型、完善的使用功能与结构设计有机地结合，而不能简单地追求奇特。因此建筑设计不能离开具体的设计对象。同样，结构工程师也必须理解建筑设计的意图，打破一些旧的框架束缚，学习一些建筑艺术，提高艺术修养，敢于创新，用结构设计的原理完善建筑设计，使建筑设计与结构设计相互密切配合，设计出高水平的建筑工程。

第2课　2课时　材质操作

本课主要介绍基本的材质操作方法，通过基本的材质操作可以为模型添加简单的材质贴图。

行业知识链接：建筑模型的材质主要体现建筑实际材质的应用效果，添加材质后的建筑模型会更加接近真实的建筑，因此在建筑草图模型设计中，材质和贴图设计都是非常重要的。如图 4-8 所示为一个赋予了材质后的建筑模型效果。

图 4-8　赋予了材质后的建筑模型

4.2.1　基本材质操作

在 SketchUp 中创建几何体的时候，会被赋予默认的材质。默认材质的正反两面显示的颜色是不同的，这是因为 SketchUp 使用的是双面材质。默认材质正反两面的颜色可以在【样式】对话框的【编辑】选项卡中进行设置，如图 4-9 所示。

提示：双面材质的特性可以帮助用户更容易地区分表面的正反朝向，以方便在将模型导入其他软件时调整面的方向。

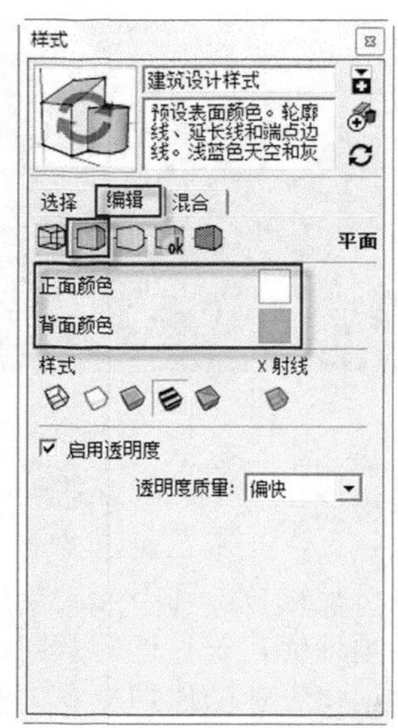

图 4-9 【样式】对话框

4.2.2 【材质】对话框

在菜单栏中选择【窗口】|【材质】命令后可以打开【材质】对话框，如图 4-10 所示。在【材质】对话框中有【选择】和【编辑】两个选项卡，这两个选项卡用来选择与编辑材质，也可以浏览当前模型中使用的材质。

- 【点按开始使用这种颜料绘画单】区域：该区域是材质预览区域，选择或者提取一个材质后，在该区域中会显示这个材质，同时会自动激活【材质】工具。
- 【名称】文本框：选择一个材质赋予模型以后，在【名称】文本框中将显示材质的名称，用户可以在这里为材质重新命名，如图 4-11 所示。

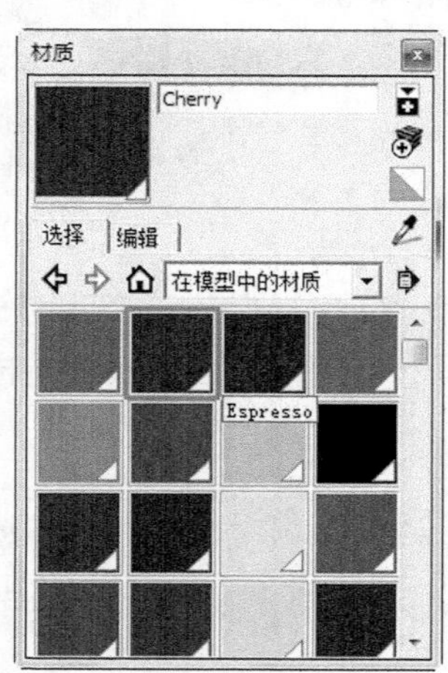

图 4-10 【材质】对话框

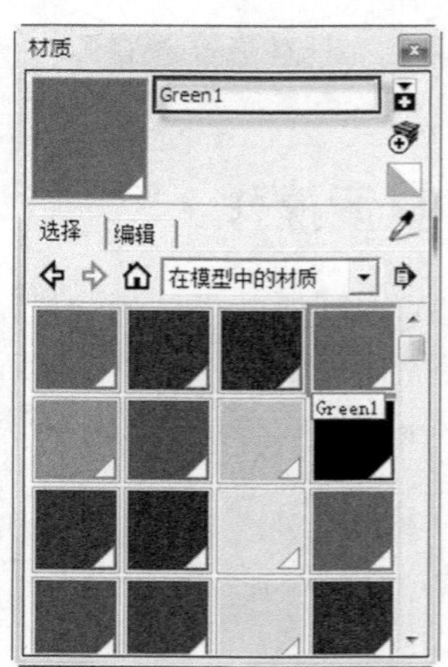

图 4-11 重新命名材质

- 【创建材质】按钮：单击该按钮将弹出【创建材质…】对话框，在该对话框中可以设置材质的名称、颜色、大小等属性，如图 4-12 所示。

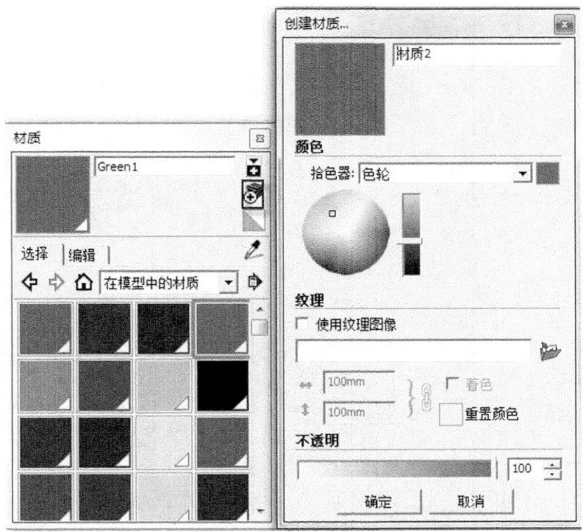

图 4-12　【创建材质…】对话框

4.2.3　填充材质

激活【材质】工具主要有以下几种方式。

- 在菜单栏中选择【窗口】|【材质】命令。
- 直接按 B 键。
- 单击【大工具集】工具栏中的【材质】按钮。

1. 单个填充(无须任何按键)

激活【材质】工具后，在单个边线或表面上单击即可填充材质。如果事先选中了多个物体，则可以同时为选中的物体上色。

2. 邻接填充(按 Ctrl 键)

激活【材质】工具的同时按 Ctrl 键，可以同时填充与所选表面相邻接并且使用相同材质的所有表面。在这种情况下，当捕捉到可以填充的表面时，【材质】工具图标右上角会横排 3 个小方块，变为。如果事先选中了多个物体，那么邻接填充操作会被限制在所选范围之内。

3. 替换填充(按 Shift 键)

激活【材质】工具的同时按 Shift 键，【材质】工具图标右上角会直角排列 3 个小方块，变为，这时可以用当前材质替换所选表面的材质。模型中所有使用该材质的物体都会同时改变材质。

4. 邻接替换(按 Ctrl+Shift 快捷键)

激活【材质】工具的同时按 Ctrl+Shift 快捷键，可以实现邻接填充和替换填充的效果。在这种情况下，当捕捉到可以填充的表面时，【材质】工具图标右上角会竖直排列 3 个小方块，变为，单击即可替换所选表面的材质，但替换的对象将限制在与所选表面有物理连接的几何体中。如果事先选择了多个物体，那么邻接替换操作会被限制在所选范围之内。

5. 提取材质(按 Alt 键)

激活【材质】工具的同时按 Alt 键，图标将变成，此时单击模型中的实体，就能提取该材质。提取的材质会被设置为当前材质，用户可以直接用它来填充其他物体。

> **提示**：配合键盘上的按键，使用【材质】工具可以快速为多个表面同时填充材质。

课后练习

案例文件：ywj\04\4-1.skp
视频文件：光盘→视频课堂→第 4 教学日→4.2

练习案例分析及步骤如下。

课后练习讲解模型创建后的材质与贴图应用，材质可以使用软件自带的，也可以使用众多的第三方插件，如图 4-13 所示为完成的广场中心建筑效果。

本案例主要练习模型材质的操作，首先建立建筑模型，之后进行材质操作，最后完成整体模型效果，案例的绘制思路和步骤如图 4-14 所示。

图 4-13　广场中心建筑效果

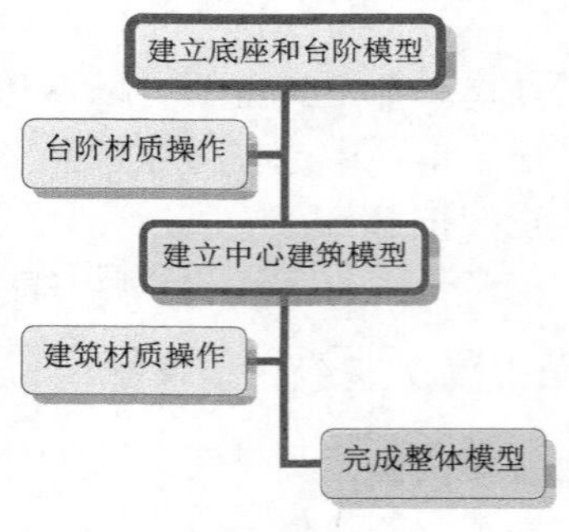

图 4-14　案例绘制思路和步骤

练习案例操作步骤如下。

step 01 单击【大工具集】工具栏中的【多边形】按钮，绘制边数为 20，半径长度为 8530mm 的多边形，如图 4-15 所示。

step 02 单击【大工具集】工具栏中的【直线】按钮，绘制直线，如图 4-16 所示。

step 03 单击【大工具集】工具栏中的【圆】按钮，绘制半径为 1500mm 的圆，如图 4-17 所示。

step 04 单击【大工具集】工具栏中的【偏移】按钮，偏移圆弧线条，偏移距离为 3020mm，如图 4-18 所示。

step 05 单击【大工具集】工具栏中的【直线】按钮，绘制直线，如图 4-19 所示。

step 06 删除图形多余部分，如图 4-20 所示。

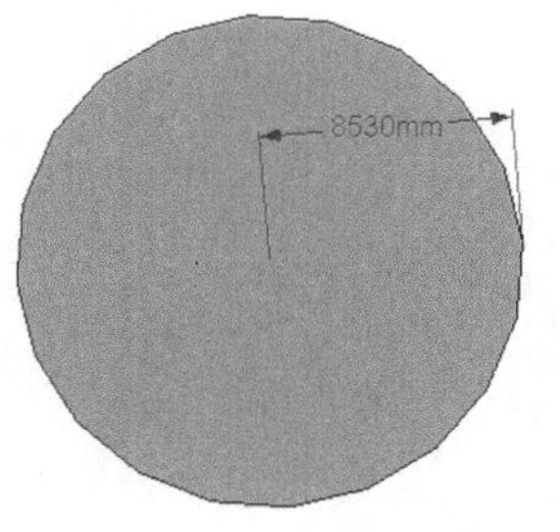

图 4-15 绘制多边形

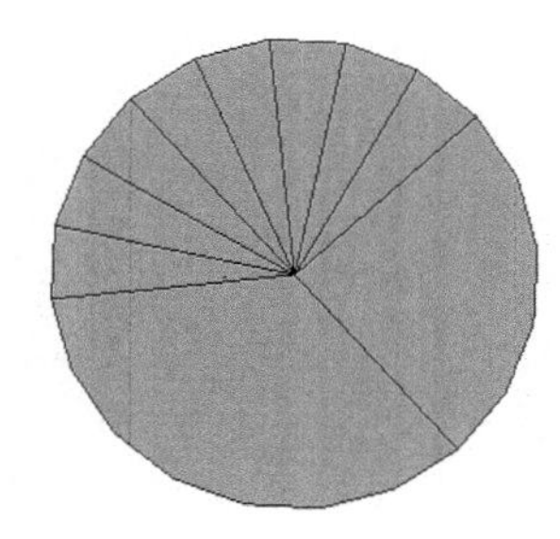
图 4-16 绘制直线

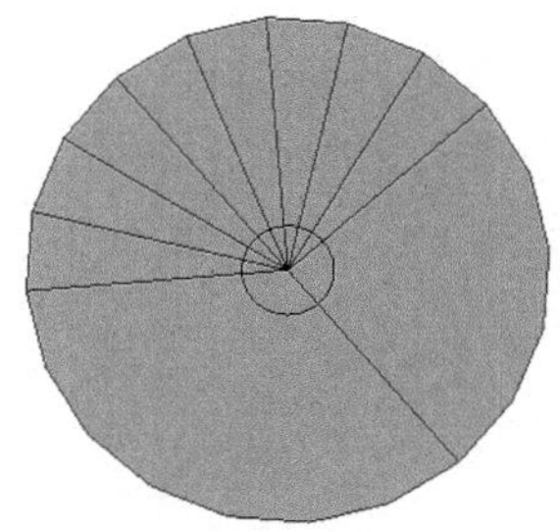
图 4-17 绘制圆

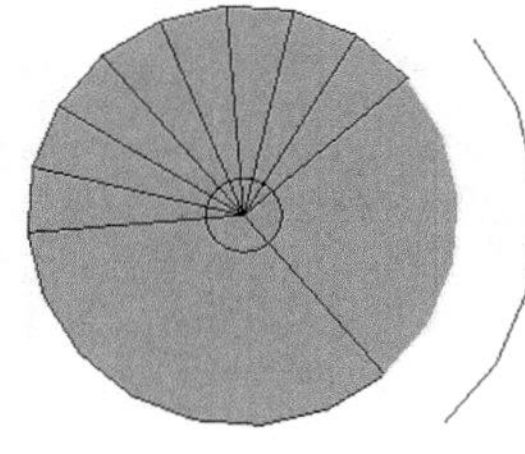
图 4-18 偏移线条

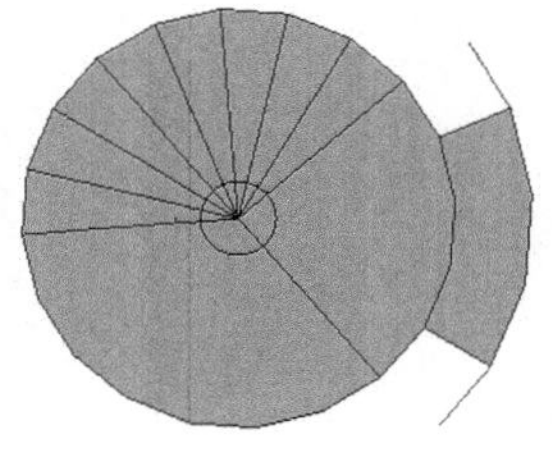
图 4-19 绘制直线

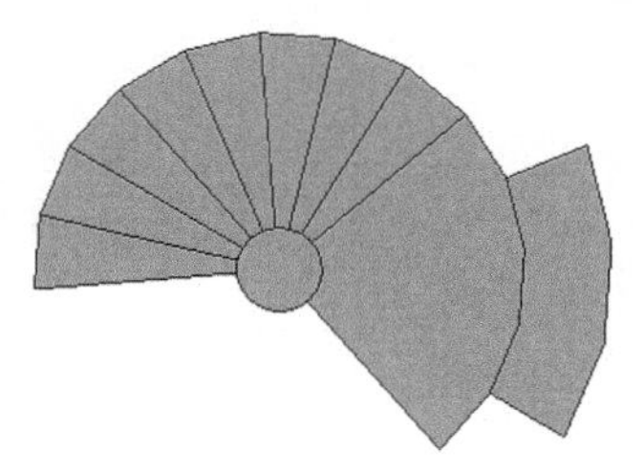
图 4-20 删除多余线条

step 07 单击【大工具集】工具栏中的【偏移】按钮，偏移圆形，如图 4-21 所示。

step 08 单击【大工具集】工具栏中的【直线】按钮，绘制直线，创建雕塑的底部轮廓，如图 4-22 所示。

step 09 单击【大工具集】工具栏中的【偏移】按钮，将右侧图形向外偏移，绘制台阶轮廓，如图 4-23 所示。

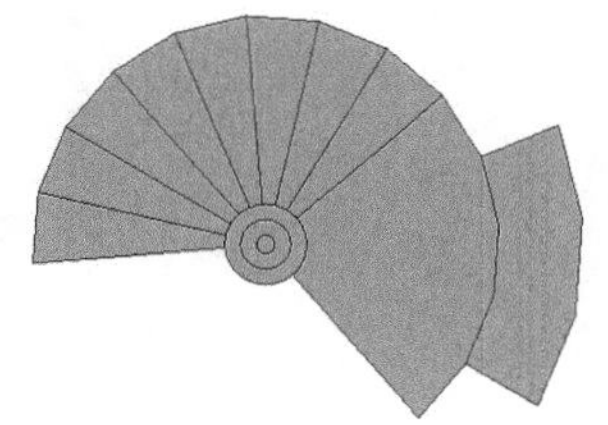
图 4-21 偏移圆形

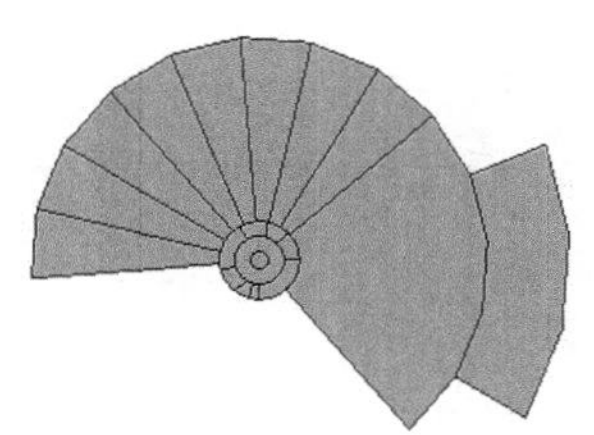
图 4-22 绘制直线创建雕塑底部轮廓

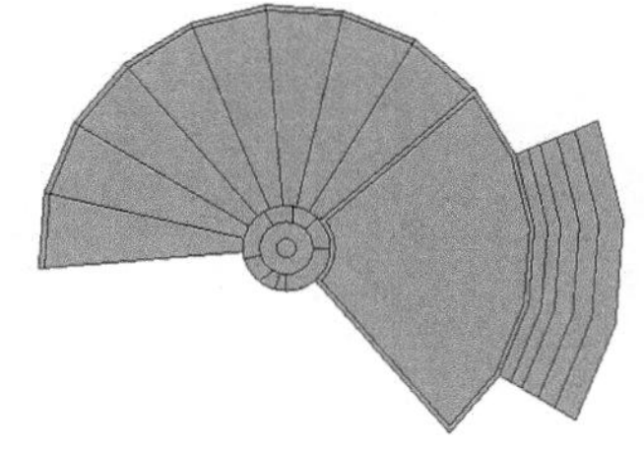
图 4-23 绘制台阶轮廓

step 10 单击【大工具集】工具栏中的【推/拉】按钮，推拉出台阶与雕塑部分，如图 4-24 所示。

step 11 单击【大工具集】工具栏中的【材质】按钮，弹出【材质】对话框，在【石头】列表框中选择【人行道铺路石】选项，赋予地面材质，如图 4-25 所示。

step 12 单击【大工具集】工具栏中的【材质】按钮，弹出【材质】对话框，在【石头】列表框中选择【黄褐色碎石】选项，赋予地面材质，如图 4-26 所示。

step 13 单击【大工具集】工具栏中的【材质】按钮，弹出【材质】对话框，在【石头】列表框中选择【大理石】选项，赋予雕塑模型，如图 4-27 所示。

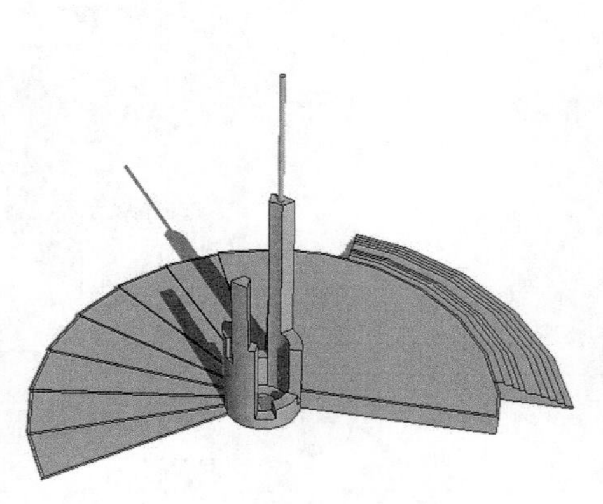

图 4-24　推拉出图形

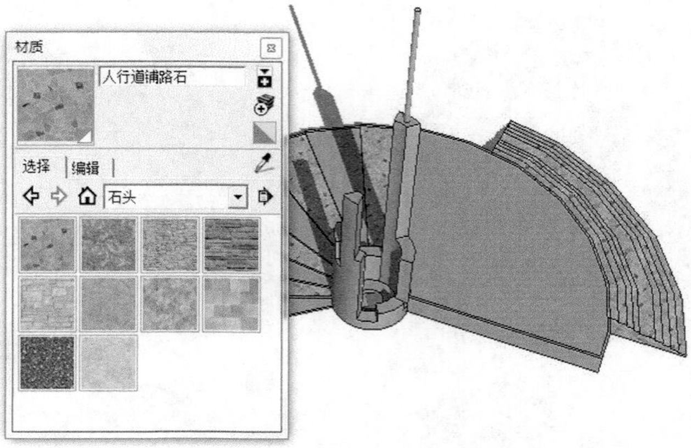

图 4-25　赋予地面材质(1)

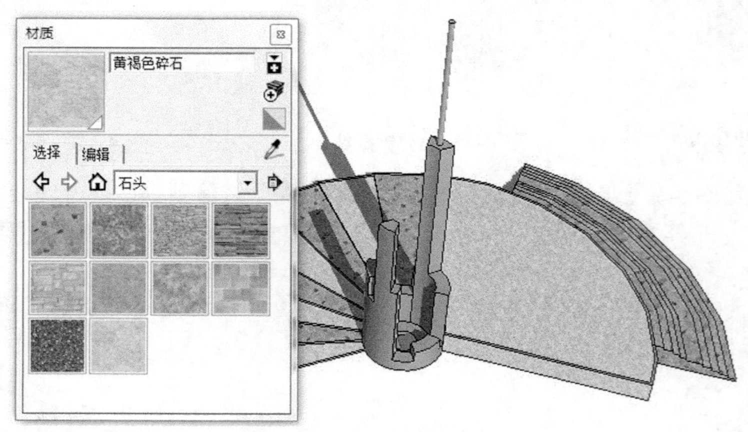

图 4-26　赋予地面材质(2)

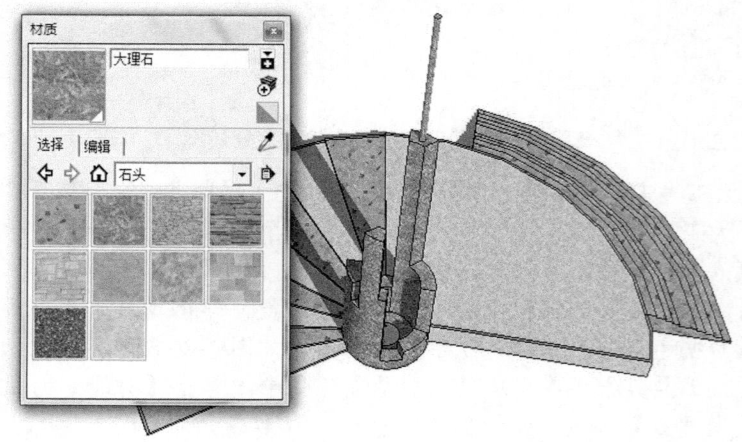

图 4-27　绘制雕塑模型

step 14 为场景添加组件，完成广场中心建筑模型的创建，如图 4-28 所示。

图 4-28　完成的广场中心建筑模型

建筑设计实践： 建筑材料是建筑中的重要因素，主要建筑材料包括水泥、钢筋、木材、普通混凝土、黏土砖等，在建筑设计中，对于建筑材料的选择非常重要。如图 4-29 所示为建筑材料的实际效果。

图 4-29　建筑材料的实际效果

第 3 课　2 课时　基本贴图运用

在【材质】对话框中可以使用 SketchUp 自带的材质库，当然，材质库中只是一些基本贴图，在实际工作中，还需自己动手编辑材质。从外部获得的贴图应尽量控制大小，如有必要，可以使用压缩的图像格式来减小文件量，例如 JPGE 或者 PNG 格式。

行业知识链接： 绘制建筑物模型时，如果没有贴图效果，模型就无法表示出建筑的真实效果，应用贴图可以快速地将建筑物的一些表面效果真实表现出来，因此贴图在建筑模型制作中是很重要的。如图 4-30 所示为一个附加了贴图效果的建筑模型。

图 4-30　应用贴图的建筑模型

4.3.1 贴图的运用

导致贴图不随物体一起移动的原因在于贴图图片拥有一个坐标系统，坐标的原点就位于 SketchUp 坐标系的原点上。如果贴图正好被赋予物体的表面，就需要使物体的一个顶点正好与坐标系的原点相重合，这是非常不方便的。

解决的方法有以下两种。

- 在贴图之前，先将物体制作成组件，由于组件都有其自身的坐标系，且该坐标系不会随着组件的移动而改变，因此先制作组件再赋予材质，就不会出现贴图不随实体移动而移动的问题。
- 利用 SketchUp 的贴图坐标，在贴图时右击，在弹出的快捷菜单中选择【贴图坐标】命令，进入贴图坐标的编辑状态，然后再次右击，在弹出的快捷菜单中选择【完成】命令即可。退出编辑状态后，贴图就可以随着实体一起移动了。

提示：如果需要从外部获得贴图纹理，可以在【材质】对话框的【编辑】选项卡中选中【使用贴图】复选框(或者单击【浏览】按钮)，此时将弹出一个对话框，用于选择贴图并导入 SketchUp 中。

4.3.2 贴图坐标的调整

在右键快捷菜单中选择【纹理】|【位置】命令，可以调整贴图坐标。

SketchUp 的贴图坐标有两种模式，分别为【固定图钉】模式和【自由图钉】模式。

1. 【固定图钉】模式

在物体的贴图上右击，在弹出的快捷菜单中选择【纹理】|【位置】命令，此时物体的贴图将以透明的方式显示，并且在贴图上会出现 4 个彩色的图钉，每一个图钉都有固定的特有功能，如图 4-31 所示。

- 【平行四边形变形】图钉：拖曳蓝色的图钉可以对贴图进行平行四边形变形操作。在移动【平行四边形变形】图钉时，位于下面的两个图钉(【移动】图钉和【缩放旋转】图钉)是固定的，贴图变形效果如图 4-32 所示。
- 【移动】图钉：拖曳红色的图钉可以移动贴图，如图 4-33 所示。

图 4-31 彩色图钉

图 4-32 平行操作

图 4-33 移动操作

- 【梯形变形】图钉：拖曳黄色的图钉可以对贴图进行梯形变形操作，也可以形成透视效果，如图 4-34 所示。
- 【缩放旋转】图钉：拖曳绿色的图钉可以对贴图进行缩放和旋转操作。单击鼠标时贴图上出现旋转的轮盘，移动鼠标时，从轮盘的中心点将放射出两条虚线，分别对应缩放和旋转操作前后比例与角度的变化。沿着虚线段和虚线弧的原点将显示出系统图像的现在尺寸和原始尺寸，也可以右击，在弹出的快捷菜单中选择【重设】命令，如图 4-35 所示。进行重设时，会把旋转和按比例缩放都重新设置。

在对贴图进行编辑的过程中，按 Esc 键可以随时取消操作。完成贴图的调整后，右击，在弹出的快捷菜单中选择【完成】命令或者按 Enter 键确定即可。

2. 【自由图钉】模式

【自由图钉】模式适合设置和消除照片的扭曲。在【自由图钉】模式下，图钉相互之间都不限制，这样就可以将图钉拖曳到任何位置。只需在贴图的右键快捷菜单中禁用【固定图钉】命令，即可将【固定图钉】模式调整为【自由图钉】模式，此时 4 个彩色的图钉都会变成相同模样的黄色图钉，用户可以通过拖曳图钉进行贴图的调整，如图 4-36 所示。

图 4-34　梯形变形操作

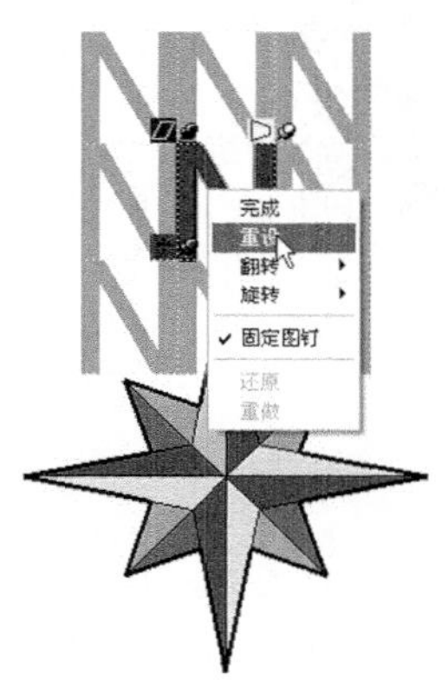

图 4-35　缩放旋转操作

图 4-36　【自由图钉】模式

为了更好地锁定贴图的角度，可以在【模型信息】对话框中设置角度捕捉为 15°或 45°，如图 4-37 所示。

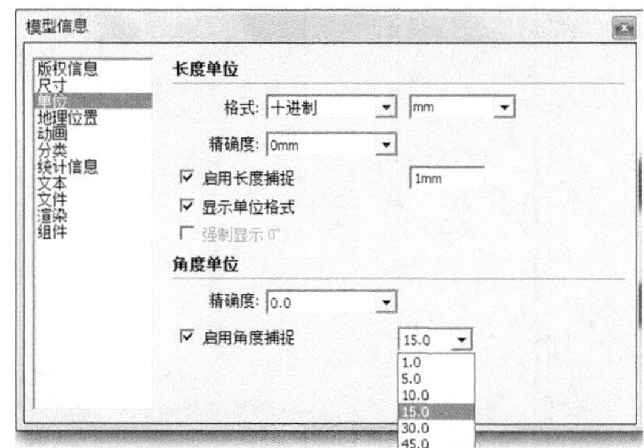

图 4-37　【模型信息】对话框

课后练习

案例文件：ywj\04\4-2.skp

视频文件：光盘→视频课堂→第4教学日→4.3

练习案例分析及步骤如下。

课后练习讲解小区门头模型的创建过程，最后进行贴图应用和图像合成操作。在制作的过程中，要运用到【推/拉】、【三维文字】等命令，然后进行贴图和材质制作，最后使用现有的组件插入栅栏，如图4-38所示为完成的小区门头效果。

本案例主要练习基本贴图的使用过程，首先绘制门头模型，之后增加材质和贴图效果，最后添加组件完成建筑造型设计，案例的绘制思路和步骤如图4-39所示。

图4-38　小区门头效果

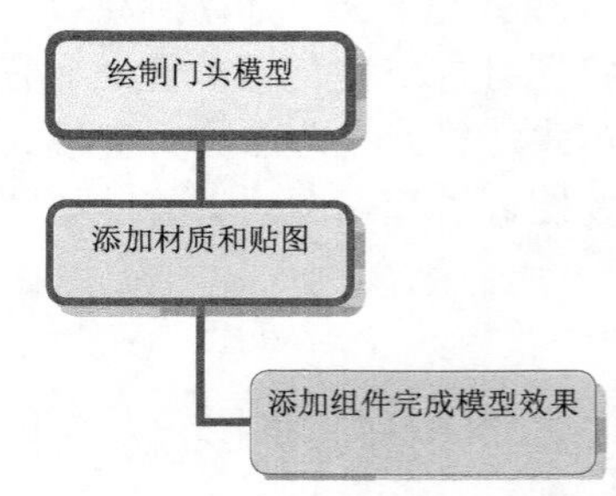

图4-39　案例绘制思路和步骤

练习案例操作步骤如下。

step 01 单击【大工具集】工具栏中的【矩形】按钮，按照已给出尺寸绘制图形，尺寸如图4-40所示。

step 02 单击【大工具集】工具栏中的【推/拉】按钮，将做好的图形向上推拉1000mm，单击【偏移】按钮，向内偏移200mm，单击【推/拉】按钮，将内部图形向上推拉13000mm，如图4-41所示，创建柱子。

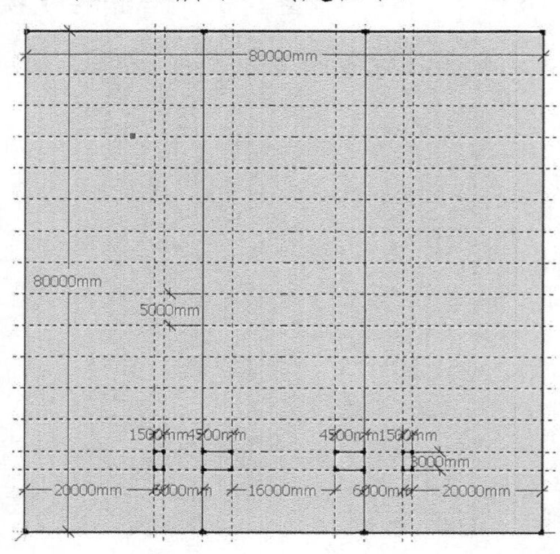

图4-40　绘制图形轮廓

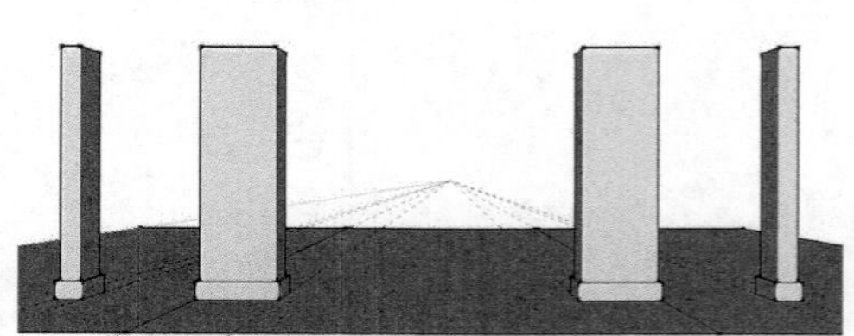

图4-41　创建柱子

step 03 单击【大工具集】工具栏中的【偏移】按钮，将矩形顶向外偏移 200mm。单击【推/拉】按钮，向上推拉 150mm。然后再将内部图形向上推拉 250mm，单击【缩放】按钮，选择图形顶面，按住 Ctrl 键向外缩放 1.15。最后单击【推/拉】按钮，按 Ctrl 键向上推拉 150mm，如图 4-42 所示，绘制柱子装饰条。

step 04 单击【大工具集】工具栏中的【偏移】按钮，向外偏移 150mm，单击【推/拉】按钮，向上推拉 200mm，单击【推/拉】按钮，将内部图形向上推拉 8000mm，如图 4-43 所示，创建柱身。

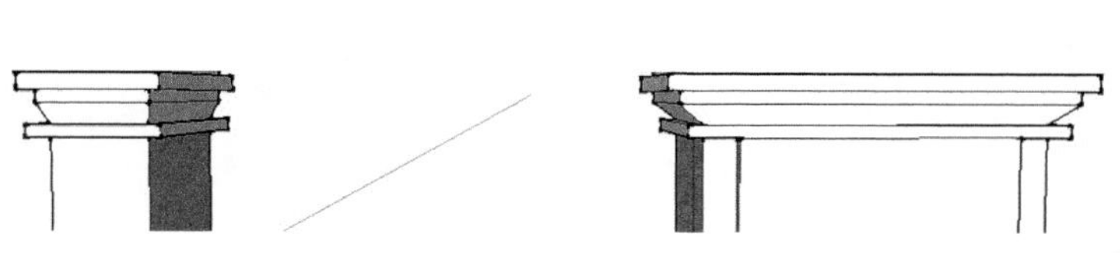

图 4-42 绘制柱子装饰条

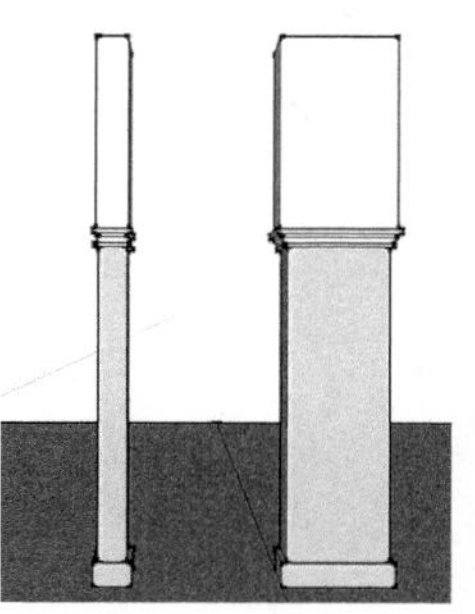

图 4-43 创建柱身

step 05 单击【大工具集】工具栏中的【推/拉】按钮，按住 Ctrl 键将矩形左侧向右推拉与其附近图形相连接。单击【推/拉】按钮，将中心图形再向上推拉 6000mm。单击【卷尺】按钮，将上面图形底边线向上移动 2000mm。单击【圆弧】按钮，选择两点绘制圆弧，最后单击【推/拉】按钮，将圆弧向内推拉，如图 4-44 所示，创建出主体。

step 06 单击【大工具集】工具栏中的【卷尺】按钮，在矩形柱上做出辅助线并左右各向内移动 400mm，单击【矩形】按钮，绘制图形，单击【推/拉】按钮，将内部图形向外推拉 200mm。使用相同方法将凸出来的图形两侧边线向内移动 250mm，使用矩形工具绘制长 7000mm、宽 2800mm 的矩形，单击【圆弧】按钮，选择两个顶端向上绘制圆弧，如图 4-45 所示，绘制窗子轮廓。

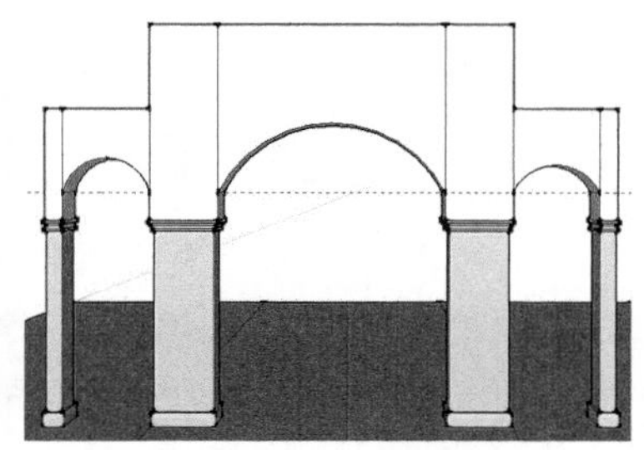

图 4-44 创建主体

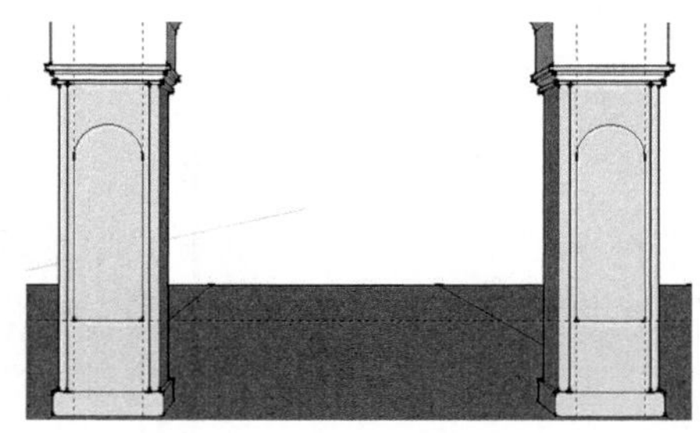

图 4-45 绘制窗子轮廓

step 07 单击【大工具集】工具栏中的【移动】按钮，将绘制好的窗户轮廓选中，按 Ctrl 键复制出来，先单击【偏移】按钮，将窗户轮廓向内偏移 150mm，再单击【矩形】按钮和【直线】按钮，按照所给尺寸绘制图形，最后单击【推/拉】按钮，将外部和内部轮廓向外推拉 100mm，如图 4-46 所示，绘制窗子细节。

step 08 单击【大工具集】工具栏中的【移动】按钮，将做好的窗户移动至指定位置，如图 4-47 所示。

step 09 单击【大工具集】工具栏中的【直线】按钮，在左侧柱顶面绘制一条垂直于顶面的长 300mm 直线，单击【圆弧】按钮，选择两点向左移动 200mm，再用直线将半圆分成两份，将上面的半圆删除。单击【路径跟随】按钮，选择顶面再单击做好的垂直圆图形，如图 4-48 所示，创建装饰。

step 10 单击【大工具集】工具栏中的【推/拉】按钮，将内部图形向上推拉 350mm，单击【偏移】按钮，向外偏移 200mm，再向上推拉 350mm。接着将顶面向外偏移 200mm、向上推拉 300mm。最后单击【缩放】按钮，按 Ctrl 键将顶面向外缩放 1.05，如图 4-49 所示。

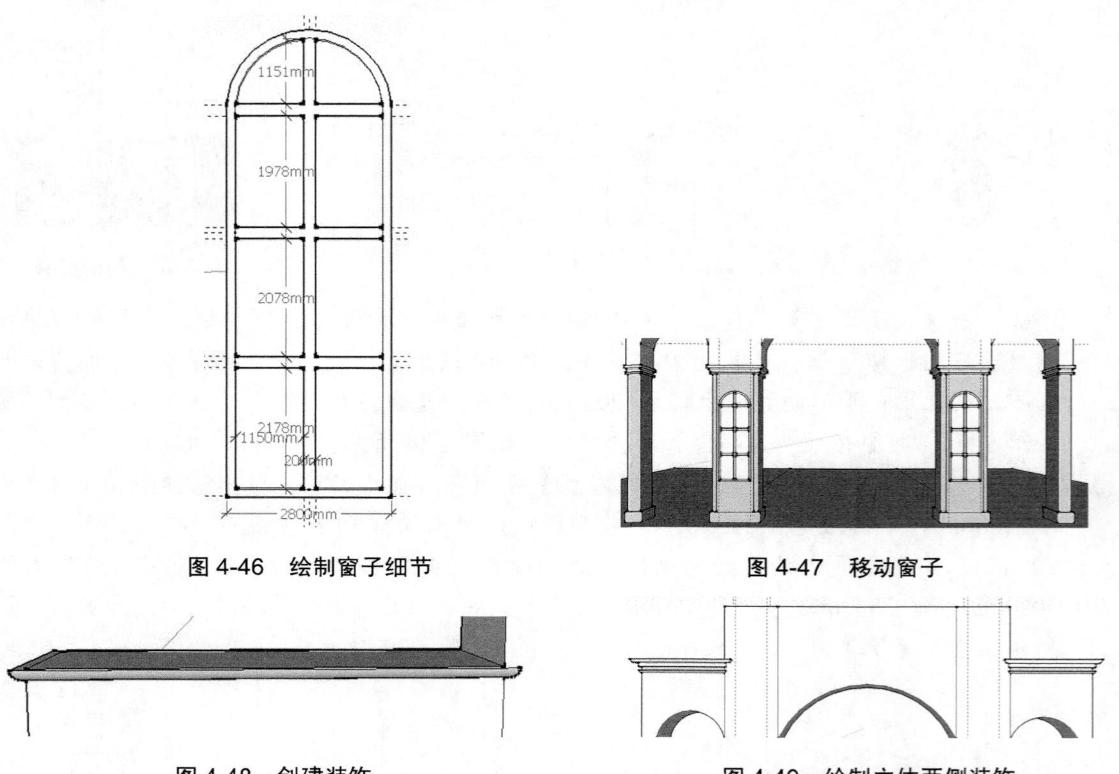

图 4-46　绘制窗子细节

图 4-47　移动窗子

图 4-48　创建装饰

图 4-49　绘制主体两侧装饰

step 11 单击【大工具集】工具栏中的【尺寸】按钮，做出所需图形尺寸，单击【矩形】按钮，按照给出的尺寸绘制图形。单击【偏移】按钮，将矩形向内偏移 150mm，单击【推/拉】按钮，将内部矩形向内推拉 300mm，外部矩形向外推拉 100mm，如图 4-50 所示。

step 12 单击【大工具集】工具栏中的【尺寸】按钮，做出所需图形尺寸，单击【矩形】按钮和【多边形】按钮，按照所给出的尺寸绘制图形，如图 4-51 所示。

step 13 单击【大工具集】工具栏中的【推/拉】按钮，先将所有外部框向外推拉 100mm，然后将上下两端图形，从左至右依次向内推拉 300mm、150mm，中间图形从左至右依次向内推拉 300mm、150mm、80mm、300mm，如图 4-52 所示，装饰绘制完成。

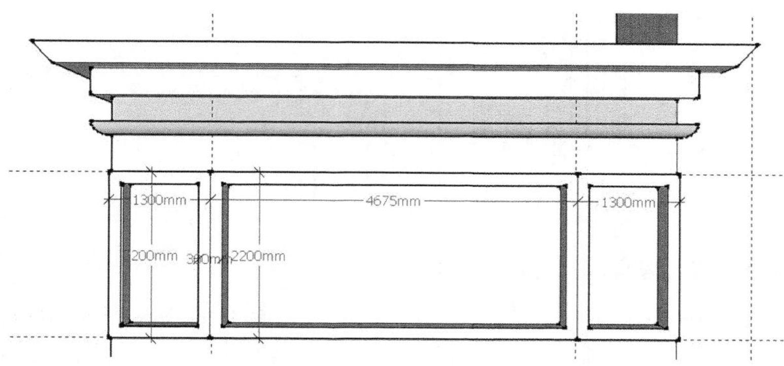

图 4-50　绘制主体内凹造型

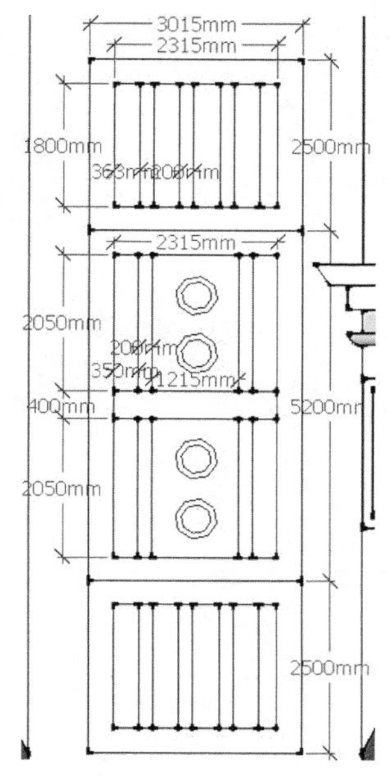

图 4-51　绘制柱上装饰轮廓

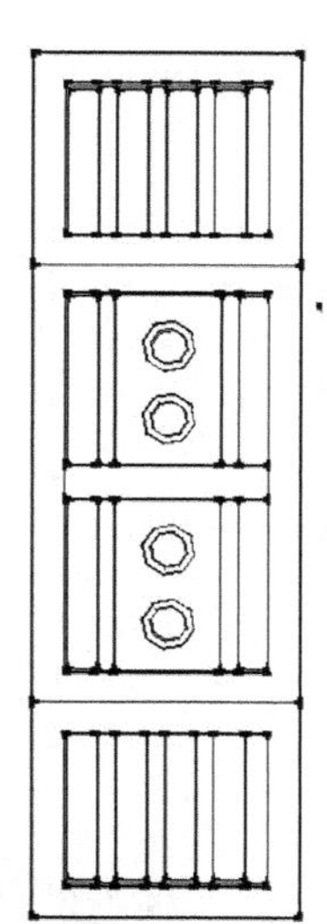

图 4-52　装饰制作完成

step 14 单击【大工具集】工具栏中的【偏移】按钮，将中间部分向内偏移 350mm，单击【推/拉】按钮，向外推拉 350mm，如图 4-53 所示。

step 15 单击【大工具集】工具栏中的【尺寸】按钮，做出所需图形尺寸，单击【矩形】按钮，按照所给出的尺寸绘制图形。单击【偏移】按钮，将矩形向内偏移 350mm，最后单击【推/拉】按钮，将内部图形由左至右向内分别推拉 200mm、150mm、200mm，将外部图形向外分别推拉 100mm、200mm、100mm，如图 4-54 所示。

step 16 单击【大工具集】工具栏中的【三维文字】按钮，输入“福临苑欢迎您”，字体选择方正舒体并居中，如图 4-55 所示。

step 17 单击【大工具集】工具栏中的【材质】按钮，弹出【材质】对话框，在【石头】列表框中选择【黄褐色碎石】选项，设置柱体外侧材质，如图 4-56 所示。

step 18 单击【大工具集】工具栏中的【材质】按钮，弹出【材质】对话框，在【颜色】列表框中选择【颜色 H08】选项，不透明度设置为 40%，设置玻璃材质，如图 4-57 所示。

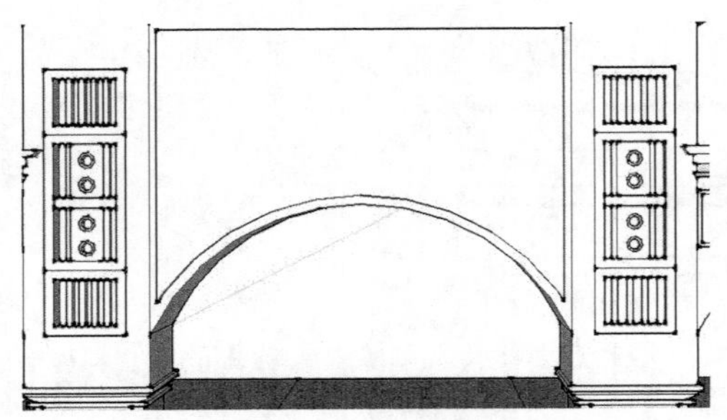

图 4-53　调整主体装饰

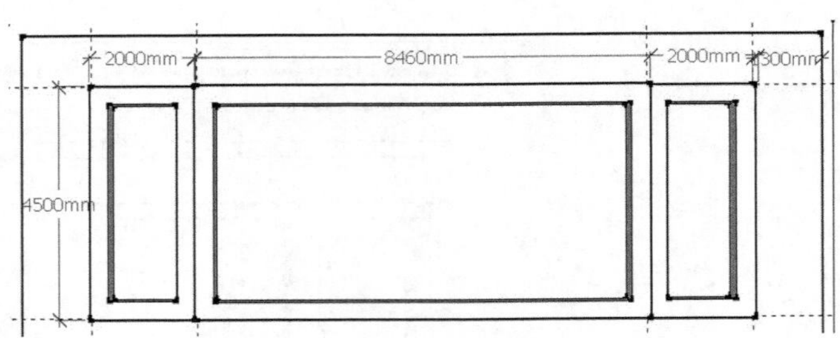

图 4-54　绘制主体内凹造型

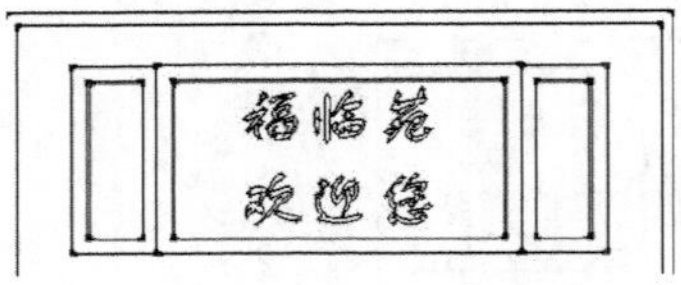

图 4-55　制作文字

图 4-56　添加外墙材质

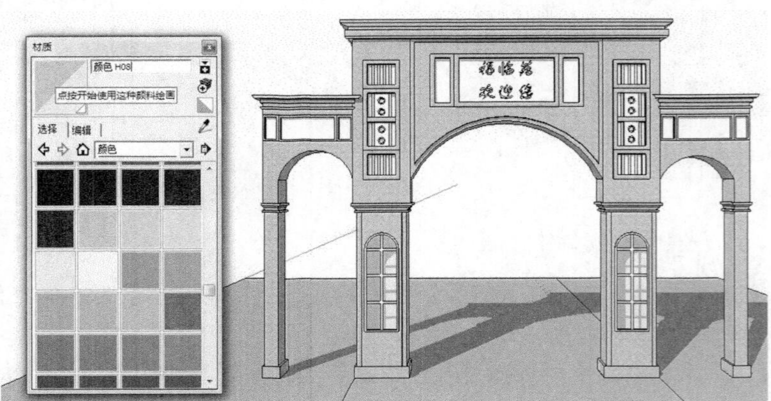

图 4-57　添加窗子材质

step 19 单击【大工具集】工具栏中的【材质】按钮，弹出【材质】对话框，在【砖和覆层】列表框中选择【白色灰泥覆层】选项，设置其他材质，如图 4-58 所示。

step 20 单击【大工具集】工具栏中的【材质】按钮，弹出【材质】对话框，在【颜色】列表框中选择【颜色 C01】选项，设置文字及其他材质，如图 4-59 所示。

step 21 单击【大工具集】工具栏中的【材质】按钮，弹出【材质】对话框，在【沥青和混凝土】列表框中选择【新沥青】选项，在【编辑】选项卡中将尺寸调整为 2500mm、5000mm，设置地面材质，如图 4-60 所示。

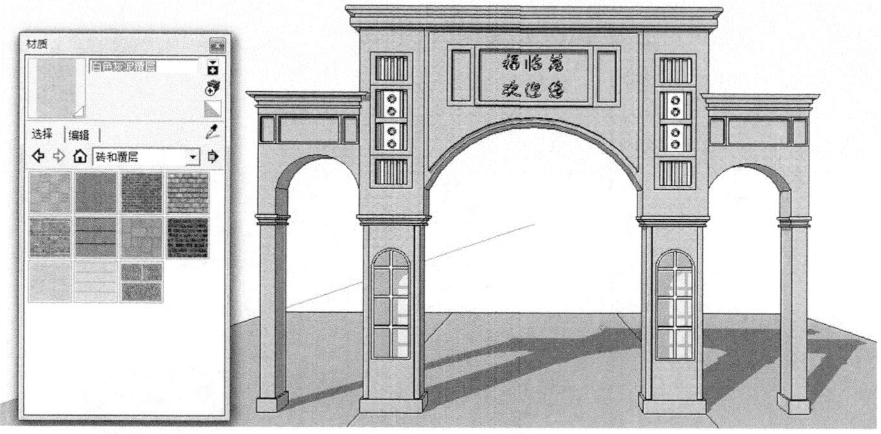
图 4-58　添加外墙其余材质

图 4-59　添加文字及其他装饰材质

图 4-60　添加地面材质

step 22 单击【大工具集】工具栏中的【材质】按钮，弹出【材质】对话框，在【沥青和混凝土】列表框中选择【多色混凝土铺路块】选项，在【编辑】选项卡中将尺寸调整为2500mm、5000mm，设置地面材质，如图 4-61 所示。

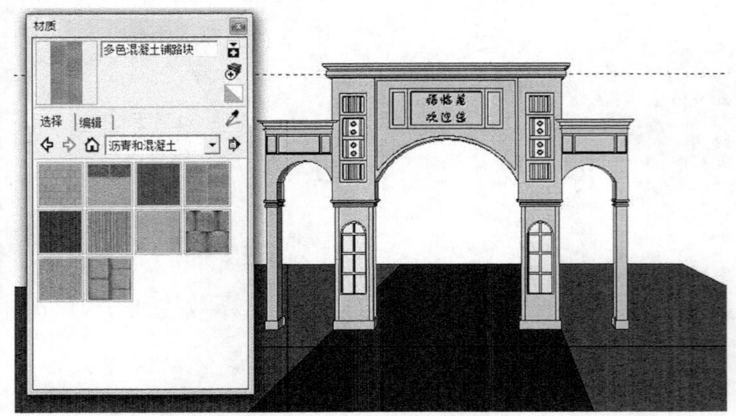

图 4-61 添加地面材质

step 23 添加绿植及背景，如图 4-62 所示。

step 24 最后进行渲染处理，完成小区门头的制作，效果如图 4-63 所示。

图 4-62 材质添加完成

图 4-63 完成的小区门头效果

建筑设计实践：在实际的建筑工程中，木材的使用极为普遍。木材的种类可以分为针叶树和阔叶树两类。其中针叶树的树干笔直高大，纹理通直，材质较软，容易加工，是建筑工程中的主要用材。阔叶树材质较坚硬，称之为硬材，主要用于装修工程。如图 4-64 所示为木材应用较多的木建筑效果。

图 4-64 木建筑效果

第4课 3课时 复杂贴图运用

复杂的贴图运用可以为模型赋予更为复杂的贴图材质，这样模型更能表现出设计者的设计意图与想法。

行业知识链接：贴图效果中有很多比较复杂的效果，如曲面贴图、无缝贴图等，这些贴图对于保证建筑模型中较为真实的效果非常实用。如图4-65所示为加入了复杂贴图的模型效果。

图4-65　加入了复杂贴图的模型效果

4.4.1　转角贴图

进行转角贴图操作的方式是在右键快捷菜单中选择【纹理】|【位置】命令，将纹理图片添加到【材质】对话框中，接着将贴图材质赋予石头的一个面，如图4-66所示。

在贴图表面右击，然后在弹出的快捷菜单中选择【纹理】|【位置】命令，进入贴图坐标的操作状态，此时直接右击，在弹出的快捷菜单中选择【完成】命令，如图4-67所示。

单击【材质】对话框中的【样本颜料】按钮(或者使用【材质】工具并配合Alt键)，然后单击被赋予材质的面，进行材质取样，接着单击其相邻的表面，将取样的材质赋予相邻的表面，完成贴图，效果如图4-68所示。

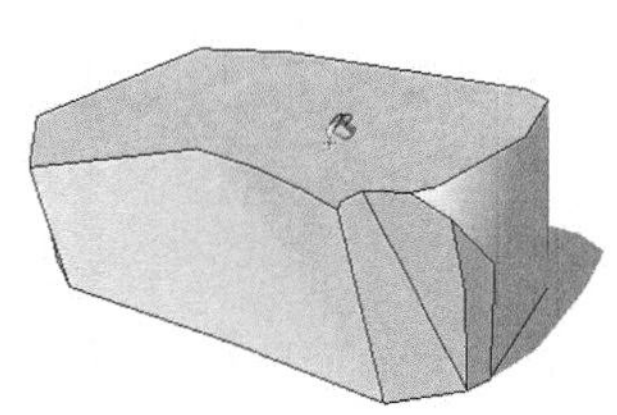

图4-66　赋予材质

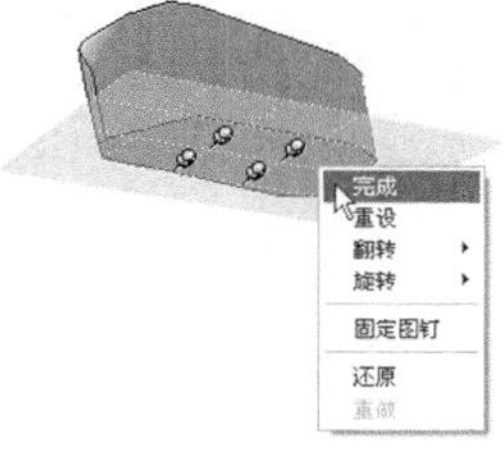

图4-67　贴图

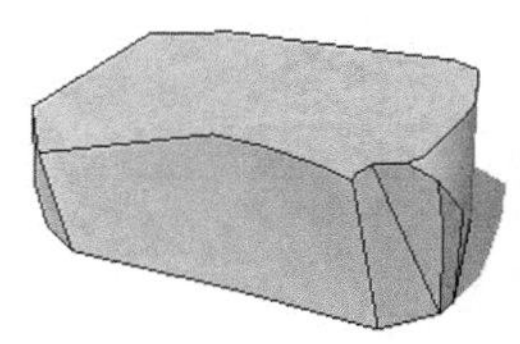

图4-68　贴图材质

4.4.2　圆柱体的无缝贴图

进行圆柱体无缝贴图操作的方式是在右键快捷菜单中选择【纹理】|【位置】命令，将纹理图片添加到【材质】对话框中，接着将贴图材质赋予圆柱体的一个面，会发现没有全部显示贴图，如

图 4-69 所示。

选择【视图】|【隐藏几何图形】命令，将物体网格显示出来。在物体上右击，然后在弹出的快捷菜单中选择【纹理】|【位置】命令，如图 4-70 所示，接着对圆柱体中的一个分面进行重设贴图坐标操作，再次右击，在弹出的快捷菜单中选择【完成】命令，如图 4-71 所示。

单击【材质】对话框中的【样本颜料】按钮，然后单击已经赋予材质的圆柱体的面，进行材质取样，接着为圆柱体的其他面赋予材质，此时贴图没有出现错位现象，完成效果如图 4-72 所示。

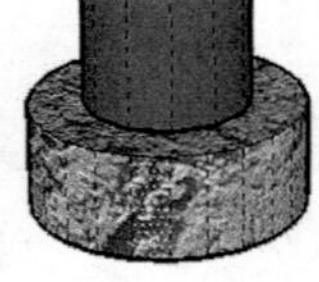

图 4-69　材质贴图

图 4-70　右键菜单

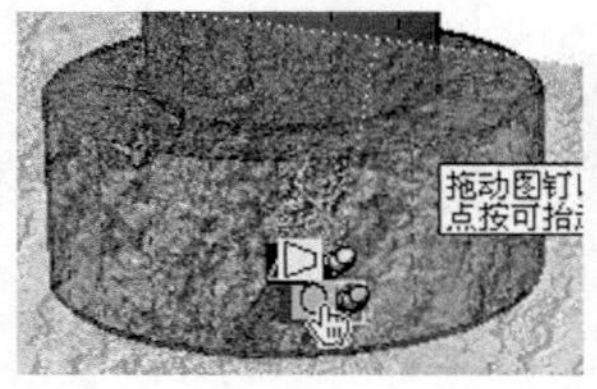

图 4-71　调节图片

图 4-72　完成贴图

4.4.3　投影贴图

进行投影贴图操作的方式是在右键快捷菜单中选择【纹理】|【投影】命令。

SketchUp 的贴图坐标可以投影贴图，就像将一个幻灯片用投影机投影一样。如果希望在模型上投影地形图像或者建筑图像，那么投影贴图就非常有用。任何曲面不论是否被柔化，都可以使用投影贴图来实现无缝拼接。

提示：实际上，投影贴图不同于包裹贴图，其花纹是随着物体形状的转折而转折的，花纹大小不会改变，但是图像来源于平面，相当于把贴图拉伸，使其与三维实体相交，是贴图正面投影到物体上形成的形状。因此，使用投影贴图会使贴图有一定变形。

4.4.4　球面贴图

进行球面贴图操作的方式是在右键快捷菜单中选择【纹理】|【投影】命令。

熟悉了投影贴图的原理，那么曲面的贴图自然也就会了，因为曲面实际上就是由很多三角面组成的。

4.4.5　PNG 贴图

镂空贴图图片的格式要求为 PNG 格式，或者带有通道的 TIF 格式和 TGA 格式。在【材质】对话框中可以直接调用这些格式的图片。另外，SketchUp 不支持镂空显示阴影，如果想得到正确的镂空阴影效果，需要对模型中的物体平面进行修改和镂空，使其尽量与贴图大致相同。

PNG 格式是 20 世纪 90 年代中期开发的图像文件存储格式，其目的是想要替代 GIF 格式和 TIFF 格式。PNG 格式增加了一些 GIF 格式文件所不具备的特性，在 SketchUp 中主要运用它的透明性。PNG 格式的图片可以在 Photoshop 中进行制作。

课后练习

案例文件：ywj\04\4-3.skp

视频文件：光盘→视频课堂→第 4 教学日→4.4

练习案例分析及步骤如下。

通过景观亭的绘制，读者可以重温一遍基本绘图的方法，过程中会应用到本节所学的基本材质的操作方法、复杂贴图的应用与调整，景观亭最终效果如图 4-73 所示。

本案例主要练习复杂贴图的设计方法，首先制作景观亭模型，之后添加地面贴图，再进行调整，最后添加组件完成模型绘制，案例的绘制思路和步骤如图 4-74 所示。

图 4-73　景观亭效果

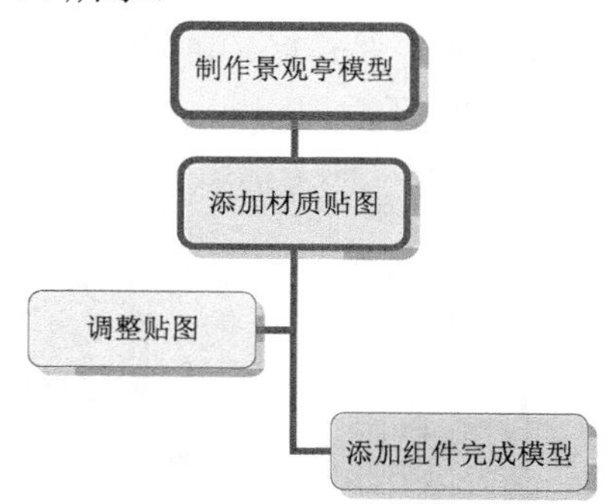

图 4-74　景观亭绘制思路和步骤

练习案例操作步骤如下。

step 01 单击【大工具集】工具栏中的【矩形】按钮，绘制矩形面，矩形尺寸为长 82000mm，宽 65000mm，并创建为群组，如图 4-75 所示。

step 02 单击【大工具集】工具栏中的【圆】按钮和【直线】按钮，在矩形面上绘制亭子地面轮廓，如图 4-76 所示。

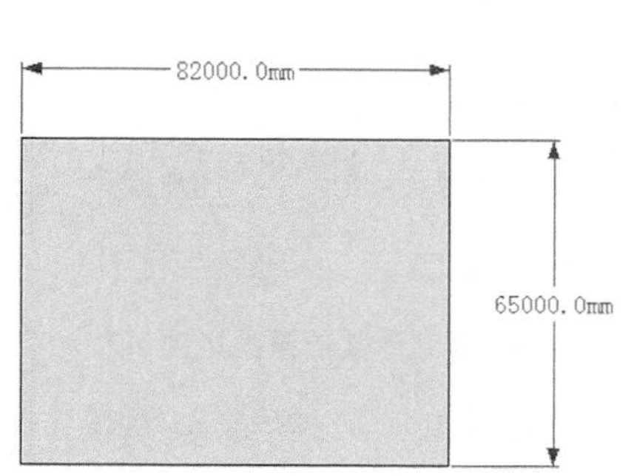

图 4-75　绘制矩形面

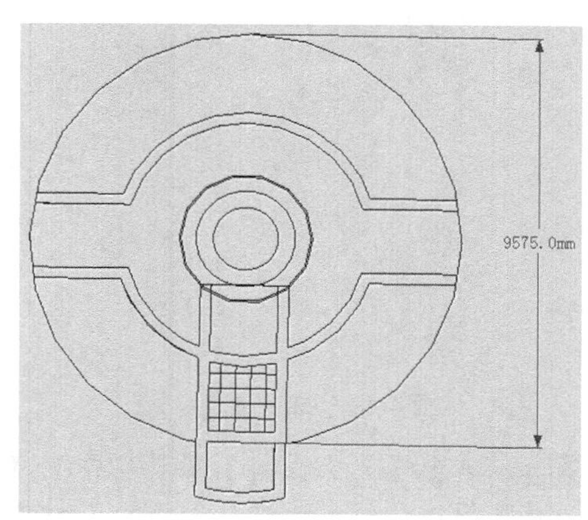

图 4-76　绘制亭子地面轮廓

step 03 单击【大工具集】工具栏中的【推/拉】按钮，推拉出亭子地面，如图 4-77 所示。

step 04 单击【大工具集】工具栏中的【直线】按钮，绘制石凳与亭子柱子底部轮廓线，并分别创建为群组，如图 4-78 所示。

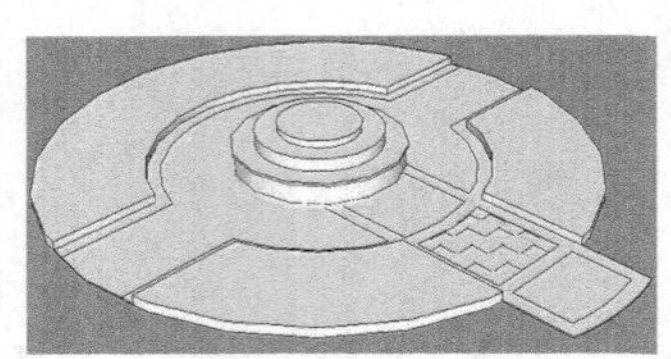

图 4-77　推拉亭子地面

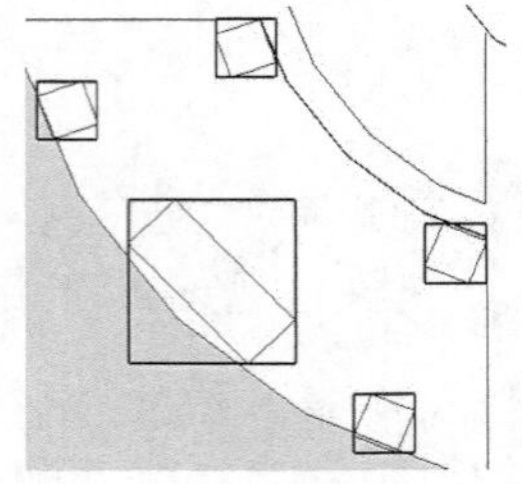

图 4-78　绘制石凳与亭子柱子底部轮廓线

step 05 双击进入组内部，单击【推/拉】按钮和【偏移】按钮，绘制出石凳与景观亭柱子，如图 4-79 所示。

step 06 单击【直线】按钮和【圆弧】按钮，绘制景观亭顶部轮廓线，并分别创建为群组，如图 4-80 所示。

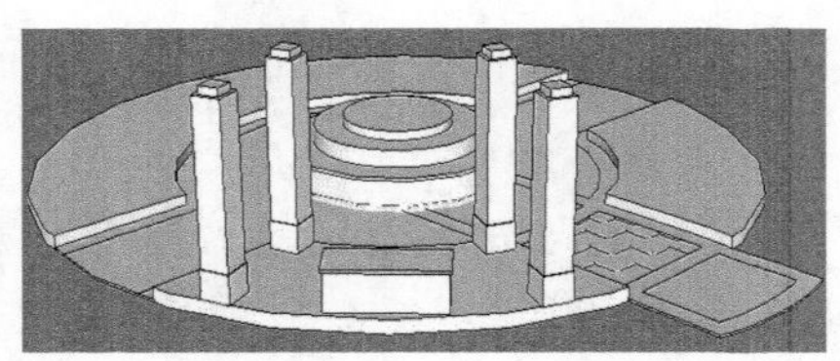

图 4-79　绘制石凳与景观亭柱子

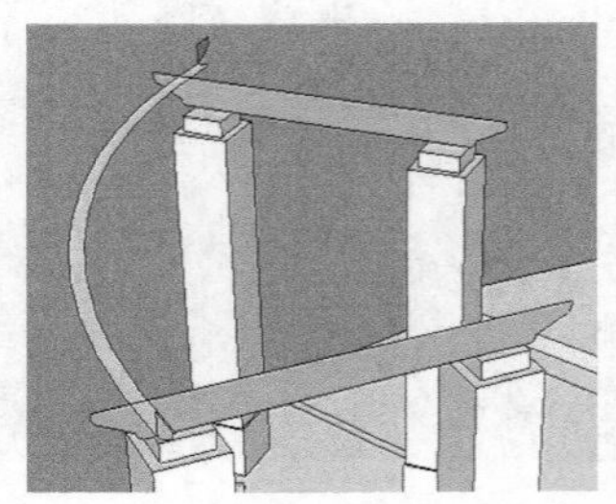

图 4-80　绘制景观亭顶部轮廓线

step 07 双击进入组内部，单击【推/拉】按钮，推拉出顶部结构，推拉厚度为 74mm，如图 4-81 所示。

step 08 单击【移动】按钮和【旋转】按钮，按住 Ctrl 键，复制出其他景观构件，如图 4-82 所示。

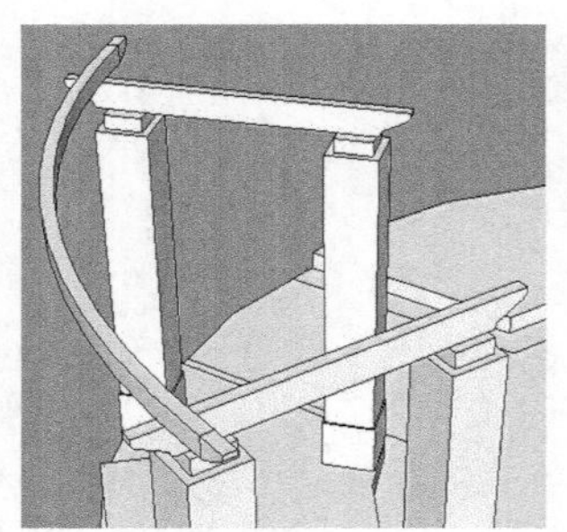

图 4-81　推拉顶部结构

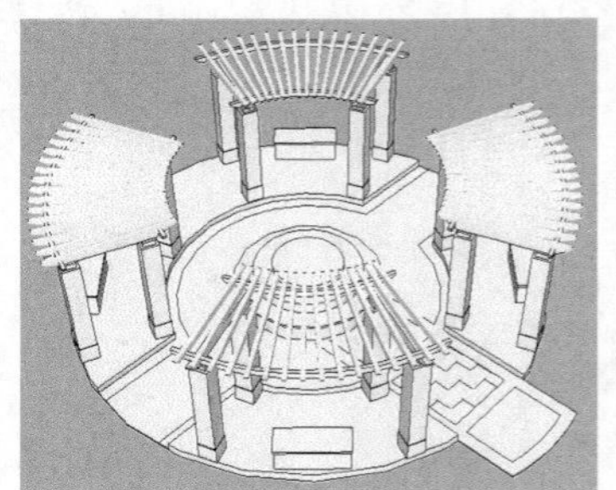

图 4-82　复制出其他景观构件

step 09 单击【大工具集】工具栏中的【材质】按钮，打开【材质】对话框，选择【木质纹】列表框中的【原色樱桃木质纹】材质贴图，赋予景观亭顶部，如图 4-83 所示。

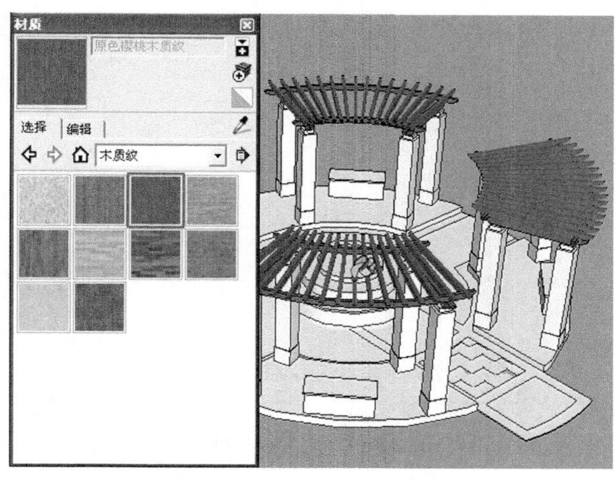

图 4-83　赋予顶部材质贴图

step 10 单击【大工具集】工具栏中的【材质】按钮，打开【材质】对话框，选择【石头】列表框中的【灰色纹理石】材质贴图，赋予景观石材部分，如图 4-84 所示。

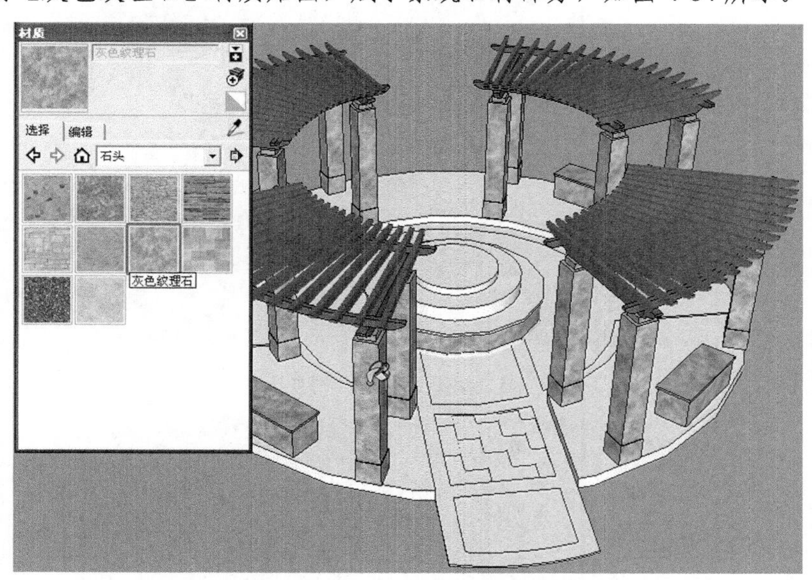

图 4-84　赋予景观石材部分材质贴图

step 11 单击【大工具集】工具栏中的【材质】按钮，打开【材质】对话框，单击【编辑】选项卡中的【浏览】按钮，打开【选择图像】对话框，选择 01.JPG 图像，如图 4-85 所示，为模型木质部分赋予材质，材质颜色可以调整，如图 4-86 所示。

step 12 单击【大工具集】工具栏中的【材质】按钮，打开【材质】对话框，选择【石头】列表框中的【砖石建筑】材质贴图，赋予地面，如图 4-87 所示。

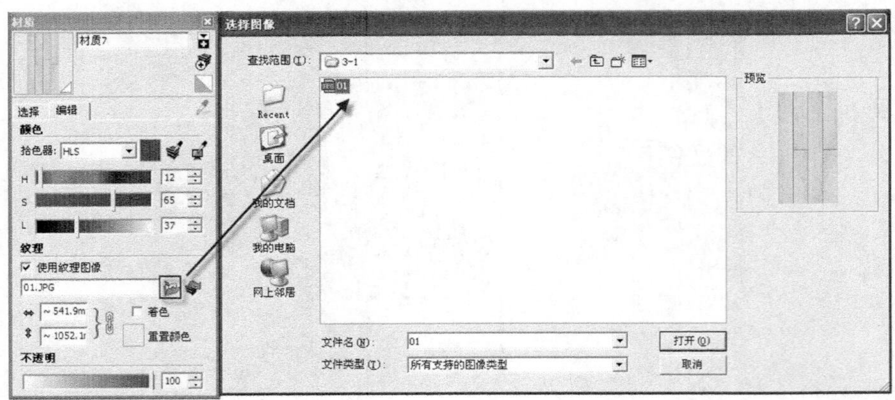

图 4-85　选择材质贴图

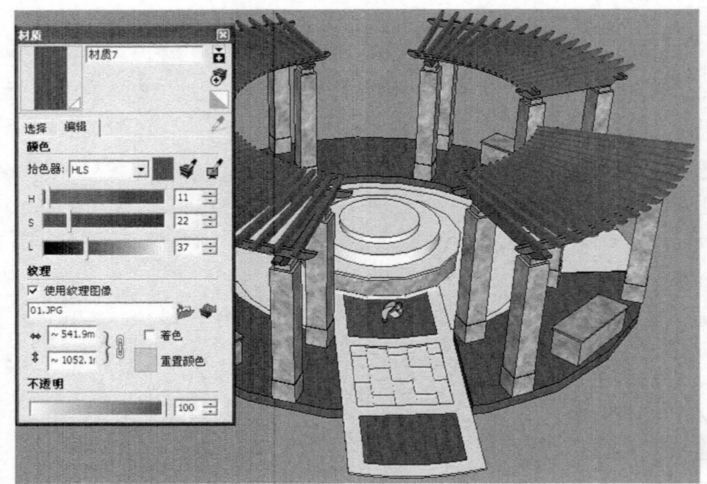

图 4-86　赋予木质部分材质贴图

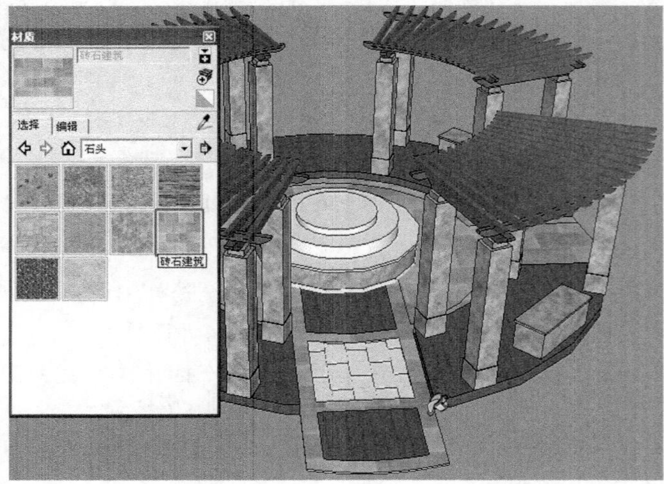

图 4-87　赋予地面材质贴图

step 13 此时赋予地面的【砖石建筑】材质需要调整，选择材质，右击，在弹出的快捷菜单中选择【纹理】|【位置】命令，调整贴图，如图 4-88 所示，完成调整后的贴图如图 4-89 所示。

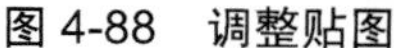

图 4-88　调整贴图

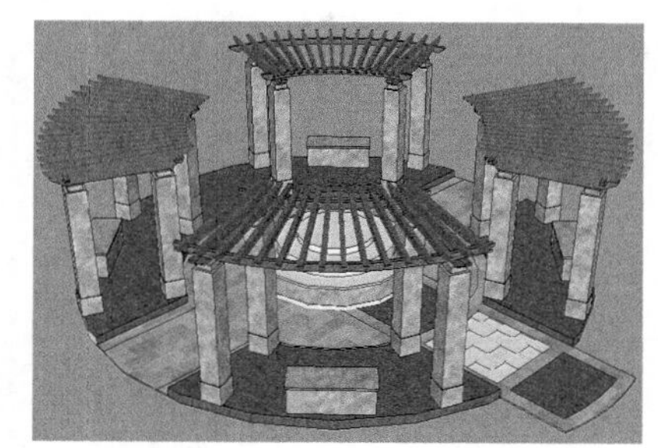

图 4-89　完成调整贴图

提示：如果赋予群组或组件材质贴图，将无法调整贴图位置。

step 14 单击【大工具集】工具栏中的【材质】按钮，打开【材质】对话框，选择【植被】列表框中的【草皮植被 1】材质贴图，赋予地面与中心台子，如图 4-90 所示。

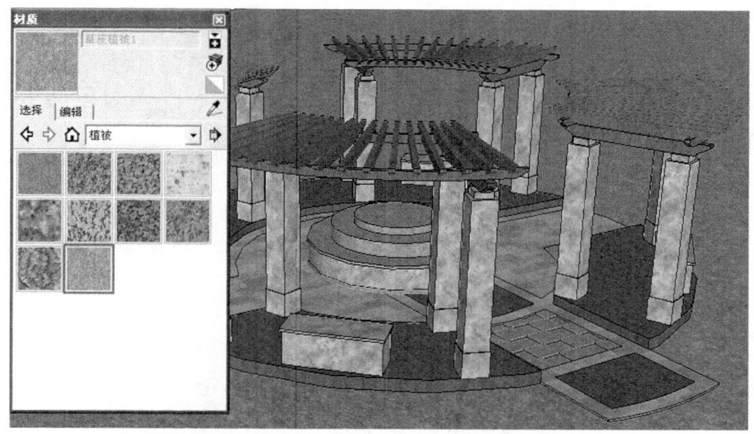

图 4-90　赋予地面与中心台子材质贴图

step 15 为场景添加组件，完成景观亭的绘制，如图 4-91 所示。

图 4-91　完成景观亭绘制

建筑设计实践： 现代建筑中普通混凝土的应用很多，其主要是由水泥、普通碎石、砂和水配置而成的。其中石子和砂子起骨架作用，称为骨料。石子为粗骨料，砂为细骨料。水泥加水后形成水泥浆，包裹在骨料表面并填满骨料间的空隙，作为骨料之间的润滑材料，使混凝土混合物具有适于施工的和易性，水泥水化、硬化后将骨料胶结在一起形成坚固整体。如图 4-92 所示为使用了混凝土的现代建筑效果。

图 4-92　现代建筑效果

阶段进阶练习

本教学日介绍了将 SketchUp 材质与贴图赋予模型材质、调整材质坐标、运用材质贴图来创建模型的方法。一个好的材质贴图可以更准确地表达设计意图，所以要多加练习以巩固所学知识。

使用本教学日学过的各种命令来创建较为真实的建筑模型效果，如图 4-93 所示。

一般创建步骤和方法如下。

(1) 创建建筑物模型。

(2) 添加材质和贴图。

(3) 调整材质。

(4) 添加绿化效果。

图 4-93　建筑模型效果

设计师职业培训教程

第5教学日

在设计方案初步确定以后，会设置不同的角度储存场景，同时，通过场景的设置可以批量导出图片，或者制作展示动画。另外，在建筑草图设计后期，需要进行后期的效果处理，通常会使用 Photoshop 软件来进行。本教学日将系统介绍方案设计后期中的后期效果处理、页面设计、场景的设置，以及动画的制作等有关内容。

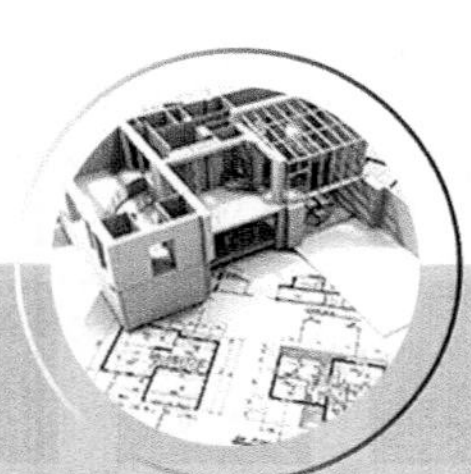

1课时 设计师职业知识——SketchUp建筑效果设计功能

5.1.1 建模方法独特

1. 几何体构建灵活

SketchUp 取得专利的几何体引擎是专为辅助设计构思而开发的，具有相当的延展性和灵活性，这种几何体由线在三维空间中互相连接组合构成面的架构，而表面则是由这些线围合而成，互相连接的线与面保持着对周边几何体的属性关联，因此与其他简单的 CAD 系统相比更加智能，同时也比使用参数设计图形的软件系统更为灵活。

SketchUp 提供三维坐标轴，红轴为 x 轴、绿轴为 y 轴、蓝轴为 z 轴。绘图时只要稍微留意跟踪线的颜色，就能准确定位图形的方位。

2. 直接描绘、功能强大

SketchUp“画线成面，推拉成型”的操作流程极为便捷，在 SketchUp 中无须频繁地切换用户坐标系，有了智能绘图辅助工具(如平行、垂直、量角器等)，可以直接在 3D 界面中轻松而精确地绘制出二维图形，然后再拉伸成三维模型。另外，用户还可以通过数值控制框手动输入数值进行建模，保证模型的精确尺度。

SketchUp 拥有强大的耦合功能和分割功能，耦合功能有自动愈合特性。例如，在 SketchUp 中，最常用的绘图工具是直线和矩形工具，使用矩形工具可以组合复杂形体，两个矩形可以组合 L 形平面，3 个矩形可以组合 H 形平面等。对矩形进行组合后，只要删除重合线，就可以完成较复杂的平面制作，而在删除重合线后，之前被分割的平面、线段可以自动组合为一体，这就是耦合功能。至于分割功能则更简单，只需在已建立的三维模型某一面上画一条直线，就可以将体块分割成两部分，尽情表现创意和设计思维。

5.1.2 直接面向设计过程

1. 快捷直观、即时显现

SketchUp 提供了强大的实时显现工具，如基于视图操作的照相机工具，能够从不同角度、不同显示比例浏览建筑形体和空间效果，并且这种实时处理完毕后的画面与最后渲染输出的图片完全一致，所见即所得，不用花费大量时间来等待渲染效果，如图 5-1 所示。

2. 表现风格多种多样

SketchUp 有多种模型显示模式，例如线框模式、消隐线模式、着色模式、X 光透视模式等，这些模式是根据辅助设计侧重点不同而设置的。表现风格也是多种多样，如水粉、马克笔、钢笔、油画风格等。线框模式和阴影模式的效果如图 5-2 所示。

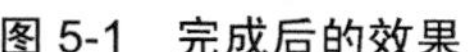

图 5-1　完成后的效果

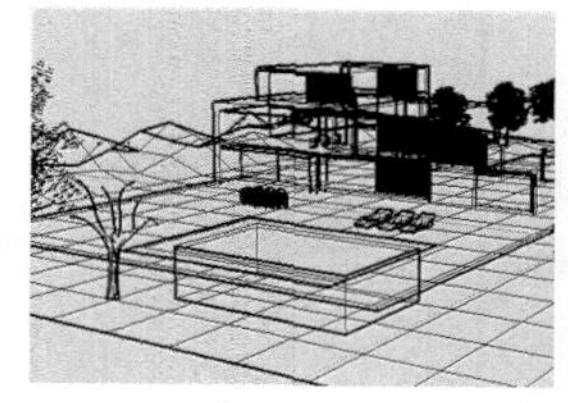

图 5-2　不同显示模式对比效果

3. 不同属性的页面切换

SketchUp 提出了页面的概念，页面的形式类似一般软件界面中常用的页框。通过页框标签的选取，能在同一视图窗口中方便地进行多个页面视图的比较，方便对设计对象的多角度对比、分析、评价。页面的性质就像滤镜一样，可以显示或隐藏特定的设置。如果以特定的属性设置储存页面，当此页面被激活时，SketchUp 会应用此设置；页面部分属性如果未储存，则会使用既有的设置。这样能让设计师快速地指定视点、渲染效果、阴影效果等多种设置组合。这种页面的使用特点不但有利于设计过程，更有利于成果展示，加强与客户的沟通。如图 5-3 所示为在 SketchUp 中从不同页面角度观看某一建筑方案的效果。

4. 低成本的动画制作

SketchUp 回避了关键帧的概念，用户只需设定页面和页面切换时间，便可实现动画自动演示，提供给客户动态信息。另外，利用特定的插件还可以提供虚拟漫游功能，自定义人在建筑空间中的行走路线，给人身临其境的体验，如图 5-4 所示。通过方案的动态演示，客户能够充分理解设计师的设计理念，并对设计方案提出自己的意见，使最终的设计成果更好地满足客户需求。

图 5-3　不同页面角度观看效果

图 5-4　动画自动演示效果

5.1.3　材质和贴图使用方便

在传统的计算机软件中，色质的表现是一个难点，同时存在色彩调节不自然、材质的修改不能即时显现等问题。而 SketchUp 强大的材质编辑和贴图使用功能解决了这些问题，通过输入 R、G、B 或 H、V、C 的值就可以定位出准确的颜色，通过调节材质编辑器里的相关参数就可以对颜色和材质进行修改。通过贴图的颜色变化，一个贴图能应用为不同颜色的材质，如图 5-5 所示。

另外，在 SketchUp 中还可以直接使用 Google Map 的全景照片来进行模型贴图，必要时还可以到实地拍照采样，将自然中的材料照片作为贴图运用到设计中，帮助设计师更好地搭配色彩和模拟真实质感，如图 5-6 所示。

图 5-5　材质贴图效果

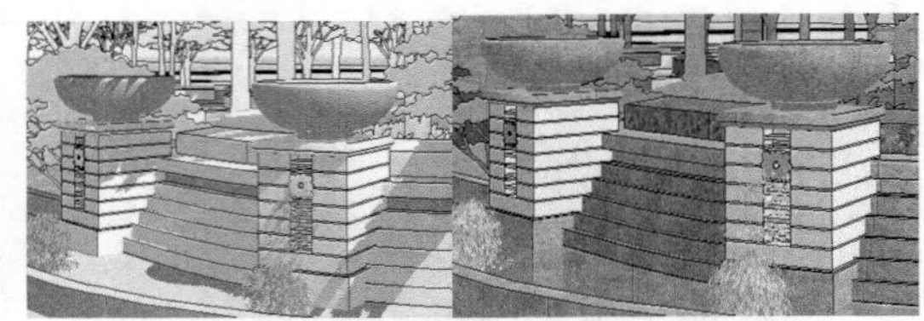

图 5-6　模拟真实材质效果

5.1.4　剖面功能强大

SketchUp 按设计师的要求方便快捷地生成各种空间分析剖面图，如图 5-7 所示。剖面不仅可以表达空间关系，更能直观准确地反映复杂的空间结构。SketchUp 的剖切面让设计师可以看到模型的内部，并且在模型内部工作，结合页面功能还可以生成剖面动画，动态展示模型内部空间的相互关系，或者规划场景中的生长动画等。另外，还可以把剖面导出为矢量数据格式，用于制作图表、专题图等。

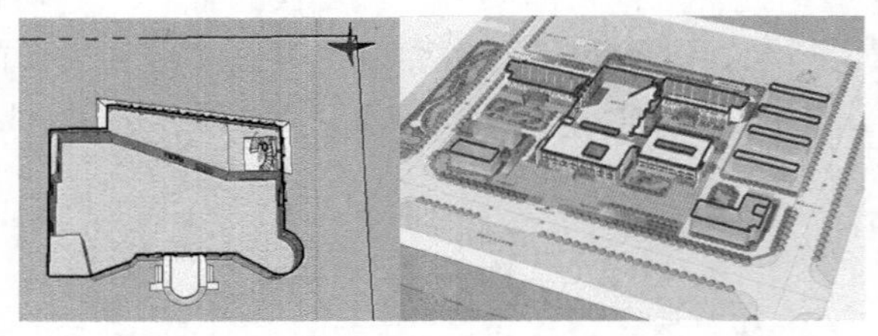

图 5-7　空间分析剖面图

5.1.5　光影分析直观准确

SketchUp 有一套进行日照分析的系统，可设定某一特定城市的经纬度和时间，得到真实的日照效果。投影特性能让人更准确地把握模型的尺度，控制造型和立面的光影效果。另外，还可用于评估一幢建筑的各项日照技术指标，如在居住区设计过程中分析建筑日照间距是否满足规范要求等，如图 5-8 所示。

图 5-8　日照分析

5.1.6　组与组件便于编辑管理

绘图软件的实体管理一般是通过层(Layer)与组(Group)来管理，分别提供横向分级和纵向分项的划分，以便于使用和管理。AutoCAD 提供完善的层功能，对组的支持只是通过块(Block)或用户自定制实体来实现。而层方式的优势在于协同工作或分类管理，如水暖电气施工图，都是在已有的建筑平面图上进行绘制，为了便于修改和打印，其他专业设计师一般在建筑图上添置几个新图层作为自己的专用图层，与原有的图层以示区别。而对于复杂的符号类实体，往往是用块(Block)或定制实体来实现，如门窗家具之类的复合性符号。

图 5-9　选择组件效果

SketchUp 抓住了建筑设计师的职业需求，不依赖图层，提供了方便实用的群组(Group)功能，并附以组件(Component)作为补充，这种分类与现实对象十分贴近，使用者各自设计的组件可以通过组件互相交流、共享，减少了大量的重复劳动，而且大大节约了后续修模的时间。就建筑设计的角度而言，组的分类所见即所得的属性，比图层分类更符合设计师的需求，如图 5-9 所示。

第2课　2课时　页面设计

通过【场景】标签的选择，可以方便地进行多个场景视图的切换，方便对方案进行多角度对比。

建筑设计实践：在 SketchUp 设计中，选择适合的角度透视效果，作为一个页面(一张图片)。要出另外一个角度的透视效果时，需要添加新的页面。在对每一个页面如果进行角度或者阴影等调整后产生新的效果时，应该对其进行页面更新，否则将不会在页面中保存所作的相应改动。因此，摄像机角度在页面设计中很重要。如图 5-10 所示为不同摄像机角度下的模型页面效果。

图 5-10　模型页面效果

5.2.1　场景及场景管理器

SketchUp 中场景的功能主要用于保存视图和创建动画，场景可以存储显示设置、图层设置、阴影和视图等，通过绘图窗口上方的场景标签可以快速切换场景显示。SketchUp 2015 包含了场景缩略图功能，用户可以在场景管理器中进行直观的浏览和选择。

执行场景管理器命令方式是在菜单栏中选择【窗口】|【场景】命令。

选择【窗口】|【场景管理】命令即可打开【场景】对话框，通过【场景】对话框可以添加和删除场景，也可以对场景进行属性修改，如图 5-11 所示。

(1) 【添加场景】按钮：单击该按钮将在当前相机设置下添加一个新的场景。

(2) 【删除场景】按钮：单击该按钮将删除选择的场景，也可以在场景标签上右击，然后在弹出的快捷菜单中执行【删除】命令进行删除。

(3) 【更新场景】按钮：如果对场景进行了改变，则需要单击该按钮进行更新，也可以在场景标签上右击，然后在弹出的快捷菜单中选择【更新】命令。

(4) 【向下移动场景】按钮/【向上移动场景】按钮：这两个按钮用于移动场景的前后位置，也可以在场景标签上右击，然后在弹出的快捷菜单中选择【左移】或者【右移】命令。

单击绘图窗口左上方的场景标签可以快速切换所记录的视图窗口。右击场景标签，将弹出【场景】快捷菜单，也能对场景进行更新、添加或删除等操作，如图 5-12 所示。

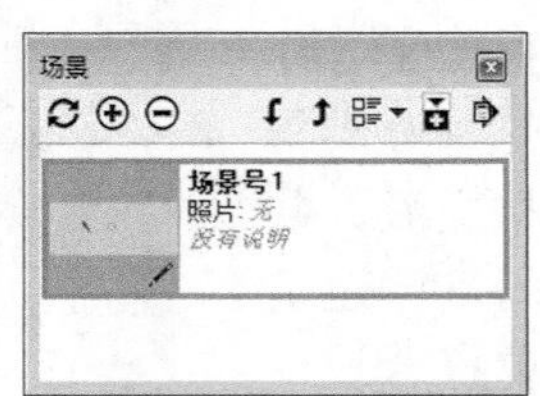

图 5-11 【场景】对话框

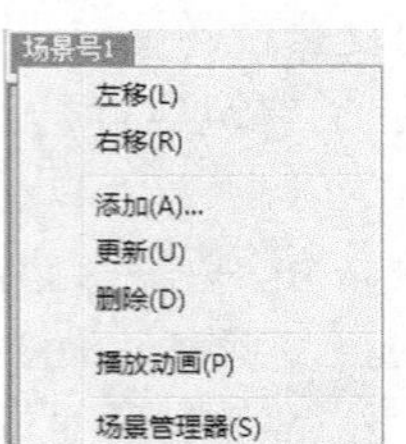

图 5-12 右键菜单

(4) 【查看选项】按钮：单击此按钮可以改变场景视图的显示方式，如图 5-13 所示。在缩略图右下角有一个铅笔的场景，表示为当前场景。在场景数量多并且难以快速准确找到所需场景的情况下，这项新增功能显得非常重要。

SketchUp 2015 的【场景】对话框包含了场景缩略图，可以直观显示场景视图，使查找场景变得更加方便，也可以右击缩略图进行场景的添加和更新等操作，如图 5-14 所示。

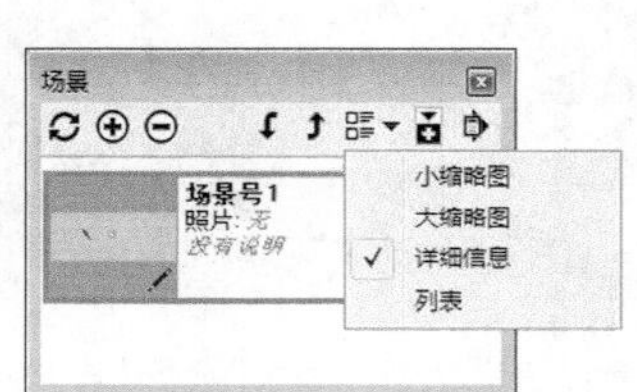

图 5-13 查看选项

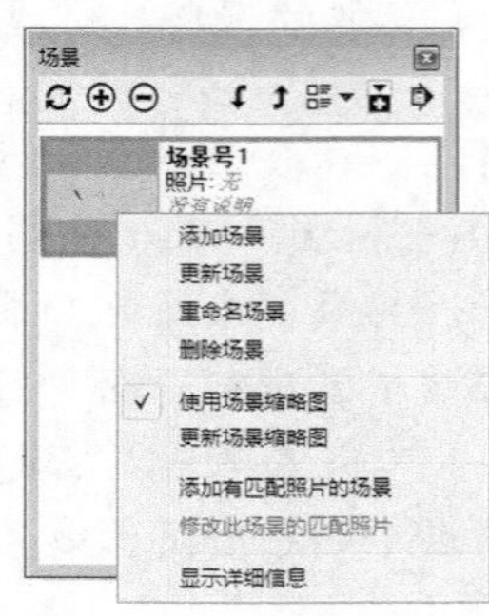

图 5-14 右键菜单

在创建场景时，会弹出【警告-场景和样式】对话框，如图 5-15 所示，提示对场景进行保存。

(5) 【隐藏/显示详细信息】按钮：每一个场景都包含了很多属性设置，如图 5-16 所示。单击该按钮即可显示或者隐藏这些属性。

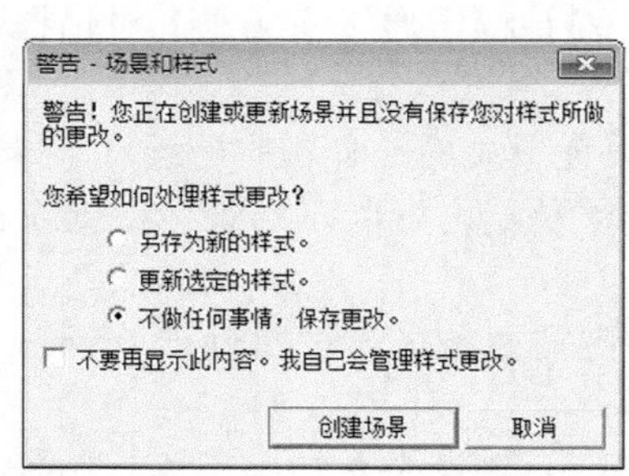

图 5-15 【警告-场景和样式】对话框

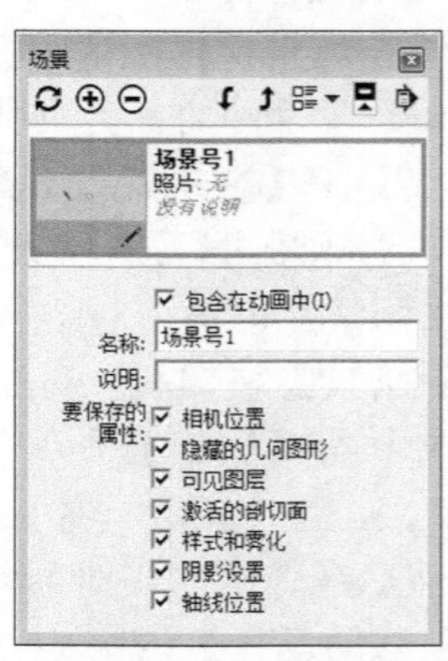

图 5-16 显示详细信息

- 【包含在动画中】：当动画被激活以后，选中该复选框则场景会连续显示在动画中。如果取消选中该复选框，则播放动画时会自动跳过该场景。
- 【名称】：可以改变场景的名称，也可以使用默认的场景名称。
- 【说明】：可以为场景添加简单的描述。
- 【要保存的属性】：包含了很多属性选项，选中相关选项则记录相关属性的变化，不选则不记录。在不选的情况下，当前场景的这个属性会延续上一个场景的特征。例如取消选中【阴影设置】复选框，那么从前一个场景切换到当前场景时，阴影将停留在前一个场景的阴影状态下；同时，当前场景的阴影状态将被自动取消。如果需要恢复，就必须再次选中【阴影设置】复选框，并重新设置阴影，还需要再次刷新。

提示：在某个页面中增加或删除几何体会影响整个模型，其他页面也会相应增加或删除，但每个页面的显示属性却是独立的。

5.2.2 幻灯片演示

执行【播放】命令主要方式是在菜单栏中选择【视图】|【动画】|【播放】命令。

首先设定一系列不同视角的场景，并尽量使得相邻场景之间的视角与视距不要相差太远，数量也不宜太多，只需选择能充分表达设计意图的代表性场景即可，然后选择【视图】|【动画】|【播放】命令，可以打开【动画】对话框。单击【播放】按钮即可播放场景的展示动画，单击【停止】按钮即可暂停动画的播放，如图 5-17 所示。

图 5-17 【动画】对话框

课后练习

案例文件：ywj\05\5-1.skp

视频文件：光盘→视频课堂→第 5 教学日→5.2

练习案例分析及步骤如下。

课后练习范例讲解模型的创建页面和动画操作，创建页面动画后可以将动画输出，便于进行操作的展示，最终的模型页面效果如图 5-18 所示。

本案例主要练习页面设计的方法，首先打开模型文件，之后进行多个页面设置，最后导出页面动画效果，本案例的绘制思路和步骤如图 5-19 所示。

练习案例操作步骤如下。

step 01 选择【文件】|【打开】命令，打开 5-1.skp 文件，如图 5-20 所示。

step 02 选择【窗口】|【场景】命令，打开【场景】对话框，单击【添加场景】按钮⊕，添加场景 1，如图 5-21 所示。

step 03 调整模型视图，选择【窗口】|【场景】命令，打开【场景】对话框，单击【添加场景】按钮⊕，添加场景 2，如图 5-22 所示。

图 5-18　模型页面效果

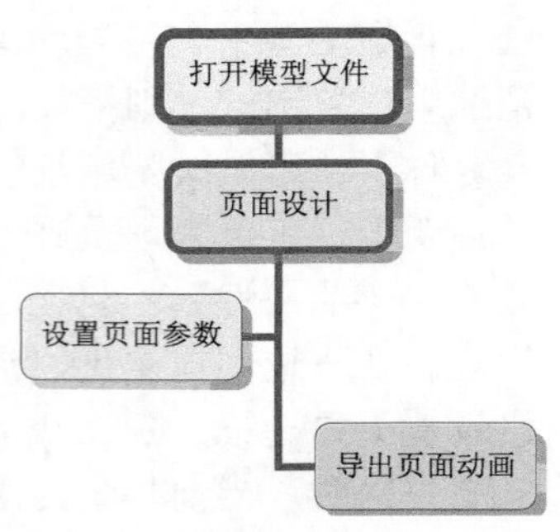

图 5-19　案例绘制思路和步骤

图 5-20　打开文件

图 5-21　创建场景 1

图 5-22　创建场景 2

step 04 选择【窗口】|【场景】命令，打开【场景】对话框，单击【添加场景】按钮⊕，添加场景 3，如图 5-23 所示。

step 05 选择【窗口】|【场景】命令，打开【场景】对话框，单击【添加场景】按钮⊕，添加场景 4，如图 5-24 所示。

step 06 选择【窗口】|【场景】命令，打开【场景】对话框，单击【添加场景】按钮⊕，添加场景 5，如图 5-25 所示。

图 5-23　创建场景 3

图 5-24　创建场景 4

图 5-25　创建场景 5

step 07 如果想继续导出动画，选择【文件】|【导出】|【动画】|【视频】命令，弹出【输出动画】对话框，在其中设置文件名，然后单击【选项】按钮，弹出【动画导出选项】对话框，在其中设置输出格式，如图 5-26 所示。单击【确定】按钮，这样就导出了最终的页面动画效果，完成了实例的制作，最终页面动画效果如图 5-27 所示。

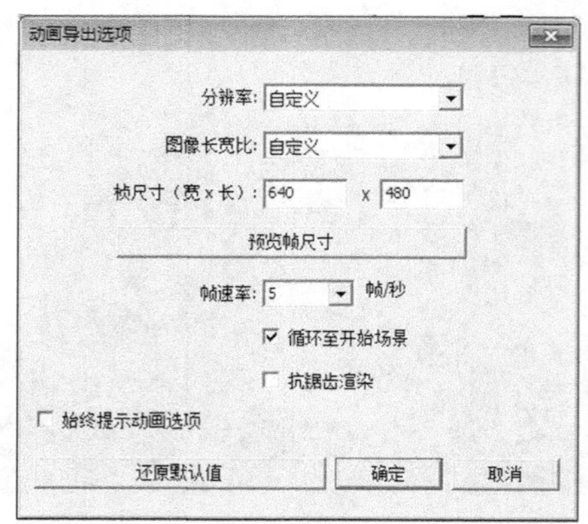

图 5-26 设置参数

图 5-27 最终页面动画效果

建筑设计实践：“人视图”作为建筑手绘常用的表现手法之一，能够模拟正常观察视角，清晰地表达出人眼所看到的建筑及周围景观环境；同时，人视图可以让观者对空间尺度有一个理性的认识与把握。如图 5-28 所示为建筑的人视图效果。

图 5-28 建筑的人视图效果

第 3 课 2 课时 动画设计

对于简单的模型，采用幻灯片播放能保持平滑动态显示，但在处理复杂模型的时候，如果仍要保持画面流畅就需要导出动画文件了。

行业知识链接：在 SketchUp 中，可以结合【阴影】或【剖切面】命令制作出生动有趣的光影动画和生长动画，为实现动态设计提供便利条件。在制作阴影时可根据阴影光线的审美需要来适当调整，原则是使光线打在建筑上产生良好的光影效果，为建筑本身服务。如图 5-29 所示为添加了合适阴影的建筑模型效果。

图 5-29 建筑模型效果

5.3.1 制作展示动画

采用幻灯片播放时，每秒显示的帧数取决于计算机的即时运算能力，而导出视频文件的话，SketchUp 会使用额外的时间来渲染更多的帧，以保证画面的流畅播放，导出视频文件需要更多的时间。下面介绍制作展示动画的方法。

1. 导出 AVI 格式的动画器

执行【视频】命令方式是在菜单栏中选择【文件】|【导出】|【动画】|【视频】命令。

想要导出动画文件，只需选择【文件】|【导出】|【动画】|【视频】命令，然后在弹出的【输出动画】对话框中设定导出格式为*.mp4 格式，如图 5-30 所示，接着对导出选项进行设置即可，如图 5-31 所示。

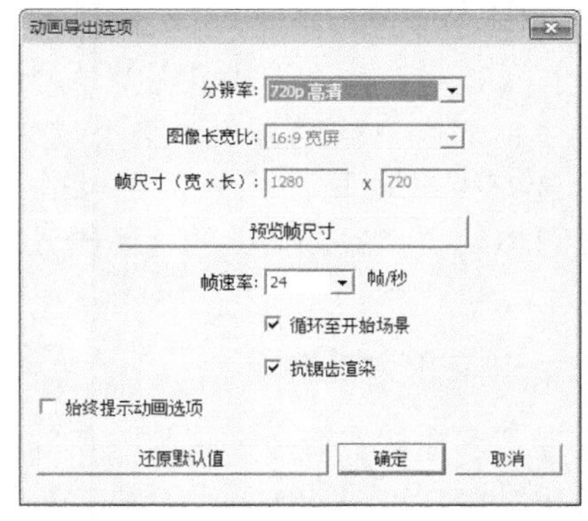

图 5-30 【输出动画】对话框

图 5-31 【动画导出选项】对话框

- 帧尺寸(宽×长)数值控制框：这两个数值控制框用于控制每帧画面的尺寸，以像素为单位。一般情况下，帧画面尺寸设为 400 像素×300 像素或者 320 像素×240 像素即可。如果是 640 像素×480 像素的视频文件，那就可以全屏播放了。对视频而言，人脑在一定时间内对于信息量的处理能力是有限的，其运动连贯性比静态图像的细节更重要。所以，可以从模型中分别提取高分辨率的图像和较小帧画面尺寸的视频，既可以展示细节，又可以动态展示空间关系。如果是用 DVD 播放，画面的宽度需要 720 像素。电视机、大多数计算机显示屏和 1950 年之前的电影银幕标准比例是 4∶3，宽屏显示(包括数字电视、等离子电视等)的标准比例是 16∶9。
- 【帧速率】下拉列表框：帧速率指每秒产生的帧画面数。帧速率与渲染时间以及视频文件大小呈正比，帧速率值越大，渲染所花费的时间以及输出后的视频文件就越大。帧速率设置为 3～10 帧/秒是画面连续的最低要求；12～15 帧/秒既可以控制文件的大小，也可以保证流畅播放；24～30 帧/秒之间的设置就相当于“全速”播放了。当然，还可以设置 5 帧/秒来渲染一个粗糙的试动画来预览效果，这样能节约大量时间，并且发现一些潜在的问题，例如高宽比不对、照相机穿墙等。

一些程序或设备要求特定的帧速率，例如一些国家的电视要求帧速率为 29.97 帧/秒；欧洲的电视要求为 25 帧/秒，电影需要 24 帧/秒；我国的电视要求为 25 帧/秒等。

- 【循环至开始场景】复选框：选中该复选框可以从最后一个场景倒退到第一个场景，创建无限循环的动画。
- 【抗锯齿渲染】复选框：选中该复选框后，SketchUp 会对导出的图像作平滑处理，需要更多的导出时间，但是可以减少图像中的线条锯齿。
- 【始终提示动画选项】复选框：在创建视频文件之前总是先显示【动画导出选项】对话框。

导出 AVI 文件时，在【动画导出选项】对话框中取消选中【循环至开始场景】复选框即可让动画停到最后位置。

提示：SketchUp 有时候无法导出 AVI 文件，建议在建模时使用英文名的材质，文件也保存为一个英文名或者拼音名，保存路径最好不要设置在中文名称的文件夹内(包括【桌面】也不行)，而是新建一个英文名称的文件夹，然后保存在某个盘的根目录下。

2. 制作方案展示动画

执行【视频】命令方式是在菜单栏中选择【文件】|【导出】|【动画】|【视频】命令。

除了前面所讲述的直接将多个场景导出为动画以外，还可以将 SketchUp 的动画功能与其他功能结合起来生成动画。此外，还可以将【剖切】命令与【场景】命令结合生成剖切生长动画。另外，还可以结合 SketchUp 的【阴影设置】和【场景】命令生成阴影动画，为模型带来阴影变化的视觉效果。

3. 批量导出场景图像

执行【图像集】命令方式是在菜单栏中选择【文件】|【导出】|【动画】|【图像集】命令。

当场景设置过多的时候，就需要批量导出图像，这样可以避免在场景之间进行烦琐的切换，并能节省大量的出图等待时间。

5.3.2 使用 Premiere 软件编辑动画

打开 Premiere 软件，会弹出一个【欢迎使用 Adobe Premiere Pro】对话框，在该对话框中选择【新建项目】选项，如图 5-32 所示，然后在弹出的【新建项目】对话框中设置好文件的保存路径和名称，如图 5-33 所示，完成设置后单击【确定】按钮。

1. 设置预设方案

选择一种设置后，单击【新建项目】对话框中的【确定】按钮即可启动 Premiere 软件。Premiere 软件的主界面包括工程窗口、监视器窗口、时间轴、过渡窗口等，如图 5-34 所示。用户可以根据需要调整窗口的位置或关闭窗口，也可以通过【窗口】菜单打开更多的窗口。

2. 将 AVI 文件导入 Premiere

选择【文件】|【导入】命令(快捷键为 Ctrl+I)，打开【导入】对话框，然后选择需要导入的 AVI 文件将其导入，如图 5-35 所示。

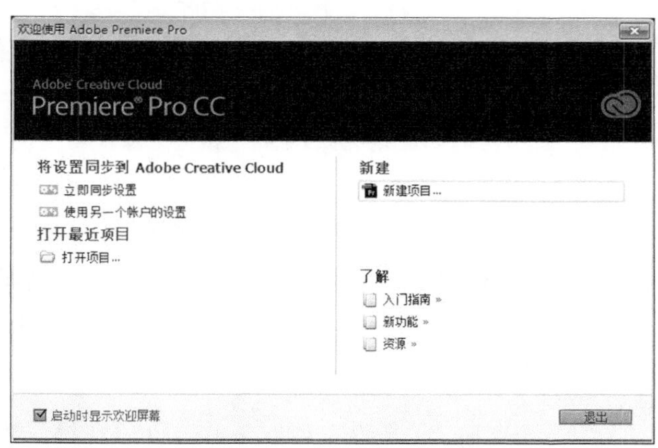

图 5-32　欢迎对话框

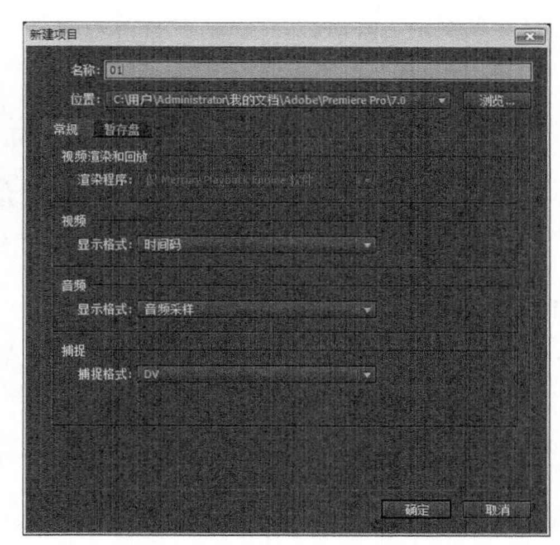

图 5-33　【新建项目】对话框

图 5-34　Premiere 工作窗口

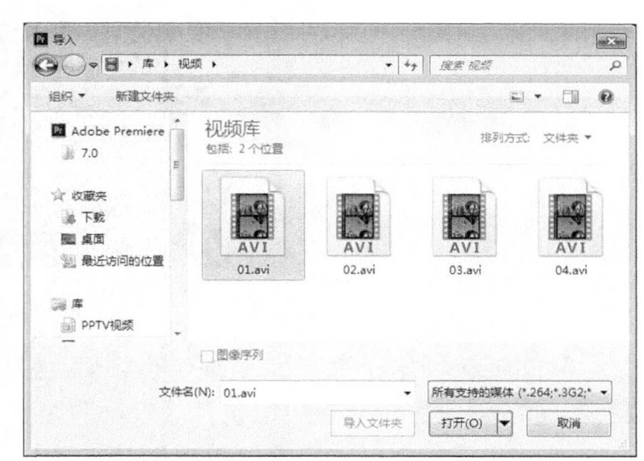

图 5-35　【导入】对话框

导入文件后，在工程窗口中单击【清除】按钮，可以将文件删除。双击【名称】标签下的空白处，可以导入新的文件。

导入到工程窗口中的 AVI 素材可以直接拖曳至时间轴上，拖曳时鼠标指针显示为。也可以直接将视频素材拖入监视器窗口的源素材预演区。拖至时间轴上的时候，鼠标指针会显示为，这时候左下角状态栏中提示“拖入轨道进行覆盖”，按 Ctrl 键可启用插入，按 Alt 键可替换素材。很多时候状态栏中的提示可以帮助大家尽快熟悉操作界面。在拖曳素材之前，可以激活【吸附】按钮(快捷键为 S 键)，将素材准确地吸附到前一个素材之后。

每个独立的视频素材及声音素材都可放在监视器窗口中进行播放。通过相应的控制按钮，可以随意倒带、前进、播放、停止、循环或者播放选定的区域，如图 5-36 所示。

为了在后面的编辑中便于控制素材，可以在动画播放过程中对一些关键帧进行标记。方法是单击【设置标记】按钮，可以设置多个标记点。以后当需要定位到某个标记点时，可以在时间轴窗口中自由拖动【标记图标】按钮位置，还可以右击【标记图标】按钮，然后在弹出的快捷菜单中进行设置，如图 5-37 所示。

图 5-36　控制按钮

图 5-37　右键菜单

对已经进入时间轴的素材，可以直接在时间轴中双击素材画面，该素材就会在效果窗口中的【素材源】标签下被打开。

3. 在时间轴上衔接

在 Premiere 软件的众多窗口中，居核心地位的是时间轴窗口，在这里可以将片段性的视频、静止的图像、声音等组合起来，并能创作各种特技效果，如图 5-38 所示。

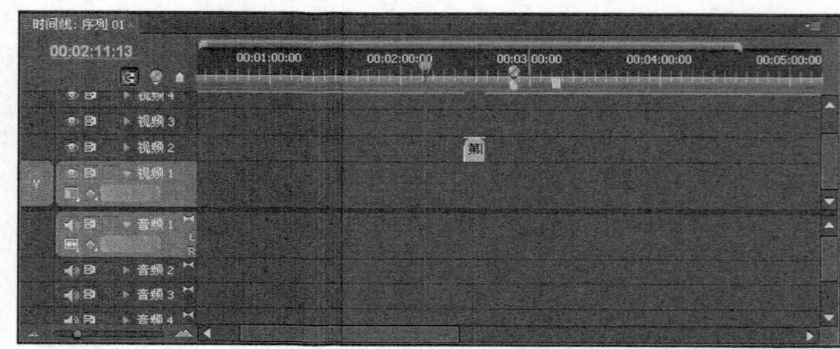

图 5-38　时间轴窗口

时间轴包括多个通道，用来组合视频(或图像)和声音。默认的视频通道包括【视频 1】、【视频 2】和【视频 3】，音频通道包括【音频 1】、【音频 2】和【音频 3】。如需增减通道数，可在通道上右击，然后在弹出的快捷菜单中选择【添加或删除】轨道命令即可。

将工程窗口中的素材或者文件夹直接拖到时间轴的通道上后，系统会自动根据拖入的文件类型将文件装配到相应的视频或音频通道，其顺序为素材在工程窗口中的排列顺序。改变素材在时间轴的位置，只要沿通道拖曳即可，还可以在时间轴的不同通道之间转移素材，但需要注意的是，出现在上层的视频或图像可能会遮盖下层的视频或图像。

将两段素材首尾相连，就能实现画面的无缝拼接。若两段素材之间有空隙，则空隙会显示为黑屏。要在两段视频之间建立过渡连接，只需在【效果】面板中选择某种特技效果，拖入素材之间即可，如图 5-39 所示。

如果需要删除时间轴上的某段素材，只需右击该素材，然后在弹出的快捷菜单中选择【清除】命令即可。在时间轴中可剪断一段素材，方法是在右下角工具栏中选择【剃刀】工具，然后在需要剪断的位置单击，此时素材即被切为两段。被分开的两段素材彼此不再相关，可以对它们分别进行清除、位移、特效处理等操作。时间轴的素材剪断后，不会影响项目窗口中原有的素材文件。

在时间轴标尺上还有一个可以移动的【时间滑块】按钮，其下方一条竖线横贯整个时间轴。位于时间滑块上的素材会在监视器窗口中显示，可以通过拖曳时间滑块来查询及预览素材。

当时间轴上的素材过多时，可以将【素材显示大小】滑块向左移动，使素材缩小显示。

时间轴标尺的上方有一栏黄色的滑动条，这是电影工作区，可以拖曳两端的滑块来改变其长度和位置。在进行合成的时候，只有工作区内的素材才会被合成，如图 5-40 所示。

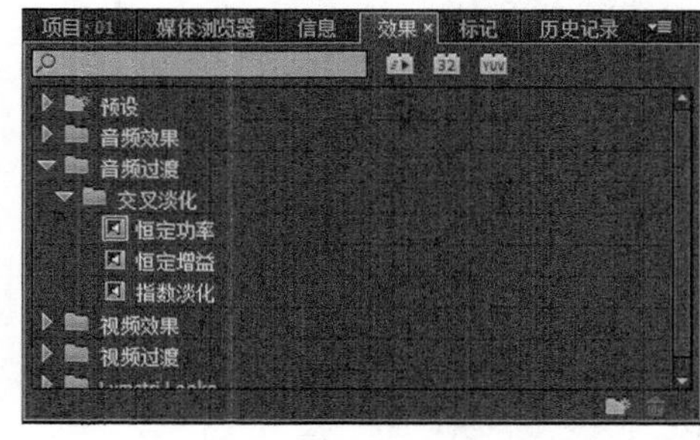

图 5-39　【效果】面板

图 5-40　时间轴

4. 制作过渡特效

一段视频结束，另一段视频紧接着开始，这就是所谓的电影镜头切换。为了使切换衔接更加自然或有趣，可以使用各种过渡特效。

(1) 【效果】面板。

在界面的左下角，显示【效果】面板，在【效果】面板中，可以看到详细分类的文件夹。单击任意一个扩展标志，则会显示一组不同的过渡效果，如图 5-41 所示。

(2) 在时间轴上添加过渡。

选择一种过渡效果并将其拖放到时间轴的【特效】通道中，Premiere 软件会自动确定过渡长度以匹配过渡部分，如图 5-42 所示。

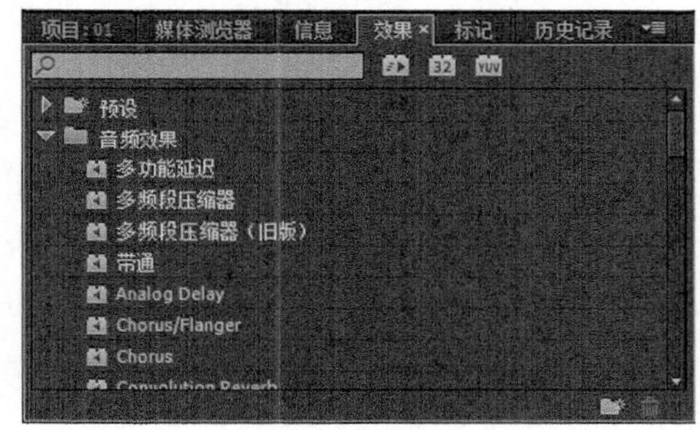

图 5-41　【效果】面板

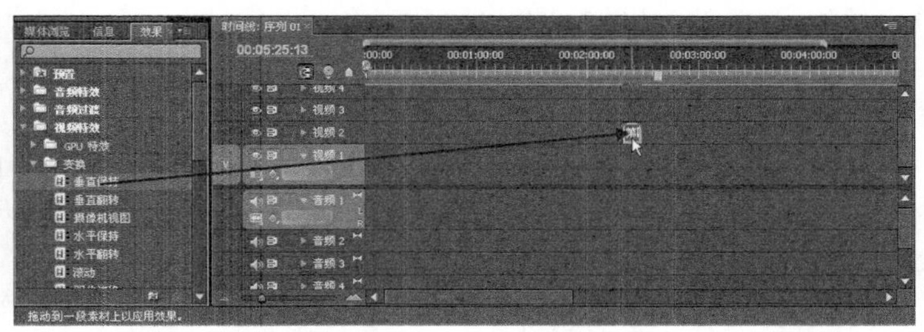

图 5-42　选择效果拖动

(3) 过渡特技属性设置。

在时间轴上双击【特效】通道的过渡显示区，在【特效控制台】面板中就会出现相应的属性编辑面板，如图 5-43 所示。

有的时候过渡通道区较短，不容易找到，可以单击【放大】按钮(快捷键为=键)以放大素材及特效通道的显示。在【特效控制台】面板中可以通过拖曳特效通道的位置来控制特效插入的时间长短，还可以拖拉尾部进行特效的裁剪。

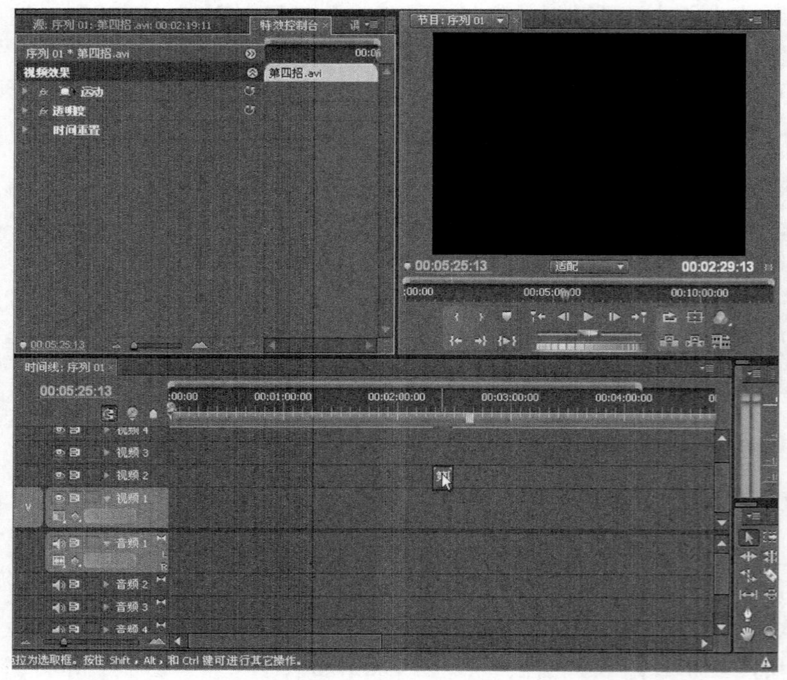

图 5-43　过渡特技属性设置

5. 动态滤镜

相信使用过 Photoshop 软件的人对滤镜都很熟悉，通过各种滤镜可以为原始图片添加各种特效。在 Premiere 软件中同样也能使用各种视频和声音滤镜，其中视频滤镜能产生动态的扭曲、模糊、风吹、幻影等特效，以增强影片的吸引力。

在左下角的【效果】面板中，单击【视频效果】文件夹，可看到更为详细分类的视频特效文件夹，如图 5-44 所示。

在此以制作镜头光晕特效为例，在【视频效果】文件夹中打开【生成】子文件夹，然后找到【镜头光晕】文件，并将其拖放到时间轴的素材上，此时在【特效控制台】面板中将出现【镜头光晕】特效的参数设置栏。

在【镜头光晕】标签下，用户可以设定点光源的位置、光线强度，可以通过拖动滑块(单击左侧按钮即可看到)或者直接输入数值来调节相关参数，如图 5-45 所示。

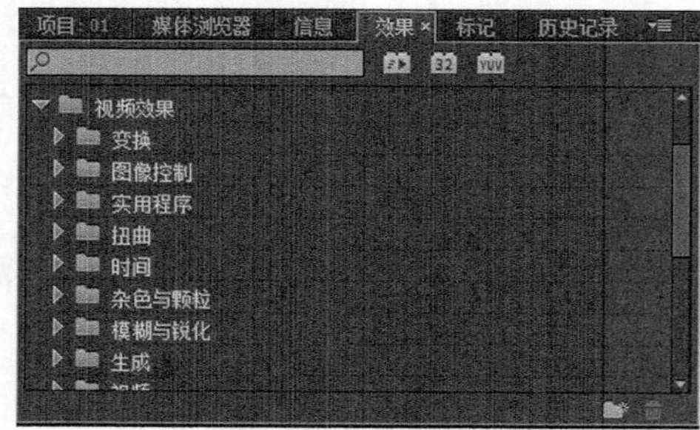

图 5-44　视频效果

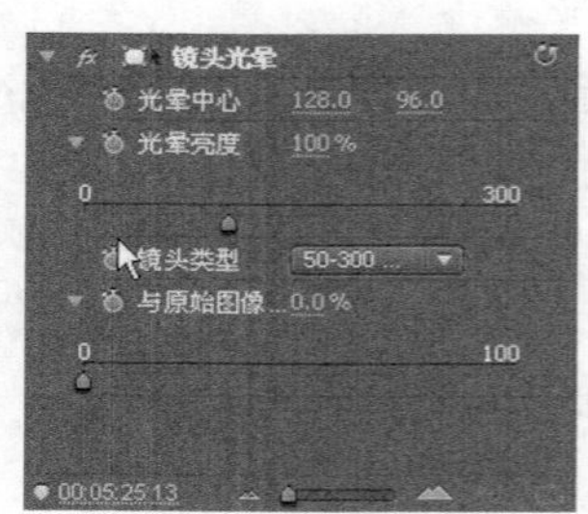

图 5-45　【镜头光晕】标签

通过了解光晕的特效处理，读者不妨尝试一下其他的视频特效效果。多种特效可以重复叠加，可以在特效名称上进行拖曳改变上下顺序，也可以右击，然后在弹出的快捷菜单中进行某些特效的清除等操作，如图 5-46 所示。

6. 编辑声音

声音是动画不可缺少的部分。尽管 Premiere 并不是专门用于处理音频素材的软件，但还是可以制作出淡入、淡出等音频效果，也可以通过软件本身提供的大量滤镜制作一些声音特效。下面简单讲解声音特效的制作方法。

(1) 调入一段音频素材，并将其拖到时间轴的【音频 1】通道上，如图 5-47 所示。

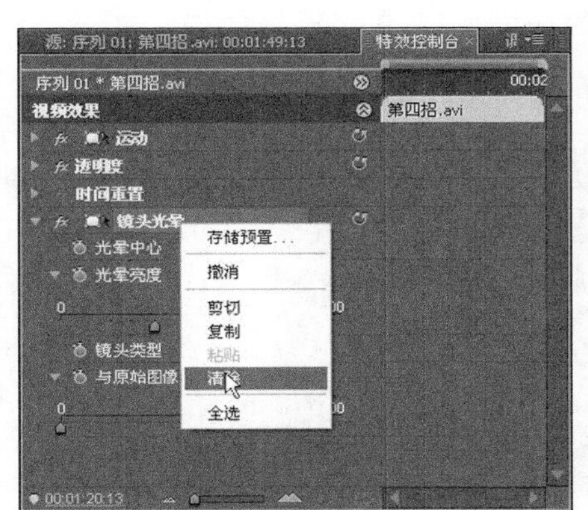

图 5-46　右键菜单

图 5-47　拖动音频

(2) 使用【剃刀】工具(快捷键为 C 键)将多余的音频部分删除，如图 5-48 所示。

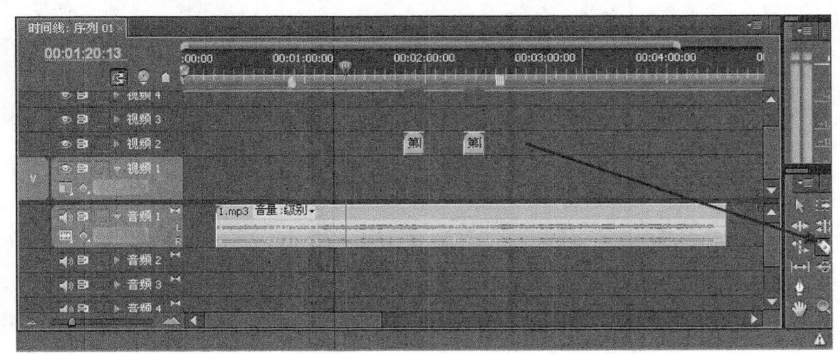

图 5-48　修剪音频

(3) 添加音频滤镜，方法与添加视频滤镜相似。音频通道的使用方法与视频通道大致相似，如图 5-49 所示。

7. 添加字幕

(1) 选择【字幕】|【新建字幕】|【默认静态字幕】命令，打开【新建字幕】对话框，如图 5-50

所示。

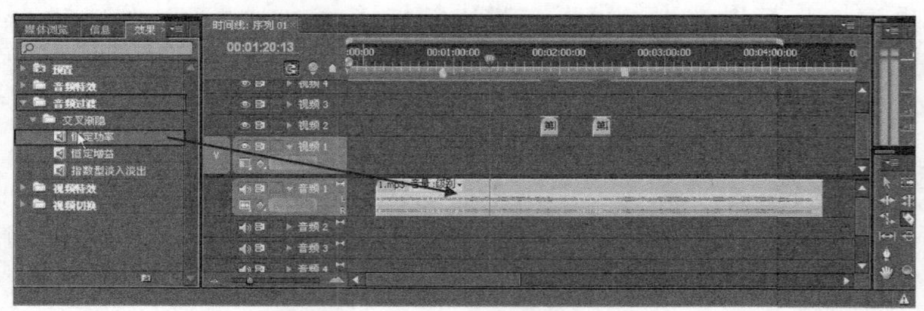

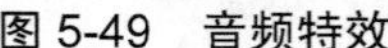

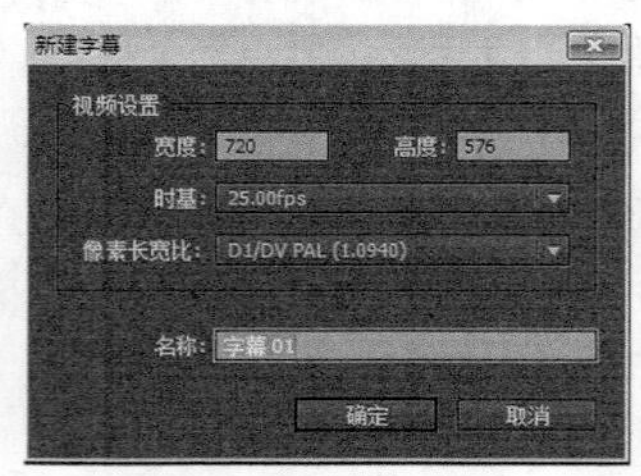

图 5-49　音频特效　　　　图 5-50　【新建字幕】对话框

(2) 在【字幕】工具栏中激活【文字】工具，然后在编辑区拖曳出一个矩形文本框，在文本框内输入需要显示的文字内容，然后在【字幕工具】、【字幕动作】、【字幕属性】、【字幕样式】等面板中为输入的文字设置字体样式、字体大小、对齐方式、颜色渐变、字幕样式等效果，如图 5-51 所示。

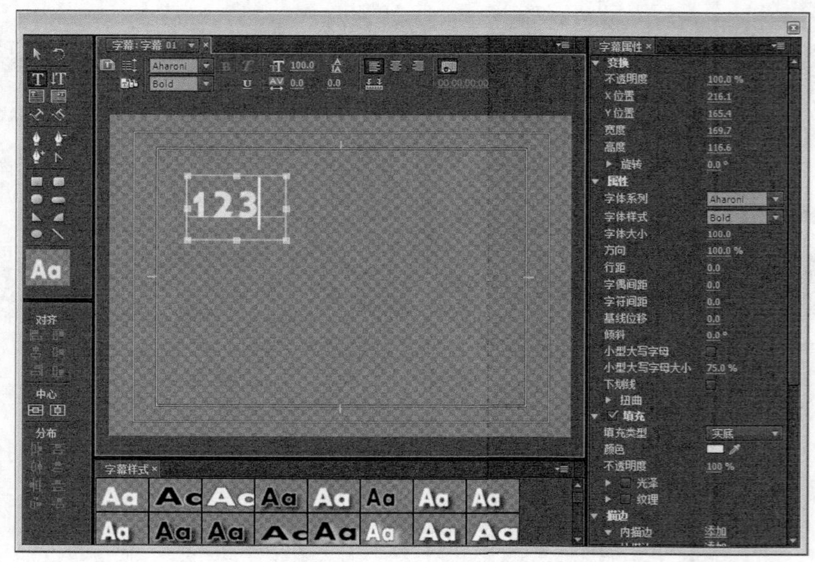

图 5-51　字幕特效

(3) 选择【文件】|【保存】命令，将字幕文件保存后关闭文字编辑器。那么这时在工程窗口中就可以找到这个字幕文件，将它拖到时间轴上即可，如图 5-52 所示。

(4) 动态字幕与静态字幕的相互转换。在新建了上述静态字幕之后，可以在时间轴窗口中的字母通道上进行双击，然后在弹出的【字幕】编辑窗口中，单击【滚动/游动选项】按钮，接着在弹出的【滚动/游动选项】对话框中修改字幕类型。这样，原本静态的字幕就变成了动态字幕，其通道的添加和管理与静态字幕一样，在此不再赘述。

另外，制作字幕还可以使用 Premiere 软件自带的模板。选择【字幕】|【新建字幕】|【基于模板】命令，将弹出【模板】对话框，其中包含有许多不同风格的字幕样式，选择其中一个模板打开，然后可在其中进行构图及文字的修改等操作，如图 5-53 所示。

图 5-52　添加的文字

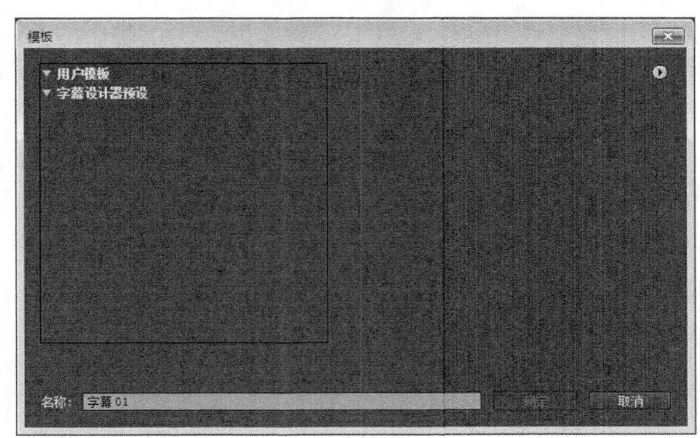

图 5-53　【模板】对话框

如果想让文字覆盖在动画图面之上，那么字幕文件所在通道要在其他素材所在通道之上，这样就能同时播放字幕和其他素材影片。字幕持续显示的时间可以通过对字幕显示通道进行拖拉裁剪，如图 5-54 所示。如果是动态字幕，播放持续时间越长，则运动速度相对越慢。

图 5-54　调节字幕

8. 保存与导出

(1) 保存 ppj 文件。

在 Premiere 软件中，选择【文件】|【保存】命令或者【文件】|【另存为】命令都可以将文件进行保存，默认的保存格式为.prproj 格式。保存的文件保留了当前影片编辑状态的全部信息，在以后需要调用时，只需直接打开该文件就可以继续进行编辑。

(2) 导出 AVI 格式。

选择【文件】|【导出】|【媒体】命令，打开【导出设置】对话框，在该对话框中为影片命名

并设置好保存路径后，Premiere 软件就会开始合成 AVI 电影了。

课后练习

案例文件：ywj\05\5-2-1.skp、5-2-2.skp

视频文件：光盘→视频课堂→第 5 教学日→5.3

练习案例分析及步骤如下。

课后练习案例是广场浏览动画设计，涉及本节所讲到的场景及场景管理器的应用，导出动画和批量导出场景图像的一些设置。通过本节练习，相信读者可以加深所学内容的理解并能熟练应用所讲知识，广场景观浏览效果如图 5-55 所示。

图 5-55　广场景观浏览效果

本案例主要练习建筑动画的绘制过程，首先打开建筑模型，之后进行场景设置，最后设置并输出动画，本案例的绘制思路和步骤如图 5-56 所示。

练习案例操作步骤如下。

step 01 打开 5-2-1.skp 文件，如图 5-57 所示。

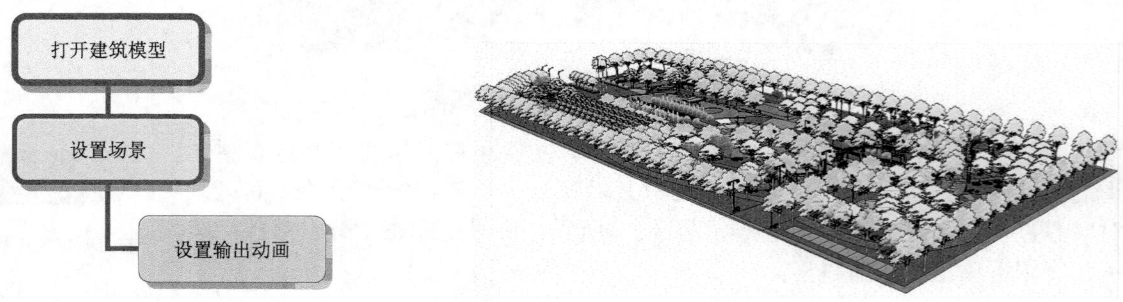

图 5-56　案例绘制思路和步骤　　图 5-57　打开文件

step 02 选择【窗口】|【场景】命令，打开【场景】对话框，单击【添加场景】按钮⊕，完成【场景号 1】的添加，如图 5-58 所示。

step 03 调整视图，单击【添加场景】按钮⊕，完成【场景号 2】的添加，如图 5-59 所示。

step 04 采用相同的方法，完成其他场景的添加，如图 5-60～图 5-65 所示。

图 5-58　添加场景号 1

图 5-59　添加场景号 2

图 5-60　添加场景号 3

图 5-61　添加场景号 4

图 5-62　添加场景号 5

图 5-63　添加场景号 6

图 5-64 添加场景号 7

图 5-65 添加场景号 8

提示：在添加场景之前，应设置好场景观察角度，这样所添加的场景才会被保存。

step 05 此时已经设置好了多个场景，现在将场景导出为动画。选择【文件】|【导出】|【动画】|【视频】命令，如图 5-66 所示。

step 06 在弹出的【输出动画】对话框中设置文件保存的位置和文件名称，然后选择正确的导出格式(AVI 格式)。接着单击【选项】按钮，在弹出的【动画导出选项】对话框中，设置【分辨率】为 480p 标准，【帧速率】为 24，选中【循环至开始场景】复选框，绘图表现选中【抗锯齿渲染】复选框，如图 5-67 所示，然后单击【确定】按钮。

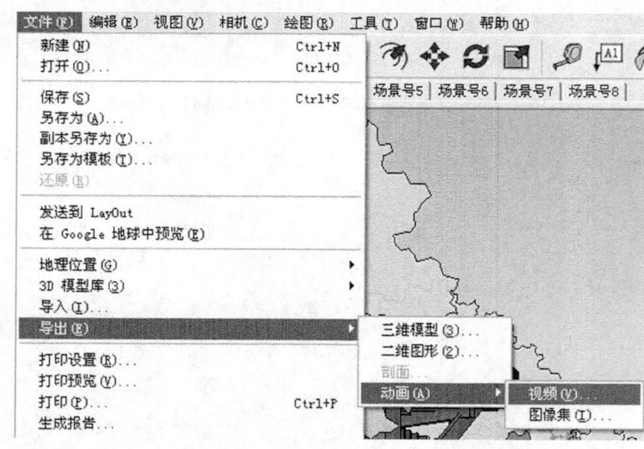

图 5-66 【文件】菜单命令

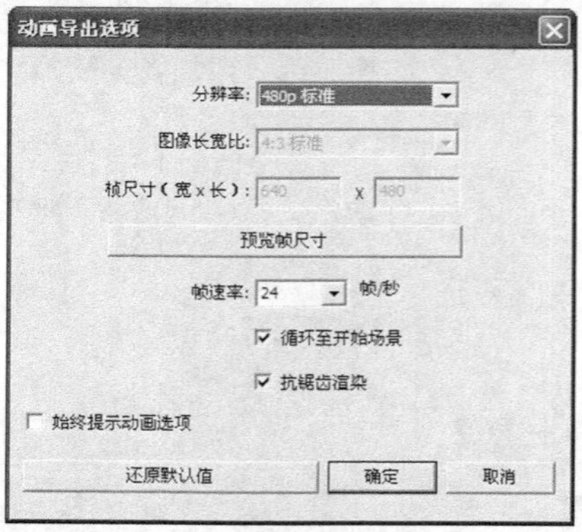

图 5-67 【动画导出选项】对话框

step 07 导出动画文件，导出进程如图 5-68 所示。

提示：导出动画文件会占用大量系统资源，所以最好在空闲时间运行导出动画操作。

step 08 选择【窗口】|【模型信息】命令，然后在弹出的【模型信息】对话框中选择【动画】

选项，接着设置【场景转换】为 1 秒，【场景暂停】为 0 秒，并按 Enter 键确定，如图 5-69 所示。

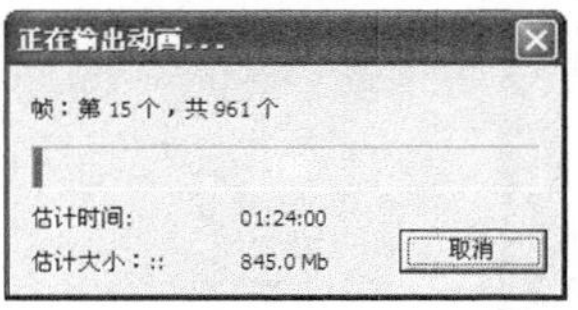

图 5-68　正在导出动画

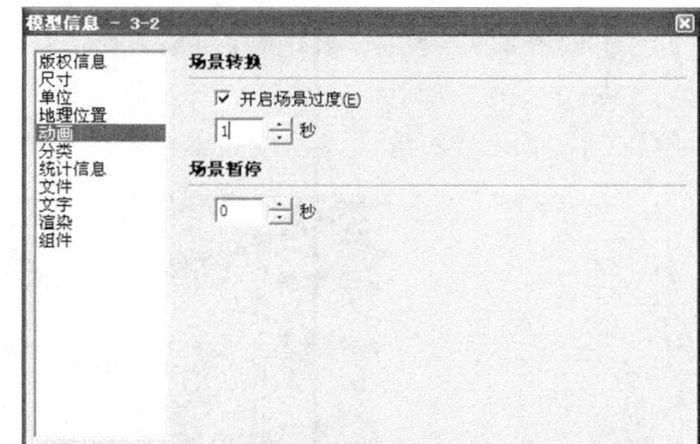

图 5-69　【模型信息】对话框

step 09 选择【文件】|【导出】|【动画】|【图像集】命令，然后在弹出的【输出动画】对话框中设置好动画的保存路径和类型。

step 10 单击【选项】按钮，在弹出的【动画导出选项】对话框中设置相关导出参数，导出时取消选中【循环至开始场景】复选框，否则会将第一张图导出两次，如图 5-70 所示。

step 11 完成设置后单击【确定】按钮开始导出动画，需要等待一段时间，如图 5-71 所示。

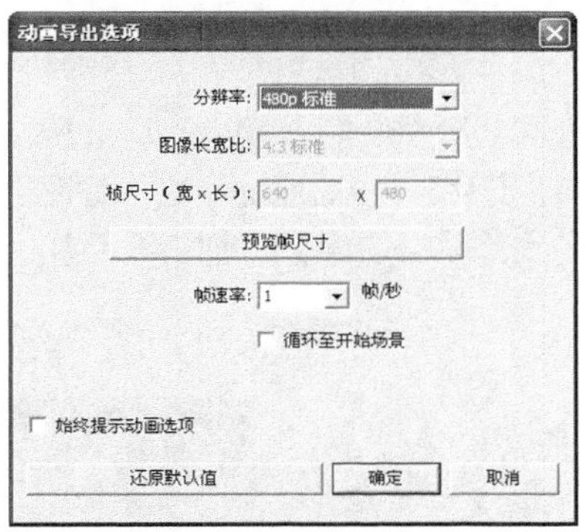

图 5-70　【动画导出选项】对话框

图 5-71　正在导出动画

step 12 在 SketchUp 中批量导出的图片如图 5-72 所示。

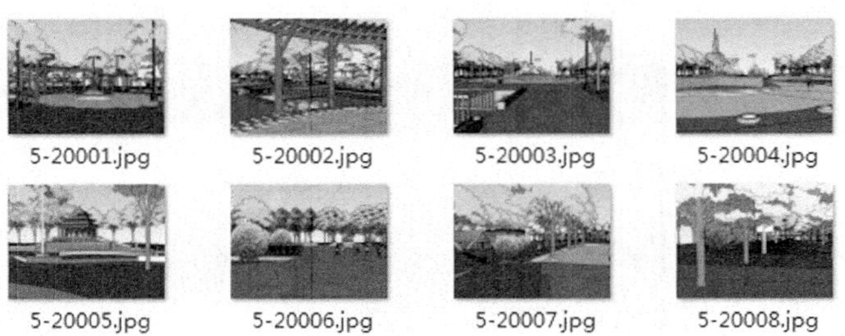

图 5-72　输出图片

建筑设计实践：建筑动画是指为表现建筑以及建筑相关活动所产生的动画影片。它通常利用计算机软件来表现设计师的意图，让观众体验建筑的空间感受。建筑动画一般根据建筑设计图纸在专业的计算机上制作出虚拟的建筑环境，有地理位置、建筑物外观、建筑物内部装修、园林景观、配套设施、人物、动物、自然现象(如风、雨、雷鸣、日出日落、阴晴月缺)等都动态地存在于建筑环境中，可以以任意角度浏览。如图 5-73 所示为某建筑动画的截图效果。

图 5-73　建筑动画截图效果

第 4 课　4 课时　建筑效果后期处理

下面介绍使用 Photoshop 软件对建筑效果图片进行后期处理的方法。实际上，Photoshop 的应用领域很广泛，在图像、图形、文字、视频、出版各方面都有涉及。Photoshop 在平面设计、修复照片、广告摄影、影像创意、网页制作、建筑效果图后期修饰、绘画、绘制或处理三维贴图、视觉创意等领域都被应用，是众多平面设计师的首选软件。

行业知识链接：效果图后期处理重点在于整个建筑真实再现，对周边环境的真实性要求较严谨，尽可能追求照片效果，这样就需要后期制作软件将大量的照片或图片元素融入建筑模型效果中。如图 5-74 所示为经过处理后的完整的建筑效果图。

图 5-74　建筑效果图后期处理

5.4.1　后期图像操作和色彩管理

下面介绍 Photoshop 对后期图像操作和色彩管理的方法，首先介绍 Photoshop 的工作界面。

1. Photoshop 的工作界面

启动 Photoshop 后，可以看到如图 5-75 所示的界面。

通过图 5-75 可以看出，Photoshop 完整的操作界面由菜单栏、属性栏、工具箱、属性面板、操作文件与文件窗口组成。在实际工作中，工具箱与属性面板使用较为频繁，因此下面重点讲解各工具与属性面板的功能及基本操作。

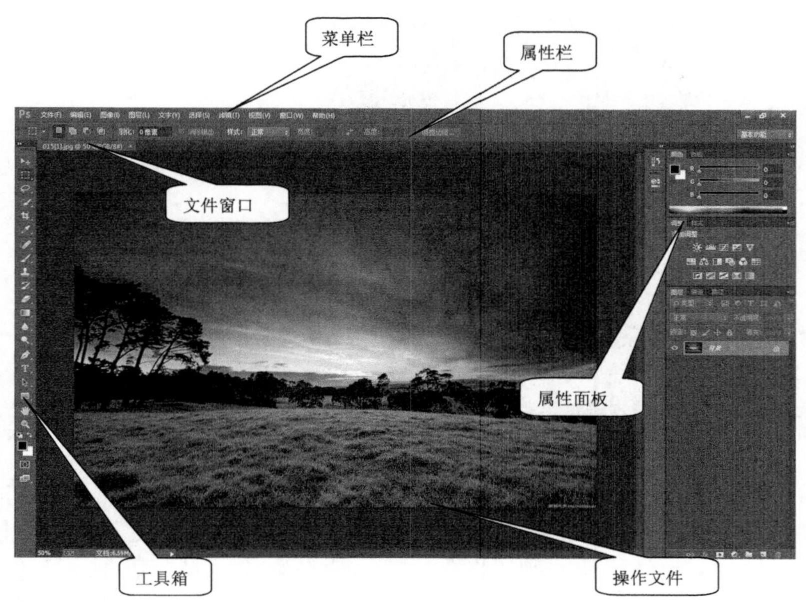

图 5-75　Photoshop 的操作界面

(1) 菜单栏。

Photoshop 共有 10 个菜单，每个菜单又有数个命令，因此 10 个菜单包含了上百个命令。虽然命令如此之多，但这些菜单是按主题进行组合的，例如，【选择】菜单中包含的是用于选择的命令；【滤镜】菜单中包含的是所有的滤镜命令等。

(2) 属性栏。

属性栏提供了相关工具的选项，当选择不同的工具时，属性栏中将会显示与工具相应的参数。利用属性栏，可以完成对各工具的参数设置。

(3) 工具箱。

工具箱中存放着用于创建和编辑图像的各种工具，使用这些工具可以进行选择、绘制、编辑、观察、测量、注释、取样等操作。

(4) 属性面板。

Photoshop CC 版本的属性面板有 24 个，每个属性面板都可以根据需要将其显示或隐藏。这些面板的功能各异，其中较为常用的是【图层】、【通道】、【路径】和【动作】等面板。

(5) 操作文件。

操作文件即当前工作的图像文件。在 Photoshop 中，可以同时打开多个操作文件。

如果打开了多个图像文件，可以通过单击文件窗口右上方的展开按钮，在弹出的文件名称下拉菜单中选择要操作的文件，如图 5-76 所示。

2. 修剪图像

除了使用工具箱中的【裁剪工具】进行裁切外，Photoshop CS6 版中还提供了有较多选项的裁切方法，即【图像】|【裁切】命令。使用该命令可以裁切图像的空白边缘，选择该命令后，将弹出

【裁切】对话框，如图 5-77 所示。

图 5-76　在弹出的文件名称下拉菜单中选择要操作的文件

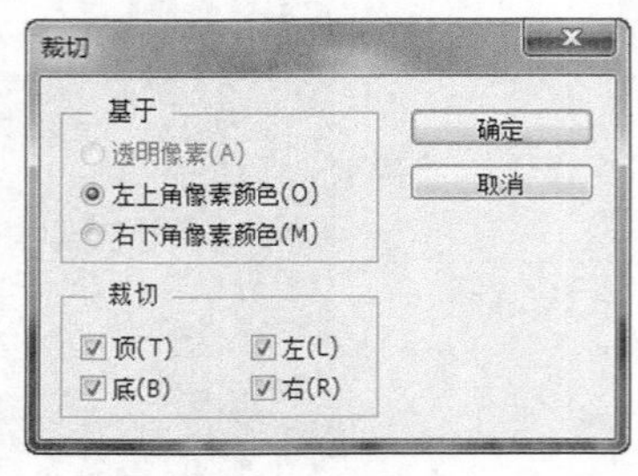

图 5-77　【裁切】对话框

使用该命令首先需要在【基于】选项组下选择一种裁切方式，以确定基于某个位置进行裁切。

- 选中【透明像素】单选按钮，则以图像中有透明像素的位置为基准进行裁切。
- 选中【左上角像素颜色】单选按钮，则以图像左上角位置为基准进行裁切。
- 选中【右下角像素颜色】单选按钮，则以图像右下角位置为基准进行裁切。

在【裁切】选项组中可以选择裁切的方位，其中有【顶】、【左】、【底】、【右】4 个复选框，如果仅选中某一复选框，如【顶】复选框，则在裁切时从图像顶部开始向下裁切，而忽略其他方位。

如图 5-78 所示为原图像，如图 5-79 所示为使用此命令得到的效果，可以看出图像四周的透明区域已被裁去。

图 5-78　原图像

图 5-79　裁切后的效果

3. 减淡工具

使用【减淡工具】在图像中拖动，可将光标掠过处的图像色彩减淡，从而起到加亮的视觉效果，其属性栏如图 5-80 所示。

图 5-80　【减淡工具】属性栏

使用该工具需要在属性栏中选择合适的笔刷，然后选择【范围】下拉列表框中的相应选项，以定义减淡工具应用的范围。

- 【范围】下拉列表框：可以选择【暗调】、【中间调】及【高光】3 个选项，分别用于对图像的暗调、中间调及高光部分进行调节。
- 【曝光度】下拉列表框：定义对图像的加亮程度，数值越大，亮化效果越明显。
- 【保护色调】复选框：选中该复选框可以使操作后图像的色调不发生变化。

如图 5-81 所示为原图，如图 5-82 所示为使用【减淡工具】对建筑物及泳池进行操作，以突出显示其受光面的效果。

图 5-81　原图

图 5-82　减淡后的效果

4. 加深工具

【加深工具】和【减淡工具】相反，可以使图像中被操作的区域变暗，其属性栏及操作方法与【减淡工具】的应用相同，不再赘述。

如图 5-83 所示为原图，如图 5-84 所示为使用该工具加深后的效果，可以看出操作后的图像更具有立体感。

图 5-83　原图

图 5-84　加深后的效果

5. 为图像去色

选择【图像】|【调整】|【去色】命令，可以去掉彩色图像中的所有颜色值，将其转换为相同颜

色模式的灰度图像。如图 5-85 所示为原图像和选择建筑图像并应用该命令去色后得到的效果。

图 5-85　原图像和应用【去色】命令处理后的效果

6. 反相图像

选择【图像】|【调整】|【反相】命令，可以将图像的颜色反相。将正片黑白图像变成负片，或将扫描的黑白负片转换为正片，如图 5-86 所示。

图 5-86　原图及应用【反相】命令处理后的效果

7. 均化图像的色调

使用【图像】|【调整】|【色调均化】命令可以对图像亮度进行色调均化，即在整个色调范围中均匀分布像素。如图 5-87 所示为原图像和为使用该命令后的效果图。

8. 制作黑白图像

选择【图像】|【调整】|【阈值】命令，可以将图像转换为黑白图像。

在执行该命令后弹出的【阈值】对话框中，所有比指定的阈值亮的像素会被转换为白色，所有比指定的阈值暗的像素会被转换为黑色，其对话框如图 5-88 所示。

图 5-87　原图和应用【色调均化】命令处理后的效果

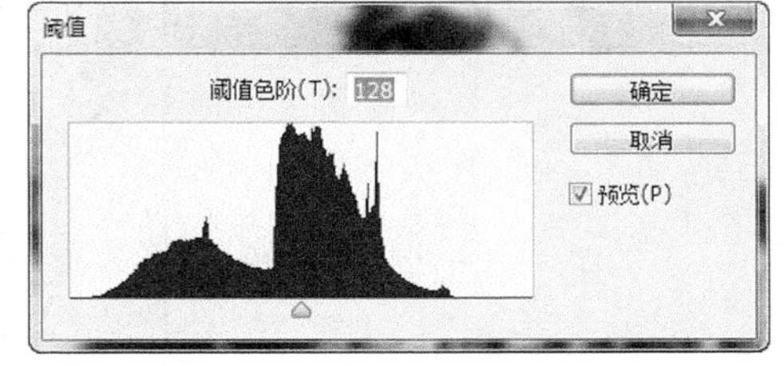

图 5-88　【阈值】对话框

如图 5-89 所示为原图像及使用【阈值】命令后得到的图像效果。

9. 使用【色调分离】命令

使用【色调分离】命令可以减少彩色或灰阶图像中色调等级的数目。例如，如果将彩色图像的色调等级制定为 6 级，Photoshop 可以在图像中找出 6 种基本色，并将图像中所有颜色强制与这 6 种颜色匹配。

> 提示：在【色调分离】对话框中，可以使用上下方向键来快速试用不同的色调等级。

该命令适用于在照片中制作特殊效果，例如制作较大的单色调区域，其操作步骤如下。

(1) 打开图像素材。

(2) 选择【图像】|【调整】|【色调分离】命令，弹出如图 5-90 所示的【色调分离】对话框。

图 5-89　原图及应用【阈值】命令处理后的效果图

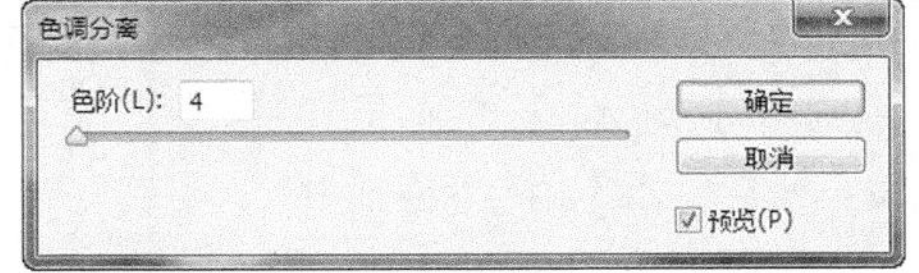

图 5-90　【色调分离】对话框

(3) 在对话框中的【色阶】文本框中输入数值或拖动其下方的滑块，同时预览被操作图像的变化，直至得到所需要的效果后单击【确定】按钮。如图 5-91 所示为原图像，如图 5-92 所示为使用【色阶】数值为 4 时所得到的效果，如图 5-93 所示为使用【色阶】数值为 10 时所得到的效果，如图 5-94 所示为使用【色阶】数值为 50 时所得的效果。

图 5-91　原图像

图 5-92　【色阶】数值为 4

图 5-93　【色阶】数值为 10

图 5-94　【色阶】数值为 50

10. 仿制图章工具

选择【仿制图章工具】后，其属性栏如图 5-95 所示。

图 5-95　【仿制图章工具】属性栏

下面讲解其中几个重要的选项。

- 【对齐】复选框：在该复选框被选中的状态下，整个取样区域仅应用一次，即使操作由于某种原因而停止，再次继续使用仿制图章工具进行操作时，仍可从上次结束操作时的位置开始。反之，如果未选中该复选框，则每次停止操作再继续绘画时，都将从初始参考点位置开始应用取样区域。因此在操作过程中，参考点与操作点间的位置与角度关系处于变化之中，该选项对于在不同的图像上应用图像的同一部分的多个副本很有用。
- 【样本】下拉列表框：在其下拉列表框中可以选择定义原图像时所取的图层范围，其中包括了【当前图层】、【当前和下方图层】以及【所有图层】3 个选项，从其名称上便可以轻松理解在定义样式时所使用的图层范围。
- 【打开以在仿制时忽略调整图层】按钮：在【样本】下拉列表框中选择【当前和下方图层】或【所有图层】时，该按钮将被激活，单击该按钮后将在定义原图像时忽略图层中的调整图层。
- 【绘图板压力控制大小】按钮：在使用绘图板进行涂抹时，单击该按钮后，可以依据给予绘图板的压力控制画笔的尺寸。

- 【绘图板压力控制不透明度】按钮：在使用绘图板进行涂抹时，单击该按钮后，可以依据给予绘图板的压力控制画笔的不透明度。

11. 图案图章工具

使用【图案图章工具】可以将自定义的图案内容复制到同一幅图像或其他图像中，该工具的使用方法与【仿制图章工具】相似，不同之处在于在使用该工具之前要先定义一个图案。

下面通过一个名为“枫叶”的图形效果来熟悉【图案图章工具】的使用方法。

(1) 新建一个文件，用【画笔工具】在画布上绘制一些枫叶，如图 5-96 所示。

(2) 在工具箱中单击【矩形选框工具】按钮，然后将绘制的枫叶框选，选择【编辑】|【定义图案】命令，在打开的【图案名称】对话框中输入名称“枫叶”，如图 5-97 所示，单击【确定】按钮，保存设置。

图 5-96　绘制出的枫叶

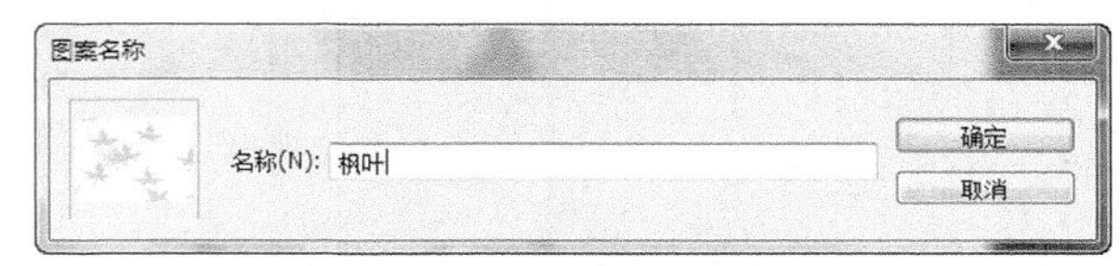

图 5-97　【图案名称】对话框

(3) 在工具箱中单击【图案图章工具】按钮，在属性面板的图案下拉列表框中选中刚才定义的图案，在绘图区域拖动鼠标指针进行绘制，最终完成的效果如图 5-98 所示。

图 5-98　最终效果

5.4.2　后期图像模式及通道管理

下面介绍后期图像处理中对于模式及通道管理的处理方法。

1. 位图模式

位图模式的图像也叫黑白图像或一位图像，因为它只使用黑色和白色两种颜色值来表现图像的轮廓，黑白之间没有灰度过渡色，因此该类图像占用的存储空间非常少。

如果要将一幅彩色的图像转换为位图模式，可以按下述步骤操作。

(1) 选择【图像】|【模式】|【灰度】命令，将此图像转换为【灰度】模式(此时【图像】|【模式】|【位图】命令才可以被激活)。

(2) 选择【图像】|【模式】|【位图】命令，弹出如图 5-99 所示的【位图】对话框，在其中设置转换模式时的分辨率及转换方式。

【位图】对话框中的重要参数说明如下。

- 在【输出】文本框中可以输入转换生成的位图模式的图像分辨率。
- 在【使用】下拉列表框中可以选择转换为位图模式的方式，每种方式得到的效果各不相同。转换为位图模式的图像可以再次转换为灰度模式，但是图像仍然只有黑、白两种颜色。

2. 灰度模式

灰度模式的图像是由 256 种不同程度明暗的黑白颜色组成，因为每像素可以用 8 位或 16 位来表示，因此色调表现力比较丰富。将彩色图像转换为灰度模式时，所有的颜色信息都将被删除。

虽然 Photoshop 允许将灰度模式的图像再转换为彩色模式，但是原来已丢失的颜色信息不能再返回，因此，在将彩色图像转换为灰度模式之前，应该保存一个备份图像。

3. Lab 模式

Lab 颜色模式是 Photoshop 在不同颜色模式之间转换时使用的内部安全格式。它的色域包含了 RGB 颜色模式和 CMYK 颜色模式的色域，如图 5-100 所示。因此，将 Photoshop 中的 RGB 颜色模式转换为 CMYK 颜色模式时，先要将其转换为 Lab 颜色模式，再从 Lab 颜色模式转换为 CMYK 颜色模式。

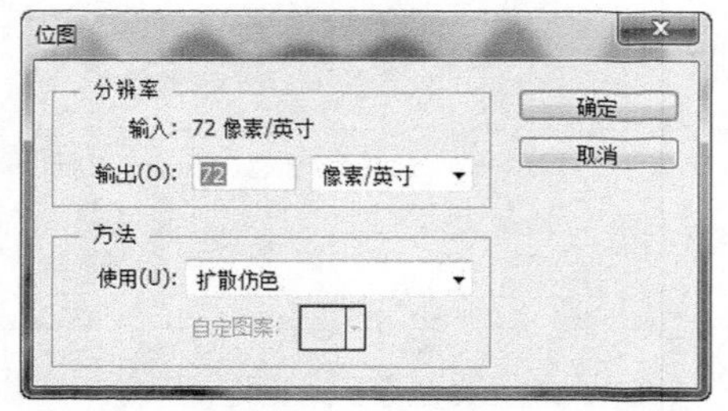

图 5-99 【位图】对话框

图 5-100 色域相互关系示意图

提示：从色域空间较大的图像模式转换到色域空间较小的图像模式，操作图像会产生颜色丢失现象。

4. RGB 模式

RGB 颜色模式是 Photoshop 默认的颜色模式，此颜色模式的图像由红(R)、绿(G)和蓝(B)3 种颜色的不同颜色值组合而成，其原理如图 5-101 所示。

RGB 颜色模式给彩色图像中每像素的 R、G、B 颜色值分配一个 0～255 范围内的强度值，一共可以生成超过 1670 万种颜色，因此 RGB 颜色模式下的图像非常鲜艳、丰富。由于 R、G、B 3 种颜色合成后产生白色，所以 RGB 颜色模式也被称为加色模式。

RGB 颜色模式所能够表现的颜色范围非常广，因此将该颜色模式的图像转换为其他包含颜色种类较少的颜色模式时，则有可能丢色或偏色。

5. CMYK 模式

CMYK 颜色模式是标准的工业印刷用颜色模式，如果要将 RGB 等其他颜色模式的图像输出并进行彩色印刷，必须将其颜色模式转换为 CMYK。

CMYK 颜色模式的图像由 4 种颜色组成，即青(C)、洋红(M)、黄(Y)和黑(K)，每一种颜色对应于一个通道及用来生成 4 色分离的原色。根据这 4 个通道，输出中心制作出青色、洋红色、黄色和黑色 4 张胶版，在印刷图像时将每张胶版中的彩色油墨组合起来以产生各种颜色，CMYK 颜色模式的色彩构成原理如图 5-102 所示。

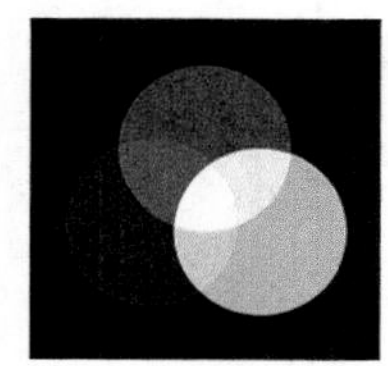

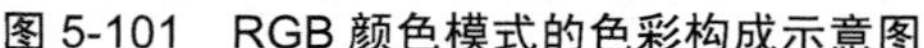

图 5-101　RGB 颜色模式的色彩构成示意图

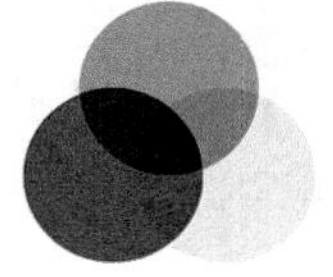

图 5-102　CMYK 颜色模式的色彩构成示意图

6. 双色调模式

双色调模式是在灰度图像上添加一种或几种彩色的油墨，以达到有彩色的效果，比起常规的 CMYK 的 4 色印刷，其成本大大降低。

要得到双色调模式的图像，应先将其他模式的图像转换为灰度模式，然后选择【图像】|【模式】|【双色调】命令，在弹出的如图 5-103 所示的【双色调选项】对话框中进行设置。

该对话框中的重要参数及选项说明如下。

- 在【类型】下拉列表框中选择色调的类型，选择【单色调】选项，则只有【油墨 1】被激活，生成仅有一种颜色的图像。单击【油墨】右侧的颜色图标，在弹出的对话框中可以选择图像的色彩。
- 在【类型】下拉列表框中选择【双色调】选项，可激活【油墨 1】和【油墨 2】选项，此时可以同时设置两种图像色彩，生成双色调图像。
- 在【类型】下拉列表框中选择【三色调】选项，即激活 3 个【油墨】选项，生成具有 3 种颜色的图像。

7. 索引色模式

与 RGB 和 CMYK 模式的图像不同，索引模式依据一张颜色索引表来控制图像中的颜色，在此颜色模式下图像的颜色种类最高为 256 种，因此图像文件较小，大概只有同条件下 RGB 模式图像的 1/3，大大减少了文件所占用的磁盘空间，缩短了图像文件在网络上传输的时间，因此多用于网络中。

对于任何一个索引模式的图像，可以选择【图像】|【模式】|【颜色表】命令，在弹出的【颜色表】对话框中，应用系统自带的颜色排列或自定义颜色，如图 5-104 所示。

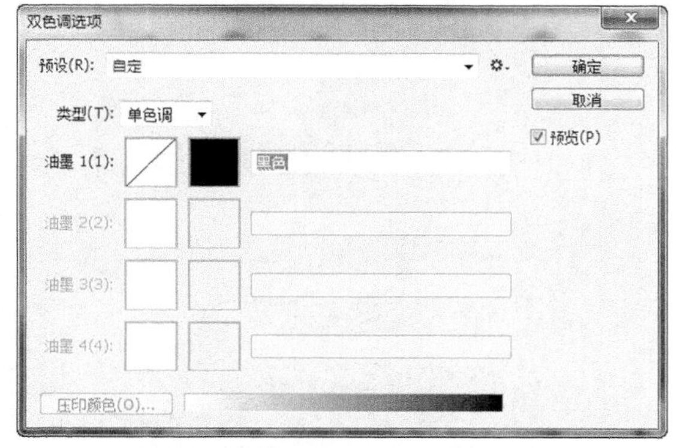

图 5-103　【双色调选项】对话框

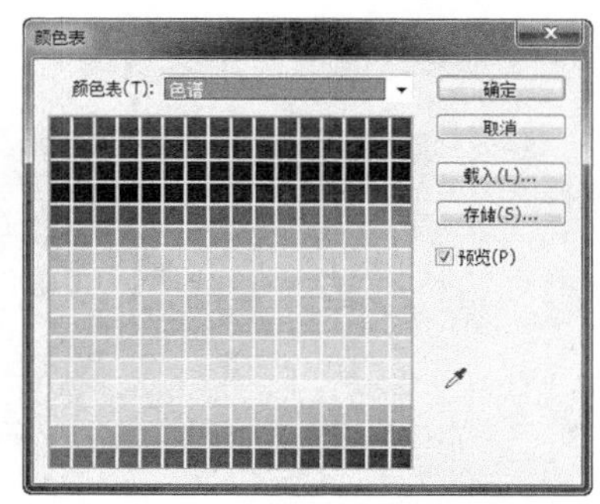

图 5-104　【颜色表】对话框

在【颜色表】下拉列表框中包含有【自定】、【黑体】、【灰度】、【色谱】、【系统(Mac OS)】和【系统(Windows)】6 个选项，除【自定】选项外，其他每一个选项都有相应的颜色排列效果。

将图像转换为【索引】模式后，对于被转换前颜色值多于 256 种的图像，会丢失许多颜色信息。虽然还可以从【索引】模式转换为 RGB、CMYK 的模式，但 Photoshop 无法找回丢失的颜色，所以在转换之前应该备份文件。

提示：转换为索引模式后，Photoshop 的大部分滤镜命令将不能使用，因此在转换前必须先做好一切相应的操作。

8. 多通道模式

多通道模式是在每个通道中使用 256 级灰度，多通道图像对特殊的打印非常有用。将 CMYK、RGB 模式图像转换为多通道模式后可创建青、洋红、黄和黑专色通道，当用户从 RGB、CMYK 或 Lab 模式的图像中删除一个通道后，该图像将自动转换为多通道模式。

通道用于存储图像颜色信息、选区信息和专色信息。不同的通道保存了图像的不同颜色信息，例如在 RGB 模式图像中，红通道保存了图像中红色像素的分布信息，蓝通道保存了图像中蓝色像素的分布信息。正是由于这些原色通道的存在，所有的原色通道合成在一起时，才会得到具有丰富色彩效果的图像。在 Photoshop 中新建的通道被自动命名为 Alpha 通道，Alpha 通道用来存储选区。

专色是指在印刷时使用的一种预制的油墨，使用专色通道的好处在于，可以获得通过使用 CMYK 四色油墨无法合成的颜色效果，例如金色与银色，此外还可以降低印刷成本。

9. 【通道】面板的使用

通道的大多数操作都是在【通道】面板中进行的，下面讲解【通道】面板的功能及使用方法。

选择【窗口】|【通道】命令，可以显示或隐藏【通道】面板，如图 5-105 所示。在【通道】面板中，放置区用于存放当前的图像中存在的所有通道。在通道放置区中，如果选中的只是其中的一个通道，则只有此通道处于选中状态，此时该通道上将出现一个蓝色条，如图 5-105 所示。如果想选中多个通道时，则可以按 Shift 键再单击其他的通道。通道左侧的(眼睛)图标用于打开或关闭显示颜色通道。

单击【通道】面板右上角黑色的下拉按钮，将弹出下拉菜单，如图 5-106 所示。

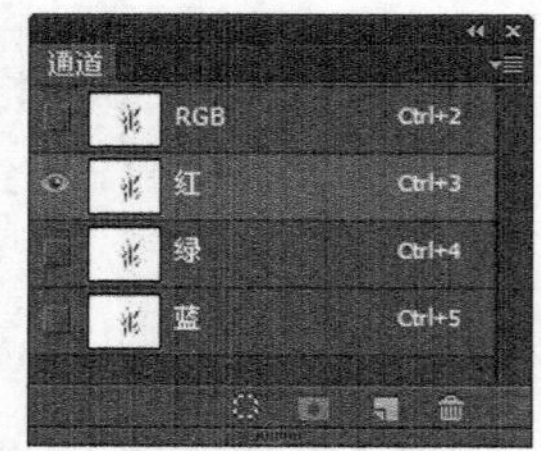

图 5-105　选择一个通道的【通道】面板

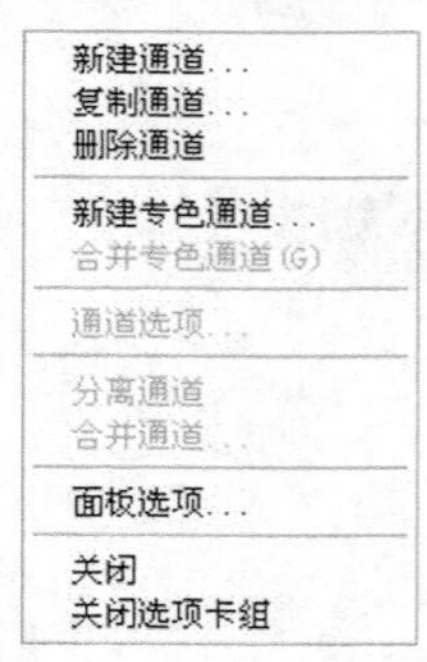

图 5-106　弹出的下拉菜单

在【通道】面板的底部有 4 个工具按钮，如图 5-107 所示，依次为：【将通道作为选区载入】按钮、【将选区存储为通道】按钮、【创建新通道】按钮、【删除当前通道】按钮。

图 5-107　工具按钮

- 【将通道作为选区载入】按钮：用于将通道中的选择区域调出。该功能与选择【选择】|【载入选区】命令功能相同。
- 【将选区存储为通道】按钮：用于将选择区域存入通道中，并在后面调出来制作一些特殊效果。
- 【创建新通道】按钮：用于创建或复制一个新的通道，此时建立的通道即为 Alpha 通道。
- 【删除当前通道】按钮：用于删除一个图像中的通道。用鼠标将通道直接拖动到垃圾桶图标处即可删除。

10. 通道的基本操作

通道的基本操作与图层类似，例如创建新通道、复制通道和删除通道等。

(1) 创建新通道。

创建新通道的方法如下。

方法 1：使用【通道】面板的下拉菜单。

单击【通道】面板右上角黑色的下拉按钮，将弹出其下拉菜单，选择【新建通道】命令，将弹出【新建通道】对话框，如图 5-108 所示。

- 【名称】文本框用于设定当前通道的名称，【色彩指示】选项组用于选择两种区域方式。
- 【颜色】选项可以设定新通道的颜色。
- 【不透明度】选项用于设定当前通道的不透明度。

单击【确定】按钮，【通道】面板中将建好一个新通道，即 Alpha 1 通道，如图 5-109 所示。

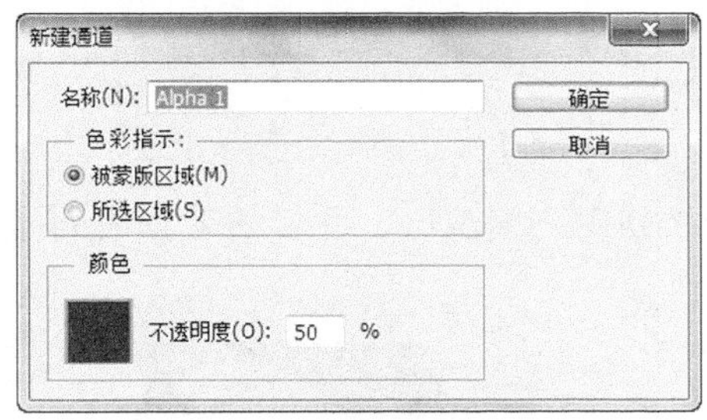

图 5-108　【新建通道】对话框

图 5-109　新建 Alpha 1 通道

方法 2：在【通道】面板上单击下方的【创建新通道】按钮，创建一个新通道。

(2) 复制通道的方法。

方法 1：使用【通道】面板的下拉菜单。单击【通道】面板右上角的下拉按钮，将弹出其下拉菜单，选择【复制通道】命令，弹出【复制通道】对话框，如图 5-110 所示。

方法 2：使用【通道】面板按钮。将【通道】面板中需要复制的通道拖放到下方的创建新通道按钮上，就可以将所选的通道复制为一个新通道。

方法 3：在【通道】面板中右击某通道，在弹出的快捷菜单中选择【复制通道】命令，打开【复制通道】对话框复制通道。

(3) 删除通道的方法。

要删除无用的通道，可以在【通道】面板中选择要删除的通道，并将其拖至面板下方的【删除当前通道】按钮上，如图 5-111 所示。

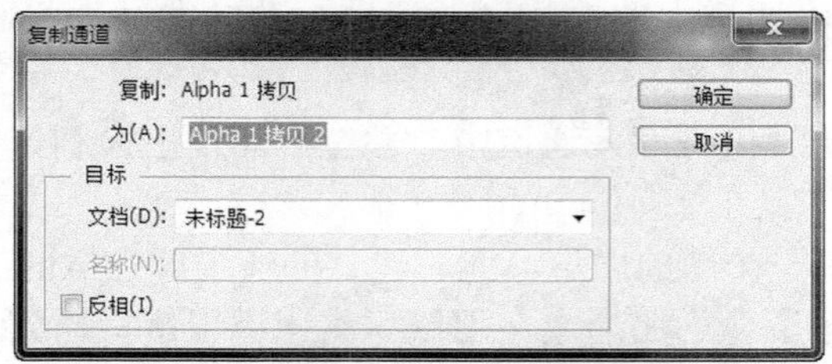

图 5-110 【复制通道】对话框

图 5-111 删除通道

提示：除 Alpha 通道和专色通道外，图像的颜色通道如红通道、绿通道、蓝通道等通道也可以被删除，但这些通道被删除后，当前图像的颜色模式自动转换为多通道模式。

11. Alpha 通道

Alpha 通道与选区存在着密不可分的关系，通道可以转换为选区，选区也可以保存为通道。例如，如图 5-112 所示为一个图像中的 Alpha 通道，在其被转换为选区后，可以得到如图 5-113 所示的选区。

图 5-112 图像中的 Alpha 通道

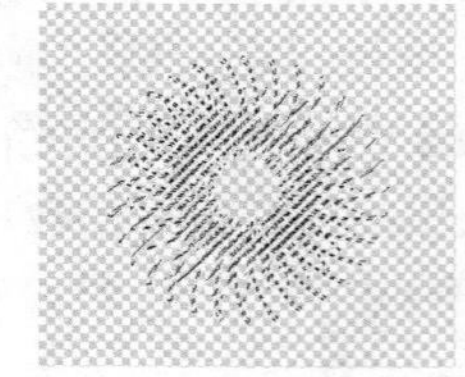

图 5-113 转换后得到的选区

如图 5-114 所示为一个使用【钢笔工具】绘制行转换得到的选区，在其被保存成为 Alpha 通道后，得到如图 5-115 所示的 Alpha 通道。

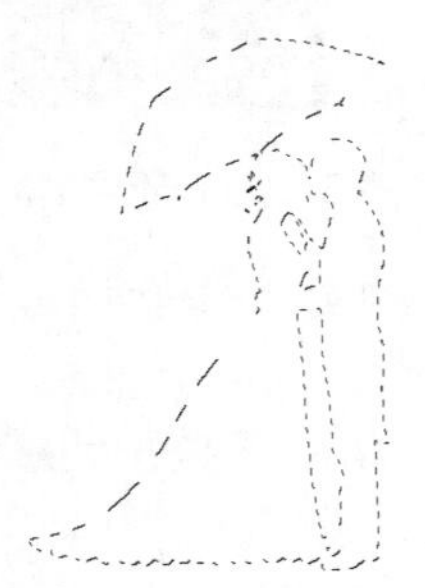

图 5-114 钢笔绘制的选区

图 5-115 保存选区后得到的通道

通过这两个示例可以看出，Alpha 通道中的黑色区域对应非选区，而白色区域对应选择区域，由于 Alpha 通道中可以创建从黑到白共 256 级灰度色，因此能够创建并通过编辑得到非常精细的选择区域。

12. 专色通道

在印刷时，一般使用 CMYK 四色油墨。但专墨颜色艳丽，有些具有反光特性和颗粒夹杂的效果，所以在设计精美印刷品和包装时可以考虑采用专墨。每种专墨在进行胶片输出时，需要单独输出在一张胶片上，所以需要在【通道】面板中为其定义一个专门的通道来记录专色信息。

使用专色通道，可以在分色时输出第 5 块或第 6 块甚至更多的色片，用于定义需要使用专色印刷或处理的图像局部。

要得到专色通道，可以在【通道】面板的下拉菜单中选择【新建专色通道】命令，将弹出如图 5-116 所示的【新建专色通道】对话框，通过设置此对话框即可完成创建专色通道的操作。

【新建专色通道】对话框中各参数功能如下。

- 【名称】文本框：用于输入新通道的名称。
- 【颜色】选项：用于选择特别颜色。
- 【密度】文本框：用于输入特别色的显示透明度，数值在 0～100%之间。

如果当前已经存在一个选择区域，可以在【通道】面板的下拉菜单中选择【新建专色通道】命令，直接依据当前选区创建专色通道。

使用上面的方法创建专色通道时，需要设置【新建专色通道】对话框中的【颜色】与【密度】参数。单击色样可以在弹出的【颜色库】对话框中选择一种专色。在【密度】文本框中输入数值，能够定义专色的透明度。

为了使含有专色通道的图像能够正确输出，或在其他排版软件中应用，必须将文件保存为 DCS 2.0 EPS 格式，即选择【文件】|【存储】或【存储为】命令后，弹出【存储为】对话框，在【格式】下拉列表框中选择 Photoshop DCS 2.0 选项。

单击【保存】按钮后，在弹出的【DCS 2.0 格式】对话框中设置参数，如图 5-117 所示。

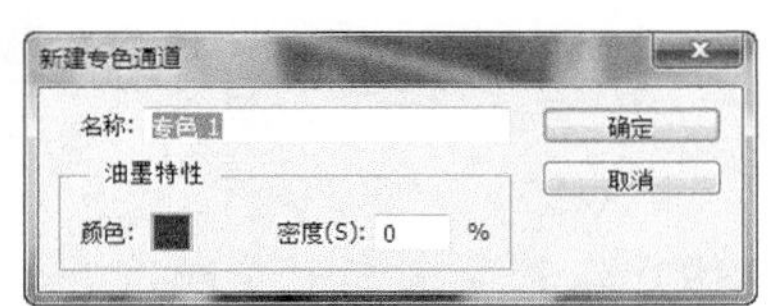

图 5-116 【新建专色通道】对话框

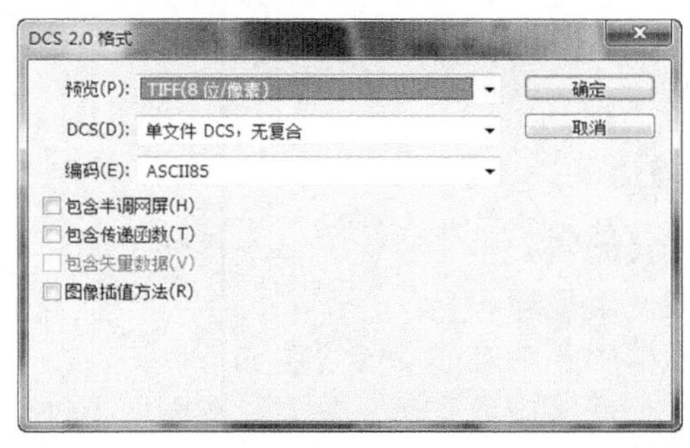

图 5-117 【DCS 2.0 格式】对话框

图层蒙版可用于为图层增加屏蔽效果，其优点在于可以通过改变图层蒙版不同区域的黑白程度，控制图像对应区域的显示或隐藏状态，从而为图层添加特殊效果。在平面设计中图层蒙版可以用来抠图，使用其进行抠图的好处是只对蒙版进行编辑，不影响图层的像素，当对图层蒙版所做效果不满意时，可以随时去掉蒙版，即可恢复图像本来面目。如图 5-118 所示为应用图层蒙版后的图像效果及对应的【图层】面板。

对比【图层】面板与使用蒙版后的实际效果可以看出，图层蒙版中黑色区域部分所对应的区域被隐藏，从而显示出底层图像；图层蒙版中的白色区域显示对应的图像区域；灰色部分使图像对应的区域半隐半显。

图 5-118　图层蒙版效果示例

5.4.3　制作后期图像的滤镜效果

在 Photoshop 中滤镜可以分为两类，第一类是随 Photoshop 安装的内部滤镜，共 13 大类约 100 个；第二类是外部滤镜，它们由第三方软件厂商按 Photoshop 标准的开放插件结构所编写，需要单独购买，比较著名的有 KPT 系列滤镜和 Eye Candy 系列滤镜。

正是由于这些功能强大、效果绝佳的滤镜，才使 Photoshop 具有超强的图像处理功能，并进一步拓展了设计人员的创意空间。下面具体介绍 Photoshop 对于后期图像处理较为常用的几种内置滤镜的用法及效果。

1. 液化

选择【滤镜】|【液化】命令，弹出如图 5-119 所示的【液化】对话框，使用此命令可以对图像进行扭曲变形处理。

对话框中各工具的功能说明如下。

- 使用【向前变形工具】在图像上拖动，可以使图像的像素随着涂抹产生变形效果。
- 使用【顺时针旋转扭曲工具】在图像上拖动，可使图像产生顺时针旋转效果。
- 使用【褶皱工具】在图像上拖动，可以使图像产生挤压效果，即图像向操作中心点处收缩，从而产生挤压效果。
- 使用【膨胀工具】在图像上拖动，可以使图像产生膨胀效果，即图像背离操作中心点，从而产生膨胀效果。
- 使用【左推工具】在图像上拖动，可以移动图像。
- 使用【重建工具】在图像上拖动，可将操作区域恢复原状。
- 使用【冻结蒙版工具】可以冻结图像，被此工具涂抹过的图像区域，无法进行编辑操作。
- 使用【解冻蒙版工具】可以解除使用冻结工具所冻结的区域，使其还原为可编辑状态。
- 使用【缩放工具】单击一次，图像就会放大到下一个预定的百分比。

图 5-119 【液化】对话框

- 通过拖动【抓手工具】可以显示出未在预览区域中显示的图像。
- 在【画笔大小】下拉列表框中，可以设置使用上述各工具操作时，图像受影响区域的大小，数值越大则一次操作影响的图像区域也越大；反之，则越小。
- 在【画笔压力】下拉列表框中，可以设置使用上述各工具操作时，一次操作影响图像的程度大小，数值越大则图像受画笔操作影响的程度也越大，反之则越小。
- 在【重建选项】选项组中单击【重建】按钮，可使修改的图像恢复原图像效果。在动态恢复过程中，按 Space 键可以终止恢复进程，从而中断进程并截获恢复过程的某个图像状态。
- 选中【显示图像】复选框，可在对话框预览区域中显示当前操作的图像。
- 选中【显示网格】复选框，可在对话框预览区域中显示辅助操作的网格。
- 在【网格大小】下拉列表框中选择相应的选项，可以定义网格的大小。
- 在【网格颜色】下拉列表框中选择相应的颜色选项，可以定义网格的颜色。

2. 消失点

消失点滤镜的特殊之处在于可以对图像进行透视处理，使之与其他对象的透视保持一致。选择【滤镜】|【消失点】命令后弹出【消失点】对话框，如图 5-120 所示。

下面分别介绍对话框中各个区域及工具的功能。

- 工具区：在该区域中包含了用于选择和编辑图像的工具。
- 工具选项区：该区域用于显示所选工具的选项及参数。
- 工具提示区：在该区域中显示了对该工具的提示信息。
- 图像编辑区：在此可对图像进行复制、修复等操作，同时可以即时预览调整后的效果。
- 【编辑平面工具】：使用该工具可以选择和移动透视网格。
- 【创建平面工具】：使用该工具可以绘制透视网格来确定图像的透视角度。在工具选项区中的【网格大小】下拉列表框中可以设置每个网格的大小。

图 5-120 【消失点】对话框

提示：透视网格是随 PSD 格式文件存储在一起的，当用户需要再次进行编辑时，再次选择该命令即可看到以前所绘制的透视网格。

- 【选框工具】：使用该工具可以在透视网格内绘制选区，以选中要复制的图像，而且所绘制的选区与透视网格的透视角度是相同的。选择此工具时，【消失点】对话框如图 5-121 所示。在工具选项区域中的【羽化】和【不透明度】下拉列表框中输入数值，可以设置选区的羽化和透明属性；在【修复】下拉列表框中选择【关】选项，则可以直接复制图像，选择【明亮度】选项则按照目标位置的亮度对图像进行调整，选择【开】选项则根据目标位置的状态自动对图像进行调整；在【移动模式】下拉列表框中选择【目标】选项，则将选区中的图像复制到目标位置，选择【源】选项则将目标位置的图像复制到当前选区中。

图 5-121 【选框工具】选项

> **提示：** 如果没有任何网格则无法绘制选区。

- 【图章工具】：按 Alt 键并使用该工具可以在透视网格内定义 1 个原图像，然后在需要的地方进行涂抹即可。选择此工具时，【消失点】对话框如图 5-122 所示。在其工具选项区中可以设置仿制图像时的画笔【直径】、【硬度】、【不透明度】及【修复】选项等参数。

图 5-122 【图章工具】选项

- 【画笔工具】：使用该工具可以在透视网格内进行绘图。选择此工具时，【消失点】对话框如图 5-123 所示。在其工具选项区中可以设置画笔绘图时的【直径】、【硬度】、【不透明度】及【修复】选项等参数，单击【画笔颜色】右侧的色块，在弹出的【拾色器】对话框中还可以设置画笔绘图时的颜色。

图 5-123 【画笔工具】选项

- 【变换工具】：由于复制图像时，图像的大小是自动变化的，当对图像大小不满意时，即可使用此工具对图像进行放大或缩小操作。选择此工具时，【消失点】对话框如图 5-124 所示。选中其工具选项区域中的【水平翻转】或【垂直翻转】复选框后，则图像会被水平或垂直翻转。

图 5-124 【变换工具】选项

- 【吸管工具】：使用该工具可以在图像中单击，以吸取画笔绘图时所用的颜色。
- 【抓手工具】：使用该工具在图像中拖动，可以查看未完全显示的图像。
- 【缩放工具】：使用该工具在图像中单击，可以放大图像的显示比例，按 Alt 键并在图像中单击即可缩小图像显示比例。

3. 镜头校正

在 Photoshop 中，【镜头校正】命令被置于【滤镜】菜单的顶部，并且功能更加强大，甚至内置了大量常见镜头的畸变、色差等参数，以在校正时选用，这对于使用数码单反相机的摄影师而言无疑是极为方便的。

选择【滤镜】|【镜头校正】命令，弹出如图 5-125 所示的镜头校正对话框。

(1) 工具区。

工具区显示了用于对图像进行查看和编辑的工具，下面分别讲解各工具的功能。

- 【移去扭曲工具】：使用该工具在图像中拖动，可以校正图像的凸起或凹陷状态。
- 【拉直工具】：使用该工具在图像中拖动可以校正图像的倾斜角度。
- 【移动网格工具】：使用该工具可以拖动图像编辑区中的网格，使其与图像对齐。
- 【抓手工具】：使用该工具在图像中拖动，可以查看未完全显示的图像部分。
- 【缩放工具】：使用该工具在图像中单击，可以放大显示图像，按 Alt 键并在图像中单击即可缩小显示图像。

(2) 图像编辑区。

该区域用于显示被编辑的图像，还可以即时预览编辑图像后的效果。单击该区域左下角的按钮，可以缩小显示比例，单击⊞按钮可以放大显示比例。

图 5-125 镜头校正对话框

(3) 原始参数区。

此处显示了拍摄当前照片的相机及镜头等基本参数。

(4) 显示控制区。

在该区域可以对图像编辑区中的显示情况进行控制。

- 【预览】复选框：选中该复选框后，将在图像编辑区中即时观看调整图像后的效果，否则将一直显示原图像。
- 【显示网格】复选框：选中该复选框则在图像编辑区中显示网格，以方便精确地对图像进行调整。
- 【大小】下拉列表框：在其中输入数值，可以控制图像编辑区中显示的网格大小。
- 【颜色】选项：单击该色块，在弹出的【拾色器】对话框中选择一种颜色，即可重新定义网格的颜色。

(5) 参数设置区——自动校正。

切换到【自动校正】选项卡，可以使用此命令内置的相机、镜头等数据进行智能校正。

- 【几何扭曲】复选框：选中此复选框后，可以依据所选的相机及镜头自动校正桶形或枕形畸变。
- 【色差】复选框：选中此复选框后，可依据所选的相机及镜头，自动校正可能产生的紫、青、蓝等不同的颜色杂边。
- 【晕影】复选框：选中此复选框后，可依据所选的相机及镜头，自动校正在照片周围产生的暗角。
- 【自动缩放图像】复选框：选中此复选框后，在校正畸变时，将自动对图像进行裁剪，以避免边缘出现镂空或杂点等。
- 【边缘】下拉列表框：当图像由于旋转或凹陷等原因出现位置偏差时，在此可以选择这些偏差的位置如何显示，其中包括【边缘扩展】、【透明度】、【黑色】和【白色】4 个选项。

- 【相机制造商】下拉列表框：此处列举了一些常见的相机生产商供选择，如 NIKON(尼康)、Canon(佳能)以及 SONY(索尼)等。
- 【相机型号】/【镜头型号】下拉列表框：此处列举了很多主流相机及镜头供选择。
- 【镜头配置文件】列表框：此处列出了符合上面所选相机及镜头型号的配置文件供选择，选择好以后，就可以根据相机及镜头的特性，自动进行几何扭曲、色差及晕影等方面的校正。

在选择配置文件时，如果能找到匹配的相机及镜头配置当然最好，如果找不到，那么也可能尝试选择其他类似的配置，虽然不能达到完全的调整效果，但也可以在此基础上继续进行调整，从而在一定程度上节约调整的时间和难度。

(6) 参数设置区——自定。

在【自定】选项卡中提供了大量用于调整图像的参数，可以手动进行调整，如图 5-126 所示。

图 5-126　切换到【自定】选项卡

- 【设置】下拉列表框：在该下拉列表框中可以选择预设的镜头校正调整参数。单击该下拉列表框后面的【管理设置】下拉按钮，在弹出的下拉菜单中可以执行存储、载入和删除预设等操作。

提示：只有自定义的预设才可以被删除。

- 【移去扭曲】文本框：在此输入数值或拖动滑块，可以校正图像的凸起或凹陷状态，其功能与【扭曲工具】相同，但更容易进行精确控制。
- 【修复红/青边】文本框：在此输入数值或拖动滑块，可以去除照片中的红色或青色色痕。
- 【修复绿/洋红边】文本框；在此输入数值或拖动滑块，可以去除照片中的绿色或洋红色色痕。
- 【修复蓝/黄边】文本框：在此输入数值或拖动滑块，可以去除照片中的蓝色或黄色色痕。

- 【数量】文本框：在此输入数值或拖动滑块，可以减暗或提亮照片边缘的晕影，使之恢复正常。 例如图 5-127 所示为原图像，如图 5-128 所示为减少晕影后的效果。

图 5-127　素材图像

图 5-128　减少晕影后的效果

- 【中点】文本框：在此输入数值或拖动滑块，可以控制晕影中心的大小。
- 【垂直透视】文本框：在此输入数值或拖动滑块，可以校正图像的垂直透视。
- 【水平透视】文本框：在此输入数值或拖动滑块，可以校正图像的水平透视。
- 【角度】文本框：在此输入数值或拖动表盘中的指针，可以校正图像的倾斜角度，其功能与角度工具相同，但更容易进行精确控制。
- 【比例】文本框：在此输入数值或拖动滑块，可以缩小或放大图像。需要注意的是，当对图像进行晕影参数设置时，最好在调整参数后单击【确定】按钮退出对话框，然后再次应用该命令对图像大小进行调整，以免出现晕影校正的偏差。

4. 马赛克

使用马赛克滤镜可以将图像的像素扩大，从而得到马赛克效果，如图 5-129 所示为【马赛克】对话框及使用此滤镜的效果图。

5. 置换

使用置换滤镜可以用一张 psd 格式的图像作为位移图，使当前操作的图像根据位移图产生弯曲。【置换】对话框如图 5-130 所示。

图 5-129　【马赛克】对话框及应用示例

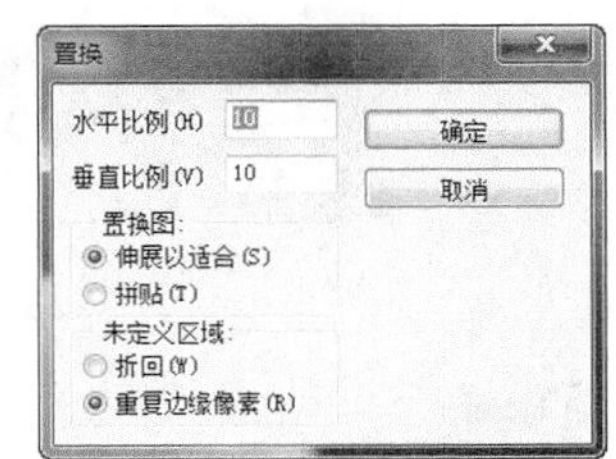

图 5-130　【置换】对话框

- 在【水平比例】、【垂直比例】文本框中，可以设置水平与垂直方向上图像发生位移变形的程度。
- 选中【伸展以适合】单选按钮，在位移图小于当前操作图像的情况下拉伸位移图，使其与当前操作图像的大小相同。
- 选中【拼贴】单选按钮，在位移图小于当前操作图像的情况下，拼贴多个位移图，以适合当前操作图像的大小。
- 选中【折回】单选按钮，则用位移图的另一侧内容填充未定义的图像。
- 选中【重复边缘像素】单选按钮，将按指定的方向沿图像边缘扩展像素的颜色。

如图 5-131 所示为原图效果，如图 5-132 所示为位移图，如图 5-133 所示为应用【置换】命令后的效果图。

图 5-131　原图

图 5-132　位移图

图 5-133　效果图

6. 极坐标

使用极坐标滤镜可以将图像的坐标类型从直角坐标转换为极坐标或从极坐标转换为直角坐标，从而使图像发生变形，如图 5-134 所示为使用极坐标滤镜的前后对比效果。

图 5-134　原图及应用极坐标滤镜后的效果

7. 高斯模糊

使用高斯模糊滤镜可以得到模糊效果，使用此滤镜既可以取得轻微柔化图像边缘的效果，又可以取得完全模糊图像甚至无细节的效果，如图 5-135 所示为原图及使用此滤镜的效果图。

图 5-135　原图及应用高斯模糊滤镜后的效果

在【高斯模糊】对话框的【半径】文本框中输入数值或拖动其下的三角形滑块，可以控制模糊程度，数值越大则模糊效果越明显。

8. 动感模糊

动感模糊滤镜可以模拟拍摄运动物体产生的动感模糊效果，如图 5-136 所示为【动感模糊】对话框及使用此滤镜的效果图。

- 【角度】文本框：在该文本框中输入数值，或调节其右侧的圆周角度，可以设置动感模糊的方向，不同角度产生的模糊效果不尽相同。
- 【距离】文本框：在该文本框中输入数值或拖动其下的三角形滑块，可以控制【动感模糊】的强度，数值越大，模糊效果越强烈，动态感越强。

9. 径向模糊

使用径向模糊滤镜可以生成旋转模糊或从中心向外辐射的模糊效果，如图 5-137 所示为【径向模糊】对话框及使用此滤镜的效果图。

图 5-136　【动感模糊】对话框及应用示例

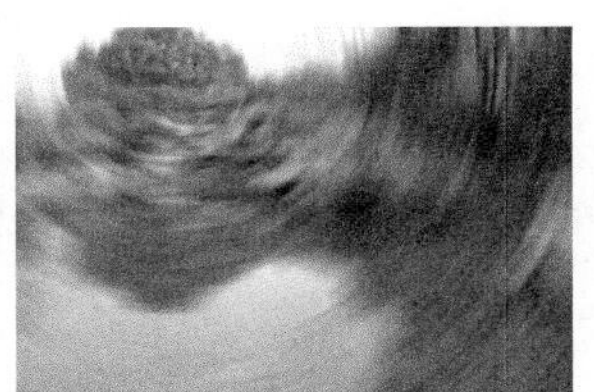

图 5-137　【径向模糊】对话框及应用示例

径向模糊滤镜的操作说明如下。

- 拖动【中心模糊】预览框的中心点可以改变模糊的中心位置。
- 在【模糊方法】选项组中选中【旋转】单选按钮，可以得到旋转模糊的效果；选中【缩放】单选按钮，可以得到图像由中心点向外放射的模糊效果。
- 在【品质】选项组中，可以选择模糊的质量。选中【草图】单选按钮，执行速度快，但质量不够完美；选中【最好】单选按钮，执行速度慢但能够创建光滑的模糊效果；选中【好】单选按钮，所创建的效果介于【草图】与【最好】品质之间。

10. 镜头模糊

使用镜头模糊滤镜可以为图像应用模糊效果以产生更浅的景深效果，使图像中的一些对象在焦点内，另一些区域变得模糊。

镜头模糊滤镜使用深度映射来确定像素在图像中的位置，可以使用 Alpha 通道和图层蒙版来创建深度映射，Alpha 通道中的黑色区域被视为图像的近景，白色区域被视为图像的远景。

如图 5-138 所示为原图像及【通道】面板中的通道 Alpha 1，如图 5-139 所示为【镜头模糊】对话框，如图 5-140 所示为应用【镜头模糊】命令后的效果。

原图像

通道 Alpha 1

图 5-138　原图像及通道 Alpha 1

图 5-139　【镜头模糊】对话框

对话框中的重要参数与选项说明如下。

- 【更快】单选按钮：在预览模式下，选中该单选按钮，可以提高预览的速度。
- 【更加准确】单选按钮：在预览模式下，选中该单选按钮，可以看到图像在应用该命令后所得到的效果。
- 【源】下拉列表框：在该下拉列表框中可以选择 Alpha 通道。

- 【模糊焦距】滑块：拖动该滑块可以调节位于焦点内的像素深度。
- 【反相】复选框：选中该复选框后，模糊的深度将与【源】(选区或通道)的作用正好相反。
- 【形状】下拉列表框：在该下拉列表框中，可以选择自定义的光圈大小，默认情况下为六边形。
- 【半径】滑块：该参数可以控制模糊的程度。
- 【叶片弯度】滑块：该参数用来消除光圈的边缘。
- 【旋转】滑块：拖动该滑块，可以调节光圈的角度。
- 【亮度】滑块：拖动该滑块，可以调节图像高光处的亮度。
- 【阈值】滑块：拖动该滑块可以控制亮度的截止点，使比该值亮的像素都被视为镜面高光。
- 【数量】滑块：控制添加杂色的数量。
- 【平均】、【高斯分布】单选按钮：选中任意一个单选按钮，决定杂色分布的形式。
- 【单色】复选框：选中该复选框，使在添加杂色的同时不影响原图像中的颜色。

11. 分层云彩

使用分层云彩滤镜可将前景色和背景色之间变化的随机像素值转换为柔和的云彩图案。要得到逼真的云彩效果，必须将前景色和背景色设置为想要的云彩颜色与天空颜色，效果如图 5-141 所示。

图 5-140　应用【镜头模糊】命令后的效果

图 5-141　应用【云彩】命令后的效果

12. 镜头光晕

使用镜头光晕滤镜可以创建类似太阳光所产生的光晕效果。

【镜头光晕】对话框如图 5-142 所示，在【亮度】数值框中输入数值或拖动滑块，可以控制光源的强度；在图像缩略图中单击可以选择光源的中心点。

如图 5-143 所示为原图及应用镜头光晕滤镜后的效果图。

图 5-142　【镜头光晕】对话框

原图

应用镜头光晕后的效果

图 5-143　原图及应用镜头光晕后的效果图

13. 光照效果

使用光照效果滤镜，可以通过改变 17 种光照样式、3 种光照类型和 4 种光照属性，在 RGB 图像上产生无数种光照效果。如果在其纹理通道中使用灰度文件的纹理图像，还可以产生凸出的立体效果，此滤镜只能应用于 RGB 图像。

要进行光照效果的应用，首先选择【文件】|【打开】命令，在弹出的【打开】对话框中找到并选择需要打开的图片，单击【确定】按钮将其打开，如图 5-144 所示。

然后按 Ctrl+J 快捷键将“背景”图层复制一层，如图 5-145 所示。

图 5-144　打开图片素材

图 5-145　复制“背景”图层

选择【滤镜】|【渲染】|【光照效果】命令，打开光照效果【属性】面板和【光源】面板，如图 5-146 所示。光照效果的属性栏如图 5-147 所示。

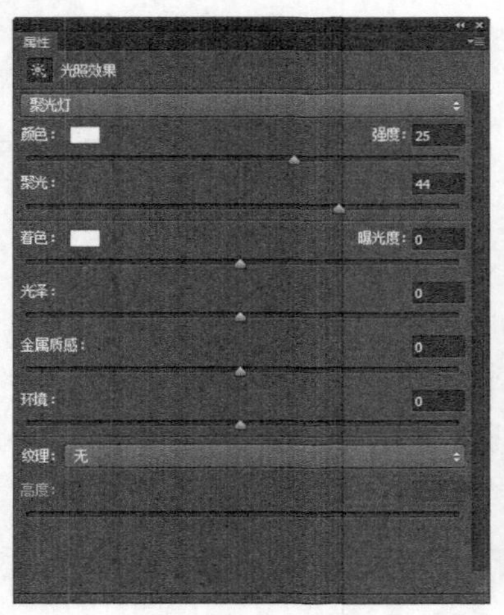

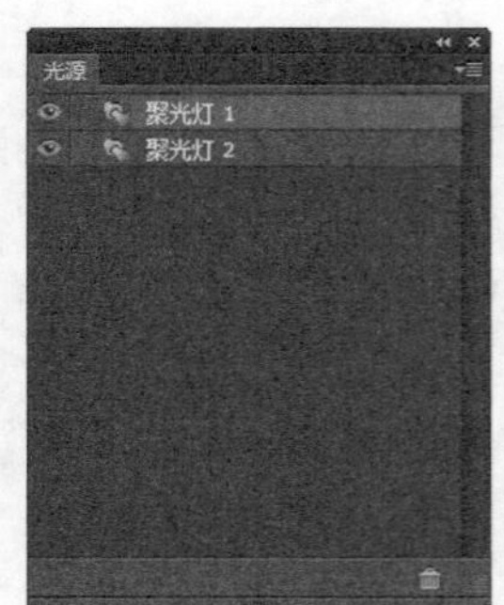

图 5-146　光照效果【属性】面板和【光源】面板

图 5-147　光照效果属性栏

单击光照效果属性栏上的【预设】按钮，在弹出的下拉列表中选择【柔化直接光】选项，在【光照效果】属性面板中设置各项参数，如图 5-148 所示。设置完成后，单击属性栏上的【确定】按钮，为图像应用光照效果，如图 5-149 所示。

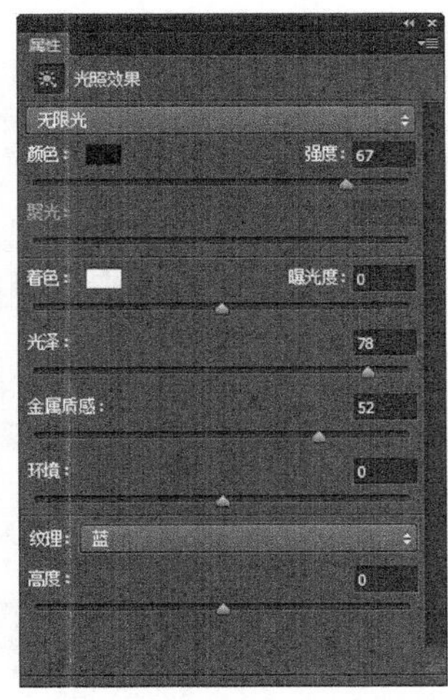

图 5-148　设置各项参数

图 5-149　为图片应用光照效果

14. USM 锐化

USM 锐化滤镜常用来校正边缘模糊的图像，此滤镜通过调整图像边缘对比度的方法强调边缘效果，从而在视觉上产生更清晰的图像效果，如图 5-150 所示为原图像及应用此滤镜后的效果图。

【USM 锐化】对话框如图 5-151 所示，其重要参数与选项说明如下。

图 5-150　原图及应用 USM 锐化滤镜后的效果

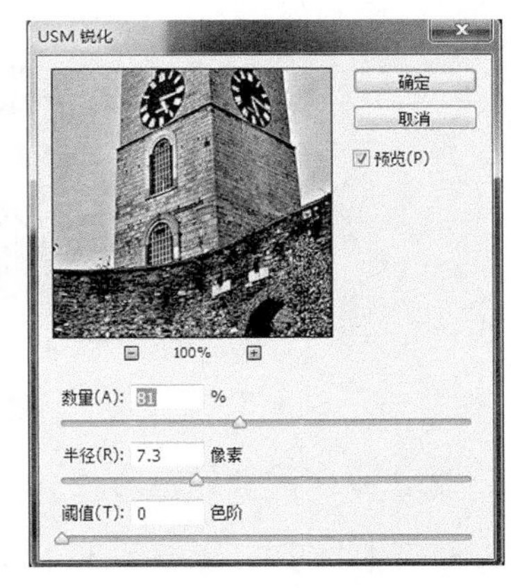

图 5-151　【USM 锐化】对话框

- 拖动【数量】调节滑块，可以设置图像总体的锐化程度。
- 拖动【半径】调节滑块，可以设置图像轮廓被锐化的范围，数值越大，则在锐化时图像边缘的细节被忽略得越多。
- 拖动【阈值】调节滑块，可以设置相邻的像素间达到一定数值时才进行锐化。数值越高，锐化过程中忽略的像素就越多，其数值范围为 0～15。

5.4.4　后期图像优化和编辑

对于图像后期的图像优化和图像编辑来说，也有很多好的方法，下面来介绍一下。

1. 优化调整图像的亮度与对比度

选择【图像】|【调整】|【亮度/对比度】命令，弹出如图 5-152 所示的【亮度/对比度】对话框，在此对话框中可以直接调节图像的对比度与亮度。

要增加图像的亮度，可将【亮度】滑块向右拖动，反之向左拖动。要增加图像的对比度，将【对比度】滑块向右拖动，反之向左拖动。如图 5-153 所示为原图，如图 5-154 所示为增加图像的亮度和对比度的效果。

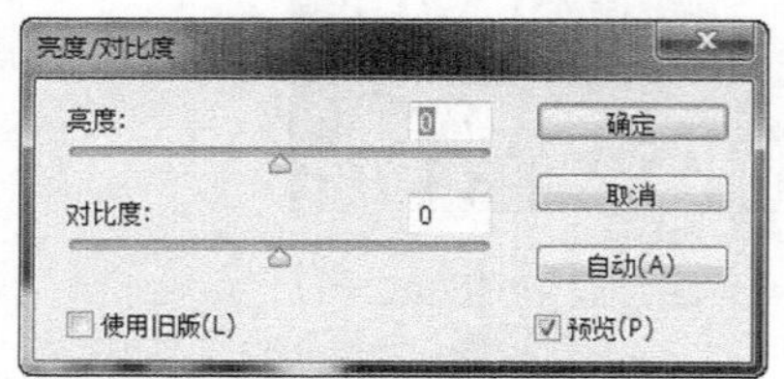

图 5-152 【亮度/对比度】对话框

图 5-153 原图像

图 5-154 调整亮度/对比度的效果

选中【使用旧版】复选框，可以使用 Photoshop CS6 版本以前的【亮度/对比度】命令来调整图像，默认情况下使用新版的功能进行调整。新版命令在调整图像时，将仅对图像的亮度进行调整，而色彩的对比度则保持不变，如图 5-155 所示。

原图像

用新版命令处理后的效果

旧版命令处理后的效果

图 5-155 新、旧版本命令处理的不同效果

2. 优化平衡图像的色彩

选择【图像】|【调整】|【色彩平衡】命令，可用于对偏色的数码照片进行色彩校正，校正时可以根据数码照片的阴影、中间调、高光等区域分别进行精确的颜色调整，【色彩平衡】对话框如图 5-156 所示。

此命令使用较为简单，操作步骤如下。

(1) 打开任意一张图像，选择【图像】|【调整】|【色彩平衡】命令。

(2) 弹出【色彩平衡】对话框，在【色调平衡】选项组中选择需要调整的图像色调区，例如要调整图像的暗部，则应选中【阴影】单选按钮。

(3) 拖动 3 个滑轨上的滑块调节图像，例如要为图像增加红色，向右拖动【红色】滑块，拖动的同时要观察图像的调整效果。

(4) 得到满意效果后，单击【确定】按钮即可。

为色彩平淡的照片应用【色彩平衡】命令后的对比效果如图 5-157 所示。

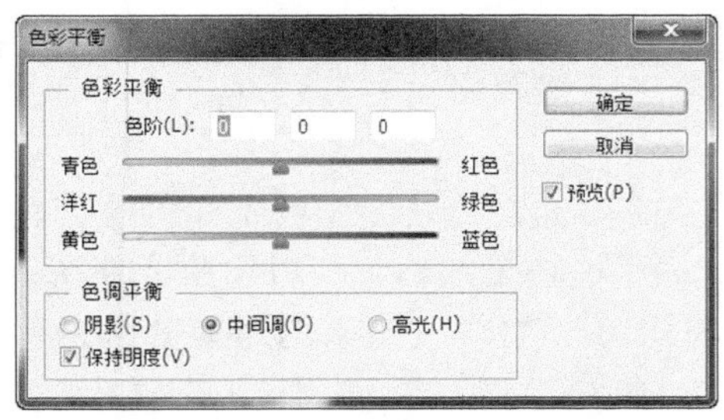

图 5-156 【色彩平衡】对话框

图 5-157 应用【色彩平衡】命令效果前后对比

提示：只选中【保持明度】复选框时可以保持图像对象的色调不变，即只有颜色值发生变化，图像像素的亮度值不变。

3. 优化调整图像色调

选择【图像】|【调整】|【变化】命令，打开【变化】对话框，如图 5-158 所示，在此可以直观地调整图像或选区的色相、亮度和饱和度。

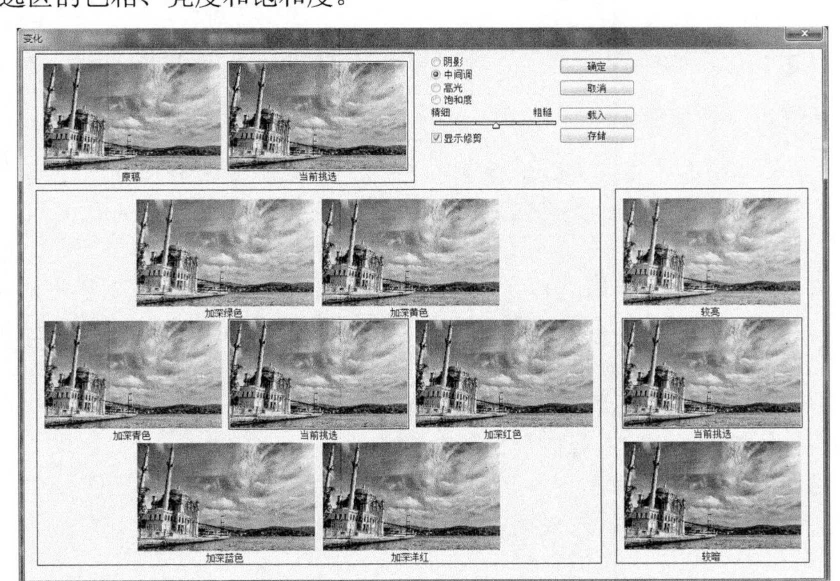

图 5-158 【变化】对话框

对话框中各参数的说明如下。

- 【原稿】、【当前挑选】缩略图：在第一次打开该对话框的时候，这两个缩略图完全相同；调整后，当前挑选缩略图显示为调整后的状态。
- 【较亮】、【当前挑选】、【较暗】缩略图：分别单击【较亮】、【较暗】两个缩略图，可以增亮或加暗图像，【当前挑选】缩略图显示当前调整的效果。
- 【阴影】、【中间调】、【高光】与【饱和度】单选按钮：选中对应的单选按钮，可分别调整图像中该区域的色相、亮度与饱和度。

- 【精细/粗糙】滑块：拖动该滑块可确定每次调整的数量，将滑块向右侧移动一格，可使调整度双倍增加。
- 调整色相：对话框左下方有 7 个缩略图，中间的【当前挑选】缩略图与左上角的【当前挑选】缩略图的作用相同，用于显示调整后的图像效果。另外 6 个缩略图可以用来改变图像的 RGB 和 CMY 6 种颜色，单击其中任意一个缩略图，均可增加与该缩略图对应的颜色。例如，单击【加深绿色】缩略图，可在一定程度上增加绿色，按需要可以单击多次，从而得到不同颜色的效果。
- 【存储】/【载入】按钮：单击【存储】按钮，可以将当前对话框的设置保存为一个.ava 的文件。

如果在以后的工作中遇到需要进行同样调整的图像，可以在此对话框中单击【载入】按钮，调出该文件以设置此对话框。如图 5-159 所示为原图，如图 5-160 所示为应用【变化】命令调整后的效果。

图 5-159　原图

图 5-160　应用【变化】命令后的效果

4. 图像优化调整自然饱和度

选择【图像】|【调整】|【自然饱和度】命令用于调整图像的饱和度，使用此命令调整图像时可以使图像颜色的饱和度不会溢出。换言之，此命令可以仅调整与已饱和的颜色相比那些不饱和的颜色的饱和度。

选择【图像】|【调整】|【自然饱和度】命令后，弹出【自然饱和度】对话框，如图 5-161 所示。

- 拖动【自然饱和度】滑块可以调整与已饱和的颜色相比那些不饱和的颜色的饱和度，从而获得更加柔和自然的图像饱和度效果。
- 拖动【饱和度】滑块可以调整图像中所有颜色的饱和度，使所有颜色获得等量饱和度调整，因此使用此滑块可能导致图像的局部颜色过度饱和。

【自然饱和度】命令调整景观照片时，可以防止景观的色彩过度饱和。如图 5-162 所示为原图像，如图 5-163 所示为使用此命令调整后的效果，如图 5-164 所示为使用【色相/饱和度】命令提高图像饱和度的效果，对比可以看出此命令在调整颜色饱和度方面的优势。

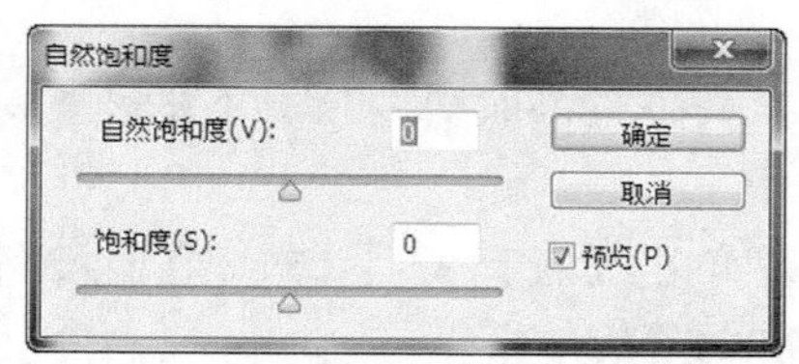

图 5-161　【自然饱和度】对话框

图 5-162　原图像

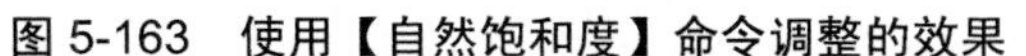

图 5-163 使用【自然饱和度】命令调整的效果

图 5-164 使用【色相/饱和度】命令调整的效果

5. 图像编辑

后期图像编辑主要使用以下几个常用的图像参数调整命令，下面介绍一下。

(1) 【色阶】命令。

【图像】|【调整】|【色阶】命令是一个功能非常强大的调整命令，使用此命令可以对图像的色调、亮度进行调整。选择【图像】|【调整】|【色阶】命令，将弹出如图 5-165 所示的【色阶】对话框。

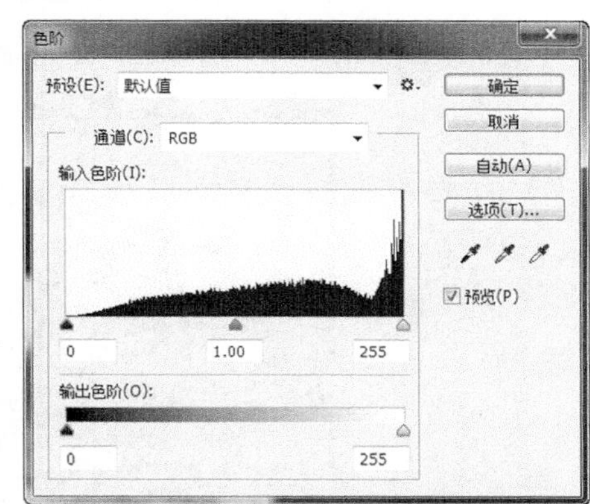

图 5-165 【色阶】对话框

下面详细介绍各参数及命令的使用方法。

- 【通道】下拉列表框：在该下拉列表框中可以选择一个通道，从而使色阶调整工作基于该通道进行，此处显示的通道名称依据图像颜色模式而定，RGB 模式下显示红、绿、蓝，CMYK 模式下显示青色、洋红、黄色、黑色。
- 【输入色阶】选项：设置【输入色阶】文本框中的数值或拖动其下方的滑块，可以对图像的暗色调、高亮色和中间色的数值进行调节。向右侧拖动黑色滑块，可以降低图像的亮度，使图像整体发暗。如图 5-166 所示为原图像及对应的【色阶】对话框，如图 5-167 所示为向右侧拖动黑色滑块后的图像效果及对应的【色阶】对话框。向左侧拖动白色滑块，可提高图像的亮度使图像整体发亮，如图 5-168 所示为向左侧拖动白色滑块后的图像效果及对应的【色阶】对话框。对话框中的灰色滑块代表图像的中间色调。

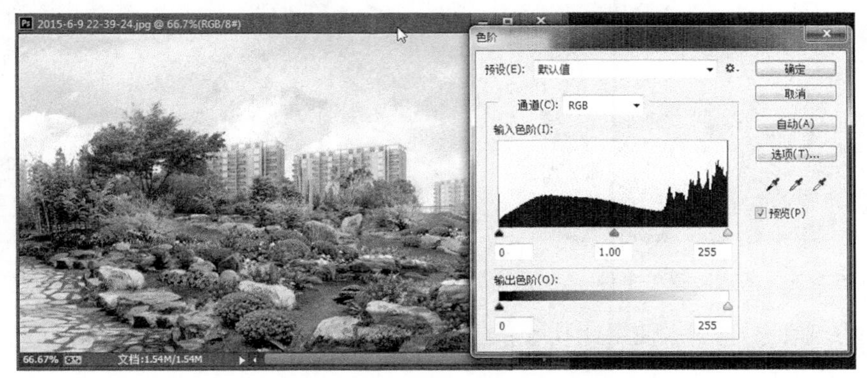

图 5-166 原图像及【色阶】对话框

图 5-167　向右拖动黑色滑块后的图像效果及【色阶】对话框

图 5-168　向左侧拖动白色滑块后的图像效果及【色阶】对话框

- 【输出色阶】选项：设置【输出色阶】文本框中的数值或拖动其下方的滑块，可以减少图像的白色与黑色，从而降低图像的对比度。向右拖动黑色滑块可以减少图像中的暗色调从而加亮图像；向左拖动白色滑块，可以减少图像中的高亮色，从而加暗图像。
- 【黑色吸管】工具：使用该吸管在图像中单击，Photoshop 将定义单击处的像素为黑点，并重新分布图像的像素，从而使图像变暗。如图 5-169 所示为黑色吸管单击处，如图 5-170 所示为单击后的效果，可以看出整体图像变暗。

图 5-169　黑色吸管单击处

图 5-170　单击后的效果

- 【灰色吸管】工具：使用此吸管单击图像，可以从图像中减去此单击位置的颜色，从而校正图像的色偏。
- 【白色吸管】工具：与黑色吸管相反，Photoshop 将定义使用白色吸管单击处的像素为白点，并重新分布图像的像素值，从而使图像变亮。如图 5-171 所示为白色吸管单击处，如图 5-172 所示为单击后的效果，可以看出整体图像变亮。

图 5-171　白色吸管单击处

图 5-172　单击后的效果

- 单击【预设选项】按钮，在弹出的下拉菜单中选择【存储预设】/载入预设】选项，打开【存储】/【载入】对话框，单击【存储】按钮，可以将当前对话框的设置保存为一个*. alv 文件，在以后的工作中如果遇到需要进行同样设置的图像，单击【载入】按钮，调出该文件，以自动使用该设置。
- 【自动】按钮：单击该按钮，Photoshop 可根据当前图像的明暗程度自动调整图像。
- 【选项】按钮：单击该按钮，弹出【自动颜色校正选项】对话框，设置各项参数，单击【确定】按钮可以自动校正颜色，如图 5-173 所示。

(2) 【曲线】命令。

与【色阶】命令调整方法一样，使用【曲线】命令可以调整图像的色调与明暗度，与【色阶】命令不同的是，【曲线】命令可以精确调整高光、阴影和中间调区域中任意一点的色调与明暗度。

选择【图像】|【调整】|【曲线】命令，将显示如图 5-174 所示的【曲线】对话框。

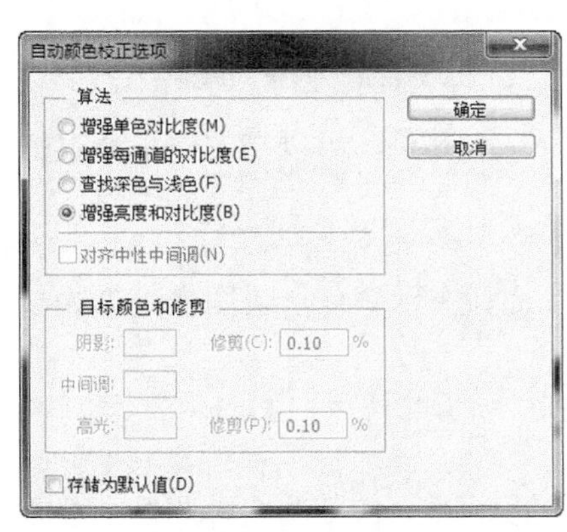

图 5-173　【自动颜色校正选项】对话框

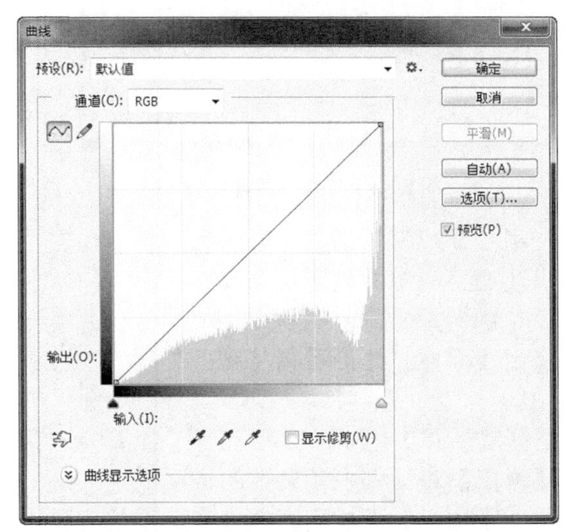

图 5-174　【曲线】对话框

曲线的水平轴表示像素原来的色值，即输入色阶，垂直轴表示调整后的色值，即输出色阶。

在【曲线】对话框中使用鼠标将曲线向上调整到如图 5-175 所示的状态来提高亮度，得到如图 5-176 所示的效果。

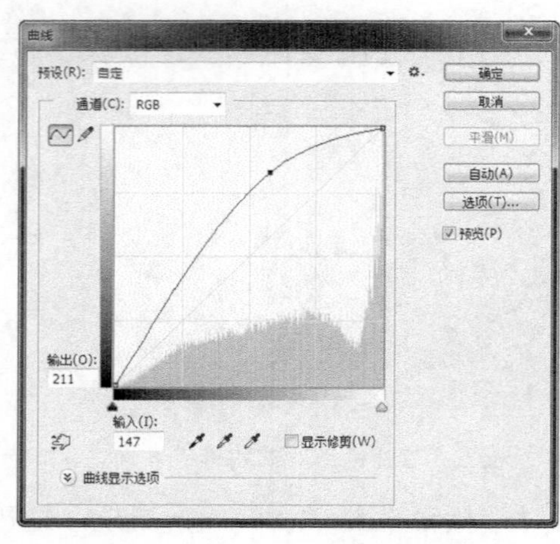

图 5-175 调节曲线

图 5-176 原图和调整的效果

使用鼠标将曲线向下调整到如图 5-177 所示的状态来增强暗面，得到如图 5-178 所示的效果。

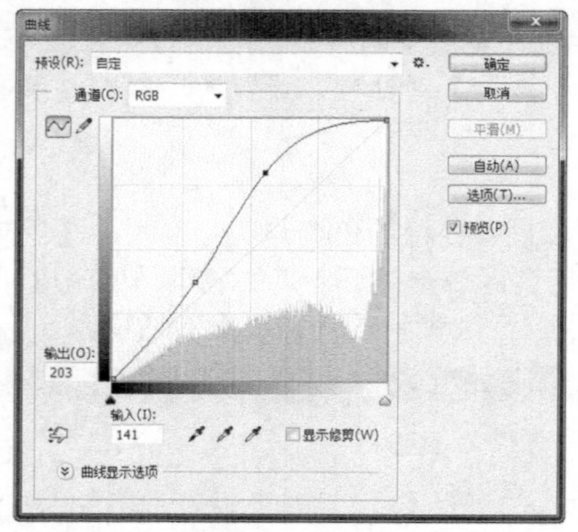

图 5-177 向下调整曲线

图 5-178 调整的效果

使用【曲线】对话框中的【在图像上单击并拖动可修改曲线】按钮，可以在图像中通过拖动的方式快速调整图像的色彩及亮度。

(3) 【黑白】命令。

使用【黑白】命令可以将图像处理为灰度图像效果，也可以选择一种颜色，将图像处理为单一色彩的图像。

选择【图像】|【调整】|【黑白】命令，即可调出如图 5-179 所示的【黑白】对话框。

【黑白】对话框中各参数的说明如下。

- 【预设】下拉列表框：在此下拉列表框中，可以选择 Photoshop 自带的多种图像处理方案，从而将图像处理为不同程度的灰度效果。
- 颜色设置：在对话框中间的位置，存在着 6 个滑块，分别拖动各个滑块，即可对原图像中对应色彩的图像进行灰度处理。
- 【色调】复选框：选中该复选框后，对话框底部的两个色条及右侧的色块将被激活，如图 5-180 所示。其中两个色条分别代表了【色相】与【饱和度】，在其中调整出一个要叠加到图像上的颜色，即可轻松地完成对图像的着色操作；也可以直接单击右侧的颜色块，在弹出的【拾色器】对话框中选择一个需要的颜色。如图 5-181 所示为原图和调整后的效果。

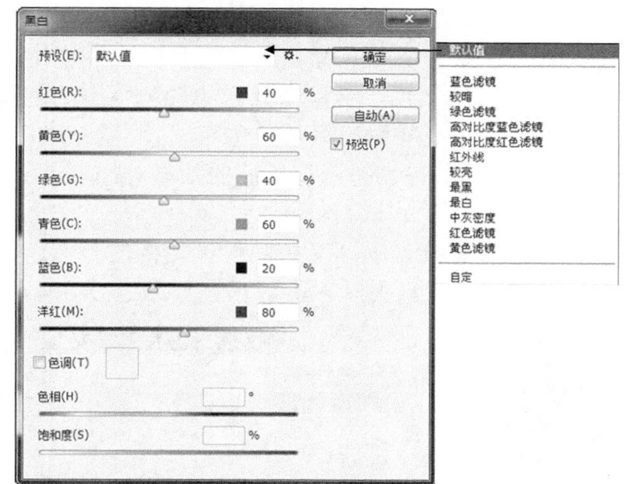

图 5-179　【黑白】对话框

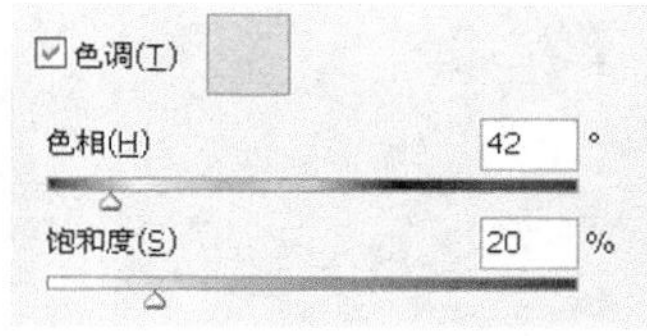

图 5-180　激活后的色彩调整区

图 5-181　原图像和调整后的效果

(4) 【色相/饱和度】命令。

使用【色相/饱和度】命令不仅可以对一幅图像进行色相、饱和度和明度的调节，也可以调整图像中特定颜色成分的色相、饱和度和亮度，还可以通过【着色】选项将整个图像变为单色。

选择【图像】|【调整】|【色相/饱和度】命令，弹出如图 5-182 所示的【色相/饱和度】对话框。对话框中各参数详细介绍如下。

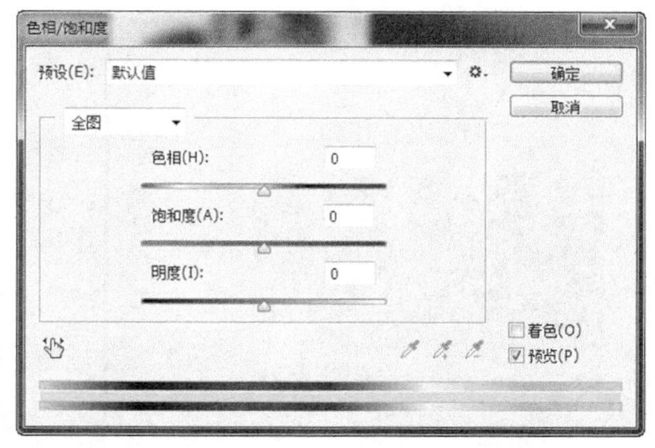

图 5-182　【色相/饱和度】对话框

- 【全图】下拉列表框：单击其后的下拉按钮，在弹出的下拉列表框中可以选择要调整的颜色范围。
- 【色相】、【饱和度】、【明度】滑块：拖动对话框中的色相(范围：-180～+180)、饱和度(范围：-100～+10)和明度(范围：-100～+100)滑块，或在其文本框中输入数值，可以分别调整图像的色相、饱和度及明度。
- 吸管：选择【吸管工具】在图像中单击，可选定一种颜色作为调整的范围。选择【添加到取样工具】在图像中单击，可以在原有颜色变化范围上增加当前单击的颜色范围。选择【从取样中减去工具】在图像中单击，可以在原有颜色变化范围上减去当前单击的颜色范围。

- 【着色】复选框：选中此复选框可以将一幅灰色或黑白的图像着色为某种颜色。
- 【在图像上单击并拖动可修改饱和度】按钮：在对话框中单击该按钮后，在图像中单击某一处，并在图像中向左或向右拖动，可以减少或增加包含所单击像素的颜色范围的饱和度，如果在执行此操作时按 Ctrl 键，则左右拖动可以改变相对应区域的色相。

如图 5-183 所示为在全图下拉列表框中选择【黄色】并调整图像前后的效果对比。

(5) 【渐变映射】命令。

选择【图像】|【调整】|【渐变映射】命令，可以将指定的渐变色映射到图像的全部色阶中，从而得到一种具有彩色渐变的图像效果，选择此命令弹出的【渐变映射】对话框如图 5-184 所示。

图 5-183　应用【色相/饱和度】命令前后的效果对比

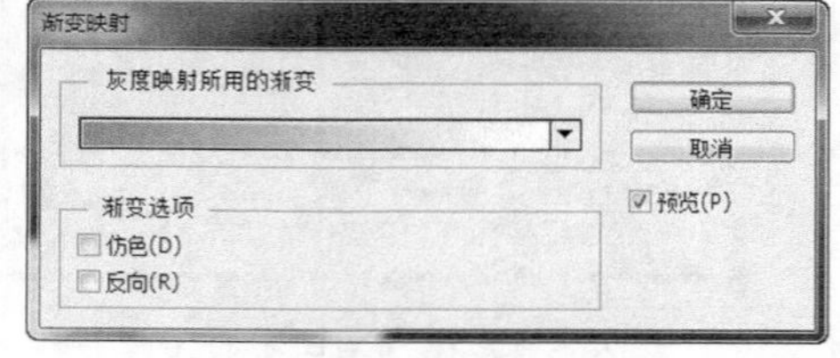

图 5-184　【渐变映射】对话框

此命令的使用方法比较简单，只需在对话框中选择合适的渐变类型即可。如果需要反转渐变，可以选中【反向】复选框。如图 5-185 所示为黑白照片应用【渐变映射】命令后得到的浅色效果。

(6) 【照片滤镜】命令。

【图像】|【调整】|【照片滤镜】命令用于模拟传统光学滤镜特效，能够使照片呈现暖色调、冷色调及其他颜色的色调。打开一幅需要调整的照片并选择此命令后，弹出如图 5-186 所示的【照片滤镜】对话框。

图 5-185　黑白照片及应用【渐变映射】命令后的效果

图 5-186　【照片滤镜】对话框

对话框中各个参数的作用如下。

- 【滤镜】下拉列表框：在该下拉列表框中选择预设的选项，对图像进行调节。
- 【颜色】色块：单击该色块，并使用【拾色器】为自定义颜色滤镜指定颜色。
- 【浓度】滑块：拖动滑块以调整此命令应用于图像中的颜色量。
- 【保留明度】复选框：选中该复选框，可在调整颜色的同时保持原图像的亮度。

如图 5-187 所示为原图像和经过调整照片的色调使其出现偏暖的效果。

(7) 【阴影/高光】命令。

【阴影/高光】命令专门用于处理在摄影中由于用光不当而出现局部过亮或过暗的照片。选择【图像】|【调整】|【阴影/高光】命令，弹出如图 5-188 所示的【阴影/高光】对话框。

图 5-187　原图像和色调偏暖效果

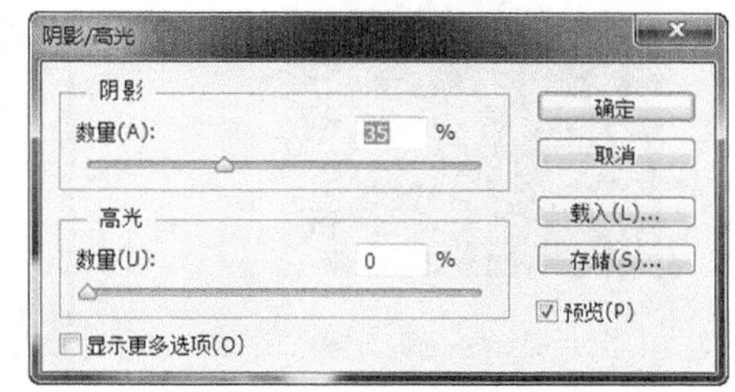

图 5-188　【阴影/高光】对话框

对话框中参数说明如下。

- 【阴影】选项组：拖动【数量】滑块或在文本框中输入相应的数值，可改变暗部区域的明亮程度，其中数值越大或滑块的位置越偏向右侧，则调整后图像的暗部区域也相应越亮。
- 【高光】选项组：拖动【数量】滑块或在文本框中输入相应的数值，即可改变高亮区域的明亮程度，其中数值越大或滑块的位置越偏向右侧，则调整后图像的高亮区域也会相应越暗。

如图 5-189 所示为原图像和应用该命令后的效果。

(8) HDR 色调。

在 Photoshop 中，如果针对一张照片进行 HDR 合成的命令，选择【图像】|【调整】|【HDR 色调】命令，弹出【HDR 色调】对话框，如图 5-190 所示。

图 5-189　原图像和应用【阴影/高光】命令后的效果

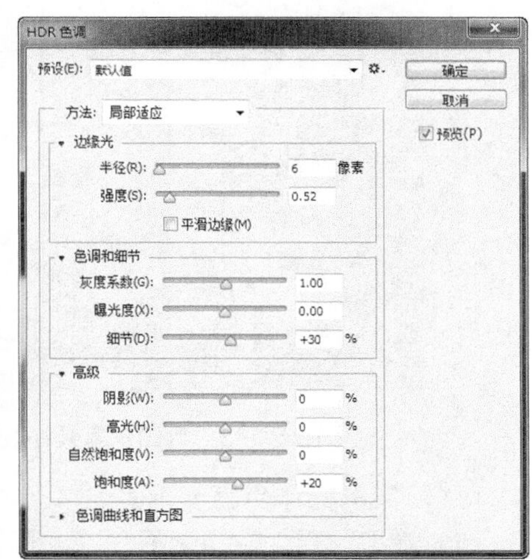

图 5-190　【HDR 色调】对话框

观察这个对话框可以看出，与其他大部分图像调整命令相似，此命令也提供了预设调整功能，选择不同的预设能够调整得到不同的 HDR 照片结果。以如图 5-191 所示的原图像为例，如图 5-192 所示为几种不同的调整效果。

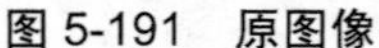
图 5-191　原图像

图 5-192　选择不同预设时调整得到的效果

课后练习

案例文件：ywj\05\4-4.jpg、5-4.psd、5-4.jpg

视频文件：光盘→视频课堂→第 5 教学日→5.4

练习案例分析及步骤如下。

课后练习案例是制作假山水景效果，通过本节范例制作，可以学到 Photoshop 滤镜效果对于建筑模型的处理方法，假山水景最终效果如图 5-193 所示。

本案例主要练习 Photoshop 软件的后期处理过程，首先导入假山的模型图片，之后添加水景，然后进行滤镜处理，最后调整图像完成最终效果，本案例的绘制思路和步骤如图 5-194 所示。

图 5-193　假山水景最终效果

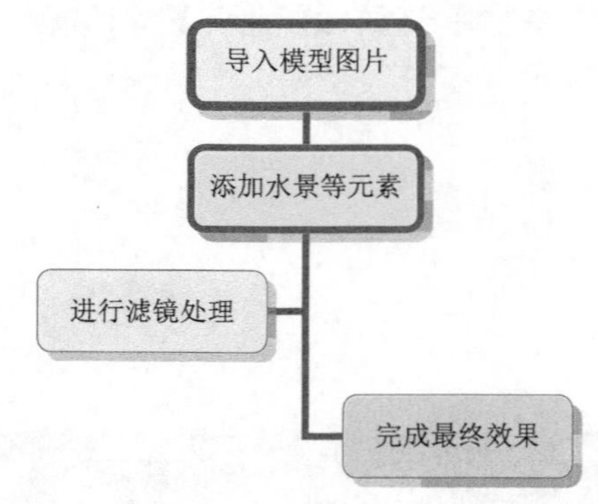

图 5-194　案例绘制思路和步骤

练习案例操作步骤如下。

step 01 打开 5-4.jpg 图片，如图 5-195 所示。

step 02 选择【多边形套索】工具，选择填充区域，如图 5-196 所示。

step 03 删除图片，加入水图片图层，如图 5-197 所示。

step 04 选择【滤镜】|【渲染】|【光照效果】命令，添加光照效果，如图 5-198 所示。

step 05 选择【滤镜】|【液化】命令，添加液化效果，如图 5-199 所示。

step 06 选择背景，选择【多边形套索】工具，选择图像区域，如图 5-200 所示。

step 07 选择【滤镜】|【模糊】|【动感模糊】工具，弹出【动感模糊】对话框，选择图像区域，如图 5-201 所示。

图 5-195　打开图片

图 5-196　选择填充区域

图 5-197　加入水图片

图 5-198　添加光照效果

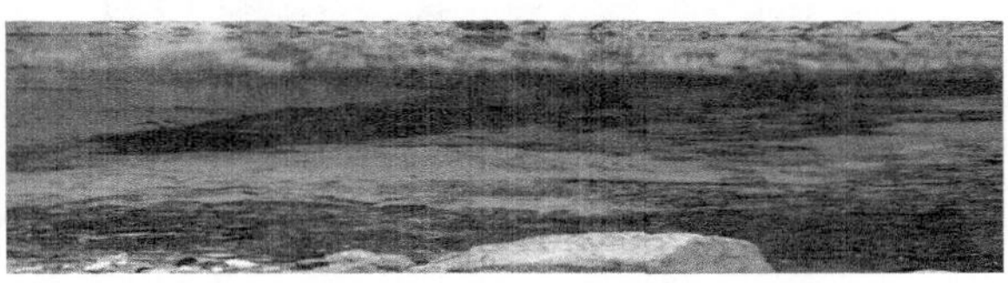

图 5-199　添加液化效果

图 5-200　选择图像区域

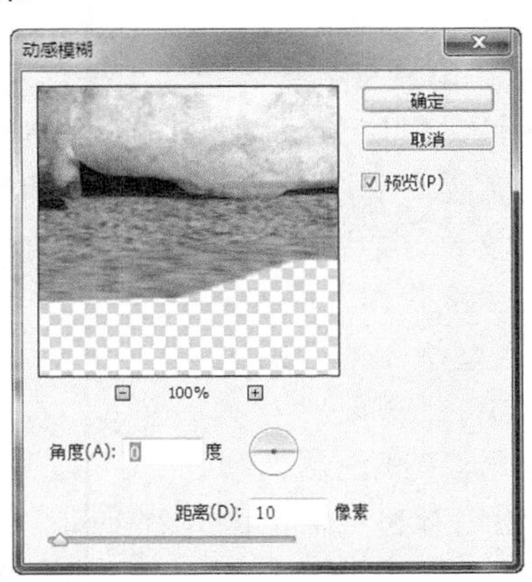

图 5-201　【动感模糊】对话框

step 08 选择【仿制图章】工具，调整图形，然后对其进行图像优化和编辑，完成假山水景效果，如图 5-202 所示。

图 5-202　完成假山水景效果

建筑设计实践：建筑效果图就是把环境景观建筑用写实的手法通过图形的方式进行传递，经过后期处理的效果图可以在建筑、装饰施工之前，把施工后的实际效果用真实和直观的视图表现出来，让大家能够一目了然地看到施工后的实际效果。如图 2-203 所示为经过后期处理的建筑效果图。

图 5-203　经过后期处理的建筑效果图

阶段进阶练习

SketchUp 中场景的功能主要用于保存视图和创建动画，在本教学日学习了页面设计、制作动画的方法以及批量导出场景图像的方法，同时还学习了建筑效果后期处理的方法。这些方法能更好地展现设计成果与意图，所以要勤加练习并多角度观察图形。

使用本教学日学过的各种命令创建如图 5-204 所示的建筑效果图。

一般创建步骤和方法如下。

(1) 导入模型图片效果。

(2) 添加背景效果。

(3) 进行滤镜和色彩处理。

(4) 修正色彩参数输出最终效果图。

图 5-204　建筑效果图

设计师职业培训教程

第6教学日

在学习了前面几个教学日的内容后，大家对于建筑草图的基本制作方法有了一定的掌握。本教学日就来讲解 SketchUp 在模型设计和制作中的一些特殊方法，包括剖切平面设计、沙盒工具、插件和文件导入导出等。

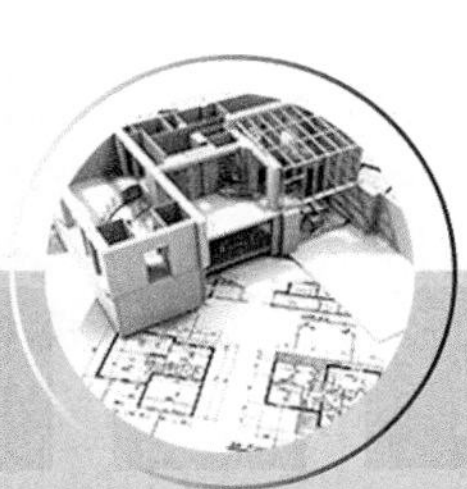

1课时 设计师职业知识——建筑景观效果设计基础知识

6.1.1 景观设计的概念

景观艺术设计是一门时空表现的艺术，它的原有要素源于现代物理学的时空概念。按照爱因斯坦的理论来讲就是我们生存的世界是一个四维的时空统一连续体。

在景观艺术设计中，时空的统一连续体是通过客观空间静态实体与动态虚形的存在，和主观人的时间运动相融来实现其全部设计意义的，因此空间限定与时间序列成为景观艺术设计最基本的构成要素。

在景观艺术设计中，只有对空间加以目的性的限定，才具有实际的设计意义。空间三维坐标体系的 3 个轴 x、y、z，在设计中具有实在的价值。x、y、z 相交的原点，向 x 轴的方向运动，点的运动轨迹形成线；线段沿 z 轴方向垂直运动，产生了面；整面沿 y 轴向纵深运动，又产生了体。体由于点、线、面的运动方向和距离的不同，呈现出不同的形态，如方形、圆形、自然形等。不同形态的单体与单体并置，形成集合的群体，群体之间的虚空，又形成若干个虚拟的空间形态。

从空间限定的概念出发，景观艺术设计的实际意义就是研究各类环境中静态实体、动态虚形，以及它们之间功能与审美的关系问题。

由空间限定要素构成的建筑表现为存在的物质实体和虚无空间两种形态。前者为限定要素的本体，后者为限定要素之间的虚空。从景观艺术设计的角度出发，建筑界面内外的虚空都具有设计上的意义。显然，从环境的主体——人的角度出发，限定要素之间的“无”，比限定要素的本体“有”，更具实在的价值。

时间和空间都是运动着的物质的存在形式。环境中的一切现象，都是运动着的物质的各种不同表现形态。其中物质的实物形态和相互作用场的形态，称为物质存在的两种基本形态。物理场存在于整个空间，如电磁场、引力场等。带电粒子在电磁场中受到电磁力的作用。物体在引力场中受到万有引力的作用。实物之间的相互作用就是依靠有关的场来实现的。场本身具有能量、动量和质量，而且在一定条件下可以和实物相互转化。按照物理场的这种观点，场和实物并没有严格的区别。景观艺术设计中空间的“无”与“有”的关系，同样可以理解为场与实物的关系。

“时间序列”作为实物的空间限定要素，使建筑成为一个具有内部空间的物质实体。当建筑以独立的实物形态矗立于环境之中，同样会产生场的效应，从而在它影响力所及的范围内形成一个虚拟的外部空间。

空间限定场效应最重要的因素是尺度。空间限定要素实物形态本身和实物形态之间的尺度是否得当，是衡量景观艺术设计成败的关键。协调空间限定要素中场与实物的尺度关系，成为景观艺术设计师最显功力的课题。

我们讲景观艺术设计是一门时空连续的四维表现艺术，主要点也在于它的时间和空间艺术的不可分割性。虽然在客观上空间限定是基础要素，但如果没有以人的主观时间感受为主导的时间序列要素穿针引线，则景观艺术设计就不可能真正存在。景观艺术设计中的空间实体主要是建筑，人在建筑的外部和内部空间中的流动，是以个体人的主观时间延续来实现的。人在这种时间顺序中，不断地感受到建筑空间实体与虚形在造型、色彩、样式、尺度、比例等多方面信息的刺激，从而产生不同的空间体验。人在行动中连续变换视点和角度，这种在时间上的延续移位就给传统的三度空间增添了新的度量，于是时间在这里成为第四度空间，正是人的行动赋予了第四度空间以完全的实在性。在景观艺术设计中，第四度空间与时间序列要素具有同等的意义。

在景观艺术设计中常常提到空间序列的概念，所谓空间序列在客观上表现为建筑外部与内部空间，以不同尺度的形态连续排列的形式。而在主观上这种连续排列的空间形式则是由时间序列来体现的。由于空间序列的形成对景观艺术设计的优劣有最直接的影响，因此从人的角度出发，时间序列要素就成为与空间限定要素并驾齐驱的景观艺术设计基础要素。

景观设计正是建立在空间限定与时间序列两大基础要素概念之上的环境艺术设计的子系统。

6.1.2 景观设计的原则

休闲生活是逃避城市的紧张和喧嚣，是对大自然的回归，故而园林景观的影响和作用十分突出。一般来说，景观和园林设计一定要自然，要么体现出大自然原始的美，要么体现出田园风光，避免过分人工雕琢的痕迹。即使是在原生态系统已严重破坏的废弃土地上，也应尽量恢复当地原生态系统的面貌或向与当地大环境条件相适应的田园风光的方向营造。植物是景观园林的第一要素，在其选择上，应多使用当地的乡土树种，生长好，能提供最大的生态服务功能，并且维护成本低。

1. 主题原则

任何景观设计都应有其主题，包括总主题和各分片、分项主题，它是景观园林规划的控制和导引，起到提纲挈领的作用。但在浮躁的城市住区规划中，主题往往被取消，而满足于一幅毫无思想性、科学性和功能安排的所谓“漂亮”的画。只有选一个有思想深度的主题，才能做出真正好的景观园林规划。

2. 点—线—面原则

所谓面，是指整个小区或小区的某个相对独立的部分，是从事景观园林建设的空间。但整个小区平面的均质化不能造成良好的视觉效果，就要有一些界限为其纲，分割空间、强调差别，引导或阻隔视线。线和线会有交叉，太长的线因易引起视觉模糊也需要间断，就会有点的存在。处理好这三者的关系，景观园林就走不了“大样”。如果把握不住，细部做得再多，图纸画得再“好看”，也做不出好景观来。

3. 收放原则

一个好的景观园林规划，应把放开视线和隐蔽景物尽量结合起来。开放式大空间给人的震撼是其他手法无法替代的，只要有足够的空间，都应该给出适当的大空间来，如成片的绿地、水面、酒店、公建等。隐蔽的含义有两层，一是指把有碍观瞻的东西藏起来，如垃圾站、园艺堆肥场、管线井、过滤池、挡土墙等，是一种被动的应付。更重要的一层含义是把景观有层次地布局，在最佳时机展现(就像说相声的“解包袱”)，是一种主动的造景。当然还有半隐半现的，如山地的休闲别墅，在景观上处理成若隐若现于林中是很好的选择。

4. 均衡原则

在总体布局中贯彻“尽量尊重自然地形”的原则，这是一种维护和强调差别的做法。但这不等于说不要均衡，即使是在自然地形、地貌十分复杂的地段，也要尽量使各部分、各主题、各细部有所响应，避免偏沉和杂乱感。当然，也不是追求绝对化的几何或力学对称，从而给人一种活泼而不是死板的感觉。实现这个原则难度很大，对规划师素质的要求极高。

5. 节点原则

节点是由线的交叉而产生的，是网络中聚合视线和辐散视线的地方，最先引人注意，留下的印象也最深，因此应竭力处理好节点。节点是属于不同层次的，如有的节点是整个小区这个层次上的，有的节点则是住宅组团这个层次上的。但在相应的层次上，都应着意强调它们，使之在整个面上凸显出来。

6.1.3 景观设计构成要素

景观设计是多项工程配合相互协调的综合设计，就其复杂性来讲，需要考虑交通、水电、园林、市政、建筑等各个技术领域。各种法则法规都要了解掌握，才能在具体的设计中，运用好各种景观设计要素，安排好项目中每一地块的用途，设计出符合土地使用性质、满足客户需要、比较适用的方案。景观设计中一般以建筑为硬件，绿化为软件，以水景为网络，以小品为节点，采用各种专业技术手段辅助实施设计方案。从设计方法或设计阶段上讲，大概有以下几个方面。

- 构思：构思是一个景观设计最重要的部分，也可以说是景观设计的最初阶段。从学科发展方面和国内外景观实践领域来看，景观设计的含义相差甚大。一般的观点都认为景观设计是关于如何合理安排和使用土地，解决土地、人类、城市和土地上的一切生命的安全与健康以及可持续发展的问题。它涉及包括区域、新城镇、邻里和社区规划设计，公园和游憩规划，交通规划，校园规划设计，景观改造和修复，遗产保护，花园设计，疗养及其他特殊用途区域等很多的领域。同时，从目前国内很多的实践活动或学科发展来看，着重于具体的项目本身的环境设计，这就是狭义上的景观设计。但是这两种观点并不相互冲突。综上所述，无论是关于土地的合理使用，还是一个狭义的景观设计方案，构思是十分重要的。构思是景观规划设计前的准备工作，是景观设计不可缺少的一个环节。构思首先考虑的是满足其使用功能，充分为地块的使用者创造、安排出满意的空间场所，又要考虑不破坏当地的生态环境，尽量减少项目对周围生态环境的干扰。然后，采用构图以及下面将要提及的各种手法进行具体的方案设计。
- 构图：在构思的基础上就是构图的问题了。构思是构图的基础，构图始终要围绕着满足构思的所有功能。在这当中要把主要的注意力放在人和自然的关系上。我国早在春秋战国时代，就进入和亲协调的阶段，所以在造园构景中运用多种手段来表现自然，以求得渐入佳境、小中见大、步移景异的理想境界，以取得自然、淡泊、恬静、含蓄的艺术效果。而现代的景观设计思想也在提倡人与人、人与自然的和谐，景观设计师的目标和工作就是帮助人类，使人、建筑、社区、城市以及生活同地球和谐相处。景观设计构图包括两个方面的内容，即平面构图组合和立体造型组合。平面构图主要是将交通道路、绿化面积、小品位置，用平面图示的形式，按比例准确地表现出来。立体造型整体来讲，是地块上所有实体内容的某个角度的正立面投影；从细部来讲，主要选择景物主体与背景的关系来反映，从设计手法中可以体现出这层意思，如图 6-1 所示。

- 对景与借景：景观设计的构景手段很多，比如讲究设计景观的目的、景观的起名、景观的立意、景观的布局、景观中的微观处理等，这里就一些在平时工作中使用很多的景观规划设计方法作一些介绍。景观设计的平面布置中，往往有一定的建筑轴线和道路轴线，在轴线尽端的不同地方，安排一些相对的、可以互相看到的景物，这种从甲观赏点观赏乙观赏点，从乙观赏点观赏甲观赏点的方法(或构景方法)，就叫对景。对景往往是平面构图和立体造型的视觉中心，对整个景观设计起着主导作用。对景可以分为直接对景和间接对景。直接对景是视觉最容易发现的景，如道路尽端的亭台、花架等，一目了然；间接对景不一定在道路的轴线上或行走的路线上，其布置的位置往往有所隐蔽或偏移，给人以惊异或若隐若现之感。借景也是景观设计常用的手法。通过建筑的空间组合或建筑本身的设计手法，将远处的景致借用过来，大到皇家园林，小至街头小品，空间都是有限的。在横向或纵向上要让人扩展视觉和联想，才可以小见大，最重要的办法便是借景。所以古人计成在《园冶》中指出“园林巧于因借”。借景有远借、邻借、仰借、俯借、应时而借之分。借远方的山叫远借；借邻近的大树叫邻借；借空中的飞鸟叫仰借；借池塘中的鱼叫俯借；借四季的花或其他自然景象叫应时而借。如苏州拙政园，可以从多个角度看到几百米以外的北寺塔，这种借景的手法可以丰富景观的空间层次，给人极目远眺、身心放松的感觉，如图 6-2 所示。

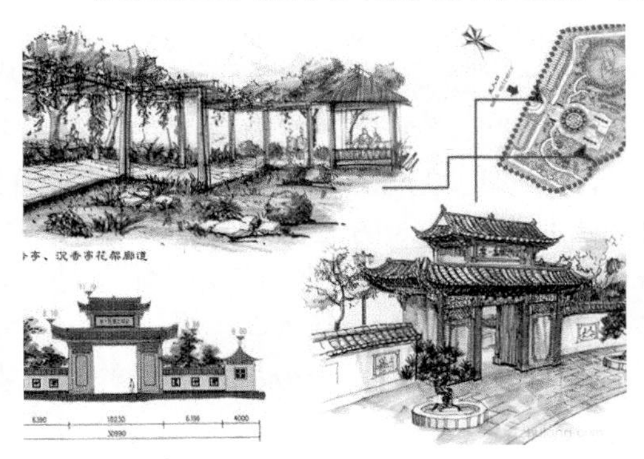

图 6-1　景观构图

图 6-2　对景与借景

- 添景与借景：当一个景观在远方，或自然的山，或人为的建筑，如没有其他景观在中间、近处作为过渡，就会显得虚空而没有层次。如果在中间、近处有小品或乔木作中间、近处的过渡景，则景色显得有层次美，这中间的小品和近处的乔木便叫作添景。如人们站在北京颐和园昆明湖南岸的垂柳下观赏万寿山远景时，万寿山因为有倒挂的柳丝作为装饰而生动起来。“佳则收之，俗则屏之”是我国古代造园的手法之一，在现代景观设计中，也常常采用这样的思路和手法。借景是将好的景致收入景观中，将乱、差的地方用树木、墙体遮挡起来。借景是直接采取截断行进路线或逼迫其改变方向的办法用实体来完成，如图 6-3 所示。
- 引导与示意引导：采用的材质有水体、铺地等很多元素。如公园的水体，水流时大时小，时宽时窄，将游人引导到公园的中心。示意的手法包括明示和暗示。明示指采用文字说明的形式如路标、指示牌等形式。暗示可以通过地面铺装、树木有规律布置的形式指引方向和去处，给人以身随景移“柳暗花明又一村”的感觉，如图 6-4 所示。

图 6-3 添景与借景

图 6-4 引导与示意引导

● 渗透和延伸：在景观设计中，景区之间并没有十分明显的界限，而是你中有我，我中有你，渐而变之。使景物融为一体，景观的延伸常引起视觉的扩展。如用铺地的方法，将墙体的材料使用到地面上，将室内的材料使用到室外，互为延伸，产生连续不断的效果。渗透和延伸经常采用草坪、铺地等的延伸、渗透，起到连接空间的作用，给人在不知不觉中景物已发生变化的感觉，在心理感受上不会“戛然而止”，给人良好的空间体验。如图 6-5 所示。

● 尺度与比例：景观设计主要尺度依据在于人们在建筑外部空间的行为，人们的空间行为是确定空间尺度的主要依据。如学校教学楼前的广场或开阔空地，尺度不宜太大，也不宜过于局促。太大了，学生或教师使用、停留时会感觉过于空旷，没有氛围；过于局促使得人们在其中会觉得拥挤，失去一定的私密性，这也是人们所不会认同的。因此，无论是广场、花园或绿地，都应该依据其功能和使用对象确定其尺度和比例。合适的尺度和比例会给人以美的感受，不合适的尺度和比例则会让人感觉不协调。以人的活动为目的，确定尺度和比例才能让人感到舒适、亲切。具体的尺度、比例，许多书籍资料都有描述，但最好的是从实践中把握、感受。如果不在实践中体会，在亲自运用的过程中加以把握，那么是无论如何也不能真正掌握合适的比例和尺度的。比例有两个方面，一是人与空间的比例，二是物与空间的比例。在其中一个庭院空间中我们安放景点的山石，多大的比例合适呢？应该照顾到人对山石的视觉，把握距离以及空间与山石的体量比值。太小，不足以成为视点；太大，又变成累赘。总之，尺度和比例的控制，仅从图画方面去考虑是不够的，综合分析、现场的感觉才是最佳的方法，如图 6-6 所示。

图 6-5 渗透和延伸

图 6-6 尺度与比例

● 质感与肌理：景观设计的质感与肌理主要体现在植被和铺地方面。不同的材质通过不同的手法可以表现出不同的质感与肌理效果。如花岗石的坚硬和粗糙，大理石的纹理和细腻，草坪的柔软，树木的挺拔，水体的轻盈等。这些不同材料加以运用，有条理地加以变化，将使景观富有更深的内涵和趣味，如图 6-7 所示。

● 节奏与韵律：节奏与韵律是景观设计中常用的手法。在景观的处理上节奏包括：铺地中材料有规律地变化，灯具、树木排列中以相同间隔的安排，花坛座椅的均匀分布等。韵律是节奏的深化。如临水栏杆设计成波浪式一起一伏很有韵律，整个台地都用弧线来装饰，不同弧线产生了向心的韵律来获得人们的赞同，如图 6-8 所示。

图 6-7　质感与肌理

图 6-8　节奏与韵律

以上是景观设计中常采用的一些手法，但它们是相互联系综合运用的，并不能截然分开。只有在了解这些方法后，加上更多的专业设计实践，才能很好地将这些设计手法熟记于心并灵活运用于方案之中。

第2课 2课时 剖切平面设计

剖切平面是 SketchUp 中的特殊命令，用来控制截面效果。物体在空间的位置以及与群组和组件的关系，决定了剖切效果的本质。用户可以控制截面线的颜色，或者将截面线创建为组。使用【剖切平面】命令可以方便地对物体的内部模型进行观察和编辑，展示模型内部的空间关系，减少编辑模型时所需的隐藏操作。另外，截面图还可以导出为 DWG 和 DXF 式的文件到 AutoCAD 中作为施工图的模板文件，或者利用多个场景的设置导出为建筑的生长动画等，这些内容将在本课时中加以详细讲述。

行业知识链接：建筑模型效果虽然可以通过不同角度进行观察，但是主要看到的还是建筑外部效果，如果要想同时看到内部效果，如同建筑图剖面图一样，就要使用剖切平面的功能。如图 6-9 所示为一个剖切后的模型效果。

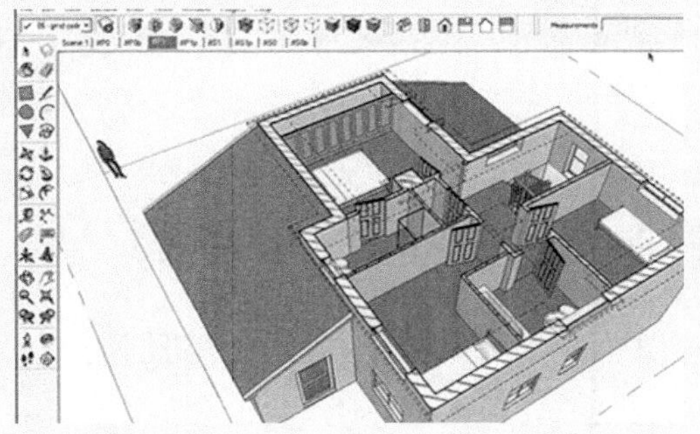

图 6-9　剖切模型效果

6.2.1 创建剖切面

创建剖切面可以更方便地观察模型内部结构，在作为展示的时候，可以让观察者更多、更全面地了解模型。

执行【截平面】命令主要有以下两种方式。

- 在菜单栏中选择【工具】|【剖切面】命令。
- 在菜单栏中选择【视图】|【工具栏】|【截面】命令，打开【截面】工具栏，单击【剖切面】按钮。

此时光标会出现一个剖切面，接着移动光标到几何体上，剖切面会对齐到所在表面上，如图 6-10 所示。移动截面至适当位置，然后右击放置截面，如图 6-11 所示。

在【样式】对话框中可以对截面线的粗细和颜色进行调整，如图 6-12 所示。

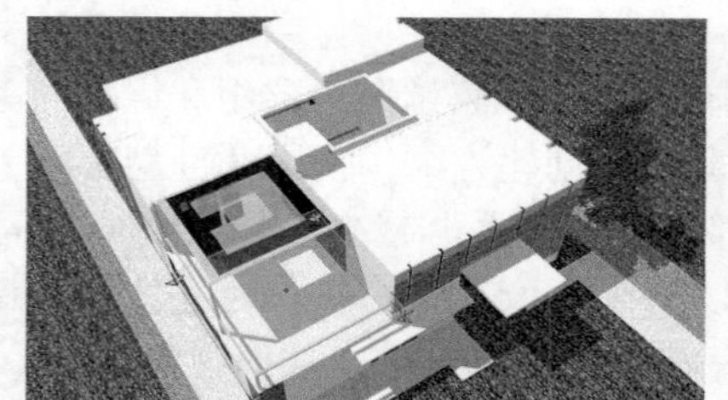

图 6-10　选择截面

图 6-11　放置截面

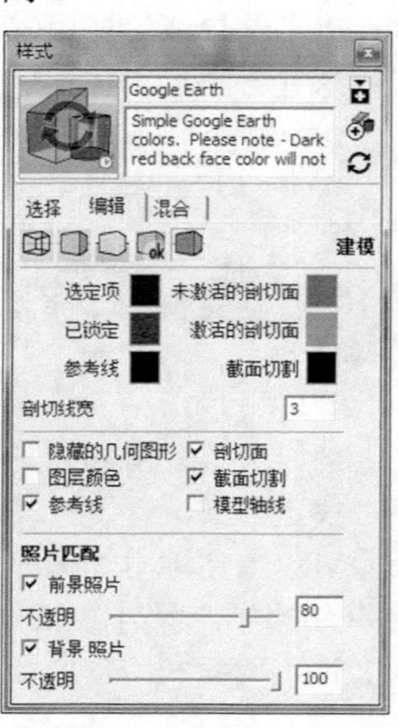

图 6-12　【样式】对话框

6.2.2 编辑剖切面

编辑剖切面可以更方便地展示模型，把需要显示的地方表现出来，使观察者更好地观察模型内部。

1. 【截面】工具栏

【截面】工具栏中的工具可以控制全局截面的显示和隐藏。选择【视图】|【工具栏】|【截面】命令即可打开【截面】工具栏，该工具栏共有 3 个工具，分别为【剖切面】工具、【打开或关闭剖切面】工具和【打开或关闭剖面切割】工具，如图 6-13 所示。

图 6-13　【截面】工具栏

- 【打开或关闭剖切面】工具：该工具用于在截面视图和完整模型之间切换，如图 6-14 和图 6-15 所示。

图 6-14　隐藏截平面

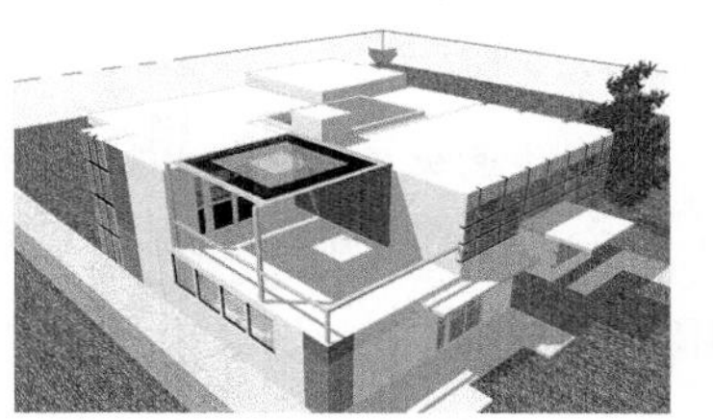

图 6-15　显示截平面

- 【打开或关闭剖面切割】工具：该工具用于快速显示和隐藏所有剖切的面，如图 6-16 和图 6-17 所示。

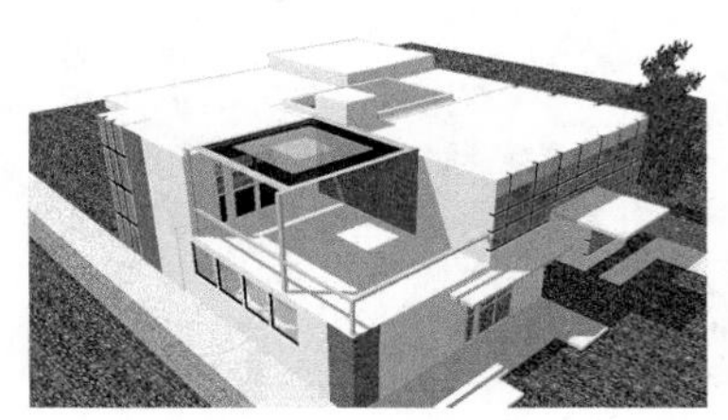

图 6-16　隐藏截面切割

图 6-17　显示截面切割

2. 移动和旋转截面

与其他实体一样，使用【移动】工具和【旋转】工具可以对截面进行移动和旋转，如图 6-18 和图 6-19 所示。

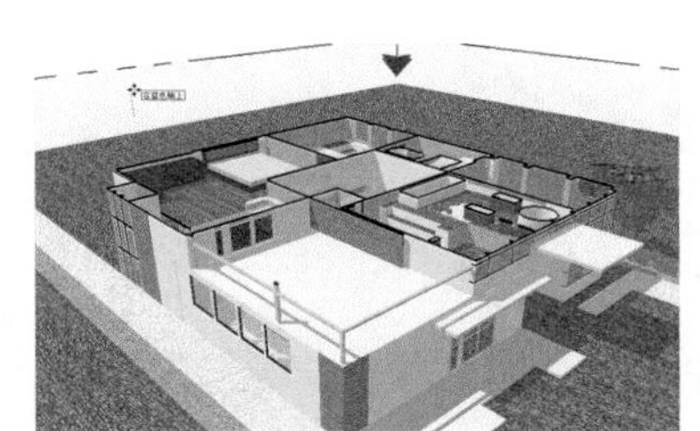

图 6-18　移动截面

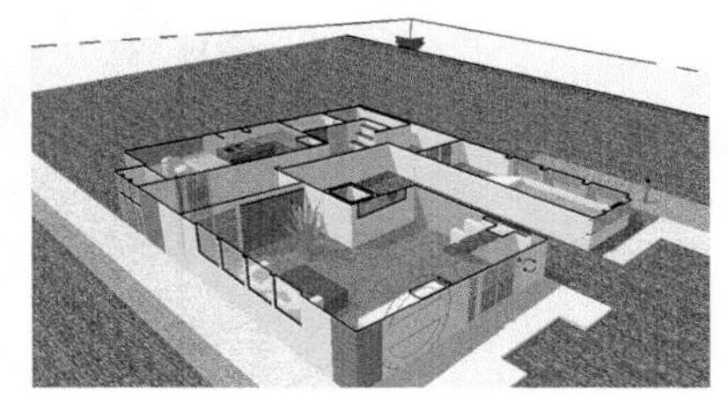

图 6-19　旋转截面

3. 反转截面的方向

在剖切面上右击，然后在弹出的快捷菜单中选择【反转】命令，或者直接选择【编辑】|【剖切面】|【翻转】命令，可以反转剖切的方向，如图 6-20 所示。

4. 激活截面

放置一个新的截面后，该截面会自动激活。在同一个模型中可以放置多个截面，但一次只能激活一个截面，激活一个截面的同时会自动淡化其他截面。

虽然一次只能激活一个截面，但是组合组件相当于“模型中的模型”，在它们内部还可以有各自的激活截面。例如，一个组里还嵌套了两个带剖切面的组，并且分别具有不同的剖切方向，再加上这个组的一个截面，那么在这个模型中就能对该组同时进行 3 个方向的剖切。也就是说，剖切面能作用于其所在的模型等级(包括整个模型、组合嵌套组等)中的所有几何体。

5. 将截面对齐到视图

要得到一个传统的截面视图，可以在截面上右击，然后在弹出的快捷菜单中选择【对齐视图】命令。此时截面对齐到屏幕，显示为一点透视截面或正视平面截面，如图 6-21 所示。

6. 从剖面创建组

在截面上右击，然后在弹出的快捷菜单中选择【从剖面创建组】命令。在截面与模型表面相交的位置会产生新的边线，并封装在一个组中，如图 6-22 所示。从剖切口创建的组可以被移动，也可以被分解。

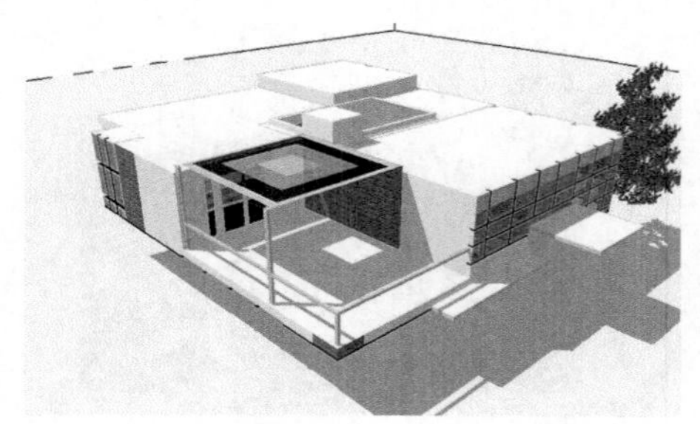

图 6-20　反转截面

图 6-21　对齐视图

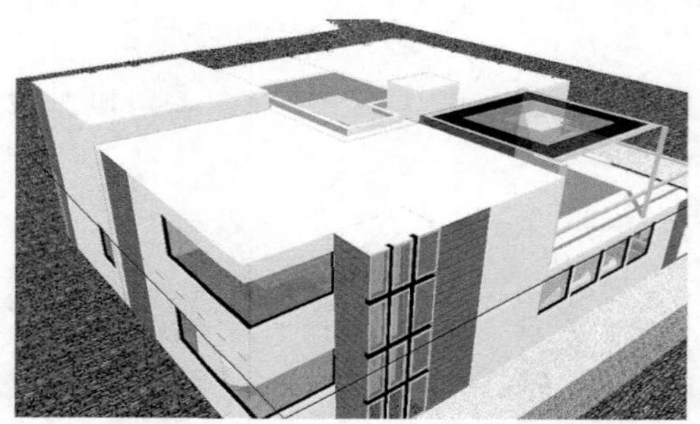

图 6-22　从剖面创建组

6.2.3　导出剖切面

导出截面后，可以很方便地将其应用到其他绘图软件中，例如将剖面导出为 DWG 和 DXF 格式的文件，这两种格式的文件可以直接应用于 AutoCAD 中，这样可以利用其他软件对图形进行修改。

SketchUp 的剖面可以导出为以下两种类型。

- 将剖切视图导出为光栅图像文件。只要模型视图中有激活的剖切面，任何光栅图像导出都会包括剖切效果。
- 将剖面导出为 DWG 和 DXF 格式的文件，这两种格式的文件可以直接应用于 AutoCAD 中。

选择【文件】|【导出】|【剖面】命令，打开【输出二维剖面】对话框，设置【文件类型】为【AutoCAD DWG 文件(*.dwg)】，如图 6-23 所示。

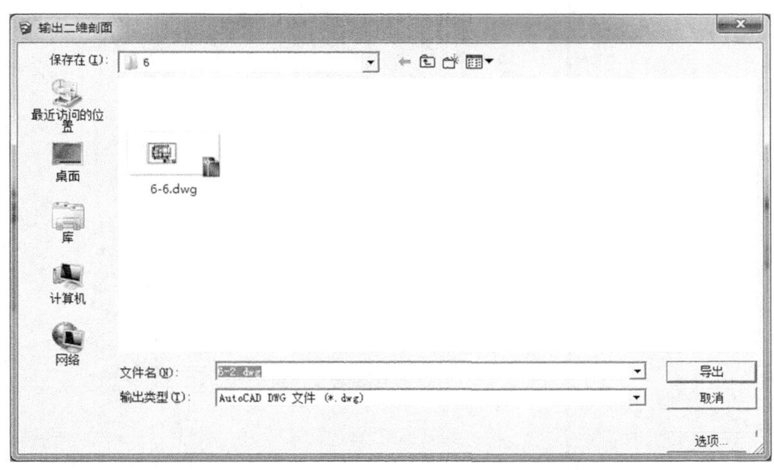

图 6-23 【输出二维剖面】对话框

设置文件保存的类型后即可直接导出，也可以单击【选项】按钮，打开【二维剖面选项】对话框，如图 6-24 所示，然后在该对话框中进行相应的设置，再进行输出。

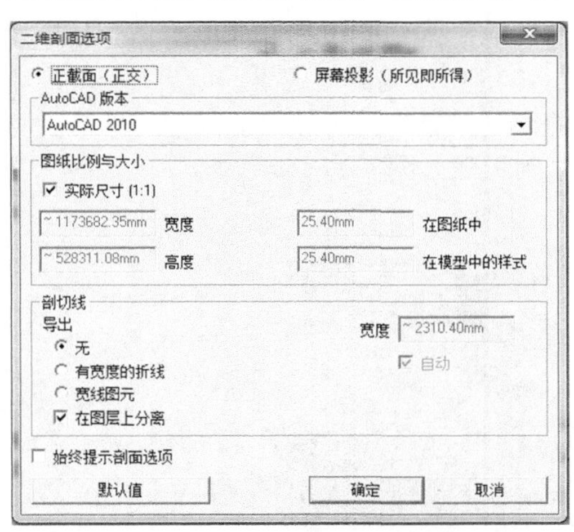

图 6-24 【二维剖面选项】对话框

6.2.4 制作剖切面动画

结合 SketchUp 的剖面功能和页面功能可以生成剖面动画。例如在建筑设计方案中，可以制作剖面生长动画，带来建筑层层生长的视觉效果。

选择【窗口】|【模型信息】命令，打开【模型信息】对话框，然后在【动画】选项中设置【开启场景过度】和【场景暂停】参数，如图 6-25 所示。完成设置后，选择【文件】|【导出】|【动画】|【视频】命令，就可以导出动画。

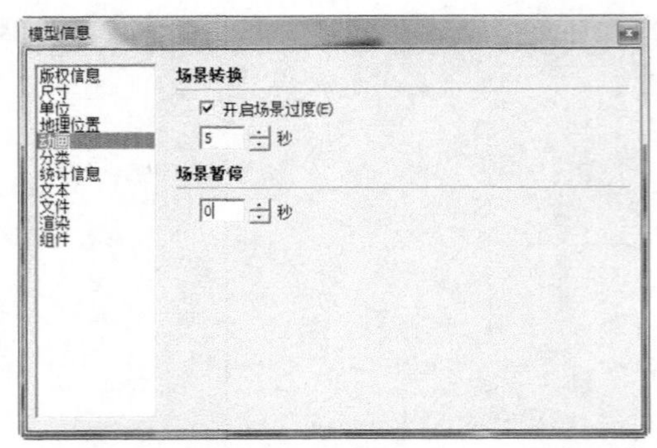

图 6-25 【模型信息】对话框

课后练习

案例文件：ywj\06\6-2.skp、ywj\06\6-2.avi

视频文件：光盘→视频课堂→第 6 教学日→6.2

练习案例分析及步骤如下。

本节练习建筑剖切面的制作，通过剖切面工具，可以更加立体地观察建筑内部结构，案例将教会大家绘制建筑的生长动画，如图 6-26 所示为案例效果。

本案例主要练习剖切平面的绘制，首先打开建筑的模型，之后进行剖切平面的设计，最后导出建筑生长的动画效果，本案例的绘制步骤如图 6-27 所示。

图 6-26 建筑动画效果

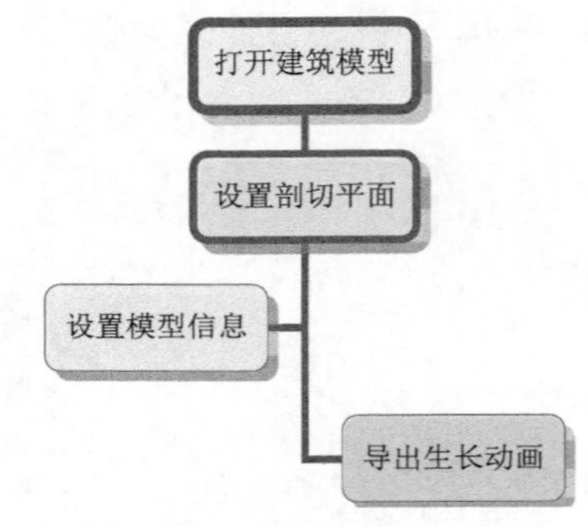

图 6-27 绘制动画的步骤

练习案例操作步骤如下。

step 01 打开 6.2.skp 文件，将需要制作动画的建筑体创建为组，如图 6-28 所示。

step 02 双击进入组内部编辑，然后用【剖切面】工具，在建筑最底层创建一个截面，如图 6-29 所示。

step 03 选择【大工具集】工具栏中的【移动】工具❖，将剖切面向上移动复制 21 份，复制时注意最上面的剖切面要高于建筑模型，而且要保持剖切面之间的间距相等(这是因为场景过渡时间相等，所以如果剖面之间距离不一致，就会带来“生长”速度有快有慢不一致的效果)，如图 6-30 所示。

step 04 选中建筑最底层的剖切面，然后右击，在弹出的快捷菜单中选择【显示剖切】命令，如图 6-31 所示。

图 6-28　创建组件

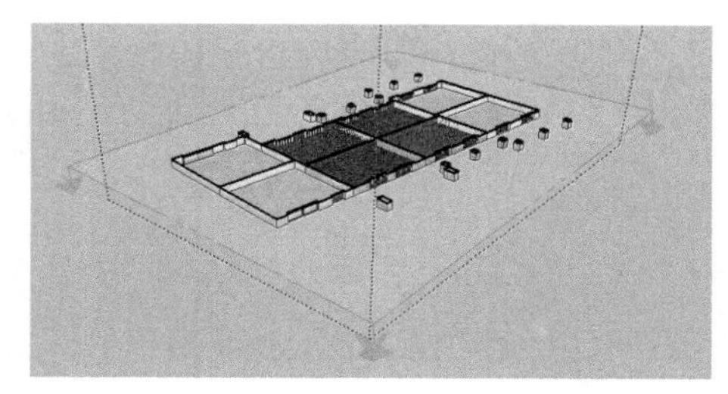

图 6-29　创建剖切面

图 6-30　复制剖切面

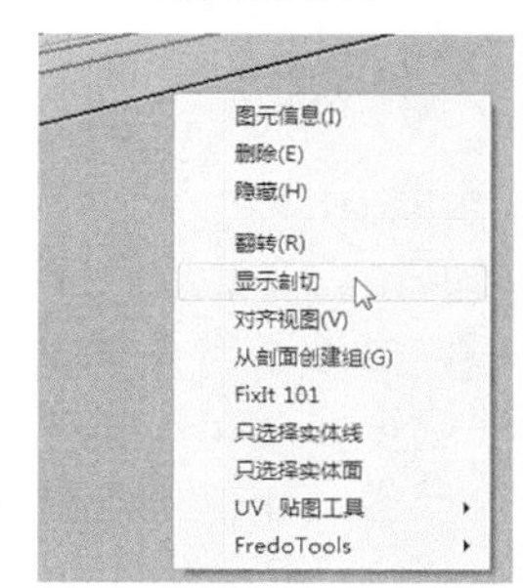

图 6-31　选择【显示剖切】命令

step 05 将所有剖切面隐藏，按 Esc 键退出组件编辑状态，然后打开场景管理器创建一个新的场景(场景 1)，如图 6-32 所示。

step 06 创建完场景 1 以后，显示所有隐藏的剖切面，然后选择第二个剖切面进行激活，并将剖切面再次隐藏，接着在场景管理器中添加一个新的场景(场景 2)，如图 6-33 所示。

图 6-32　创建场景 1

图 6-33　添加场景 2

step 07 添加其余剖切面的场景，如图 6-34 和图 6-35 所示。

图 6-34　继续添加场景 3

图 6-35　继续添加场景 4

step 08 选择【窗口】|【模型信息】命令，打开【模型信息】对话框，然后在【动画】选项中设置【开启场景过度】为 5 秒、【场景暂停】为 0 秒，如图 6-36 所示。

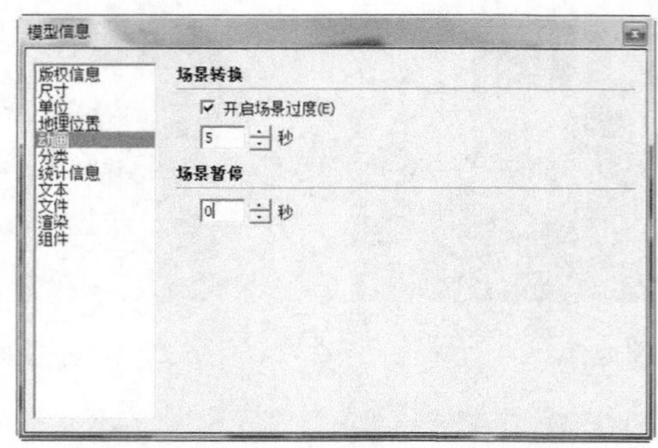

图 6-36 【模型信息】对话框

step 09 完成设置后，选择【文件】|【导出】|【动画】|【视频】命令，如图 6-37 所示。

step 10 在弹出的【输出动画】对话框中单击【选项】按钮，弹出【动画导出选项】对话框，调节宽度为 640，长度为 480，如图 6-38 所示。单击【确定】按钮，再单击【导出】按钮，输出动画，范例的最终动画效果如图 6-39 所示。

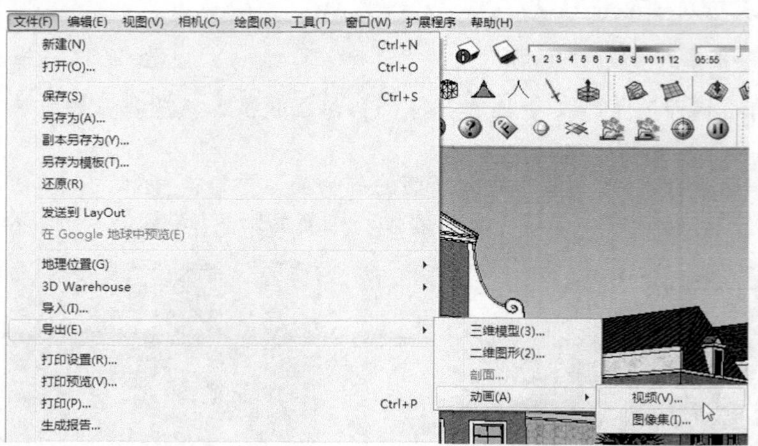

图 6-37 选择导出动画命令

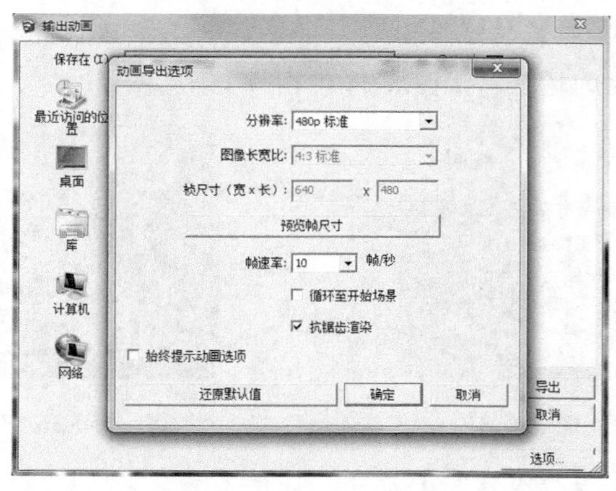

图 6-38 【动画导出选项】对话框

图 6-39　最终动画效果

建筑设计实践：实际的建筑物是不可能将其剖开来表示的，只有建筑草图或者效果图的设计中，才能将其内外均表现出来，使人们看到更好的建筑效果。如图 6-40 所示为建筑部分剖开的表现效果。

图 6-40　建筑部分剖开的效果

第 3 课　2 课时　使用沙盒工具

从 SketchUp 5 以后，创建地形使用的都是沙盒工具。确切地说，沙盒工具是一个插件，是用 Ruby 语言结合 SketchUp Ruby API 编写的，并对其源文件进行了加密处理。从 SketchUp 2014 开始，其沙盒功能自动加载到了软件中。本课就来对沙盒工具进行讲解。

行业知识链接：地形是建筑效果和景观效果中很重要的部分，SketchUp 创建地形有其独特的优势，也很方便快捷。如图 6-41 所示为一个景观地形的表现效果。

图 6-41　景观地形表现效果

6.3.1　【沙盒】工具栏

选择【视图】|【工具栏】|【沙盒】命令将打开【沙盒】工具栏，该工具栏中包含了 7 个工具，分别是【根据等高线创建】工具、【根据网格创建】工具、【曲面起伏】工具、【曲面平整】工具、【曲面投射】工具、【添加细部】工具和【对调角线】工具，如图 6-42 所示。

图 6-42　【沙盒】工具栏

6.3.2　根据等高线创建

执行【根据等高线创建】命令主要有以下两种方式。

- 在菜单栏中选择【绘图】|【沙盒】|【根据等高线创建】命令。
- 单击【沙盒】工具栏中的【根据等高线创建】按钮。

使用【根据等高线创建】工具(或选择【绘图】|【沙盒】|【根据等高线创建】命令)，可以让封闭相邻的等高线形成三角面。等高线可以是直线、圆弧、圆、曲线等，使用该工具将会使这些闭合或不闭合的线封闭成面，从而形成坡地。

例如使用【手绘线】工具在视图上创建地形，如图 6-43 所示。

选择绘制好的等高线，然后使用【根据等高线创建】工具，生成的等高线地形会自动形成一个组，在组外将等高线删除，如图 6-44 所示。

图 6-43　徒手画工具

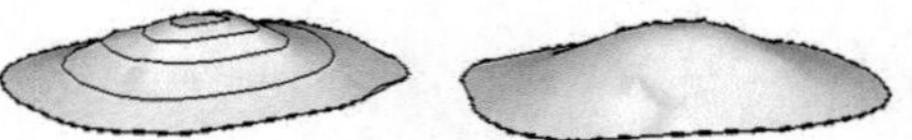

图 6-44　根据等高线工具创建

6.3.3　根据网格创建

执行【根据网格创建】命令主要有以下两种方式。

- 在菜单栏中选择【绘图】|【沙盒】|【根据网格创建】命令。
- 单击【沙盒】工具栏中的【根据网格创建】按钮。

使用【根据网格创建】工具(或者选择【绘图】|【沙盒】|【根据网格创建】命令)可以根据网格创建地形。当然，创建的只是大致的地形空间，并不十分精确。如果需要精确的地形，还是要使用前面介绍的【根据等高线创建】工具。

6.3.4　曲面起伏

执行【曲面起伏】命令主要有以下两种方式。

- 在菜单栏中选择【工具】|【沙盒】|【曲面起伏】命令。
- 单击【沙盒】工具栏中的【曲面起伏】按钮。

使用【曲面起伏】工具(或者选择【工具】|【沙盒】|【曲面起伏】命令)可以将网格中的部分进行曲面拉伸。

6.3.5　曲面平整

执行【曲面平整】命令主要有以下两种方式。

- 在菜单栏中选择【工具】|【沙盒】|【曲面平整】命令。
- 单击【沙盒】工具栏中的【曲面平整】按钮。

使用【曲面平整】工具(或者选择【工具】|【沙盒】|【曲面平整】命令)可以在复杂的地形表面上创建建筑基面和平整场地，使建筑物能够与地面更好地结合。

使用【曲面平整】工具不支持镂空的情况，遇到有镂空的面会自动闭合；同时，也不支持 90°垂直方向或大于 90°以上的转折，遇到此种情况会自动断开，如图 6-45 所示。

图 6-45　曲面平整工具创建

6.3.6 曲面投射

执行【曲面投射】命令主要有以下两种方式。

- 在菜单栏中选择【工具】|【沙盒】|【曲面投射】命令。
- 单击【沙盒】工具栏中的【曲面投射】按钮。

使用【曲面投射】工具(或者选择【工具】|【沙盒】|【曲面投射】命令)可以将物体的形状投射到地形上。与【曲面平整】工具不同的是，【曲面平整】工具是在地形上建立一个基底平面使建筑物与地面更好地结合，而【曲面投射】工具是在地形上划分一个投射面物体的形状。

6.3.7 添加细部

执行【添加细部】命令主要有以下两种方式。

- 在菜单栏中选择【工具】|【沙盒】|【添加细部】命令。
- 单击【沙盒】工具栏中的【添加细部】按钮。

使用【添加细部】工具(或者选择【工具】|【沙盒】|【添加细部】命令)可以在根据网格创建地形不够精确的情况下，对网格进行进一步修改。细分的原则是将一个网格分成 4 块，共形成 8 个三角面，但破面的网格会有所不同，如图 6-46 所示。

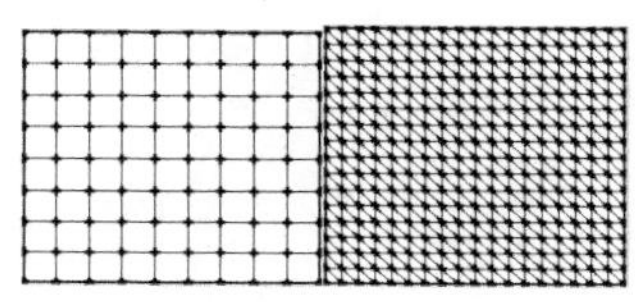

图 6-46 添加细部工具

提示：添加图层的原则是按绘图要素的分类来新增图层，一个图层就是一种图形类别。

6.3.8 翻转边线

执行【翻转边线】命令主要有以下两种方式。

- 在菜单栏中选择【工具】|【沙盒】|【对调角线】命令。
- 单击【沙盒】工具栏中的【对调角线】按钮。

使用【对调角线】工具(或者选择【工具】|【沙盒】|【对调角线】命令)可以人为地改变地形网格边线的方向，对地形的局部进行调整。某些情况下，对于一些地形的起伏不能顺势而下，选择【对调角线】命令，改变边线凹凸的方向就可以很好地解决此问题。

课后练习

案例文件：ywj\06\6-3.skp

视频文件：光盘→视频课堂→第 6 教学日→6.3

练习案例分析及步骤如下。

课后练习通过沙盒工具绘制模型，相信大家在以后绘制模型的过程中，可以熟练使用沙盒工具，如图 6-47 所示为案例模型效果。

本案例主要练习地形的绘制过程，首先绘制建筑模型，之后使用沙盒工具绘制地面，最后上色完成效果，案例的绘制思路和步骤如图 6-48 所示。

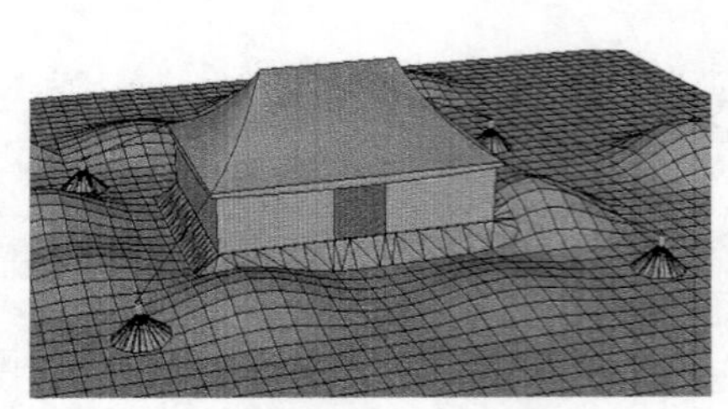

图 6-47　案例模型效果

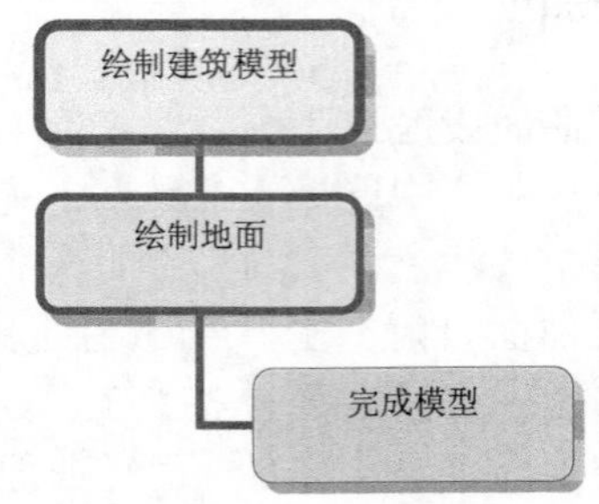

图 6-48　案例的绘制思路和步骤

练习案例操作步骤如下。

step 01 单击【大工具集】工具栏中的【矩形】按钮，绘制长度和宽度分别为 12000mm 和 9000mm 的矩形，如图 6-49 所示。

step 02 单击【大工具集】工具栏中的【推/拉】按钮，推拉矩形，高度为 2800mm，如图 6-50 所示。

图 6-49　绘制矩形

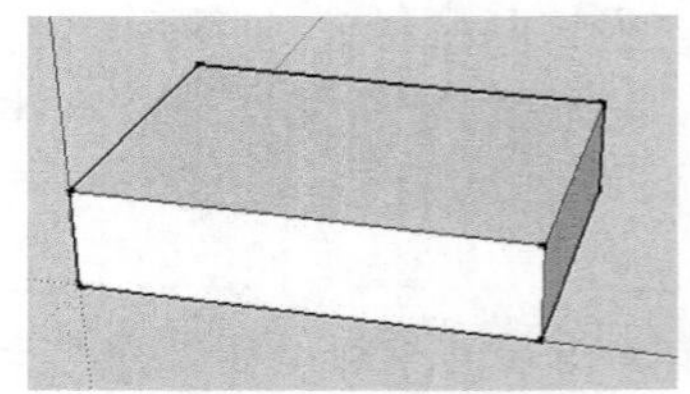

图 6-50　推拉矩形

step 03 单击【大工具集】工具栏中的【偏移】按钮，选择矩形顶面，向外偏移矩形，距离为 225mm，如图 6-51 所示。

step 04 单击【大工具集】工具栏中的【卷尺】按钮，选择矩形顶面外边线，在距离为 3225mm 处绘制辅助线，如图 6-52 所示。

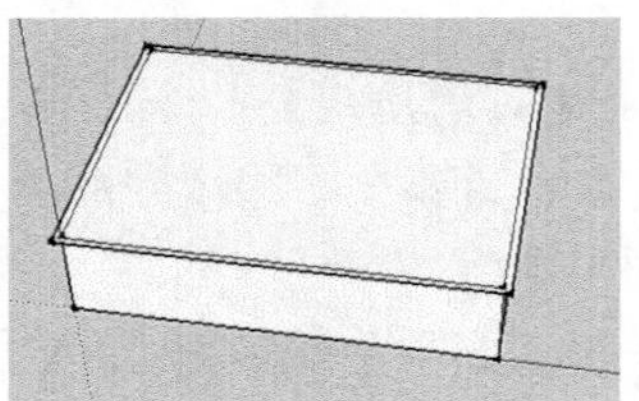

图 6-51　偏移矩形

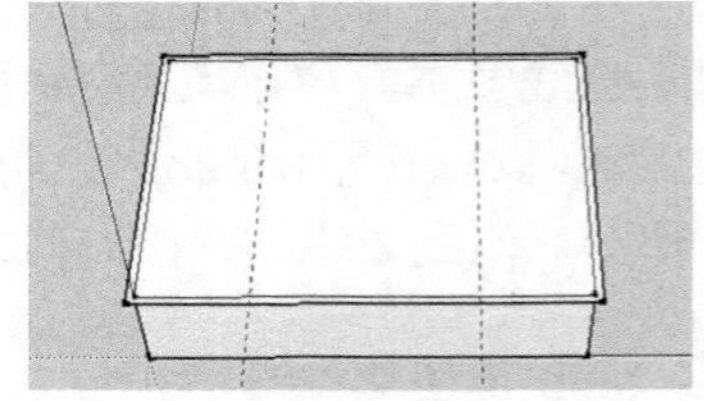

图 6-52　绘制辅助线

step 05 单击【大工具集】工具栏中的【直线】按钮，在矩形中心区域绘制直线，如图 6-53 所示。

step 06 单击【大工具集】工具栏中的【移动】按钮，选择直线向上移动，距离为 3590mm，如图 6-54 所示。

step 07 单击【大工具集】工具栏中的【矩形】按钮，绘制矩形，连接线的端点与矩形端点，如图 6-55 所示。

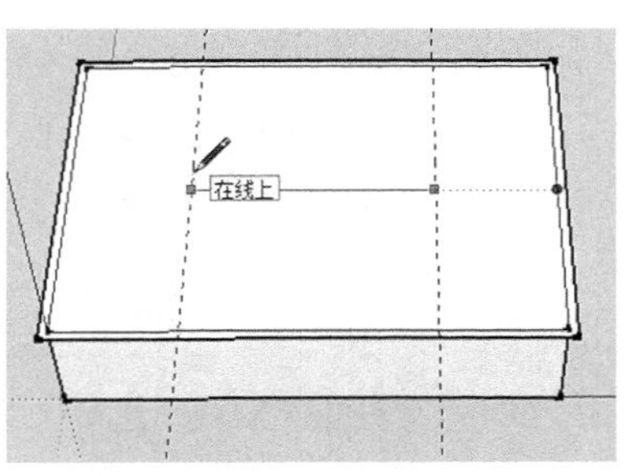

图 6-53　绘制直线

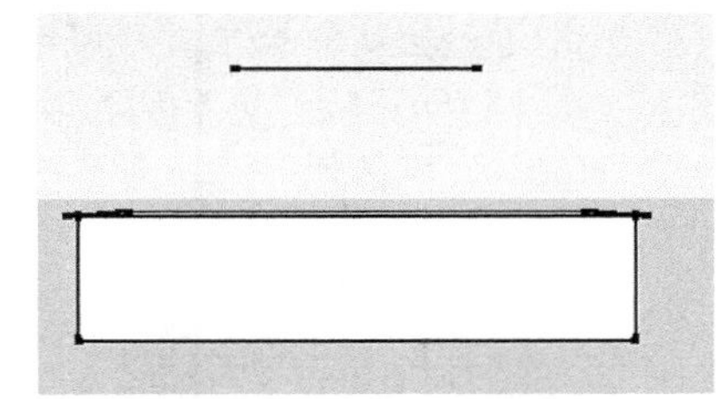

图 6-54　移动直线

step 08 单击【大工具集】工具栏中的【圆弧】按钮，在矩形面上绘制出一条弧线，凸出部分距离为 500mm，如图 6-56 所示。

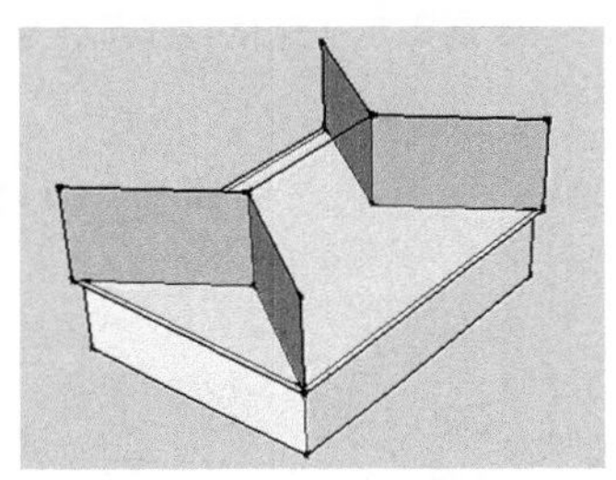

图 6-55　绘制矩形

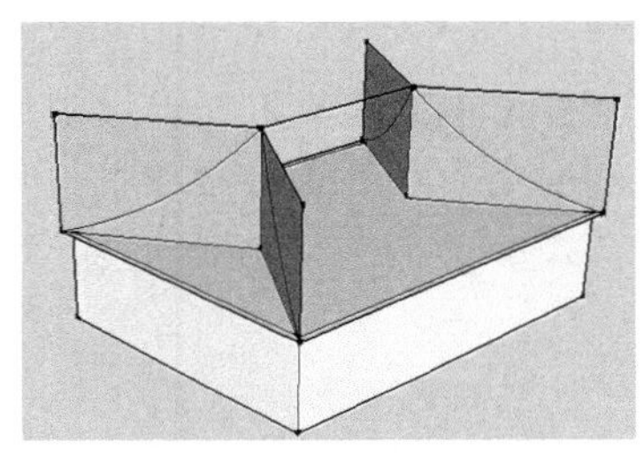

图 6-56　绘制弧线

step 09 单击【大工具集】工具栏中的【圆弧】按钮，绘制圆弧，如图 6-57 所示。

step 10 删除多余线条，如图 6-58 所示。

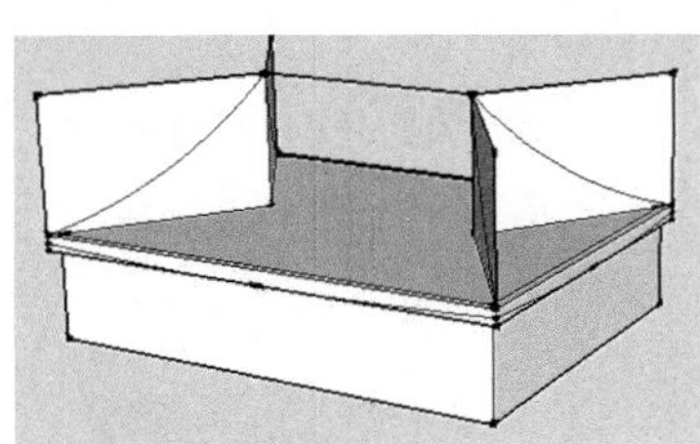

图 6-57　绘制圆弧

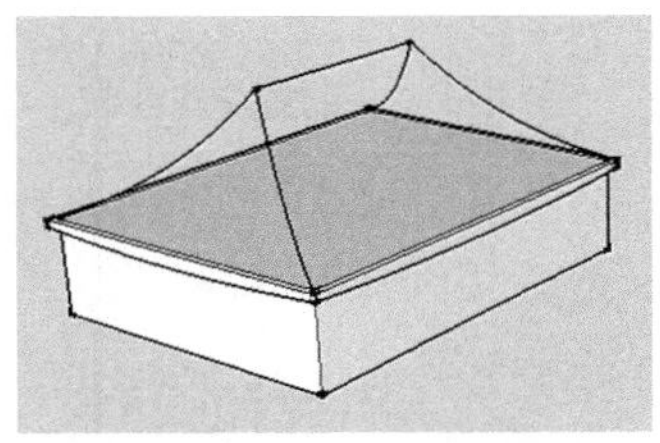

图 6-58　删除多余线条

step 11 单击【沙盒】工具栏中的【根据等高线创建】按钮，选择线，如图 6-59 所示，根据等高线完成膜的创建，如图 6-60 所示。

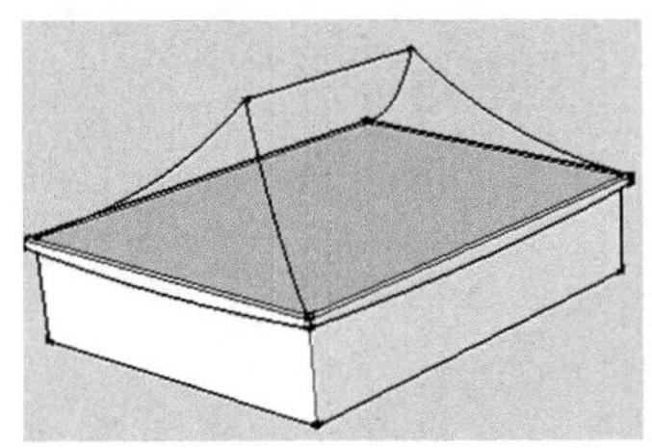

图 6-59　选择线

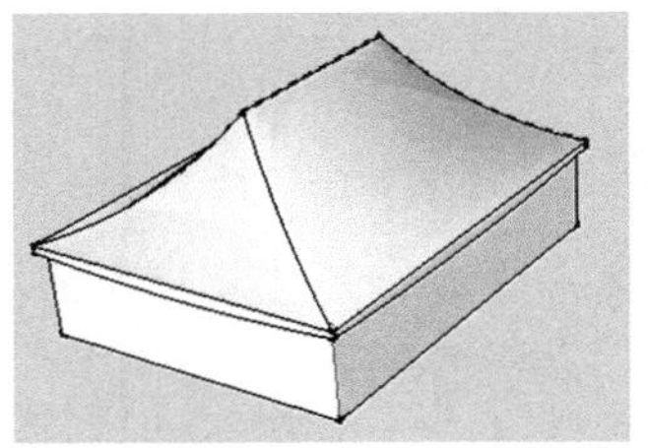

图 6-60　根据等高线创建膜

step 12 单击【大工具集】工具栏中的【矩形】按钮，绘制长度和宽度分别为 2200mm 和

2800mm 的矩形门，并删除面，如图 6-61 所示。

step 13 单击【大工具集】工具栏中的【多边形】按钮，绘制边为 6 的多线形，单击【大工具集】工具栏中的【推/拉】按钮，推拉厚度为 400mm，单击【直线】按钮，绘制直线，绘制出固定帐篷的绳子与木钉，如图 6-62 所示。

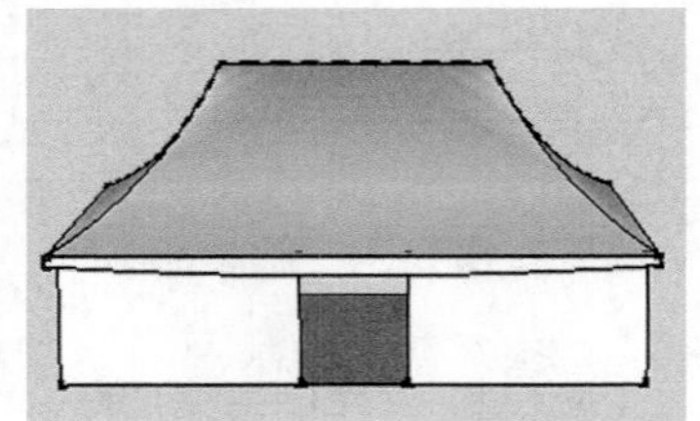

图 6-61　绘制门

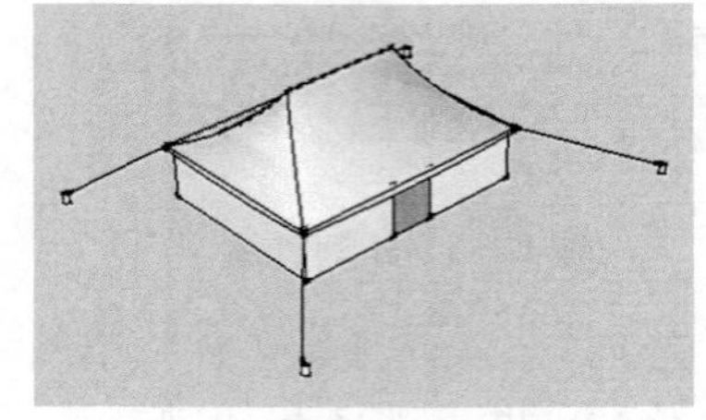

图 6-62　绘制固定帐篷的绳子与木钉

step 14 单击【大工具集】工具栏中的【颜料桶】按钮，添加帐篷颜色，如图 6-63 所示。

step 15 单击【沙盒】工具栏中的【根据网格创建】按钮，设置网格间距为 1000mm，创建地面，如图 6-64 所示。

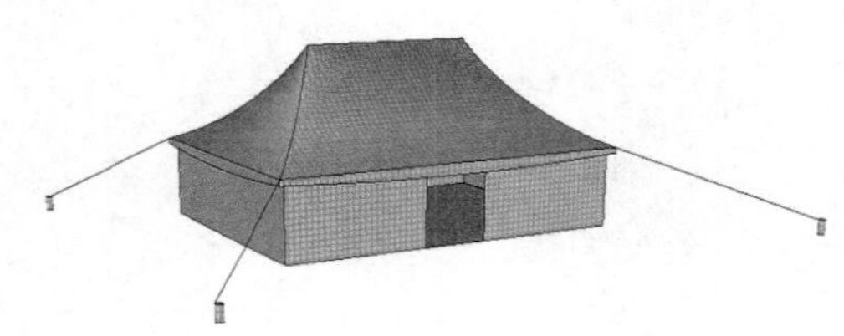

图 6-63　完成帐篷绘制

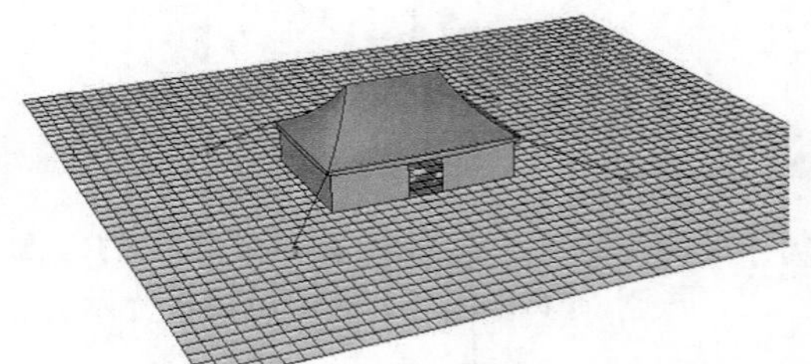

图 6-64　绘制网格地面

step 16 单击【沙盒】工具栏中的【曲面起伏】按钮，绘制地形，如图 6-65 所示。

step 17 单击【大工具集】工具栏中的【移动】按钮，移动小帐篷，如图 6-66 所示。

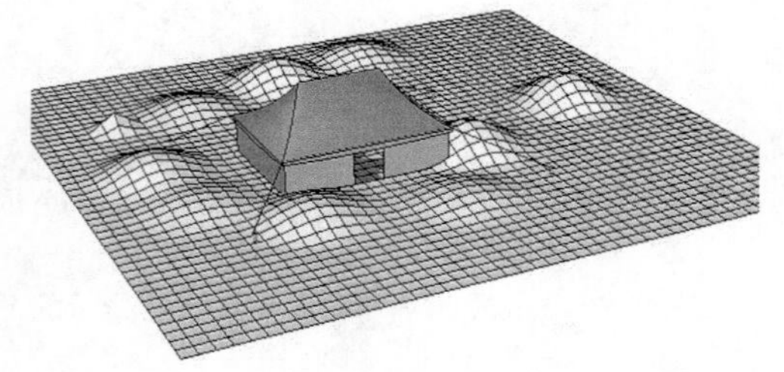

图 6-65　绘制地形

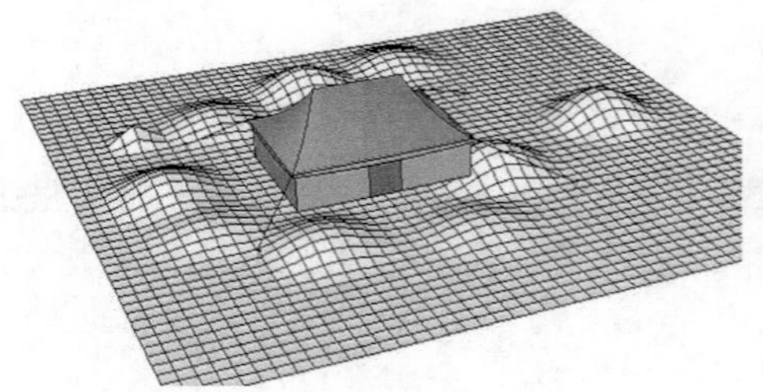

图 6-66　移动图形

step 18 单击【沙盒】工具栏中的【曲面平整】按钮，单击小帐篷底部，再单击地面，拉伸出地面，如图 6-67 所示。

step 19 单击【大工具集】工具栏中的【颜料桶】按钮，添加地面颜色，完成案例制作，如图 6-68 所示。

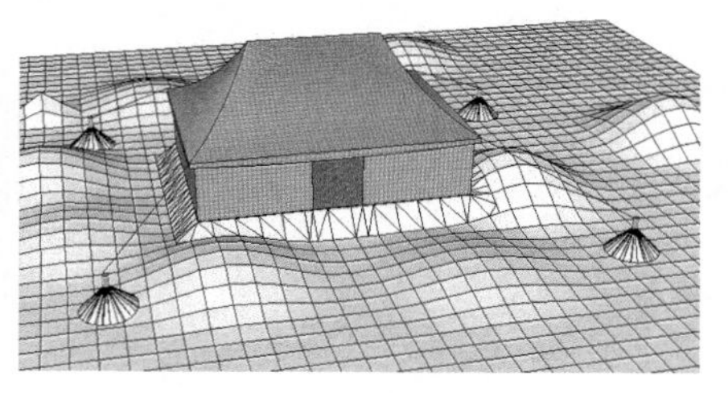

图 6-67　拉伸出地面

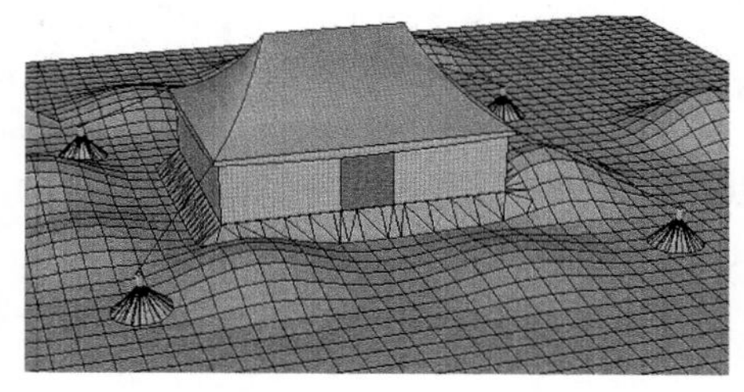

图 6-68　完成案例制作

建筑设计实践：建筑周边实际的地形通常都比较复杂，只有把建筑放在复杂的地形中才能表现出更真实的效果，而有些效果如景观就是直接要表现出地形的真实效果来。如图 6-69 所示为某山地模型效果。

图 6-69　山地模型效果

第4课　3课时　利用插件

在前面的命令讲解及重点实战中，为了让用户熟悉 SketchUp 的基本工具和使用技巧，都没有使用 SketchUp 以外的工具。但是在制作一些复杂模型时，使用 SketchUp 自身的工具来制作会很烦琐，在这种时候使用第三方的插件会起到事半功倍的作用。本课将介绍一些常用插件，这些插件都是专门针对 SketchUp 的缺陷而设计开发的，具有很高的实用性，读者可以根据实际工作进行选择使用。

行业知识链接：使用插件可以快速简捷地完成很多模型效果，这在 SketchUp 设计中很有用，安装和使用插件是设计师在草图设计中的必修课。如图 6-70 所示为通过插件创建的廊架效果。

图 6-70　廊架效果

6.4.1　插件的获取和安装

SketchUp 的插件也称为脚本(Script)，是用 Ruby 语言编制的实用程序，通常程序文件的后缀名为.rb。一个简单的 SketchUp 插件只有一个.rb 文件，复杂一点的可能会有多个.rb 文件，并带有自己的文件夹和工具图标。安装插件时只需要将它们复制到 SketchUp 安装的 Plugins 子文件夹中即可。个别插件有专门的安装文件，在安装时可与 Windows 应用插件一样进行安装。

提示：添加 SketchUp 插件可以通过互联网来获取，某些网站提供了大量插件，很多插件都可以通过这些网站下载使用。

6.4.2 标记线头插件

执行【标记线头】命令的方法为在菜单栏中，选择【扩展程序】|【线面辅助工具】|【查找线头工具】|【标记线头】命令。

这款插件在进行封面操作时非常有用，可以快速显示导入的 AutoCAD 图形线段之间的缺口，菜单命令如图 6-71 所示。

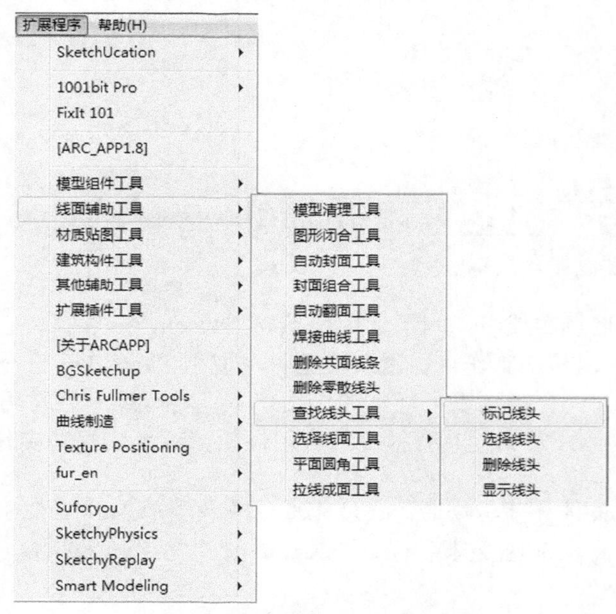

图 6-71 选择【标记线头】命令

6.4.3 焊接曲线工具插件

执行【焊接曲线工具】命令的方法为在菜单栏中，选择【扩展程序】|【线面辅助工具】|【焊接曲线工具】命令。

在使用 SketchUp 建模的过程中，经常会遇到某些边线会变成分离的多个小线段，很不方便选择和管理，特别是在需要重复操作它们时会更麻烦，而使用焊接曲线工具插件能很容易地解决这个问题，如图 6-72 所示。

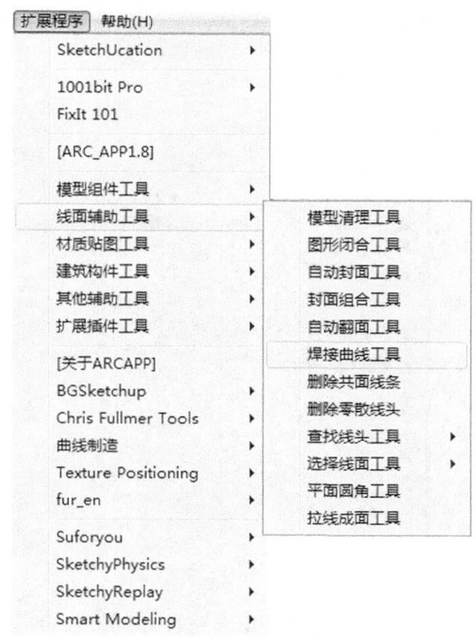

图 6-72　选择【焊接曲线工具】命令

6.4.4　拉线成面工具插件

执行【拉线成面工具】命令的方法为在菜单栏中，选择【扩展程序】|【线面辅助工具】|【拉线成面工具】命令。

使用时选定需要挤压的线就可以直接应用该插件，挤压的高度可以在数值控制框中输入准确数值，当然也可以通过拖曳光标的方式拖出高度。拉伸线插件可以快速将线拉伸成面，其功能与 SUAPP 中的【线转面】功能类似。

有时在制作室内场景时，可能只需要单面墙体，通常的做法是先做好墙体截面，然后使用【推/拉】工具推拉出具有厚度的墙体，接着删除朝外的墙面，才能得到需要的室内墙面，操作起来比较麻烦。使用 Extruded Lines 插件(拉线成面工具插件)可以简化操作步骤，只需要绘制出室内墙线就可以通过这个插件挤压出单面墙。

拉线成面工具插件不但可以对一个平面上的线进行挤压，而且对空间曲线同样适用。如在制作旋转楼梯的扶手侧边曲面时，有了这个插件后就可以直接挤压出曲面，如图 6-73 所示。

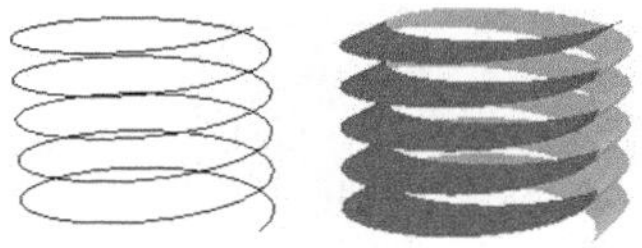

图 6-73　使用拉线成面工具插件

6.4.5　距离路径阵列插件

执行【距离路径阵列】命令的方法为在菜单栏中，选择【扩展程序】|【模型组件工具】|【距离路径阵列】命令。

在 SketchUp 中沿直线或圆心阵列多个对象是比较容易的，但是沿一条稍复杂的路径进行阵列就很难了，遇到这种情况时可以使用距离路径阵列插件来完成，该插件只对组和组件进行操作，如图 6-74 所示。

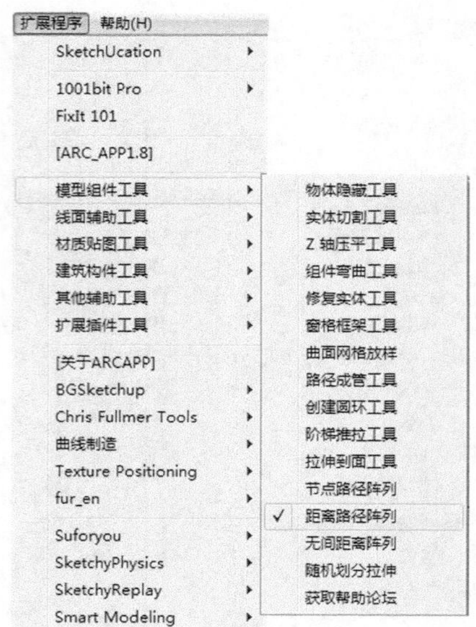

图 6-74　选择【距离路径阵列】命令

6.4.6　平面圆角工具插件

执行【平面圆角工具】命令的方法为在菜单栏中，选择【扩展程序】|【线面辅助工具】|【平面圆角工具】命令。

选择两条相交或延长线相交的线后调用该命令，输入倒角半径，按 Enter 键确认，如图 6-75 所示。

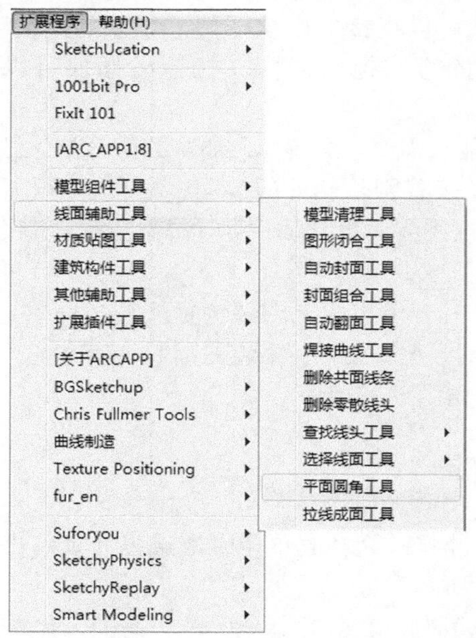

图 6-75　选择【平面圆角工具】命令

课后练习

案例文件：ywj\06\6-4.skp

视频文件：光盘→视频课堂→第 6 教学日→6.4

练习案例分析及步骤如下。

本课后练习是利用插件绘制模型，通过插件绘制，可以大大提高绘图的工作效率，如图 6-76 所示为水池案例模型。

本案例主要练习插件的使用，首先绘制水池模型，之后使用插件绘制水的效果，最后绘制山石完成整个模型制作，案例的绘制思路和步骤如图 6-77 所示。

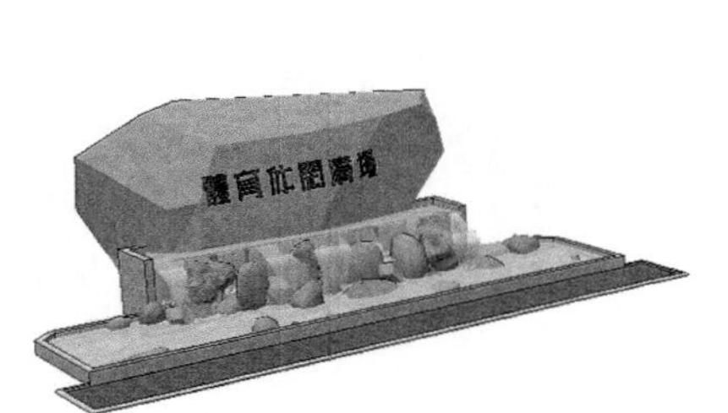

图 6-76　水池案例模型

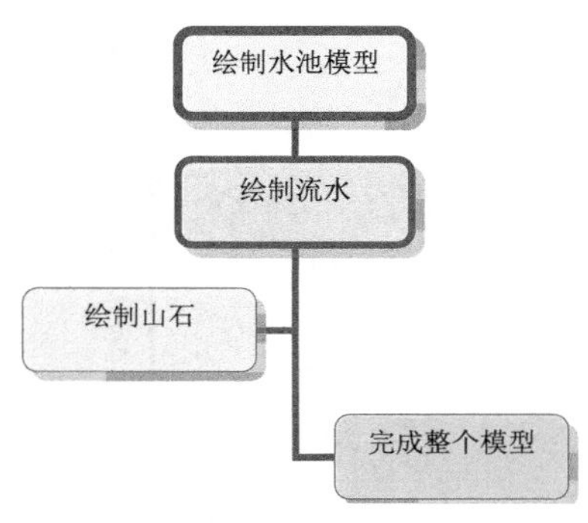

图 6-77　案例绘制思路和步骤

练习案例操作步骤如下。

step 01 单击【大工具集】工具栏中的【直线】按钮，绘制水池底部轮廓，如图 6-78 所示。

step 02 单击【大工具集】工具栏中的【推/拉】按钮，推拉出轮廓线高度，如图 6-79 所示。

图 6-78　绘制轮廓线

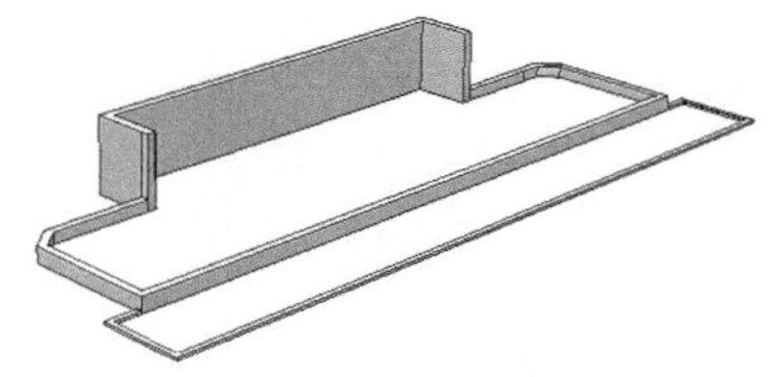

图 6-79　推拉图形

step 03 单击 Round Corners(倒圆角)工具栏中的 Round Corners in3D 按钮，对草坪的边进行圆角处理，圆角尺寸为 5mm，如图 6-80 所示。圆角处理的效果如图 6-81 所示。

step 04 单击【大工具集】工具栏中的【矩形】按钮，绘制矩形，如图 6-82 所示。

step 05 单击【大工具集】工具栏中的【圆弧】按钮，绘制圆弧，如图 6-83 所示。

step 06 选择【扩展程序】|【线面辅助工具】|【拉线成面工具】命令，如图 6-84 所示。

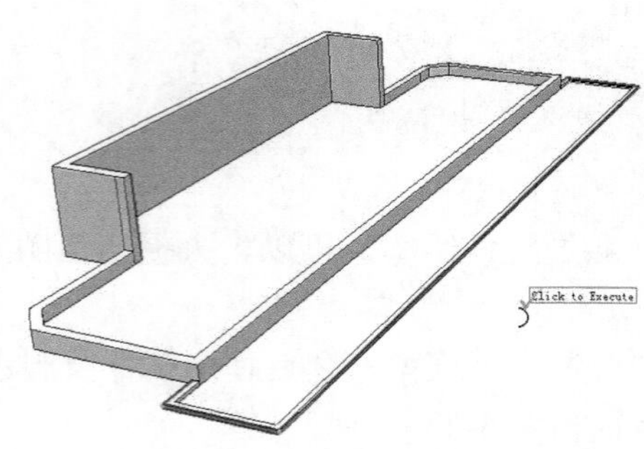

图 6-80　选择边线

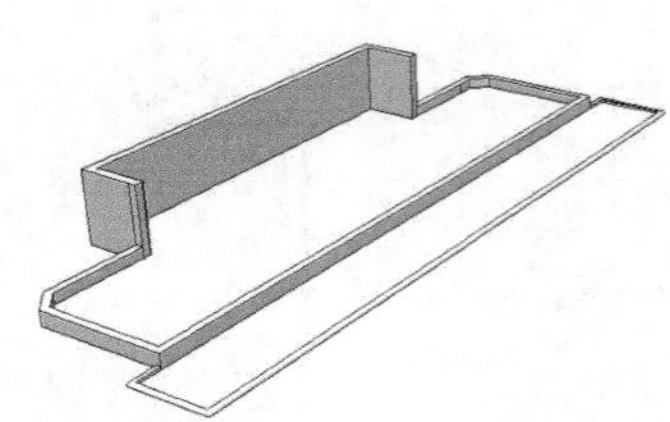

图 6-81　圆角处理效果

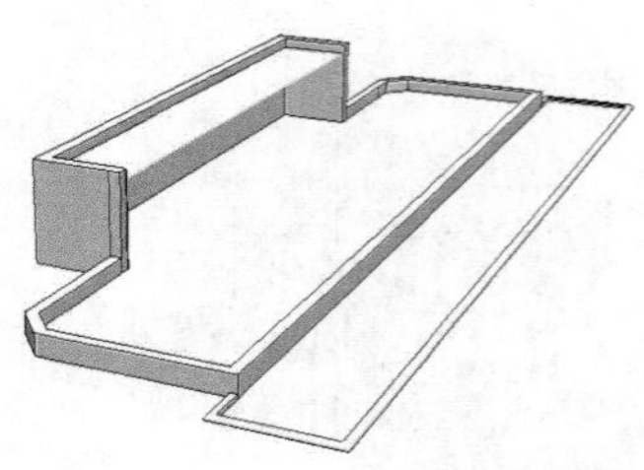

图 6-82　绘制矩形

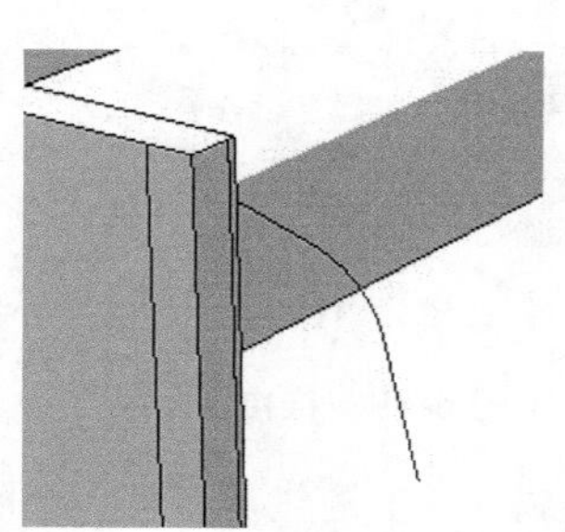

图 6-83　绘制圆弧

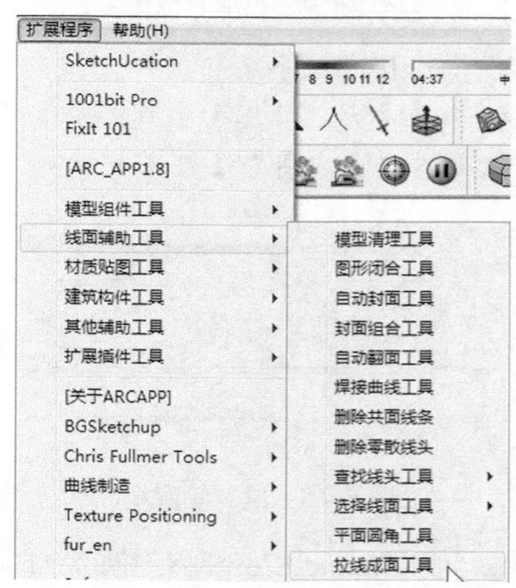

图 6-84　选择【拉线成面工具】命令

step 07 选择弧线，拉线成面，如图 6-85 所示。

step 08 单击【大工具集】工具栏中的【直线】按钮，绘制石头的轮廓线，如图 6-86 所示。

step 09 单击【沙盒】工具栏中的【根据等高线创建】按钮，绘制石头，如图 6-87 所示。

step 10 使用相同的方法，完成水池模型的绘制，如图 6-88 所示。

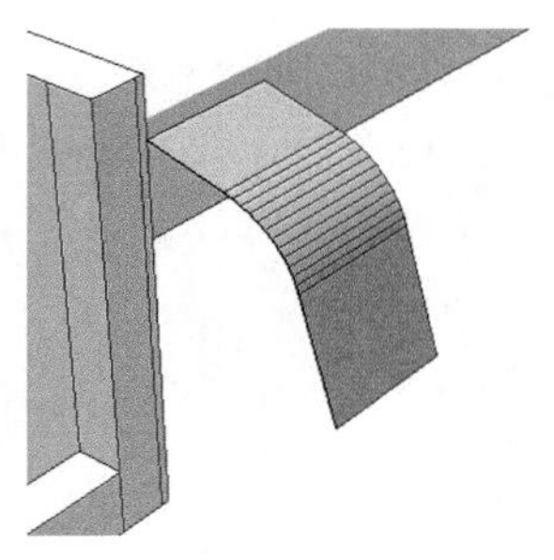

图 6-85　拉线成面

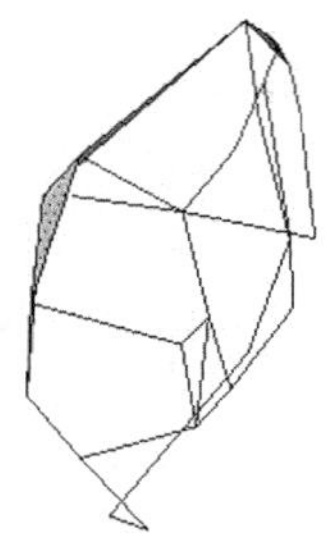

图 6-86　绘制轮廓线

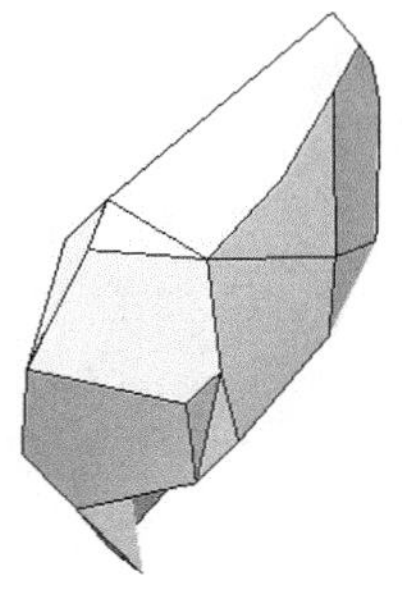

图 6-87 绘制石头

图 6-88　完成模型绘制

建筑设计实践：景观设计中体现“以人为本”的概念，强调“人与自然的和谐”，充分考虑当地地理地形条件，尽量利用当地的沟壑山丘，避免大土方量的改造，并主张通过景观设计，实现意境再造。如图 6-89 所示为比较好的景观设计效果。

图 6-89　景观设计效果

第 5 课　2 课时　文件的导入与导出

SketchUp 可以与 AutoCAD、3ds Max 等相关图形处理软件共享数据成果，以弥补 SketchUp 在精确建模方面的不足。此外，SketchUp 在建模之后还可以导出准确的平面图、立面图和剖面图，为下一步施工图的制作提供基础条件。本课时将详细介绍 SketchUp 与几种常用软件的衔接，以及不同格式文件的导入与导出操作。

行业知识链接：在 AutoCAD 文件导入 SketchUp 之前，要把坐标原点设置好，这是因为 AutoCAD 中有“块”，如果每个块的坐标原点都是在很远的地方则会出现破面。在 SketchUp 中简单地把整个模型移动到坐标原点解决不了破面问题，须每个组重新设置轴坐标。所以，要养成设置好原点坐标的好习惯，在拿到其他人的 AutoCAD 模型时，最好先检查一下坐标原点。如图 6-90 所示为一个 AutoCAD 模型文件导入 SketchUp 后的效果。

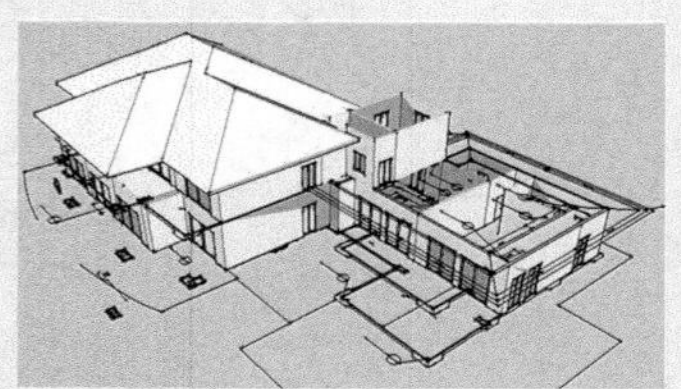

图 6-90　导入的模型效果

6.5.1　AutoCAD 的文件导入与导出

AutoCAD 中有宽度的多段线可以导入 SketchUp 里变成面，而填充命令生成的面导入 SketchUp 中则不会生成面。

1. 导入 DWG/DXF 格式的文件

作为真正的方案推敲软件，SketchUp 必须支持方案设计的全过程。粗略抽象的概念设计是重要的，但精确的图纸也同样重要。因此，SketchUp 一开始就支持导入和导出 AutoCAD 的 DWG/DXF 格式的文件。

选择【文件】|【导入】命令，然后在弹出的【打开】对话框中设置【文件类型】为【AutoCAD 文件(*. dwg，*. dxf)】，如图 6-91 所示。

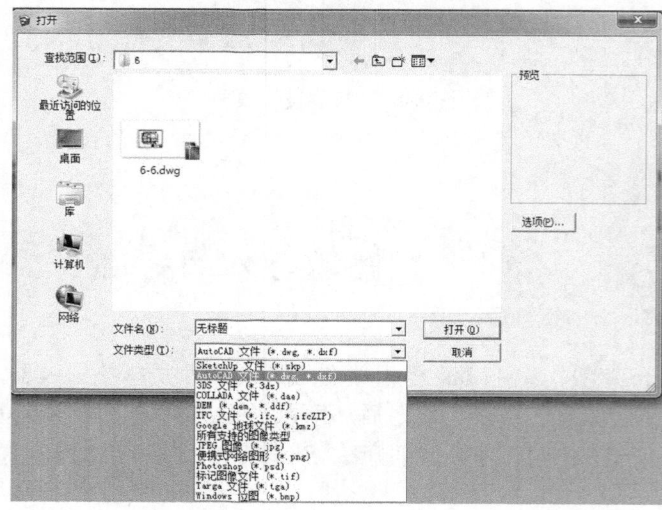

图 6-91　【打开】对话框

单击选择需要导入的文件，然后单击【选项】按钮，接着在弹出的【导入 AutoCAD DWG/DXF 选项】对话框中，根据导入文件的属性选择一个导入的单位，一般选择【毫米】或者【米】，如图 6-92 所示。

完成设置后单击【确定】按钮，开始导入文件，大的文件可能需要几分钟，如图 6-93 所示。

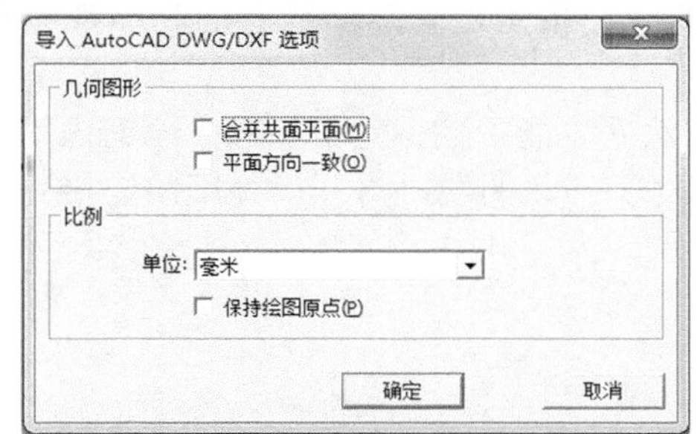

图 6-92 【导入 AutoCAD DWG/DXF 选项】对话框

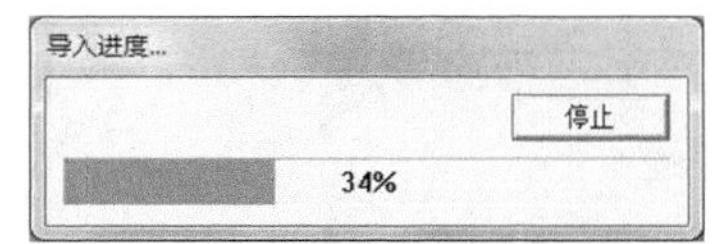

图 6-93 导入进度

导入完成后，SketchUp 会显示一个导入实体的报告，如图 6-94 所示。

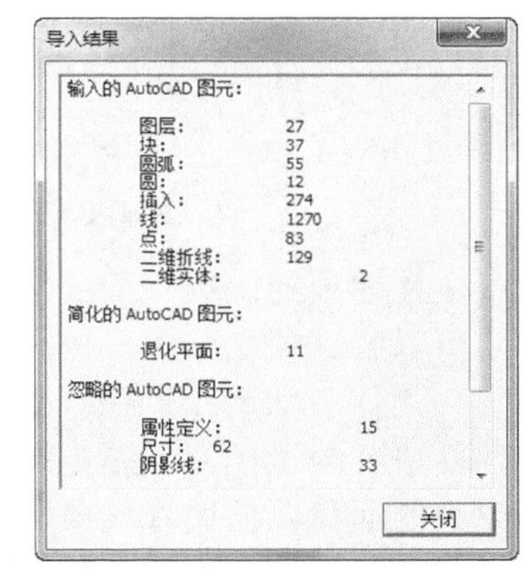

图 6-94 导入结果

如果导入之前，SketchUp 中已经有了其他的实体，那么所有导入的几何体会合并为一个组，以免干扰(粘住)已有的几何体，但如果是导入到空白文件中则不会创建组。

SketchUp 支持导入的 AutoCAD 实体包括线、圆弧、圆、多段线、面、有厚度的实体、三维面、嵌套的图块以及图层。目前，SketchUp 还不能支持 AutoCAD 实心体、区域、样条线、锥形宽度的多段线、XREFS、填充图案、尺寸标注、文字和 ADT、ARX 物体，这些在导入时将被忽略。如果想导入这些未被支持的实体，需要在 AutoCAD 中先将其分解(快捷键为 X 键)，有些物体还需要分解多次才能在导出时转换为 SketchUp 几何体，有些即使被分解也无法导入，请读者注意。

在导入文件的时候，尽量简化文件，只导入需要的几何体。这是因为导入一个大的 AutoCAD 文件时，系统会对每个图形实体都进行分析，这需要很长的时间，而且一旦导入后，由于 SketchUp 中智能化的线和表面需要比 AutoCAD 更多的系统资源，复杂的文件会拖慢 SketchUp 的系统性能。

有些文件可能包含非标准的单位、共面的表面以及朝向不一的表面，用户可以通过选中【导入 AutoCAD DWG/DXF 选项】对话框中的【合并共面平面】和【平面方向一致】复选框纠正这些问题。

- 【合并共面平面】复选框：导入 DWG 或 DXF 格式的文件时，会发现一些平面上有三角形的划分线。手工删除这些多余的线是很麻烦的，可以选中该复选框让 SketchUp 自动删除多余的划分线。
- 【平面方向一致】复选框：选中该复选框后，系统会自动分析导入表面的朝向，并统一表面的法线方向。

一些 AutoCAD 文件以统一单位来保存数据，例如 DXF 格式的文件，这意味着导入时必须指定导入文件使用的单位以保证进行正确的缩放。如果已知 AutoCAD 文件使用的单位为毫米，而在导入时却选择了米，那么就意味着图形放大了 1000 倍。

在 SketchUp 中导入 DWG 格式的文件时，在【打开】对话框的右侧有一个【选项】按钮，单击该按钮并在弹出的对话框中设置导入的【单位】为【毫米】即可，如图 6-95 所示。

需要注意的是，在 SketchUp 中只能识别 0.001 平方单位以上的表面，如果导入的模型有 0.01 单位长度的边线，将不能导入，因为 0.01×0.01=0.0001 平方单位。所以在导入未知单位文件时，宁愿设定大的单位也不要选择小的单位，因为模型比例缩小会使一些过小的表面在 SketchUp 中被忽略，剩余的表面也可能发生变形。如果指定单位为米，导入的模型虽然过大，但所有的表面都被正确导入了，缩放模型到正确的尺寸即可。

导入的 AutoCAD 图形需要在 SketchUp 中生成面，然后才能拉伸。对于在同一平面内本来就封闭的线，只需要绘制其中一小段线段就会自动封闭成面；对于开口的线，将开口处用线连接好就会生成面，如图 6-96 所示。

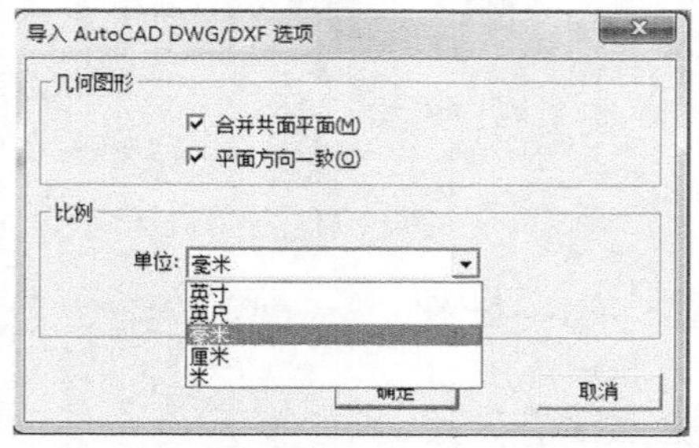

图 6-95 单位选择

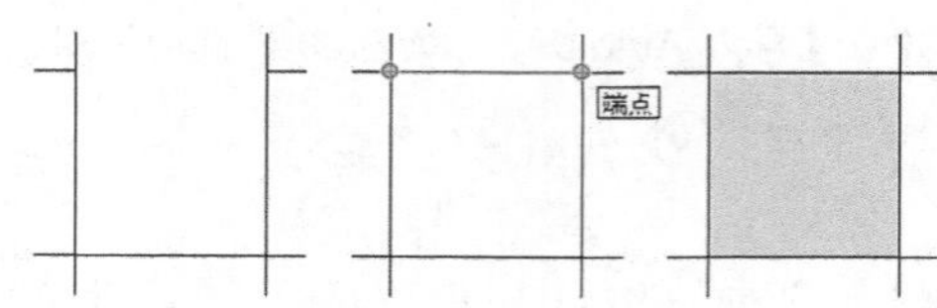

图 6-96 生成面

在需要封闭很多面的情况下，可以使用 Label Stray Lines 插件，它可以快速标明图形的缺口，读者可以尝试使用一下。另外，还可以使用 SUAPP 插件集中的线面工具进行封面。

具体步骤为：选中要封面的线，接着选择【插件】|【线面工具】|【生成面域】命令，在运用插件进行封面的时候需要等待一段时间，在绘图区下方会显示一条进度条显示封面的进程。插件没有封到的面可以使用【线条】工具进行补充。

在导入 AutoCAD 图形时，有时候会发现导入的线段不在一个面上，可能是在 AutoCAD 中没有对线的标高进行统一。如果已经统一了标高，但是导入后还是会出现线条弯曲的情况，或者出现线条晃动的情况，建议复制这些线条，然后重新打开 SketchUp 并粘贴至一个新的文件中。

2. 导出 DWG/DXF 格式的二维矢量图文件

SketchUp 允许将模型导出为多种格式的二维矢量图，包括 DWG、DXF、EPS 和 PDF 格式。导出的二维矢量图可以方便地在任何 AutoCAD 软件或矢量处理软件中导入和编辑。SketchUp 的一些图形特性无法导出到二维矢量图中，包括贴图、阴影和透明度。

在绘图窗口中调整好视图的视角，SketchUp 会将当前视图导出并忽略贴图、阴影等不支持的特性。

选择【文件】|【导出】|【二维图形】命令，打开【输出二维图形】对话框，然后设置【文件类型】为 AutoCAD DWG 文件(*. dwg)或者 AutoCAD DWG 文件(*. dxf)，接着设置导出的文件名，如图 6-97 所示。

单击【选项】按钮，弹出【DWG/DXF 消隐选项】对话框，从中设置输出的参数，如图 6-98 所示。完成设置后单击【确定】按钮，即可进行输出。

【DWG/DXF 消隐选项】对话框参数说明如下。

(1) 【图纸比例与大小】选项组。

- 【实际尺寸】复选框：选中该复选框将按真实尺寸 1∶1 导出。

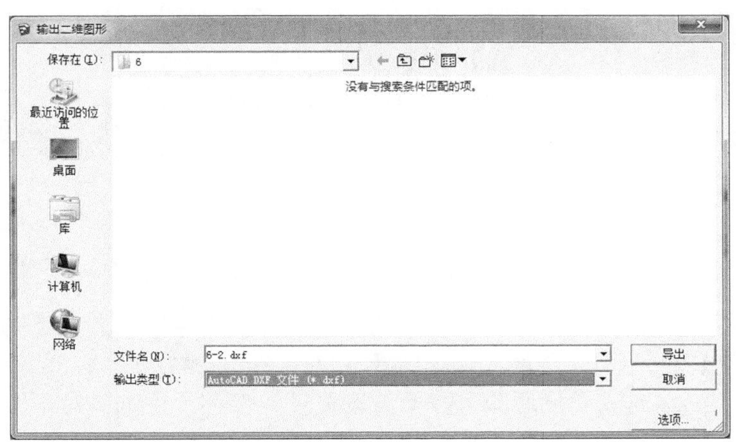

图 6-97 【输出二维图形】对话框

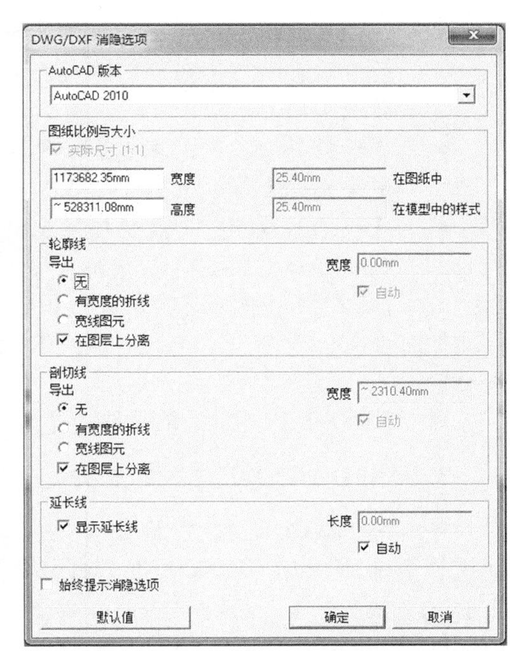

图 6-98 【DWG/DXF 消隐选项】对话框

- 【在图纸中】/【在模型中的样式】文本框：【在图纸中】和【在模型中的样式】文本框中的比例就是导出时的缩放比例。例如，分别在【在图纸中】/【在模型中的样式】文本框中输入 1 毫米/1 米，相当于导出 1∶1000 的图形。另外，开启【透视显示】模式时不能定义这两项的比例，即使在【平行投影】模式下，也必须是表面的法线垂直视图时才可以。
- 【宽度】/【高度】文本框：定义导出图形的宽度和高度。

(2) 【AutoCAD 版本】选项组。

在该选项组中可以选择导出的 AutoCAD 版本。

(3) 【轮廓线】选项组。

- 【无】单选按钮：如果选中【导出】为【无】单选按钮，则导出时会忽略屏幕显示效果而导出正常的线条；如果没有选中该单选按钮，则 SketchUp 中显示的轮廓线会导出为较粗的线。
- 【有宽度的折线】单选按钮：如果选中【导出】为【有宽度的折线】单选按钮，则导出的轮廓线为多段线实体。
- 【宽线图元】单选按钮：如果选中【导出】为【宽线图元】单选按钮，则导出的剖面线为粗线实体。该项只有导出 AutoCAD 2000 以上版本的 DWG 文件才有效。
- 【在图层上分离】单选按钮：如果选中【导出】为【在图层上分离】单选按钮，将导出专门的轮廓线图层，便于在其他程序中设置和修改。SketchUp 的图层设置在导出二维消隐线矢量图时不会直接转换。

(4) 【剖切线】选项组。

该选项组中的设置与【轮廓线】选项组类似，不再赘述。

(5) 【延长线】选项组。

- 【显示延长线】复选框：选中该复选框后，将导出 SketchUp 中显示的延长线。如果取消选中该复选框，将导出正常的线条。这里有一点要注意，延长线在 SketchUp 中对捕捉参考系统没有影响，但在其他的 CAD 程序中就可能出现问题，如果想编辑导出的矢量图，最好不要选中该复选框。

- 【长度】文本框：用于指定延长线的长度。该项只有在选中【显示延长线】复选框并取消选中【自动】复选框后才生效。
- 【自动】复选框：选中该复选框将分析用户指定的导出尺寸，并匹配延长线的长度，让延长线和屏幕上显示相似。该项只有在选中【显示延长线】复选框时才生效。

(6) 【始终提示消隐选项】复选框：选中该复选框后，每次导出为 DWG 和 DXF 格式的二维矢量图文件时都会自动打开【DWG/DXF 消隐线选项】对话框；如果取消选中该复选框，将使用上次的导出设置。

(7) 【默认值】按钮：单击该按钮可以恢复系统默认值。

3. 导出 DWG/DXF 格式的三维模型文件

导出为 DWG 和 DXF 格式的三维模型文件的具体操作步骤是，选择【文件】|【导出】|【三维模型】命令，然后在弹出的【输出模型】对话框中设置【输出类型】为【AutoCAD DWG 文件(*.dwg)】或者【AutoCAD DXF 文件(*.dxf)】。完成设置后即可按当前设置进行保存，也可以对导出选项进行设置后再保存，如图 6-99 所示。

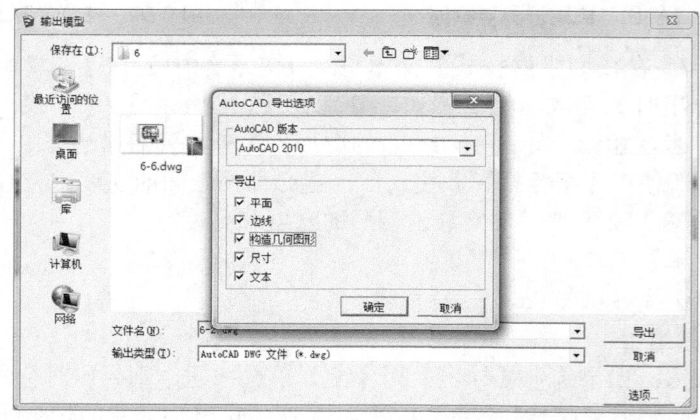

图 6-99　输出模型选项

SketchUp 可以导出面、线(线框)或辅助线，所有 SketchUp 的表面都将导出为三角形的多段网格面。

导出为 AutoCAD 文件时，SketchUp 使用当前的文件单位导出。例如，SketchUp 的当前单位设置是十进制(米)，以此为单位导出的 DWG 文件，在 AutoCAD 中也必须将单位设置为十进制(米)，才能正确转换模型。另外还有一点需要注意，导出为 AutoCAD 文件时，复数的线实体不会被创建为多段线实体。

6.5.2　二维图像的导入与导出

作为一名设计师，可能经常需要对扫描图、传真、图片等图像进行描绘，SketchUp 允许用户导入

JPEG、PNG、TGA、BMP 和 TIF 格式的图像到模型中。

1. 导入二维图片

(1) 选择【文件】|【导入】命令，弹出【打开】对话框，从中选择图片导入，如图 6-100 所示。

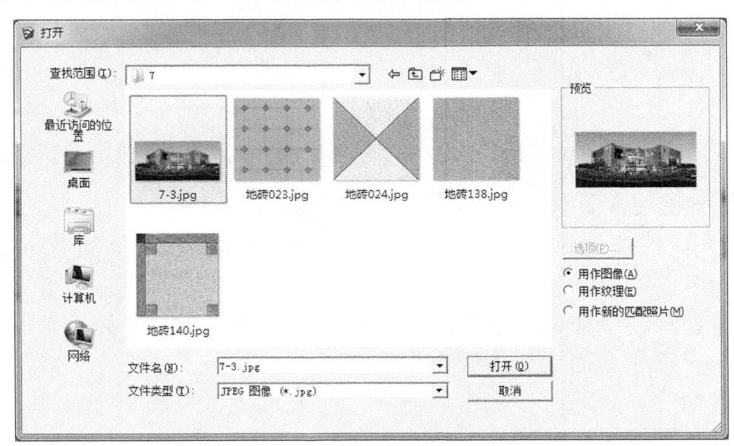

图 6-100 【打开】对话框

也可以右击桌面左下角的【开始】按钮，选择【资源管理器】选项，打开图像所在的文件夹，选中图像拖放至 SketchUp 绘图窗口中。

① 改变图像高宽比。

默认情况下，导入的图像保持原始文件的高宽比，用户可以在导入图像时按 Shift 键来改变高宽比，也可以使用【缩放】工具来改变图像的高宽比。

② 缩小图像文件大小。

当用户在场景中导入一个图像后，这个图像就封装到了 SketchUp 文件中。这样在发送 SKP 文件给他人时就不会丢失文件链接，但这也意味着文件会迅速变大。所以在导入图像时，应尽量控制图像文件的大小。下面提供两种减小图像文件大小的方法。

- 降低图像的分辨率：图像的分辨率与图像文件大小直接相关，有时候低分辨率的图像就能满足描图等需要。用户可以在导入图像前先将图像转为灰度，然后再降低分辨率，以此来减小图像文件的大小。图像分辨率也会受到 OpenGL 驱动能处理的最大贴图限制，大多数系统的限制是 1024 像素×1024 像素，如果需要大图，可以用多幅图片拼合而成。
- 压缩图像：将图像压缩成为 JPEG 或者 PNG 格式。

(2) 图像右键关联菜单。

将图像导入 SketchUp 后，如果在图像上右击，将弹出一个快捷菜单，如图 6-101 所示。

- 【图元信息】命令：执行该命令将打开【图元信息】对话框，可以查看和修改图像的属性，如图 6-102 所示。
- 【删除】命令：该命令用于将图像从模型中删除。
- 【隐藏】命令：该命令用于隐藏所选物体，选择隐藏物体后，该命令就会变为【显示】命令。
- 【分解】命令：该命令用于分解图像。

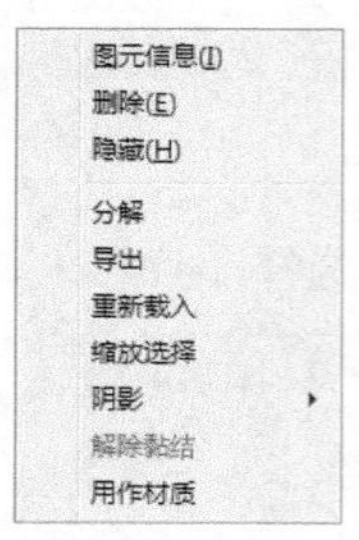

图 6-101　右键菜单

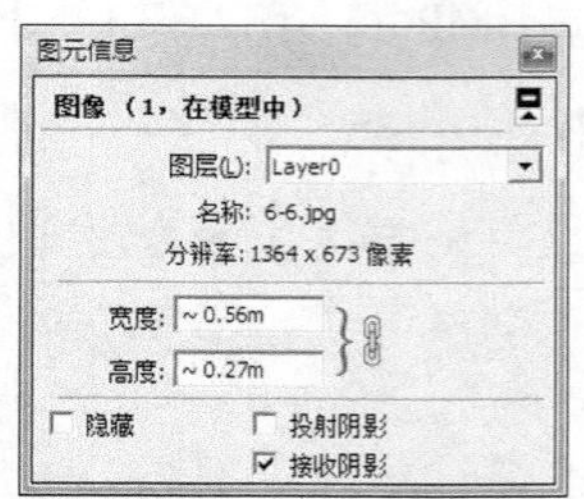

图 6-102　【图元信息】对话框

- 【导出】/【重新载入】命令：如果对导入的图像不满意，可以执行【导出】命令将其导出，并在其他软件中进行编辑修改，完成修改后再执行【重新载入】命令将其重新载入到 SketchUp 中。
- 【缩放选择】命令：该命令用于缩放视野使整个实体可见，并处于绘图窗口的正中央。
- 【阴影】命令：该命令用于让图像产生投影。
- 【解除黏结】命令：如果一个图像吸附在一个表面上，其将只能在该表面上移动。【解除黏结】命令可以让图像脱离吸附的表面。
- 【用作材质】命令：该命令用于将导入的图像作为材质贴图使用。

2. 导出图像

SketchUp 允许用户导出 JPG、BMP、TGA、TIF、PNG 和 EPix 等格式的二维光栅图像。

(1) 导出 JPG 格式的图像。

将文件导出为 JPG 格式的具体操作步骤如下。

① 在绘图窗口中设置好需要导出的模型视图。

② 设置好视图后，选择【文件】|【导出】|【二维图像】命令，打开【输出二维图形】对话框，然后在其中设置好输出的文件名和文件格式(JPG 格式)，单击【选项】按钮，弹出【导出 JPG 选项】对话框，如图 6-103 所示。

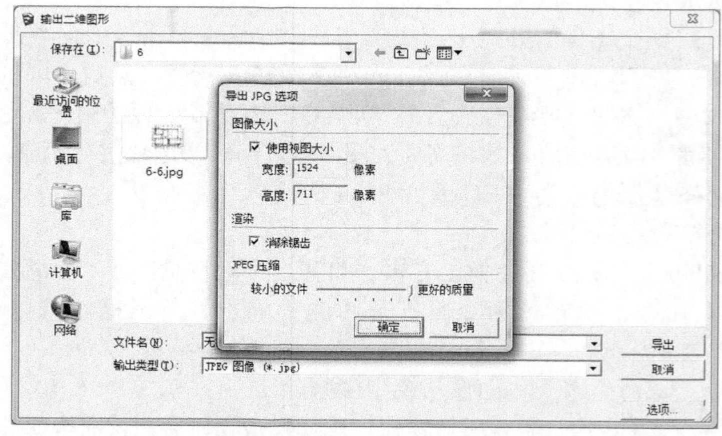

图 6-103　【导出 JPG 选项】对话框

- 【使用视图大小】复选框：选中该复选框则导出图像的尺寸大小为当前视图窗口的大小，取消该项则可以自定义图像尺寸。
- 【宽度】/【高度】文本框：指定图像的尺寸，以像素为单位，指定的尺寸越大，导出时间越长，消耗内存越多，生成的图像文件也越大，因此最好按需要导出相应大小的图像文件。
- 【消除锯齿】复选框：选中该复选框后，SketchUp 会对导出的图像作平滑处理。该项需要更多的导出时间，但可以减少图像中的线条锯齿。

在 SketchUp 中导出高质量的位图方法如下。

SketchUp 的图片导出质量与显卡的硬件质量有很大关系，显卡越好抗锯齿的能力就越强，导出的图片就越清晰。

选择【窗口】|【系统设置】命令，打开【系统设置】对话框，然后在【OpenGL 设置】选项组中选中【使用硬件加速】复选框，如图 6-104 所示。

除了上述方法外，在导出图像时可以先导出一张尺寸较大的图片，然后在 Photoshop 中将图片的尺寸改小，这样也能增强图像的抗锯齿效果，如图 6-105 所示。

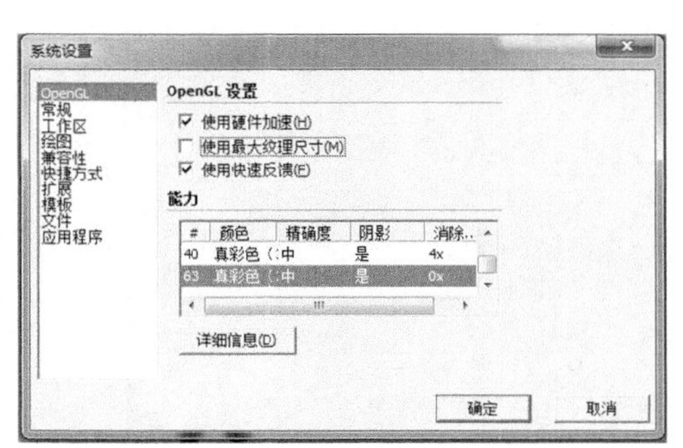

图 6-104　【系统设置】对话框

图 6-105　【导出 JPG 选项】对话框

(2) 导出 PDF/EPS 格式的图像。

将文件导出为 PDF 或者 EPS 格式的具体操作步骤如下。

① 在绘图窗口中设置要导出的模型视图。

② 设置好视图后，选择【文件】|【导出】|【二维图形】命令，打开【输出二维图形】对话框，然后设置好导出的文件名和文件格式(PDF 或者 EPS 格式)，如图 6-106 所示，单击【选项】按钮，弹出【便携文档格式(PDF)消隐选项】对话框，如图 6-107 所示。

PDF 文件是 Adobe 公司开发的开放式电子文档，支持各种字体、图片、格式和颜色，是压缩过的文件，便于发布、浏览和打印。

EPS 文件是 Adobe 公司开发的标准图形格式，广泛用于图像设计和印刷品出版。

导出 PDF 和 EPS 格式的最初目的是矢量图输出，因此导出文件中可以包括线条和填充区域，但不能导出贴图、阴影、平滑着色、背景和透明度等显示效果。另外，由于 SketchUp 没有使用 OpenGL 来输出矢量图，因此也不能导出那些由 OpenGL 渲染出来的效果。如果想要导出所见即所得的图像，可以导出为光栅图像。

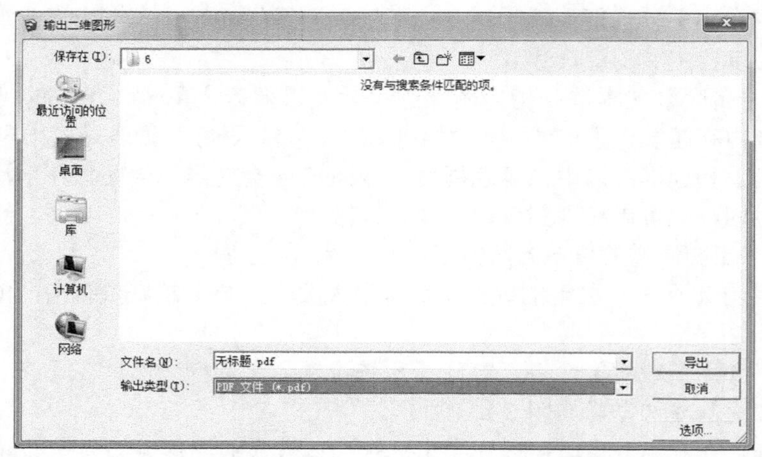

图 6-106 【输出二维图形】对话框

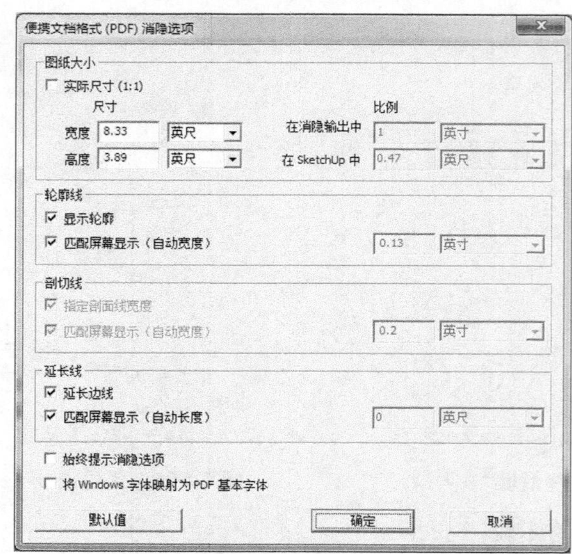

图 6-107 【便携文档格式(PDF)消隐选项】对话框

SketchUp 导出文字标注到二维图形中有以下限制。

① 被几何体遮挡的文字和标注在导出之后会出现在几何体前面。

② 位于 SketchUp 绘图窗口边缘的文字和标注实体不能被导出。

③ 某些字体不能正常转换。

(3) 导出 EPix 格式的图像。

将文件导出为 EPix 格式的具体操作步骤如下。

选择【文件】|【导出】|【二维图形】命令，打开【输出二维图形】对话框，然后在其中设置好导出的文件名和文件格式(Epx 格式)，单击【选项】按钮，弹出【导出 Epx 选项】对话框，如图 6-108 所示。

- 【使用视图大小】复选框：选中该复选框后，将使用 SketchUp 绘图窗口的精确尺寸导出图像，如果没有选中则可以自定义尺寸。通常，要打印的图像尺寸都比正常的屏幕尺寸要大，而 EPix 格式的文件储存了比普通光栅图像更多的信息通道，文件会更大，所以使用较大的图像尺寸会消耗较多的系统资源。

- 【导出边线】复选框：大多数三维程序导出文件到 Piranesi 绘图软件中时，不会导出边线。而不幸的是，边线是传统徒手绘制的基础。该选项用于将屏幕显示的边线样式导入 EPix 格式的文件中。

如果在样式编辑栏中的边线设置里关闭了【显示边线】选项，则不管是否选中了【导出边线】复选框，导出的文件中都不会显示边线。

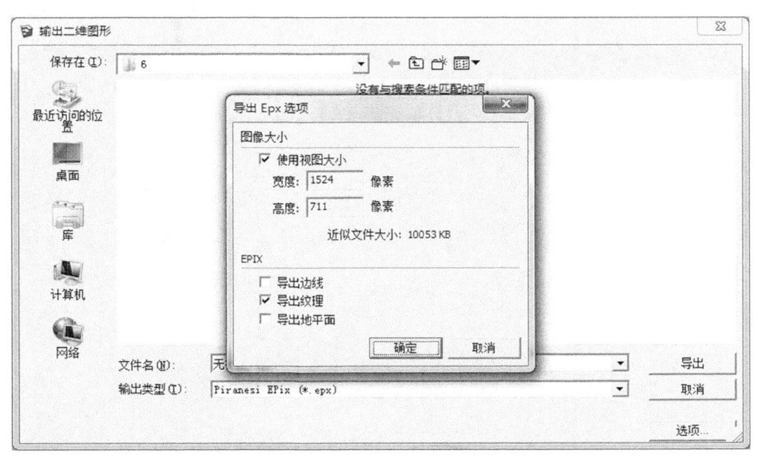

图 6-108 【导出 Epx 选项】对话框

- 【导出纹理】复选框：选中该复选框可以将所有贴图材质导入到 EPix 格式的文件中。该选项只有在为表面赋予了材质贴图并且处于贴图模式下才有效。
- 【导出地平面】复选框：SketchUp 不适合渲染有机物体，例如人和树等，而 Piranesi 绘图软件则可以。该选项可以在深度通道中创建一个地平面，让用户可以快速地放置人、树、贴图等，而不需要在 SketchUp 中建立一个地面，如果用户想要产生地面阴影，这是很必要的。

Piranesi 软件和 EPix 文件的导出：Piranesi 绘图软件能对 SketchUp 的模型进行效果极佳的渲染。使用 SketchUp 提供的空间深度和材质信息，Piranesi 软件可以快速、准确地在三维空间中工作，用户可以填充颜色、应用照片贴图或手绘贴图、添加背景和细节等，这些效果是即时显示的，方便调试和润色图像，如图 6-109 所示。

图 6-109 绘图效果

要正确导出 EPix 文件，必须将屏幕显示设置为 32 位色，EPix 文件除了保存图像信息外，还保存了基于三维模型的额外信息，这些信息可以让 Piranesi 软件智能地渲染图像。

EPix 文件保存的额外信息主要包括 3 种通道。

- RGB 通道：保存每像素的颜色值。这和其他的光栅图像格式是一样的，实际上，EPix 文件被大多数图像编辑器识别为 TIFF 文件。

- 深度通道：保存每像素距离视点的距离值。这个信息帮助 Piranesi 软件理解图像中模型表面的拓扑关系，以对其进行赋予材质、缩放物体、锁定方位以及其他基于三维模型表面的操作。
- 材质通道：保存每像素的材质，这样在填充材质时不必担心填充到不需要的部分。

一般来说，Piranesi 软件需要一个平涂着色、没有贴图的 EPix 文件。SketchUp 的一些显示模式不能在 Piranesi 软件中正常工作，例如【线框显示】模式和【消隐】模式。另外，SketchUp 的其他一些特性也不完全和 Piranesi 软件的要求相符合，例如边线和材质。

6.5.3 三维图像的导入与导出

在绘图过程中，三维图形的导入可以提高工作效率，同时也能减少工作量。

1. 导入 3DS 格式的文件

导入 3DS 格式文件的具体操作步骤如下。

选择【文件】|【导入】命令，然后在弹出的【打开】对话框中找到需要导入的文件并将其导入。在导入前可以先设置导入的单位为【3DS 文件(*.3ds)】，单击【选项】按钮，弹出【3DS 导入选项】对话框，如图 6-110 所示。

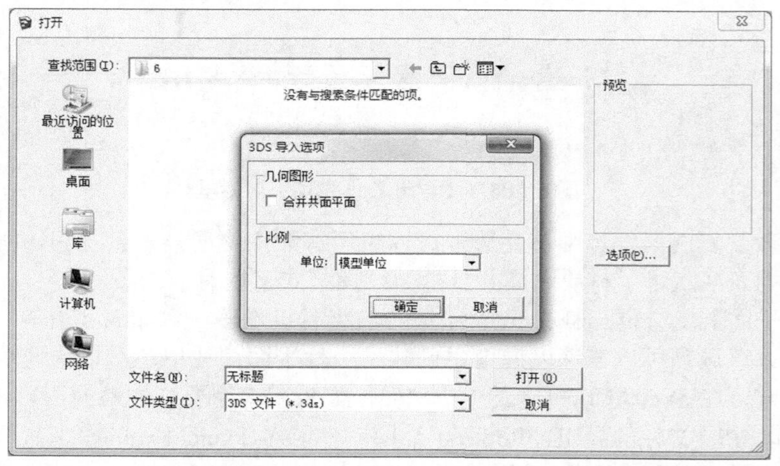

图 6-110 【3DS 导入选项】对话框

2. 导出 3DS 格式的文件

3DS 格式的文件支持 SketchUp 导出材质、贴图和照相机，比 DWG 格式和 DXF 格式更能完美地转换 SketchUp 模型。

导出为 3DS 格式文件的具体操作步骤如下。

选择【文件】|【导出】|【三维模型】命令，打开【输出模型】对话框，然后设置好导出的文件名和文件格式(3DS 格式)，如图 6-111 所示，单击【选项】按钮，弹出【3DS 导出选项】对话框，如图 6-112 所示。

- 【几何图形】选项组用于设置导出的模式，在【导出】下拉列表框中包含了 4 个不同的选项，如图 6-113 所示。
  - ◆ 【完整层次结构】选项：该模式下，SketchUp 将按组与组件的层级关系导出模型。

- ◆ 【按图层】选项：该模式下，模型将按同一图层上的物体导出。
- ◆ 【按材质】选项：该模式下，SketchUp 将按材质贴图导出模型。
- ◆ 【单个对象】选项：该模式用于将整个模型导出为一个已命名的物体，常用于导出为大型基地模型创建的物体，例如导出一个单一的建筑模型。

- ● 【仅导出当前选择的内容】复选框：选中该复选框将只导出当前选中的实体。

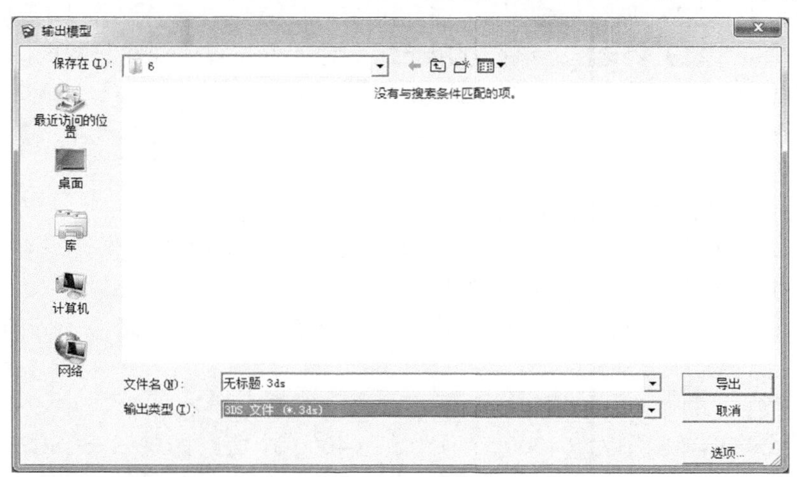

图 6-111　【输出模型】对话框

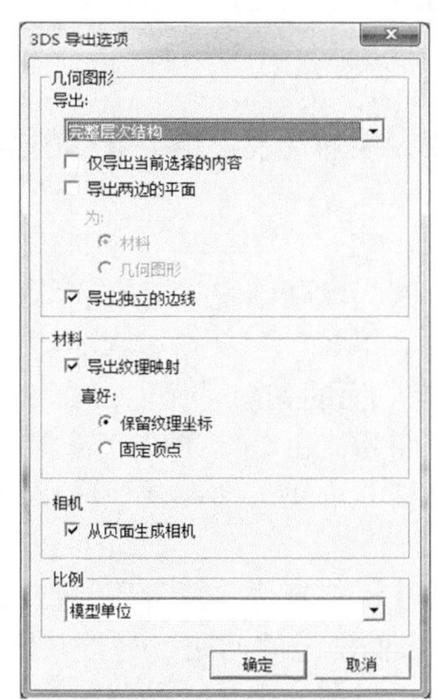

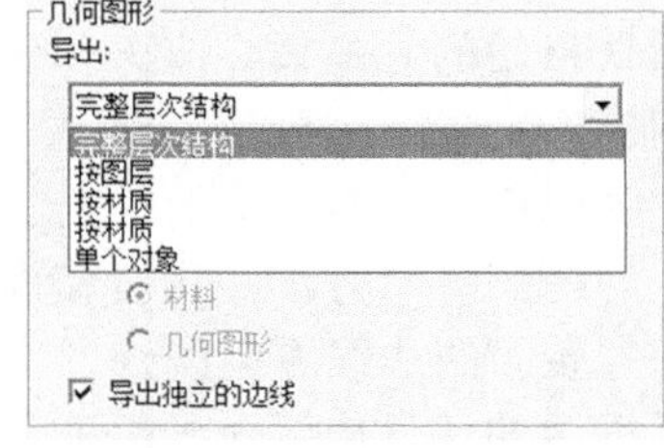

图 6-112　【3DS 导出选项】对话框　　　　图 6-113　【几何图形】选项组

- ● 【导出两边的平面】复选框：选中该复选框将激活下面的【材质】和【几何图形】单选按钮，其中【材质】选项能开启 3DS 材质定义中的双面标记，这个选项导出的多边形数量和单面导出的多边形数量一样，但渲染速度会下降，特别是开启阴影和反射效果的时候。另外，这个选项无法使用 SketchUp 中的表面背面的材质。相反，【几何图形】选项则是将每个 SketchUp 的面都导出两次，一次导出正面，另一次导出背面，导出的多边形数量增加一倍，同样渲染速度也会下降，但是导出的模型两个面都可以渲染，并且正反两面可有不同的材质。

- 【导出纹理映射】复选框：选中该复选框可以导出模型的材质贴图。
- 【保留纹理坐标】单选按钮：该选项用于在导出 3DS 文件时，不改变 SketchUp 材质贴图的坐标。只有选中【导出纹理映射】复选框后，该选项和【固定顶点】选项才能被激活。
- 【固定顶点】单选按钮：该选项用于在导出 3DS 文件时，保持贴图坐标与平面视图对齐。
- 【从页面生成相机】复选框：该选项用于保存时为当前视图创建照相机，也为每个 SketchUp 页面创建照相机。
- 【比例】选项组：指定导出模型使用的测量单位。默认选项是【模型单位】选项，即 SketchUp 的系统属性中指定的当前单位。

导出 3DS 格式文件的问题和限制如下。

SketchUp 专为方案推敲而设计，它的一些特性不同于其他的 3D 建模程序。在导出 3DS 文件时一些信息不能保留。3DS 格式本身也有一些局限性。

SketchUp 可以自动处理一些限制性问题，并提供一系列导出选项以适应不同的需要。以下是需要注意的问题。

(1) 物体顶点限制。

3DS 格式的一个物体被限制为 64000 个顶点和 64000 个面。如果 SketchUp 的模型超出这个限制，那么导出的 3DS 文件可能无法在其他程序中导入。SketchUp 会自动监视并显示警告对话框。

要处理这个问题，首先要确定选中【仅导出当前选择的内容】复选框，然后试着将模型单个依次导出。

(2) 嵌套的组或组件。

目前，SketchUp 不能导出组合组件的层级到 3DS 文件中。换句话说，组中嵌套的组会被打散并附属于最高层级的组。

(3) 双面的表面。

在一些 3D 程序中，多边形的表面法线方向是很重要的，因为默认情况下只有表面的正面可见。真实世界的物体并不是这样的，但这样能提高渲染效率。

而在 SketchUp 中，一个表面的两个面都可见，用户不必担心面的朝向。例如，在 SketchUp 中创建了一个带默认材质的立方体，立方体的外表面为棕色而内表面为蓝色。如果内外表面都赋予相同材质，那么表面的方向就不重要了。但是，导出的模型如果没有统一法线，那在其他应用程序中就可能出现“丢面”的现象。并不是真的丢失了，而是面的朝向不对。

解决这个问题的一个方法是用【将面翻转】命令对表面进行手工复位，或者用【统一面的方向】命令将所有相邻表面的法线方向统一，这样可以同时修正多个表面法线的问题。另外，选中【3DS 导出选项】对话框中的【导出两边的平面】复选框也可以修正这个问题，这是一种强力有效的方法，如果没时间手工修改表面法线时，使用这个命令非常方便。

(4) 双面贴图。

表面有正反两面，但只有正面的 UV 贴图可以导出。

(5) 复数的 UV 顶点。

3DS 文件中每个顶点只能使用一个 UV 贴图坐标，所以共享相同顶点的两个面上无法具有不同的贴图。为了打破这个限制，SketchUp 通过分割几何体，让在同一平面上的多边形的组拥有各自的顶点，如此虽然可以保持材料贴图，但由于顶点重复，也可能会造成无法正确进行一些 3D 模型操作，例如平滑或布尔运算操作。

幸运的是，当前的大部分 3D 应用程序都可以保持正确贴图和结合重复的顶点，在由 SketchUp 导出的 3DS 文件中进行此操作，不论是在贴图或模型中都能得到理想的结果。

这里有一点需要注意，表面的正反两面都赋予材质的话，背面的 UV 贴图将被忽略。

(6) 独立边线。

一些 3D 程序使用的是顶点-面模型，不能识别 SketchUp 的独立边线定义，3DS 文件也是如此，要导出边线，SketchUp 会导出细长的矩形来代替这些独立边线，但可能导致无效的 3DS 文件。如果可能，不要将独立边线导出到 3DS 文件中。

(7) 贴图名称。

3DS 文件使用的贴图文件名格式有基于 DOS 系统的字符限制，不支持长文件名和一些特殊字符。SketchUp 在导出时会试着创建 DOS 标准的文件名。例如，一个命名为 corrugated metal.jpg 的文件在 3DS 文件中被描述为 corrug-1.jpg。其他的使用相同的头 6 个字符的文件被描述为 corrug-2.jpg，并以此类推。如果要在其他的 3D 程序中使用贴图，就必须重新指定贴图文件或修改贴图文件的名称。

(8) 贴图路径。

保存 SketchUp 文件时，使用的材质会封装到文件中。当用户将文件 E-mail 给他人时，不需要担心找不到材质贴图的问题。但是 3DS 文件只是提供了贴图文件的链接，没有保存贴图的实际路径和信息，这一局限很容易破坏贴图分配。最容易的解决办法就是在导入模型的 3D 程序中，添加 SketchUp 的贴图文件目录，这样就能解决贴图文件找不到的问题。

如果贴图文件不是保存在本地文件夹中，就不能使用。如果其他人将 SketchUp 文件 E-mail 给自己，该文件封装自定义的贴图材质，这些材质是无法导出到 3DS 文件中的，这就需要另外再把贴图文件传送过来，或者将 SKP 文件中的贴图导出为图像文件。

(9) 材质名称。

SketchUp 允许使用多种字符的长文件名，而 3DS 不行。因此导出文件时，材质名称会被修改并截至 12 个字符。

(10) 可见性。

只有当前可见的物体才能导出到 3DS 文件中，隐藏的物体或处于隐藏图层中的物体是不会被导出的。

(11) 图层。

3DS 格式不支持图层，所有 SketchUp 图层在导出时都将丢失。如果要保留图层，最好导出为 DWG 格式。

(12) 单位。

SketchUp 导出 3DS 文件时可以在选项中指定单位。例如，在 SketchUp 中边长为 1 米的立方体在设置单位为米时，导出到 3DS 文件后，边长为 1。如果将导出单位设成厘米，则该立方体的导出边长为 100。

3DS 格式通过比例因子来记录单位信息，这样其他的程序读取 3DS 文件时都可以自动转换为真实尺寸。例如上面的立方体虽然边长一个为 1，一个为 100，但导入程序后却是一样大小。

不幸的是，有些程序忽略了单位缩放信息，这将导致边长为 100 厘米的立方体在导入后是边长为 1 米的立方体的 100 倍。碰到这种情况，只能在导出时把单位设成其他程序导入时需要的单位。

3. 导出 VRML 格式的文件

VRML 2.0(虚拟实景模型语言)是一种三维场景的描述格式文件，通常用于三维应用程序之间的数据交换或在网络上发布三维信息。VRML 格式的文件可以储存 SketchUp 的几何体，包括边线、表面、组、材质、透明度、照相机视图和灯光等。

导出为 VRML 格式文件的具体操作步骤如下。

选择【文件】|【导出】|【三维模型】命令，打开【输出模型】对话框，设置好导出的文件名和文件格式(WRL 格式)，如图 6-114 所示，单击【选项】按钮，弹出【VRML 导出选项】对话框，如图 6-115 所示。

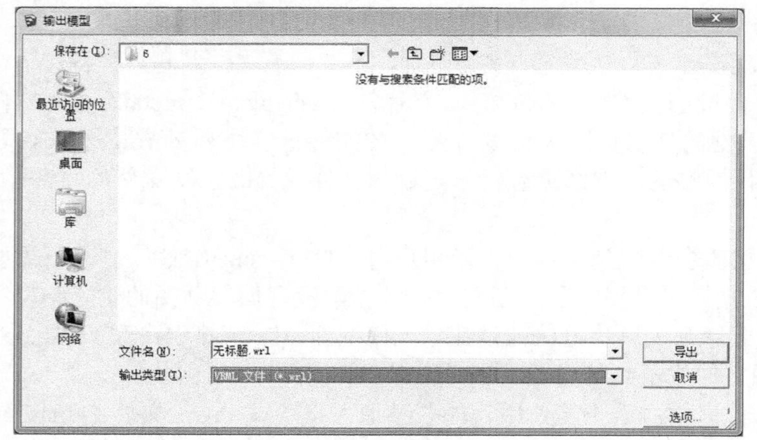

图 6-114　输出模型

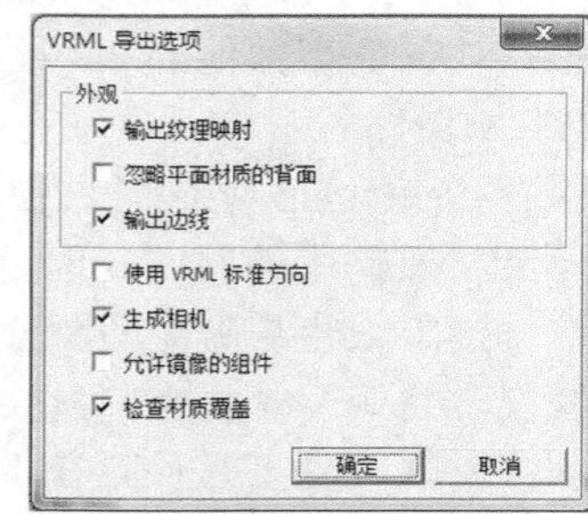

图 6-115　【VRML 导出选项】对话框

- 【输出纹理映射】复选框：选中该复选框后，SketchUp 将把贴图信息导出到 VRML 文件中。如果没有选择该项，将只导出颜色。在网上发布 VRML 文件时，可以对文件进行编辑，将纹理贴图的绝对路径改为相对路径。此外，VRML 文件的贴图和材质的名称也不能有空格，SketchUp 会用下划线来替换空格。
- 【忽略平面材质的背面】复选框：SketchUp 在导出 VRML 文件时，可以导出双面材质。如果该复选框被选中，则两面都将以正面的材质导出。
- 【输出边线】：选中该复选框后，SketchUp 将把边线导出为 VRML 边线实体。
- 【使用 VRML 标准方向】复选框：VRML 默认以 xz 平面作为水平面(相当于地面)，而 SketchUp 是以 xy 平面作为地面。选中该复选框后，导出的文件会转换为 VRML 标准。
- 【生成相机】复选框：选中该复选框后，SketchUp 会为每个页面都创建一个 VRML 照相机。当前的 SketchUp 视图会导出为默认镜头，其他的页面照相机则以页面来命名。
- 【允许镜像的组件】复选框：选中该复选框可以导出镜像和缩放后的组件。
- 【检查材质覆盖】复选框：选中该复选框会自动检测组件内的物体是否有应用默认材质的物体，或是否有属于默认图层的物体。

4. 导出 OBJ 格式的文件

OBJ 是一种基于文件的格式，支持自由格式和多边形几何体，在此不再详细介绍。

课后练习

案例文件：ywj\06\6-6.dwg、6-6.jpg

视频文件：光盘→视频课堂→第 6 教学日→6.5

练习案例分析及步骤如下。

本课后练习为文件的导入与导出，这样可以在同一场景添加不同的文件，也可以将同一文件保存为不同的版本，如图 6-116 所示为案例效果。

本案例主要练习导入 AutoCAD 图形并导出，首先导入 AutoCAD 图形，之后进行设置，最后导出图片，案例的制作思路和步骤如图 6-117 所示。

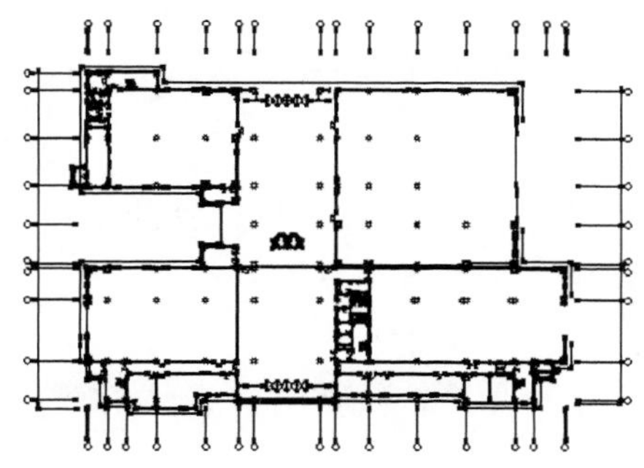

图 6-116　案例效果

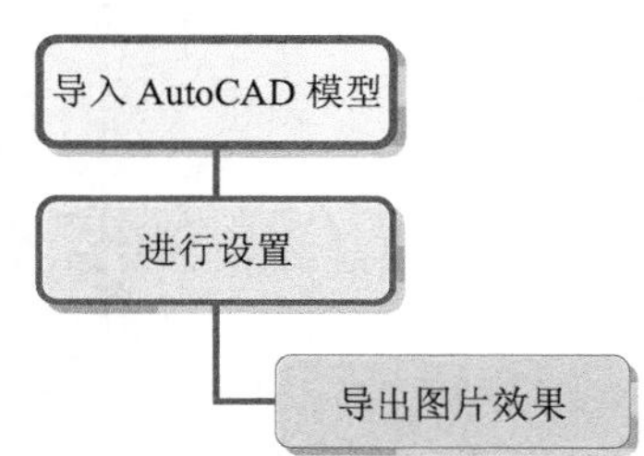

图 6-117　案例制作思路和步骤

练习案例操作步骤如下。

step 01 选择【文件】|【导入】命令，然后在弹出的【打开】对话框中设置【文件类型】为【AutoCAD 文件(*. dwg，*. dxf)】，如图 6-118 所示。

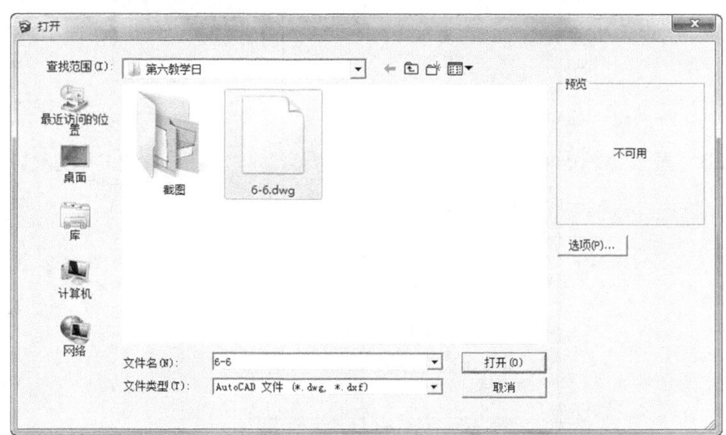

图 6-118　【打开】对话框

step 02 单击选择需要导入的文件，然后单击【选项】按钮，接着在弹出的【导入 AutoCAD DWG/DXF 选项】对话框中选择【单位】为【毫米】，如图 6-119 所示。

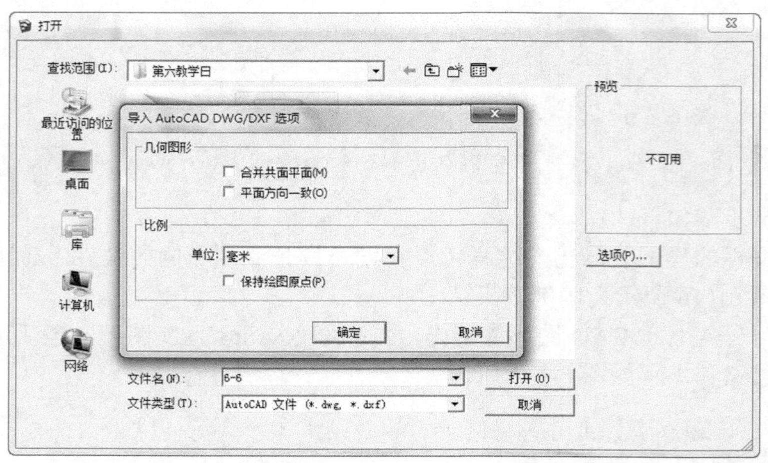

图 6-119 【导入 AutoCAD DWG/DXF 选项】对话框

step 03 完成设置后单击【确定】按钮，开始导入文件，大的文件可能需要几分钟，如图 6-120 所示。

step 04 导入完成后，SketchUp 会显示一个导入实体的报告，如图 6-121 所示。

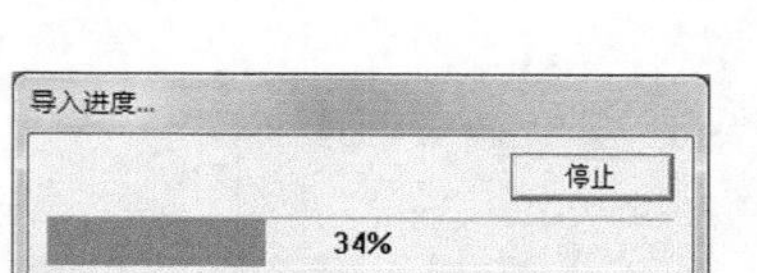

图 6-120 显示导入进度

导入结果

输入的 AutoCAD 图元:

图层: 27
块: 37
圆弧: 55
圆: 12
插入: 274
线: 1270
点: 83
二维折线: 129
二维实体: 2

简化的 AutoCAD 图元:

退化平面: 11

忽略的 AutoCAD 图元:

属性定义: 15
尺寸: 62
阴影线: 33

关闭

图 6-121 显示导入结果

step 05 导入图形效果，如图 6-122 所示。

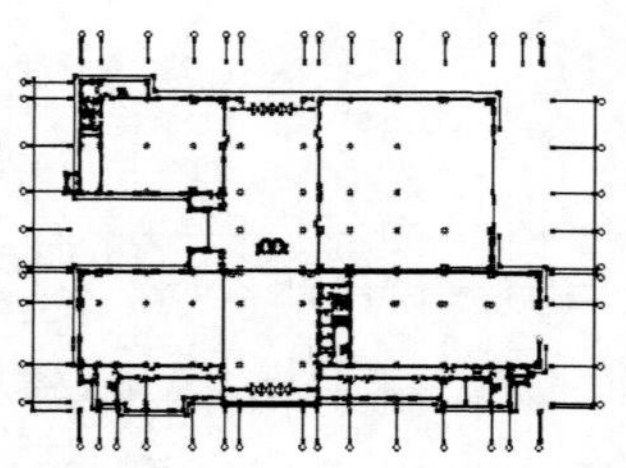

图 6-122 导入图形效果

step 06 选择【文件】|【导出】|【二维图形】命令，然后在弹出的【输出二维图形】对话框中设置【输出类型】为【JPEG 图像(*.jpg)】，如图 6-123 所示。

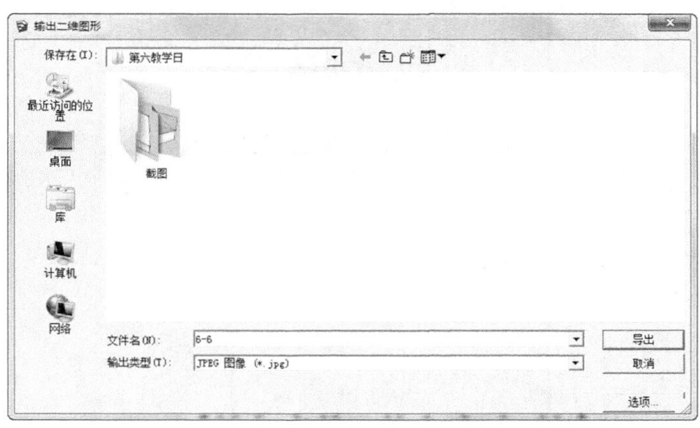

图 6-123　【输出二维图形】对话框

step 07 输出的二维图形效果，如图 6-124 所示。

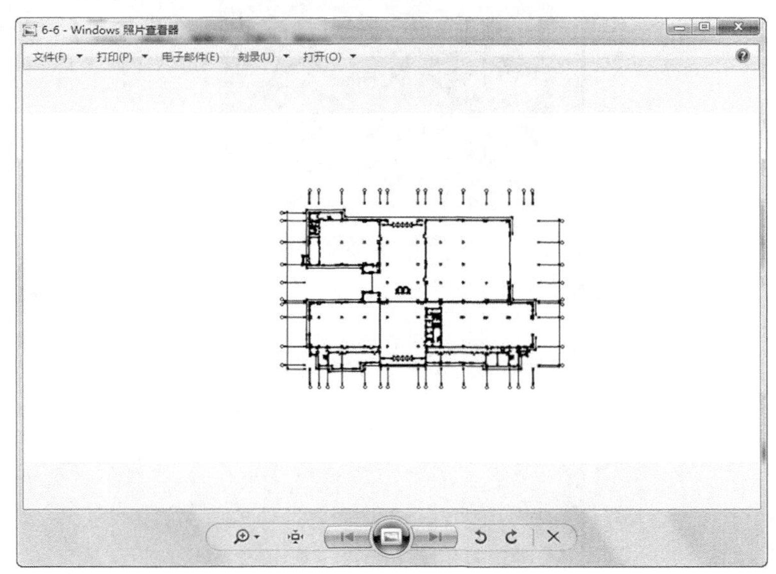

图 6-124　输出的二维图形

建筑设计实践： 由于 AutoCAD 的参数设计功能，通过直接导入 AutoCAD 图形和模型到 SketchUp 中，可以生成更为准确的模型效果。如图 6-125 所示为导入 AutoCAD 建筑模型的效果。

图 6-125　AutoCAD 建筑模型效果

阶段进阶练习

在本教学日学习中，不仅学习了剖切平面设计方法和文件导入与导出的方法，还希望读者能掌握SketchUp 沙盒工具的使用方法、插件的安装及几款常用插件的使用方法。熟练运用这些插件，可以在建模时更加得心应手。

使用本教学日学过的各种命令创建如图 6-126 所示的景观效果图。

一般创建步骤和方法如下。

(1) 创建主道和建筑模型。

(2) 绘制周边设施模型。

(3) 完成模型最终细节。

(4) 渲染和 Photoshop 后期处理。

图 6-126　景观效果图

设计师职业培训教程

第7教学日

SketchUp 为设计师提供了非常丰富的组件素材，SketchUp 的图纸风格也比较清新自然，很容易达到手绘的效果。本教学日通过讲解绘制一般建筑草图和复杂建筑草图的方法，帮助读者温习前面所学的知识，提高综合运用 SketchUp 各种工具命令的能力，并在这个过程中掌握更深层次的建模要求。

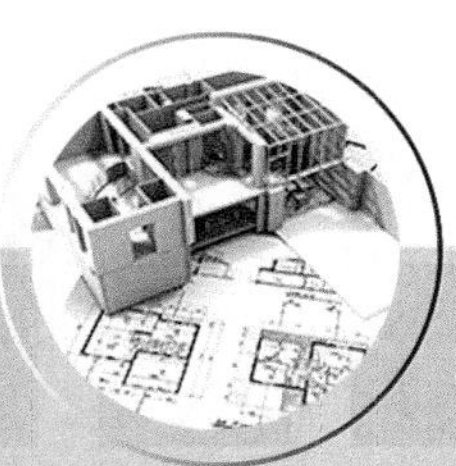

第1课 1课时 设计师职业知识——建筑效果设计的发展趋势

7.1.1 建筑效果的发展趋势

现代建筑设计是为了满足人们生活、工作的物质要求和精神要求所进行的理想的内容环境设计，与人们的生活密切相关，以至于迅速发展成为一门专业性很强、十分实用的新兴边缘科学。

(1) 现代建筑设计回归自然化。

随着环境保护意识的增长，人们向往自然，喝天然饮料，用自然材料，渴望住在天然绿色环境中。北欧的斯堪的纳维亚设计的流派由此兴起并对世界各国影响很大，其设计特点是在住宅中创造田园的舒适气氛，强调自然色彩和天然材料的应用，采用许多民间艺术手法和风格。在其基础上，设计师不断在“回归自然”上下功夫，创造新的设计效果，运用具象的、抽象的设计手法来使人们联想自然，如图 7-1 所示。

(2) 现代建筑设计整体艺术化。

随着社会物质财富的丰富，人们要求从“物的堆积”中解放出来，要求室内各种物件之间存在统一整体之美。室内环境设计是整体艺术，它应是空间、形体、色彩以及虚实关系的把握，功能组合关系的把握，意境创造的把握以及与周围环境的关系协调。许多成功的现代建筑设计实例都是艺术上强调整体统一的作品，如图 7-2 所示。

图 7-1　“回归自然”的建筑

图 7-2　艺术化建筑

(3) 现代建筑设计高度现代化。

随着科学技术的发展，在现代建筑设计中采用一切现代科技手段，设计中达到最佳声、光、色、形的匹配效果，实现高速度、高效率、高功能，创造出理想的值得人们赞叹的空间环境来。

(4) 现代建筑设计高度民族化。

只强调高度现代化，人们虽然提高了生活质量，却又感到失去了传统、失去了过去。因此，现代建筑设计的发展趋势就是既讲现代化，又讲传统，如图 7-3 所示为传统室内设计。

(5) 现代建筑设计个性化。

大工业化生产给社会留下了千篇一律的同一化问题。相同楼房，相同房间，相同的室内设备。为了打破同一化，人们追求个性化，如图 7-4 所示。一种设计手法是把自然引进室内，室内外通透或连成一片。另一种设计手法是打破水泥方盒子，斜面、斜线或曲线装饰，以此来打破水平垂直线求得变化。还可以利用色彩、图画、图案，利用玻璃镜面的反射来扩展空间等，打破千人一面的冷漠感，通过精心设计，给每个家庭居室以个性化的特性。

图 7-3 传统室内设计

图 7-4 个性化酒店设计

(6) 现代建筑设计服务方便化。

城市人口集中，为了高效方便，国外十分重视发展现代化服务设施。在日本，采用高科技成果发展城乡自动服务设施，自动售货设备越来越多，交通系统中计算机问询、解答、向导系统的使用，自动售票检票、自动开启、关闭进出站口通道等设施，给人们带来高效率和便利，从而使现代建筑设计更强调“人”这个主体，以消费者满意、方便为目的。

(7) 现代建筑设计高技术高情感化。

国际上工艺先进国家的现代建筑设计正在向高技术、高情感方向发展，这两者相结合，既重视科技，又强调人情味。在艺术风格上追求频繁变化，新手法、新理论层出不穷，呈现五彩缤纷、不断探索创新的局面。设计师要发挥独创性，运用与众不同的表现角度和表现手法，可以造就一种应变能力，不走别人走过的老路，关键在于设计必须创新。

7.1.2 景观设计的发展趋势

景观，犹如散落在茫茫大千世界的璀璨星辰，装点着人类的环境。它们有的是鬼斧神工的天然生成，有的是精雕细琢的人为创造，焕发出不同的奇光异彩，成为人类共享的艺术珍品。

所谓景观，简言之，就是具有观赏审美价值的景物。它是人类的世界观、价值观、伦理道德观的反映，是人类的爱和恨，欲望与梦想在大地上的投影。而景观设计是人们实现梦想的途径。农业时代人们对自然的敬畏和崇拜，不敢有违天地之格局与过程，便用心目中的宇宙模式来设计神圣的景观，以祈天赐福；中世纪的欧洲，神权高于一切，万能的上帝成为人类生活和设计的中心，因此有了以教堂为中心的城市和乡村的布局形式；文艺复兴解放了人性和科学，因为有以人为中心和推崇理性分析的世界观和方法论，以及对古希腊和罗马贵族奢侈生活的向往，因此才有了几何对称和图案化的理想城市模式和随后的巴洛克广场及景观设计，甚至将自然几何化；工业革命带来了新的设计美学，因此才有了柯布西耶的快速城市模式。近几十年来，人口爆炸，生产力飞速发展，人类整体生活水平和物质能量消耗水平成倍增长，环境问题越来越明显。这些症候使人类认识到其活动对自然环境的破坏已经到了威胁自身发展和后代生存的地步。随着新世纪和新时代的来临，人类一方面在深刻的反省中重新审视自身与自然的关系，重新谋求建立人文生态与自然生态的平衡关系，以图重建已遭破坏的家园；另一方面，新时代的来临使人们更加需要建立一个融当下社会形态、文化内涵、生活方式、面向未来的更具人性的、多元综合的理想生存环境空间，这是新时代赋予景观设计师责无旁贷的责任和义务。

(1) 景观设计的内涵。

景观设计是一个庞大、复杂的综合学科，融合了社会行为学、人类文化学、艺术、建筑学、当代科技、历史学、心理学、地域学、自然、地理等众多学科的理论，并且相互交叉渗透。景观设计是一个古老而又崭新的学科。广义上讲，从古至今人类所从事的有意识的环境改造都可称之为景观设计。它是一种具有时间和空间双重性质的创造活动，随着时代发展而发展。每个时代都赋予其不同的内涵，提出更新、更高的要求，其是一个创造和积累的过程。

何谓景观设计？景观设计是指在某一区域内创造一个具有形态、形式因素构成的较为独立的，具有一定社会文化内涵及审美价值的景物。其必须具有两个属性：一是自然属性，其必须作为一个有光、形、色、体的可感因素，一定的空间形态，较为独立的并易从区域形态背景中分离出来的客体。二是社会属性，其必须具有一定的社会文化内涵，有观赏功能，改善环境及使用功能，可以通过其内涵，引发人的情感、意趣、联想、移情等心理反应，即所谓景观效应。如果把景观设计理解为是一个对任何有关于人类使用户外空间及土地的问题、提出解决问题的方法以及监理这一解决方法的实施过程，那么景观设计的宗旨就是给人们创造休闲、活动的空间，创造舒适、宜人的环境。而景观设计师的职责就是帮助人类，使人、建筑物、社区、城市以及人类的生活同地球和谐相处。

(2) 生态化设计。

生态化设计一直是近年来人们关心的热点，也是疑惑之点。生态设计在建筑设计和景观设计领域尚处于起步阶段，对其概念的阐释也是各有不同。概括起来一般包含两个方面：应用生态学原理来指导设计；使设计的结果在对环境友好的同时又满足人类需求。

参照西蒙·范·迪·瑞恩(Sim Van der Ryn)和斯图亚特·考恩(Stuart Cown)的定义：任何与生态过程相协调，尽量使其对环境的破坏影响达到最小的设计形式都称为生态设计，这种协调意味着设计尊重物种多样性，减少对资源的剥夺，维持植物生长环境和动物栖息地的质量，以有助于改善人类居住环境及生态系统的健康。其实，生态化设计就是继承和发展传统景观设计的经验，遵循生态学的原理，建设多层次、多结构、多功能的科学植物群落，建立人类、动物、植物相关联的新秩序，在对环境的破坏影响最小的前提下，达到生态美、科学美、文化美和艺术美的统一，为人类创造清洁、优美、文明的景观环境。而目前条件下，景观的生态设计还未成熟，处于过渡期，需要更清晰的概念、扎实的理论基础以及明确的原则与标准，这需要进一步研究探讨和不断地实践。

生态化设计原则应尊重传统文化和乡土知识，吸取当地人的经验。景观设计应根植于所在的地方。由于当地人依赖于其生活环境获得日常生活和物质资料，他们关于环境的认识和理解是场所经验的有机衍生和积淀，所以设计者应考虑当地人和其文化传统给予的启示。其次，应顺应基址的自然条件。场地外的生态要素对基址有直接影响与作用，所以应该设计不能局限在基址的红线以内；另外任何景观生态系统都有特定的物质结构与生态特征，呈现空间异质性，在设计时应根据基址特征进行具体的对待；考虑基址的气候、水文、地形地貌、植被以及野生动物等生态要素的特征，尽量避免对它们产生较大的影响，从而维护场所的健康运行，如图 7-5 所示。

景观空间主要是指建筑的外部空间，其没有具体的形状和明确的界限，因此具有不确定性的特点，这种不确定性具体表现为空间的模糊性、开放性、透明性和层次性，如图 7-6 所示。

- 容积空间：是指由实体围合而构成的空间形式，也叫作围合空间。
- 辐射空间：是指空间中的一个实体对其周围一定范围的空间产生凝聚力所界定的空间领域。具有扩散、外射的特点，人可以感受到它主宰周围空间的辐射力。
- 立体空间：是指由数个实体组合而形成一个无边界，从而限定出一个空间范围，也就是在立体空间中，既有实体占领形成的局部空间，又有实体之间的张力相互作用而界定的复合空间。

图 7-5　城市中的自然景观

图 7-6　景观空间

我国在人居景观设计方面还存在着建筑强调个性与张扬，规划、建筑、景观设计与公众参与四者间缺乏协调与统一，传统建筑景观保护不够等诸多问题。有关统计显示，未来 10 年我国城镇将增加住宅需求 36.68 亿平方米，其中相当部分是满足康居需求的改善型消费，这就预示着今后我国的城市化将进入快速发展的历史时期，如图 7-7 所示。

图 7-7　碧水微波

7.1.3　人居景观设计的发展趋势

随着我国城市化进程的日益加快和国民经济发展水平的不断提高，人居环境的景观设计也越来越受到人们的关注。人居环境的优劣不仅关系到人们的生活质量与健康，而且是体现城市文化的一个重要组成部分。为此，居住区的房地产开发出现了以“景观”“环保”“文化”“休闲”“智能”和“绿色健康”等为主题的人居景观设计理念。也就是说，居住区的开发设计已经开始更多地关注景观和文化，倡导向新生活方式方面发展。

人居景观设计的发展趋势如下。

(1) 以人为本的设计理念将进一步深入和细化。

21 世纪进入网络时代，一方面使人们的社会分工更趋细化，合作更为广泛，更能左右环境；另一方面也使人们更为独立，一切东西——水、电、新闻、邮件、广告，甚至基于计算机的工作都可以直通家中，人与人之间直接接触与交往变得更加简单和稀少，人与社会和自然环境更为分离。但同时也使人们意识到人与人面对面交流的重要性，更渴望回归自然，怀念里弄、胡同那种富有人情味的社区生活。如上海“新天地”的改造，就是在保留传统石库门里弄建筑空间格局、人文景观的基础上对建筑内部重新改建，对外部环境进行适当调整，从而唤起了人们对过去生活的回忆，同时这也是充分尊重历史文化而成功开发的典范。

因此，以人为本的“人”其范畴包括社会的人、历史的人、文化的人、生物的人、不同阶层的人和不同地域的人等。也就是说，景观设计只有在充分尊重自然、历史、文化和地域的基础上结合不同阶层人的生理和审美需求，才能体现设计以人为本理念的真正内涵。

(2) 强调住区环境景观的共享性。

使每套住房都获得良好的景观环境效果，是设计的首要目的。首先在规划设计时应尽可能地利用现有的自然环境创造人工景观，让人们都能够享受这些优美环境，共享住区的环境资源；其次，加强院落空间的领域性，利用各种环境要素丰富空间的层次，为人们提供相认、交流的场所，从而创造安静、温馨、优美、祥和、安全的居家环境。

(3) 住区环境景观突出文脉的延续性。

崇尚历史和文化是近年来住区环境设计的一大特点，开发商和设计师开始不再机械地割裂居住建筑和环境景观，开始在文化的大背景下进行居住区的策划和规划，通过建筑与环境艺术来表现历史文化的延续性。

住区环境作为城市人类居住的空间，也是住区文化的凝聚地与承载点，因此在住区环境的规划设计中要认识到文化特征对于住区居民健康、高尚情操培育的重要性。而营造住区环境的文化氛围，在具体规划设计中，应注重住区所在地域自然环境及地方建筑景观的特征，挖掘、提炼和发扬住区地域的历史文化传统，并在规划中予以体现。同时，还要注意到住区环境文化构成的丰富性、延续性与多元性，使住区环境具有高层次的文化品位与特色。如北京菊儿胡同和苏州桐芳巷的改造，都在建筑符号语言、空间形态、色彩等方面继承了传统民居文化的精髓，受到了人们的高度好评。

(4) 环境景观的艺术性向多元化发展。

随着设计师们的日益成熟，盲目模仿、抄袭现象逐渐趋少，住区环境设计开始关注人们不断提升的审美需求，呈现出多元化的发展趋势。同时环境景观更加关注居民生活的方便、健康与舒适性，不仅为人所赏，还要为人所用，尽可能创造自然、舒适、亲近、宜人的景观空间，实现人与景观有机融合。如亲地空间可以增加居民接触地面的机会，创造适合各类人群活动的室外场地和各种形式的屋顶花园等；亲水空间，营造出人们亲水、观水、听水、戏水的场所；硬、软景观有机结合，充分利用车库、台地、坡地、宅前屋后构造充满活力和自然情调的亲绿空间环境；而儿童活动的场地和设施的合理安排，可以培养儿童友好、合作、冒险的精神，创造良好的亲子空间。

(5) 住区环境设计向可持续的生态方向发展。

住区环境质量的高低除艺术性的层面外，还要体现生态的一面。就微观的环境景观设计而言，就是通过环境设计，为居民提供良好的日照、通风、阻隔噪音、吸附有害气体的条件，同时对住区地域自然景观、自然生态及除人之外物种的尊重与关怀，实现住区地域生物的多样性。如在住区环境中还留出一定比例的“自然空间”，可以有效地调节住区的生态环境。而自然空间的生态功能主要体现在保持水土、固碳制氧、维持大气成分稳定、调节气温、增加空气湿度、改善住区气候、净化空气、吸尘滞尘、消减噪音等方面。因此，对于人居景观生态环境而言，共生与再生原则就要求人们特别注意和自然环境的结合与协作，善于因地制宜，因势利导，利用一切可以运用的因素，高效地利用地质因素和自然资源，减少人工层次而注意自然环境设计。

第2课 3课时 绘制一般建筑草图

本课主要讲解较为简单的建筑草图的绘制方法，并在课后进行实际效果图案例的制作练习和讲解。

行业知识链接：砖混结构是建筑物的墙、柱用砖砌筑，梁、楼板、楼梯、屋顶用钢筋混凝土制作，成为砖——钢筋混凝土结构。这种结构多用于层数不多(6层以下)的民用建筑及小型工业厂房，是目前广泛采用的一种结构形式。如图7-8所示为砖混结构的建筑效果模型。

图7-8 砖混结构建筑模型

7.2.1 建筑设计立意与造型

建筑方案设计注重的是发现问题和解决问题，力图探讨建筑所具有的适度、高效和经济的建造本质，以城市空间的良好把握和建筑功能组织的合理性为基础，同时考虑建造成本的经济性，体现出稳健、典雅而不失建筑个性的建筑气质。在绘制一般建筑草图效果时，也需要将建筑设计的立意体现出来，如在建筑立意与造型上力图要表达以下两点。

- 必须和城市整体空间、地块周边环境取得协调关系。这一点主要依靠建筑空间布局和简洁、明快的形体得以保证。
- 必须表达其独有的建筑气质，让建筑物通过自身的建筑立意与造型处理向人们“讲故事”，表达出鲜明的行业特征。

另外，如果是现代化高层建筑，其玻璃幕墙一般采用由镜面玻璃与普通玻璃组合，隔层充入干燥空气或惰性气体的中空玻璃。幕墙中空玻璃有两层和三层之分，两层中空玻璃由两层玻璃加密封框架，形成一个夹层空间；三层玻璃则是由三层玻璃构成两个夹层空间。中空玻璃具有隔音、隔热、防结霜、防潮、抗风压强度大等优点。据测量，当室外温度为-10℃时，单层玻璃窗前的温度为-2℃，而使用三层中空玻璃的室内温度为13℃。在炎热夏天，双层中空玻璃可以挡住90%的太阳辐射热，阳光依然可以透过玻璃幕墙，但晒在身上不会感到炎热。使用中空玻璃幕墙的房间可以做到冬暖夏凉，极大地改善了生活环境。

7.2.2 建筑节能及生态设计

在建筑设计中必须考虑建筑的节能及生态设计，这在建筑草图效果中也要有所体现。如果建筑物所在城市的气候夏季酷热且持续时间较长，则最重要的节能手段为良好的通风、采光及遮阳处理。在建筑设计和效果表现中最好主体为南北朝向，这样具有良好的通风条件及采光效果。建筑平面要较为规整，控制体形系数(S<0.3)。在满足合理窗地比的情况下，合理控制建筑外立面窗墙比，外窗均采用双层中空玻璃及断热铝合金窗框，降低传热系数(K<0.3)。建筑外立面幕墙均采用高性能热发射幕墙玻璃，降低传热系数(K<0.3)。

在太阳能热水及光伏电工程设计方面，在建筑主楼顶层屋面设计太阳能光伏电板及集热水箱，供办公热水和太阳能浴室(浴室位于建筑第 14 层)用水及部分公共交通空间的照明用电。

在太阳能拔风工程设计方面，利用高低热压差在建筑内形成负压，以此加强室内外空气流通，利用自然通风带走室内热量。在本案例中，建筑东侧立面由侧面墙体及外围切面体装饰玻璃幕墙围合形成拔风井道，与各楼层工休平台和水平交通内廊相通，井道底与地下室排风口相通，井道直通屋面的拔风口，拔风口顶盖设太阳能集热板，利用太阳能辅热将有效提高拔风效果，改善建筑内环境舒适度。

课后练习

案例文件：ywj\07\7-2.skp

视频文件：光盘→视频课堂→第 7 教学日→7.2

练习案例分析及步骤如下。

本课后练习是简单建筑草图模型的绘制，通过使用 SketchUp 基本绘制工具完成，可以提高读者的绘图工具使用技巧与熟练度，如图 7-9 所示为完成的建筑草图模型。

本案例主要练习简单建筑模型的绘制，首先绘制建筑底部，之后绘制一层墙体和门窗，再绘制二层和三层的模型，然后绘制屋顶，最后添加材质完成整个模型效果，该案例的绘制思路和步骤如图 7-10 所示。

图 7-9　完成的建筑草图模型

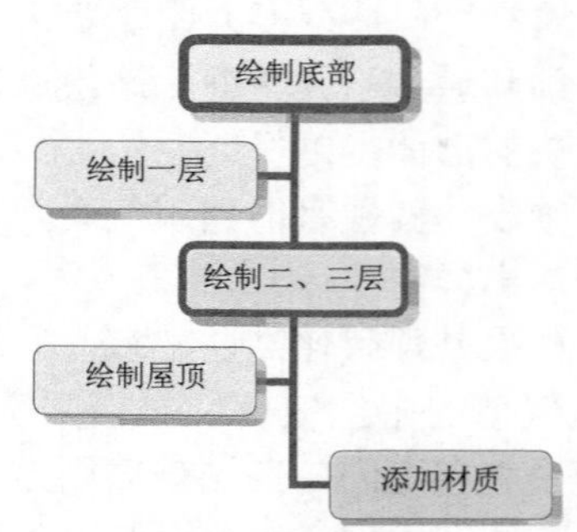

图 7-10　案例绘制思路和步骤

练习案例操作步骤如下。

step 01 首先绘制建筑底部。新建文件后，单击【大工具集】工具栏中的【直线】按钮，按照所给尺寸绘制矩形，单击【推/拉】按钮，向上推拉 2.2m，如图 7-11 所示。然后单击【大工具集】工具栏中的【直线】按钮，按照所给尺寸绘制矩形，单击【推/拉】按钮，向上推拉 0.95m，如图 7-12 所示。

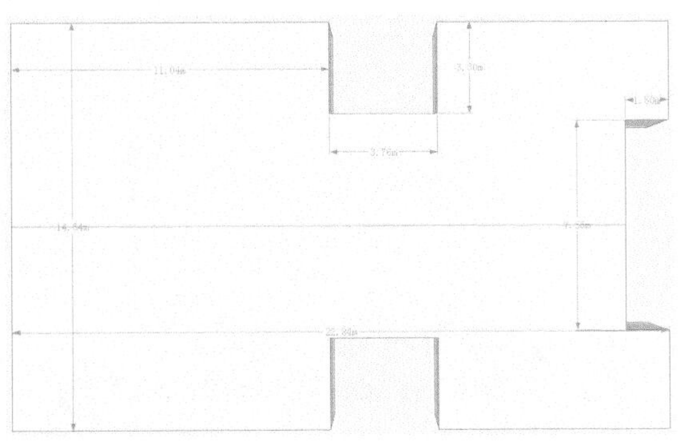

图 7-11 绘制矩形地基

图 7-12 创建房屋底座

step 02 单击【大工具集】工具栏中的【矩形】按钮，按照所给尺寸绘制台阶外轮廓，单击【直线】按钮，绘制每层台阶轮廓，如图 7-13 所示。单击【大工具集】工具栏中的【推/拉】按钮，将第一个台阶向外推拉 0.3m，其余台阶向外推拉时多加 0.3m，如图 7-14 所示。

图 7-13 创建房屋台阶轮廓

step 03 单击【大工具集】工具栏中的【矩形】按钮，绘制长 1.8m，宽 0.8m 的矩形，单击【推/拉】按钮，将做好的矩形向上推拉 1.65m，创建台阶右侧柱子，如图 7-15 所示。然后单击【大工具集】工具栏中的【直线】按钮，按照所给出尺寸在左侧、正面、右侧绘制出图形，创建装饰条轮廓，如图 7-16 所示。单击【大工具集】工具栏中的【推/拉】按钮，由上至下依次向外推拉 0.05m、0.10m，创建出装饰条，如图 7-17 所示。

图 7-14 推拉台阶

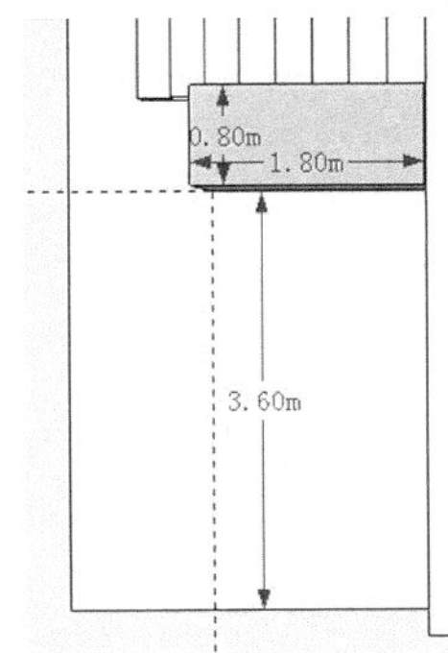

图 7-15 创建台阶右侧柱子

step 04 使用上述相同的方法，创建长 3m、宽 0.6m、高 1.65m 的左侧柱子，如图 7-18 所示。使用相同的方法创建另一侧台阶及两侧柱子，如图 7-19 所示。

step 05 单击【大工具集】工具栏中的【直线】按钮，按照图 7-20 中所给出尺寸绘制矩形。单击【推/拉】按钮，由上至下依次将矩形向外推拉 0.05m、0.20m，底座四周方法相同，创建底座装饰条，如图 7-20 所示。

图 7-16　创建装饰条轮廓

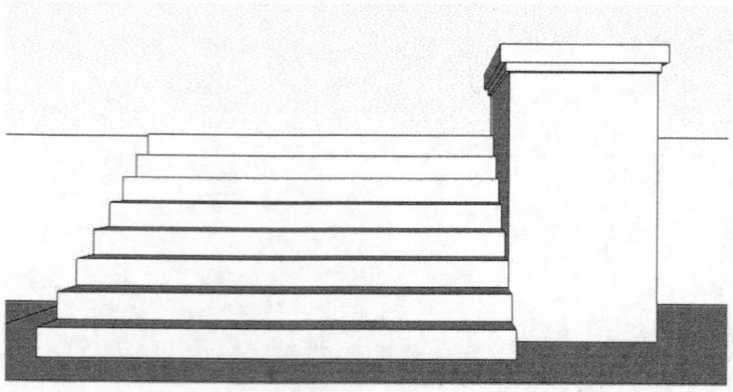

图 7-17　创建装饰条

图 7-18　创建台阶左侧柱子

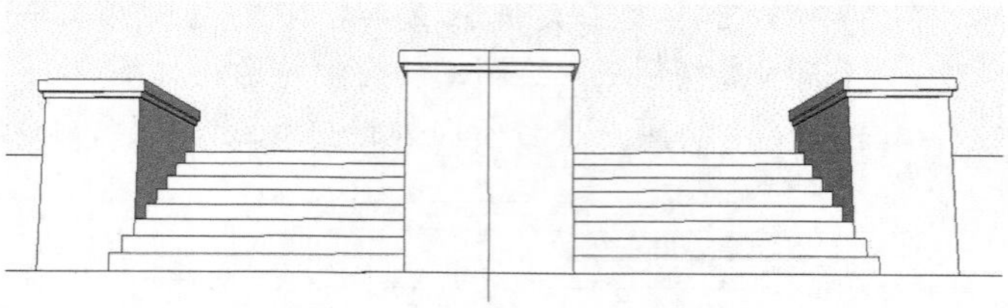

图 7-19　创建另一侧台阶及两侧柱子

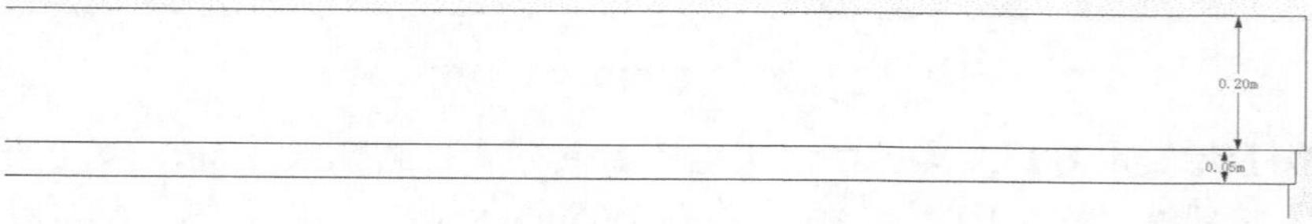

图 7-20　创建底座装饰条

step 06 单击【大工具集】工具栏中的【推/拉】按钮，按 Ctrl 键将做好的外墙装饰条向上推拉 0.1m，与底座四周方法相同，如图 7-21 所示。

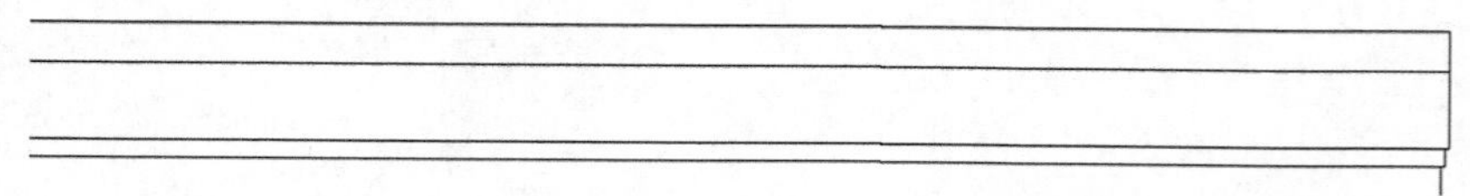

图 7-21　推拉外墙装饰条

step 07 单击【大工具集】工具栏中的【圆弧】按钮，选择高 0.1m 装饰条外侧两点做与其垂直的圆弧，单击【路径跟随】按钮，做出装饰条，与底座四周方法相同，如图 7-22 所示。

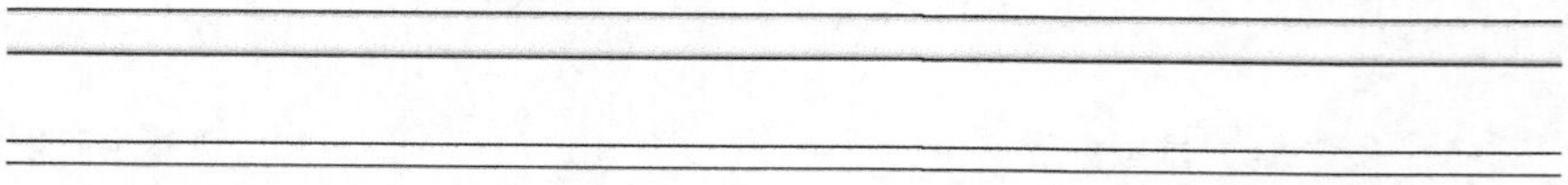

图 7-22　创建装饰条

step 08 使用相同的方法做出底座四周装饰条，如图 7-23 所示。

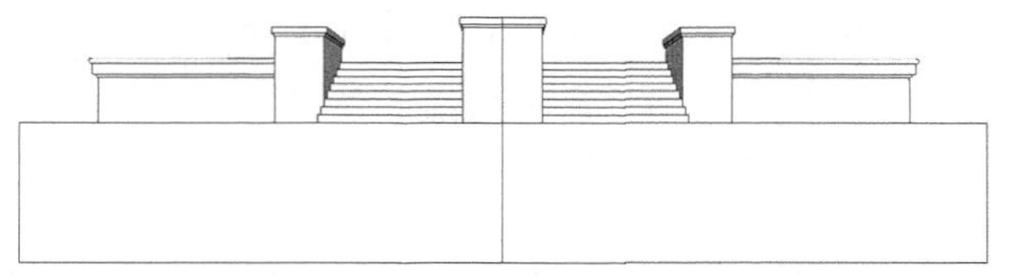

图 7-23 底座装饰条完成

step 09 单击【大工具集】工具栏中的【直线】按钮，按照所给出尺寸绘制直线，创建首层轮廓，如图 7-24 所示。单击【大工具集】工具栏中的【推/拉】按钮，将内部图形向上推拉 3.8m，创建出首层，如图 7-25 所示。

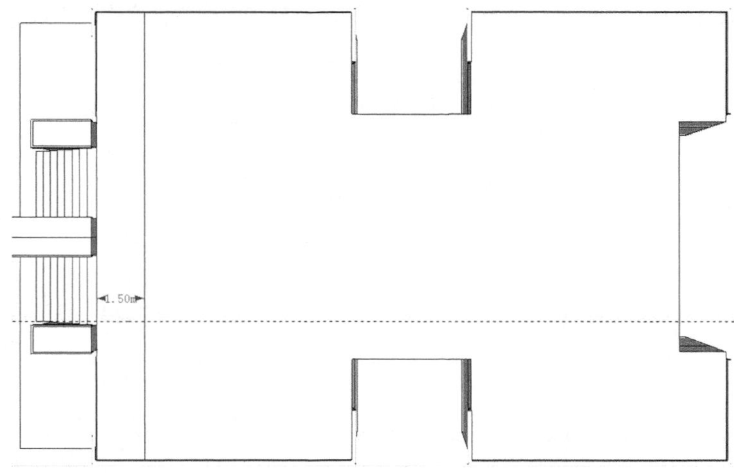

图 7-24 创建首层轮廓

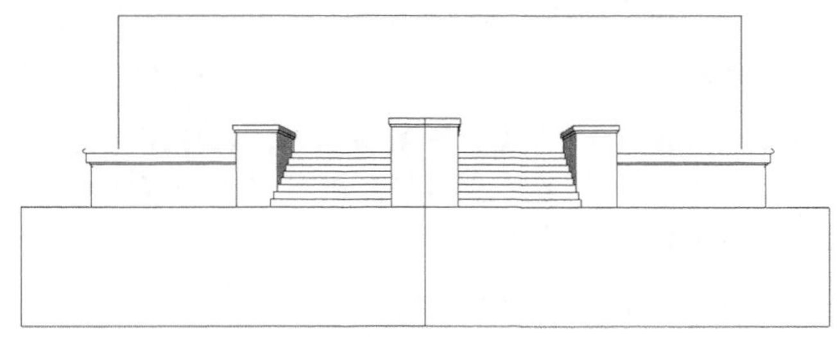

图 7-25 创建首层

step 10 单击【大工具集】工具栏中的【直线】按钮，按照所给出尺寸绘制栏杆底座轮廓，单击【推/拉】按钮，将做好的轮廓向上推拉 1.2m，如图 7-26 所示。

step 11 单击【大工具集】工具栏中的【直线】按钮，按照所给出尺寸绘制装饰条轮廓，单击【推/拉】按钮，将做好的轮廓由上至下依次向外推拉 0.05m、0.20m，如图 7-27 所示。使用相同的方法创建四周装饰条，如图 7-28 所示。继续单击【推/拉】按钮，将做好的装饰条向上推拉 0.10m，其余几个面方法相同，如图 7-29 所示。

step 12 单击【大工具集】工具栏中的【圆弧】按钮，选择做好的装饰条两个点，做出与装饰条垂直的椭圆形。选择做好的装饰顶面，单击【路径跟随】按钮，选择椭圆，如图 7-30 所示。使用相同的方法创建另一侧栏杆底座，如图 7-31 所示。

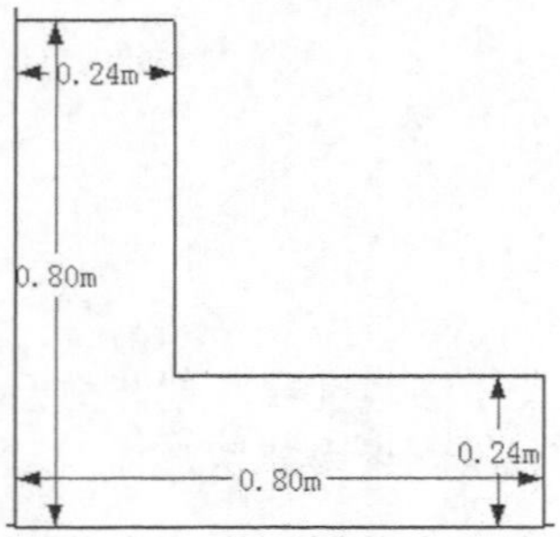

图 7-26　绘制栏杆底座轮廓

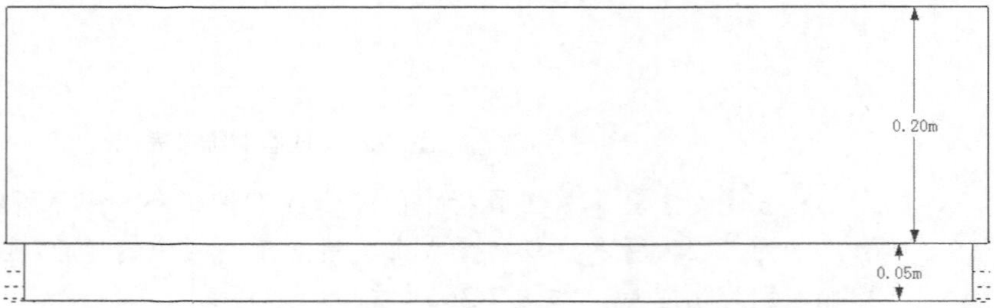

图 7-27　创建栏杆底座装饰条

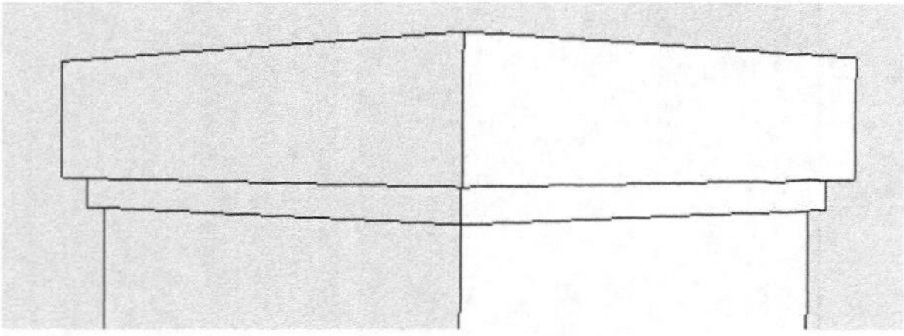

图 7-28　创建四周装饰条

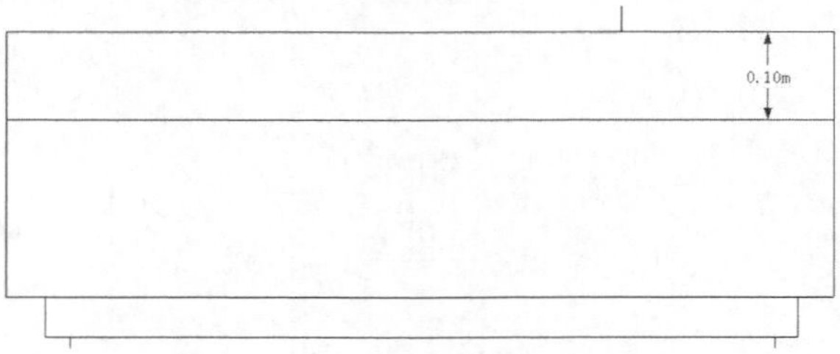

图 7-29　推拉四周装饰条

图 7-30　创建装饰条

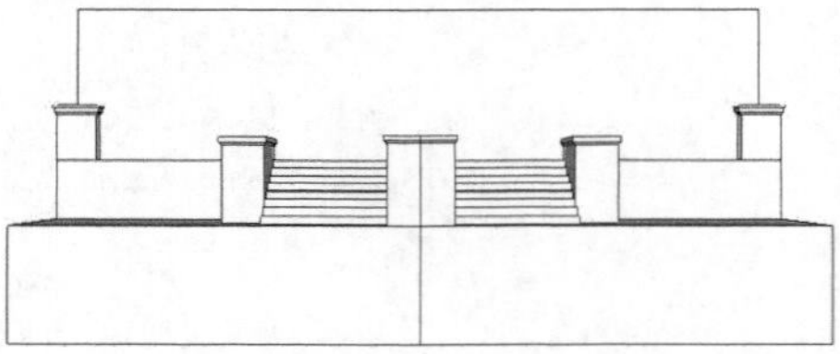

图 7-31　创建两侧栏杆底座

step 13 单击【大工具集】工具栏中的【直线】按钮，按照所给出尺寸绘制图形，创建首层门厅轮廓，如图 7-32 所示。单击【大工具集】工具栏中的【推/拉】按钮，将做好的首层门厅侧墙轮廓向上推拉 3.45m，如图 7-33 所示。

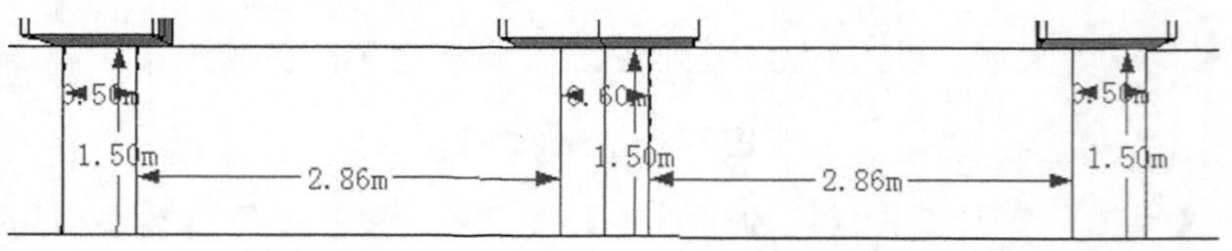

图 7-32　首层门厅侧墙

step 14 单击【大工具集】工具栏中的【矩形】按钮，将做好的首层门厅侧墙正面和顶面全部封顶。单击【圆弧】按钮，在门厅正面由底到上 1.85m 处，连接侧墙两侧点创建门厅，如图 7-34 所示。

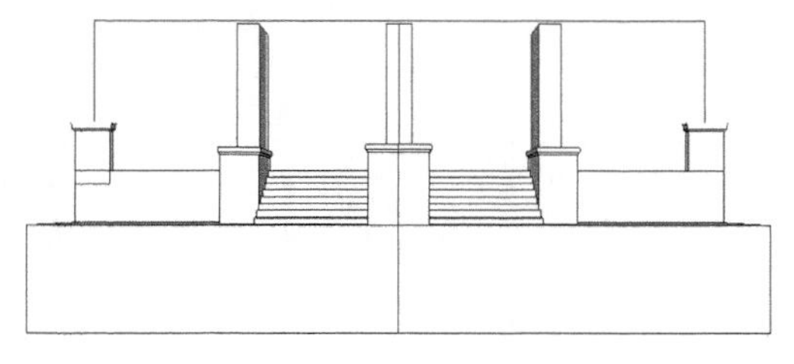

图 7-33　推拉首层门厅侧墙

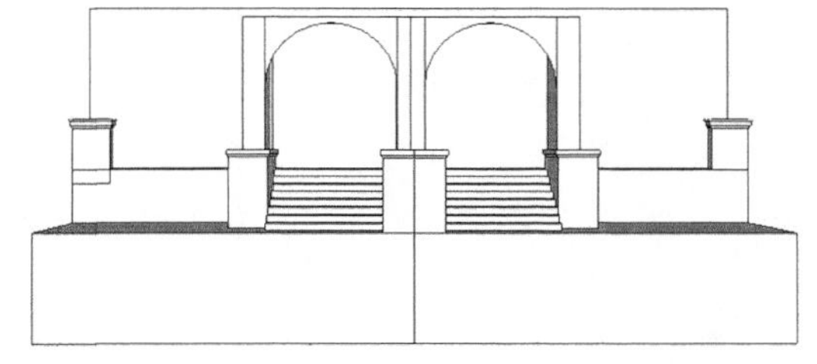

图 7-34　创建首层门厅

step 15 单击【大工具集】工具栏中的【直线】按钮，按照所给出尺寸绘制装饰条轮廓。单击【推/拉】按钮，将正面图形向外推拉 0.1m，将侧面图形向外推拉 0.25m，单击【直线】按钮，连接正面与侧面所做出的图形，如图 7-35 所示。

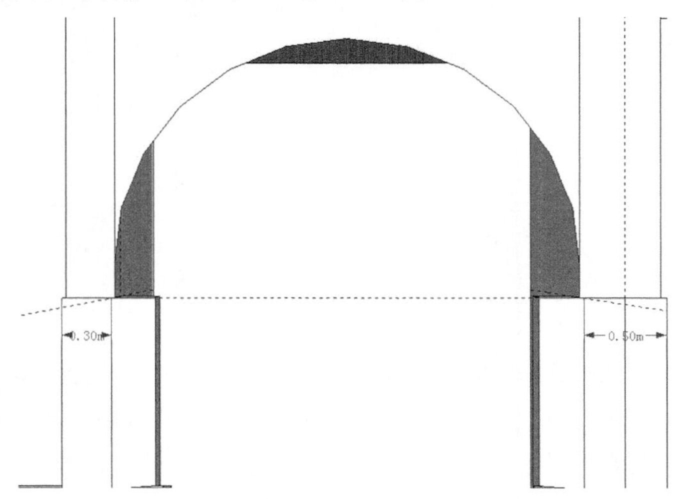

图 7-35　创建门厅装饰条

step 16 单击【大工具集】工具栏中的【直线】按钮，按照所给出尺寸绘制装饰条轮廓。单击【推/拉】按钮，将做好的轮廓顶面图形向外推拉 0.05m，将下面图形向外推拉 0.10m，单击【直线】按钮，连接中间图形，如图 7-36 所示。使用相同的方法将其余装饰条创建完成，如图 7-37 所示。使用上述方法将另一侧门厅装饰条制作完成，如图 7-38 所示。

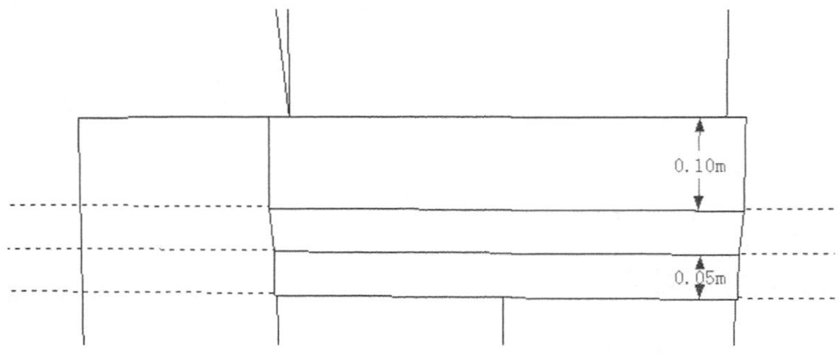

图 7-36　中间图形连接成型

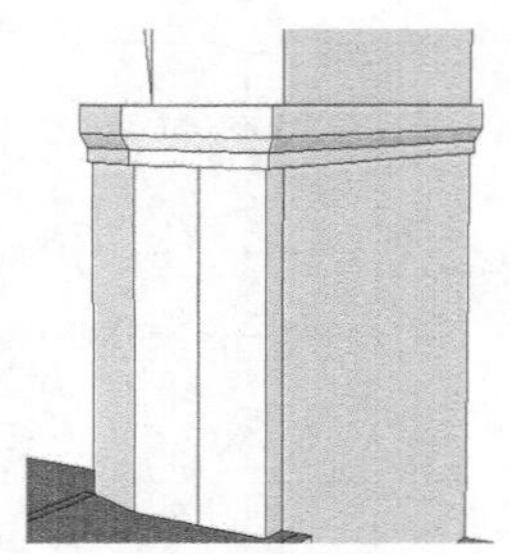

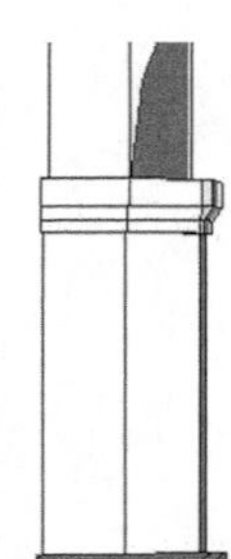

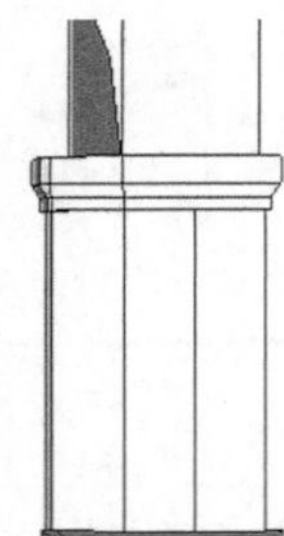

图 7-37 创建门厅装饰条　　图 7-38 完成的门厅装饰条

step 17 单击【大工具集】工具栏中的【直线】按钮和【圆弧】按钮，绘制门厅装饰轮廓，如图 7-39 所示。单击【大工具集】工具栏中的【圆弧】按钮，连接两侧装饰条创建半圆形，单击【路径跟随】按钮，选择做好的圆弧线，然后单击做好的轮廓，如图 7-40 所示。

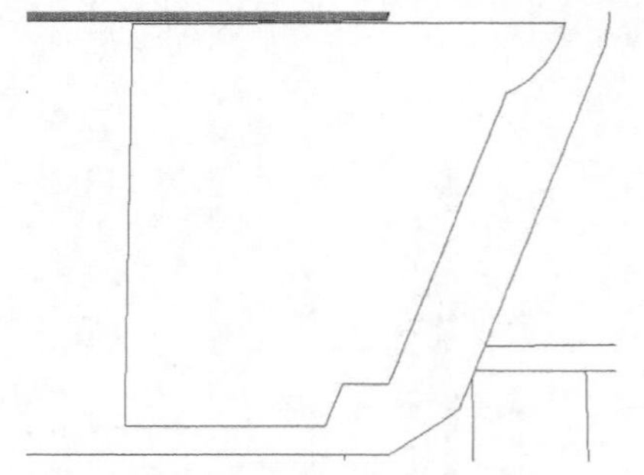

图 7-39 创建半圆形装饰轮廓

图 7-40 创建半圆形装饰

step 18 单击【大工具集】工具栏中的【直线】按钮，按照所给出尺寸绘制图形，单击【推/拉】按钮，将做好的图形向外推拉 0.5m，创建梯形装饰，如图 7-41 所示。单击【大工具集】工具栏中的【直线】按钮，将长方体前面做成向内倾斜形状，完成门厅装饰，如图 7-42 所示。使用上述方法创建另一侧门厅装饰，如图 7-43 所示。

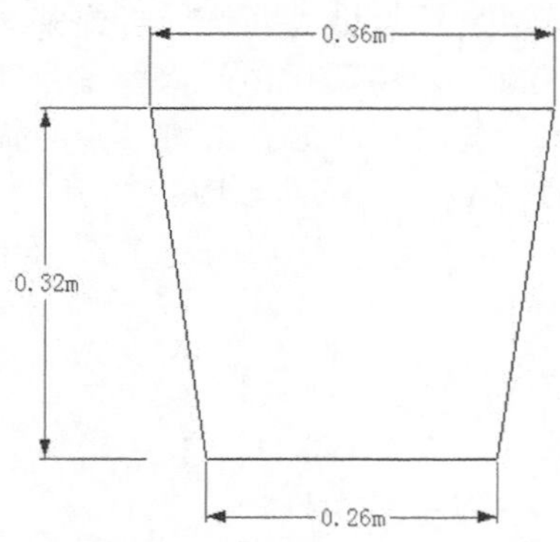

图 7-41 创建梯形装饰

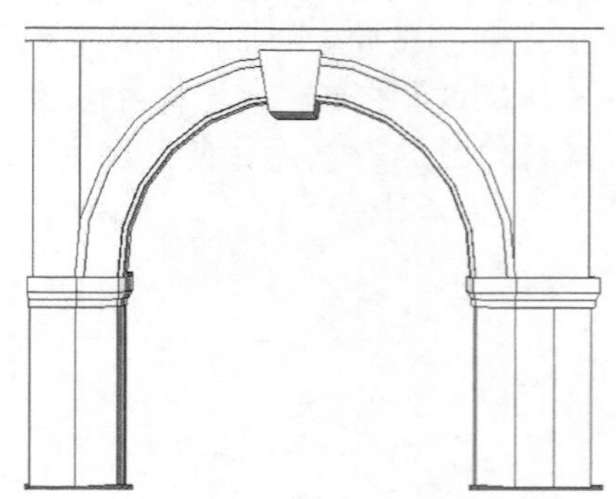

图 7-42 门厅装饰完成

图 7-43　门厅装饰完成

step 19 单击【大工具集】工具栏中的【直线】按钮，按照给出尺寸连接图形，创建首层窗子轮廓，如图 7-44 所示。单击【大工具集】工具栏中的【矩形】按钮，按照给出尺寸绘制窗子内部轮廓，单击【推/拉】按钮，将窗户向内推拉 0.03m，如图 7-45 所示。

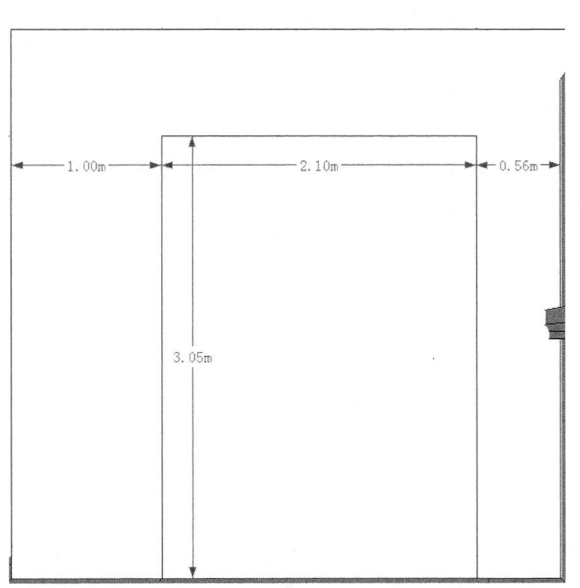

图 7-44　创建首层窗子轮廓

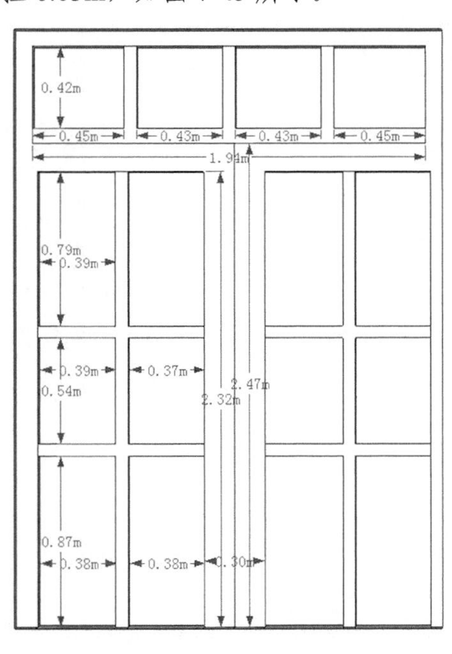

图 7-45　创建首层窗子

step 20 单击【大工具集】工具栏中的【偏移】按钮，选择窗子外框，分别向外偏移 0.04m、0.1m、0.06m。单击【推/拉】按钮，将最外层窗框向外推拉 0.06m、最内层窗框向外推拉 0.02m，单击【直线】按钮，将中间空隙连接，如图 7-46 所示。

step 21 单击【大工具集】工具栏中的【矩形】按钮，按照所给出尺寸绘制首层右侧窗子轮廓，如图 7-47 所示。使用相同的方法创建窗子及窗框，如图 7-48 所示。

step 22 单击【大工具集】工具栏中的【矩形】按钮，按照所给出尺寸绘制首层门轮廓，如图 7-49 所示。单击【大工具集】工具栏中的【矩形】按钮，按照所给出尺寸绘制门内部轮廓，单击【推/拉】按钮，将内部图形向里推拉 0.05m，如图 7-50 所示。使用上述方法将门框及另一侧门创建完成，如图 7-51 所示。

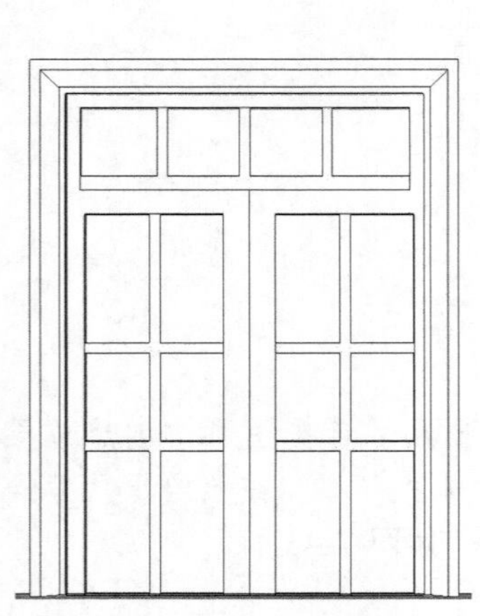

图 7-46　细化首层窗子

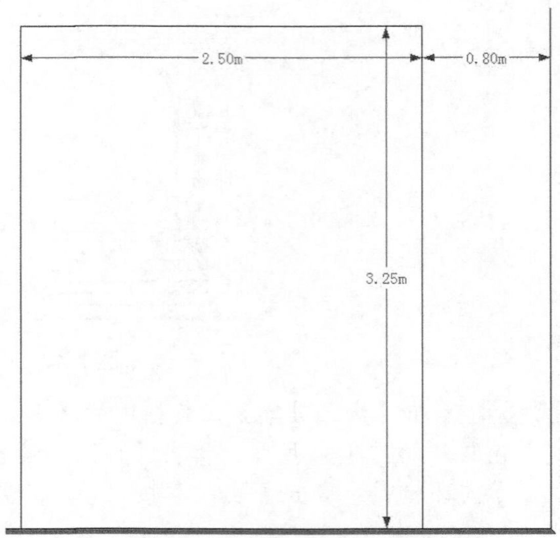

图 7-47　创建首层右侧窗子轮廓

图 7-48　创建完成首层窗子

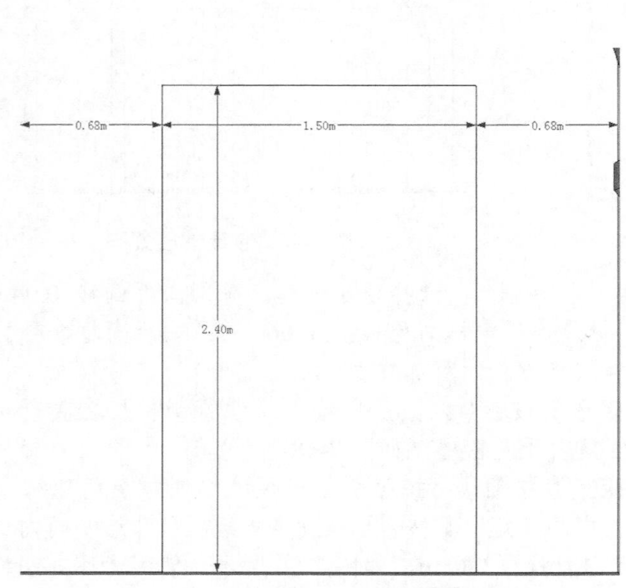

图 7-49　创建首层门轮廓

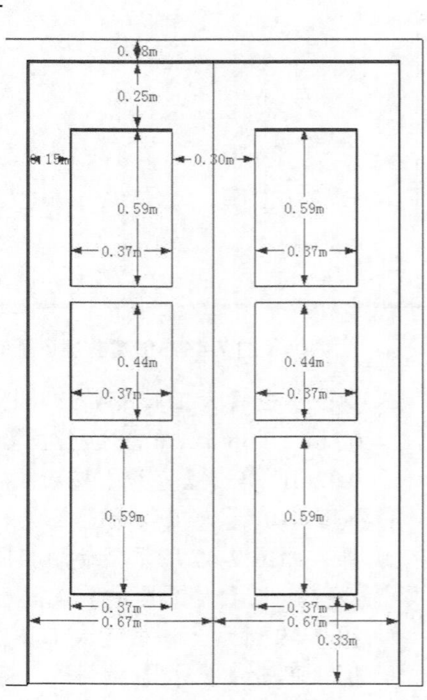

图 7-50　创建首层门

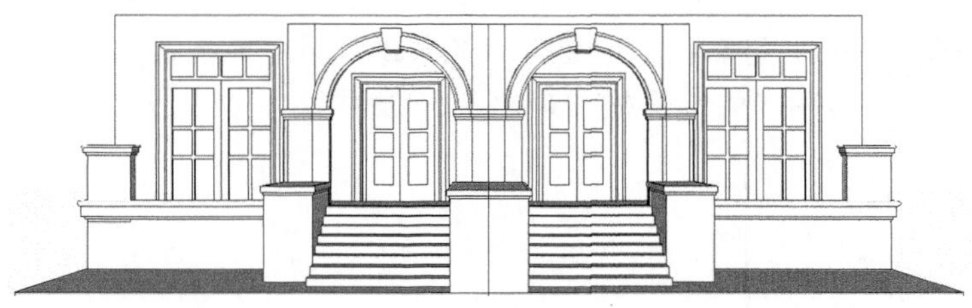

图 7-51 创建完成首层门

step 23 单击【大工具集】工具栏中的【矩形】按钮，按照所给出尺寸绘制右侧栏杆底座轮廓，单击【推/拉】按钮，将栏杆底座轮廓向上推拉 0.5m，如图 7-52 所示。单击【大工具集】工具栏中的【矩形】按钮，按照所给出尺寸绘制右侧栏杆底座装饰条轮廓，单击【推/拉】按钮，将栏杆底座轮廓装饰条由下向上推拉 0.05m、0.10m、0.05m，如图 7-53 所示。

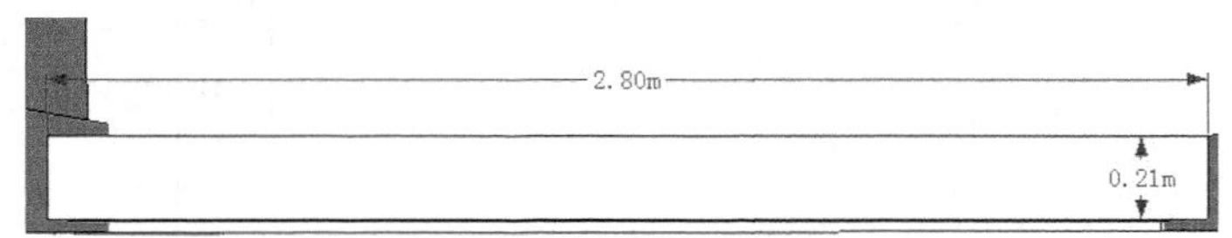

图 7-52 创建右侧栏杆底座

图 7-53 创建右侧栏杆底座装饰条

step 24 单击【大工具集】工具栏中的【圆弧】按钮，在顶面装饰条侧面绘制与其垂直的半圆，单击【路径跟随】按钮，创建半圆形装饰，如图 7-54 所示。

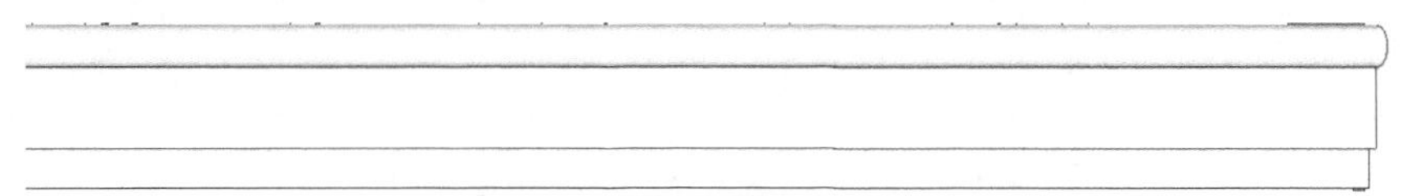

图 7-54 创建右侧栏杆底座半圆形装饰条

step 25 使用上述方法创建首层其余栏杆底座，如图 7-55 所示。

图 7-55 首层栏杆底座完成

step 26 单击【大工具集】工具栏中的【圆弧】按钮和【矩形】按钮，按照给出尺寸绘制首层侧墙窗户轮廓，单击【推/拉】按钮，将内部图形向内推拉 0.05m，如图 7-56 所示。使用制作首层门框相同的方法制作窗框，如图 7-57 所示。

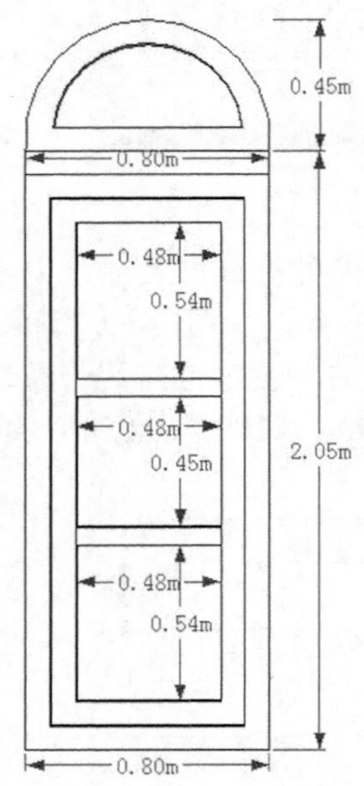

图 7-56 首层侧墙窗户

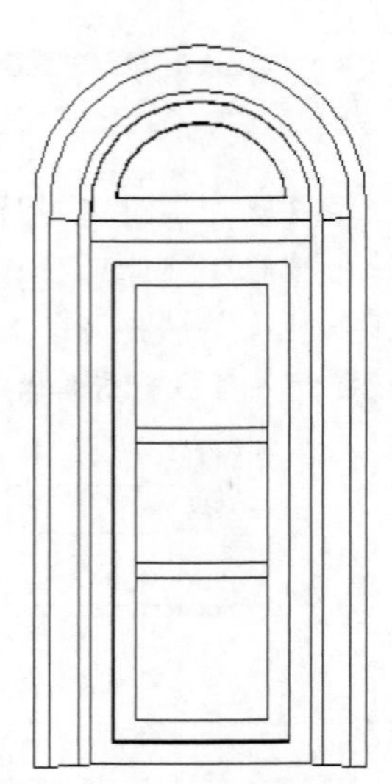

图 7-57 创建首层侧墙窗框

step 27 单击【大工具集】工具栏中的【直线】按钮，按照给出尺寸绘制首层侧墙窗户底座轮廓，单击【推/拉】按钮，将底座上部矩形向外推拉 0.10m，最下部矩形向外推拉 0.07m，最后再使用【直线】按钮连接中间图形，如图 7-58 所示。

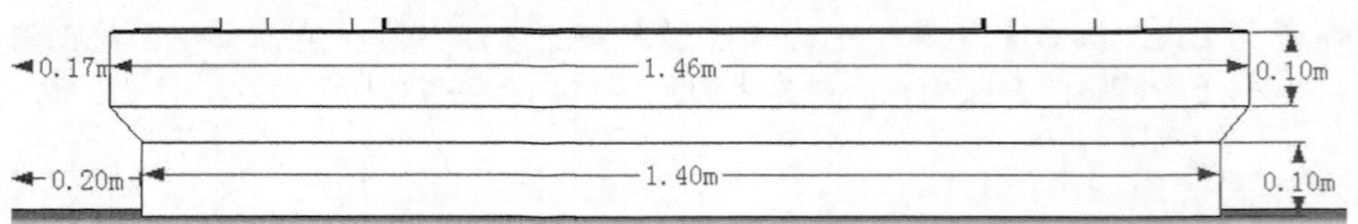

图 7-58 创建首层侧墙窗户底座

step 28 使用上述相同的方法创建其他侧墙窗户，如图 7-59 所示。

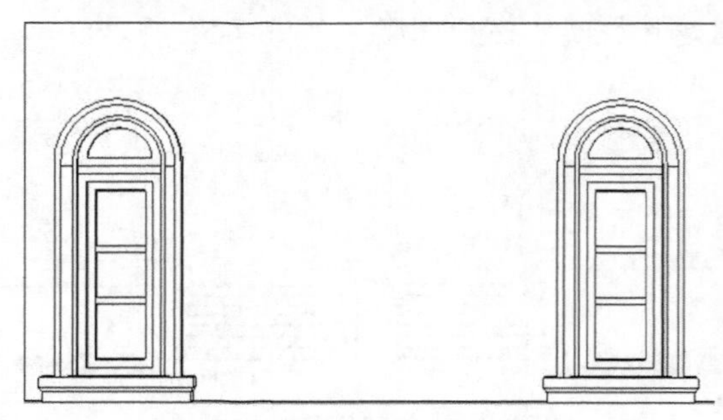

图 7-59 创建其他侧墙窗户

step 29 单击【大工具集】工具栏中的【矩形】按钮和【圆弧】按钮，按照所给出尺寸绘制窗户轮廓，单击【推/拉】按钮，将内部图形向里推拉 0.03m、玻璃向里推拉 0.03m，如图 7-60 所示。使用前面的方法创建窗户外框和底座，如图 7-61 所示。

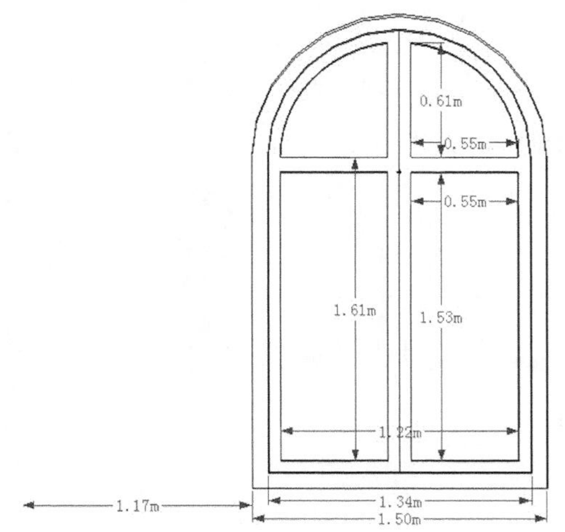

图 7-60　创建首层侧墙窗户

图 7-61　创建首层侧墙窗户外框和底座

step 30 单击【大工具集】工具栏中的【矩形】按钮，按照所给出尺寸绘制横向栏杆轮廓，如图 7-62 所示。单击【矩形】按钮，按照所给出尺寸绘制竖向栏杆轮廓，如图 7-63 所示。

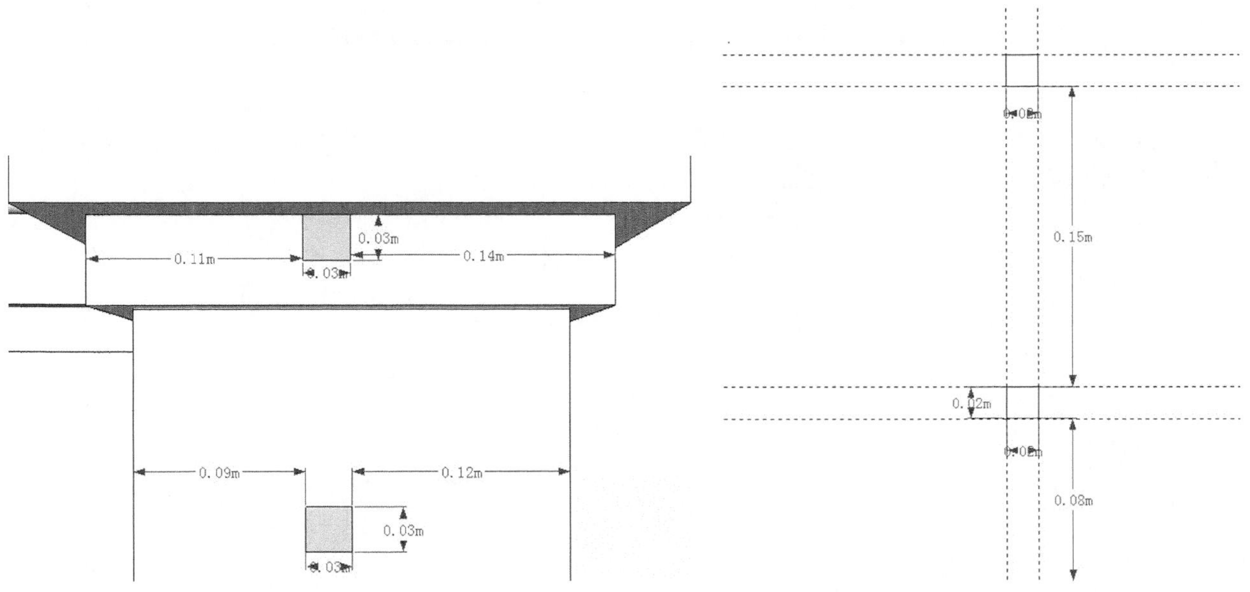

图 7-62　创建首层横向栏杆轮廓

图 7-63　创建首层竖向栏杆轮廓

step 31 单击【大工具集】工具栏中的【推/拉】按钮，将竖向栏杆轮廓向上推拉 0.48m，选中所创建栏杆，单击【移动】按钮，按 Ctrl 键，将栏杆复制到指定位置再输入 x17，如图 7-64 所示。单击【大工具集】工具栏中的【推/拉】按钮，将横向栏杆轮廓向左推拉 3m，如图 7-65

所示。

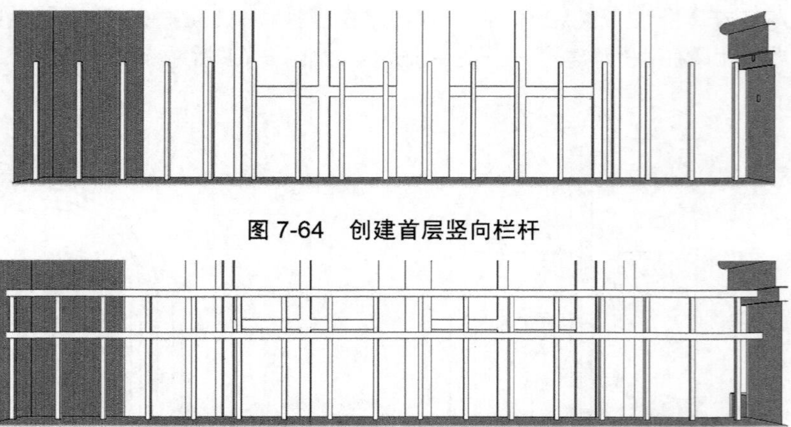

图 7-64 创建首层竖向栏杆

图 7-65 创建首层横向栏杆

step 32 使用上述相同的方法创建首层其他栏杆，如图 7-66 所示。

图 7-66 创建首层栏杆

step 33 单击【大工具集】工具栏中的【直线】按钮，按照所给出尺寸绘制二层轮廓，单击【推/拉】按钮，将二层向上推拉 3m，如图 7-67 所示。

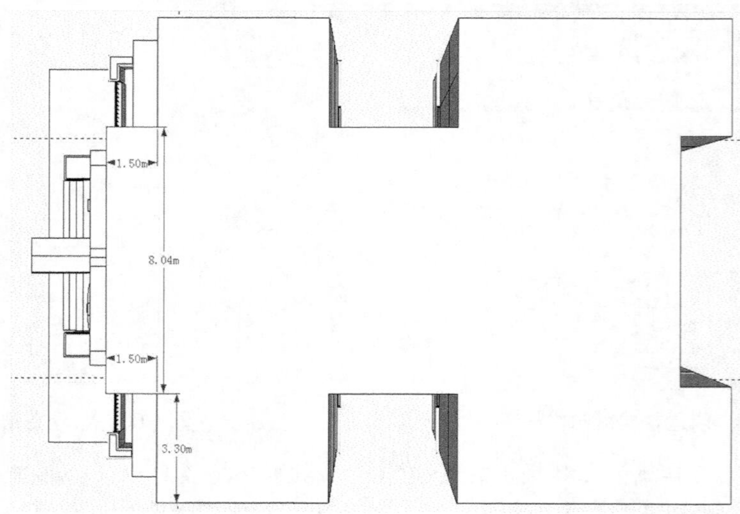

图 7-67 创建二层

step 34 使用首层相同的方法创建二层栏杆底座，高度为 1.1m，如图 7-68 所示。使用首层相同的方法完善二层栏杆底座，如图 7-69 所示。使用首层相同的方法创建二层栏杆，如图 7-70 所示。

图 7-68　创建二层栏杆底座

图 7-69　完善二层栏杆底座

图 7-70　创建二层栏杆

step 35 单击【大工具集】工具栏中的【矩形】按钮，按照所给出尺寸绘制二层隔板轮廓，单击【推/拉】按钮，将隔板轮廓向上推拉 1.1m，如图 7-71 所示。单击【大工具集】工具栏中的【直线】按钮，在顶面左侧向右 0.12m 处连接两侧矩形，单击【推/拉】按钮，将第二层向上推拉 0.65m，如图 7-72 所示。

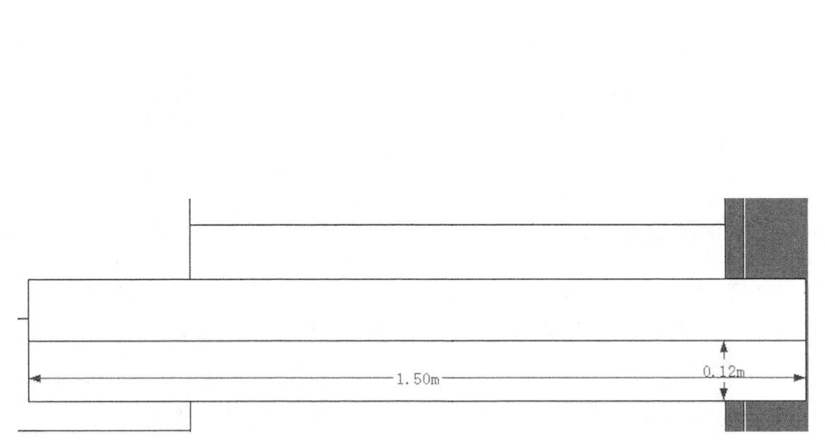

图 7-71　创建二层隔板

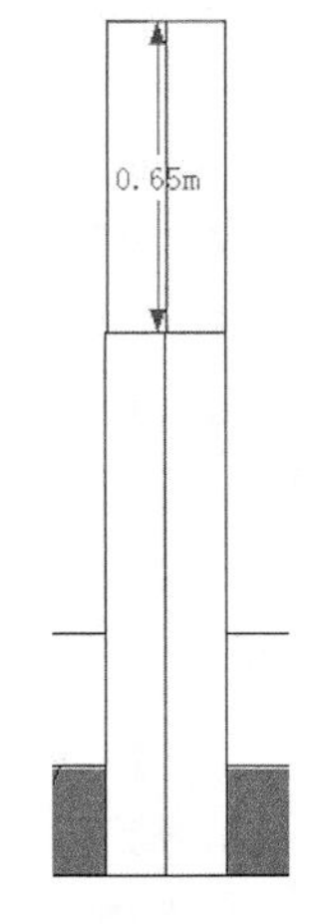

图 7-72　创建隔板二层

step 36 单击【大工具集】工具栏中的【直线】按钮，在顶面左侧向右 0.14m 处连接两侧矩形，单击【推/拉】按钮，将第三层向上推拉 0.60m，如图 7-73 所示。

step 37 单击【大工具集】工具栏中的【圆弧】按钮，按照给出尺寸绘制图形，单击【推/拉】按钮，将多余图形向内推拉 0.12m，如图 7-74 所示。

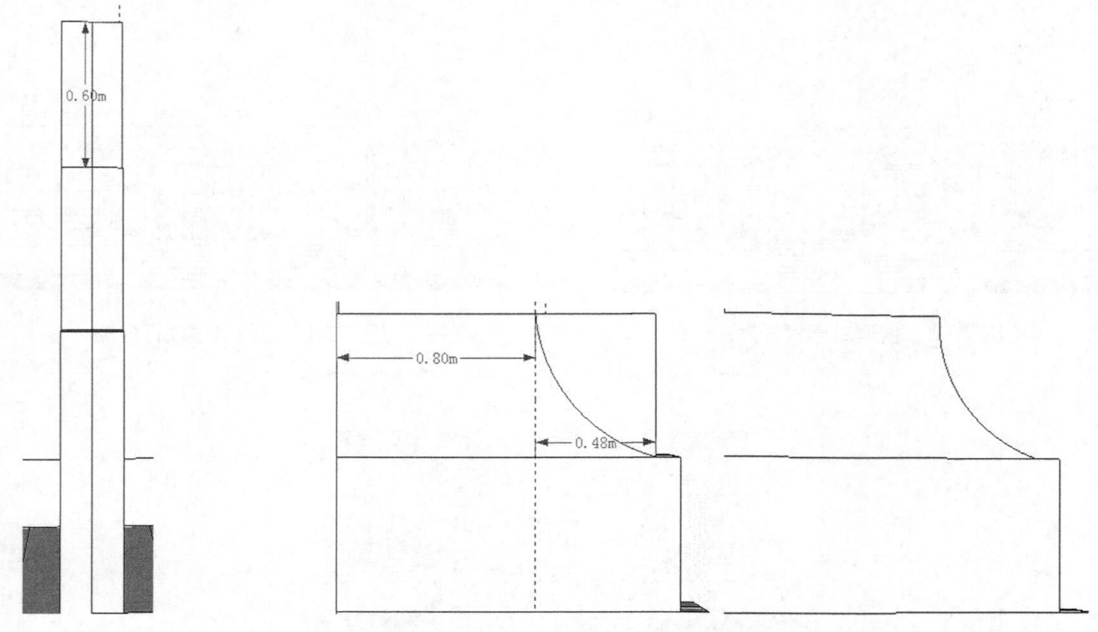

图 7-73　创建隔板三层

图 7-74　细化隔板三层

step 38 单击【大工具集】工具栏中的【偏移】按钮，将做好的隔板顶部向外偏移 0.02m，单击【推/拉】按钮，将偏移出来的图形向上推拉 0.05m，如图 7-75 所示。使用上述相同的方法，将顶部向外偏移 0.03m，再将其向上推拉 0.1m，如图 7-76 所示。

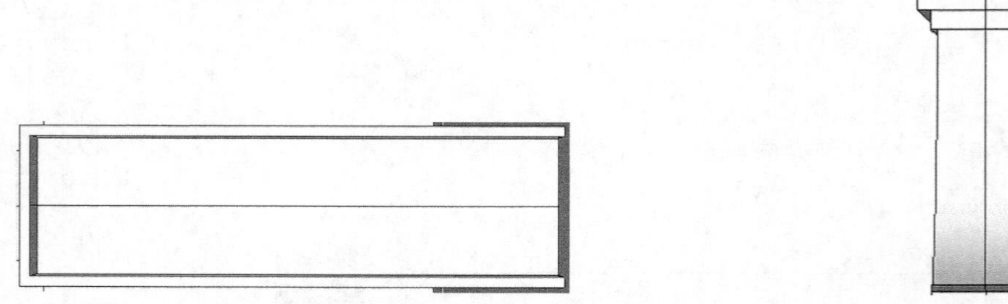

图 7-75　创建隔板顶装饰

图 7-76　完善隔板顶装饰

step 39 单击【大工具集】工具栏中的【偏移】按钮，将二层阳台向外偏移 0.1m，单击【推/拉】按钮，将偏移出来的图形向上推拉 0.05m，如图 7-77 所示。使用上述相同方法将已做好的底座顶部向外偏移 0.03m，然后将其向上推拉 0.15m，最后将内部底座向上推拉 0.2m，如图 7-78 所示。

step 40 使用上述相同的方法将顶部向内偏移 0.02m，然后将内部向上推拉 0.5m，完成二层阳台创建，如图 7-79 所示。

图 7-77　创建二层阳台基础

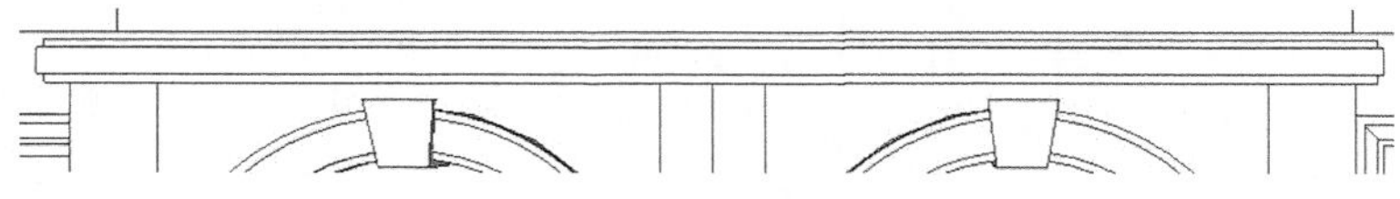

图 7-78　创建二层阳台

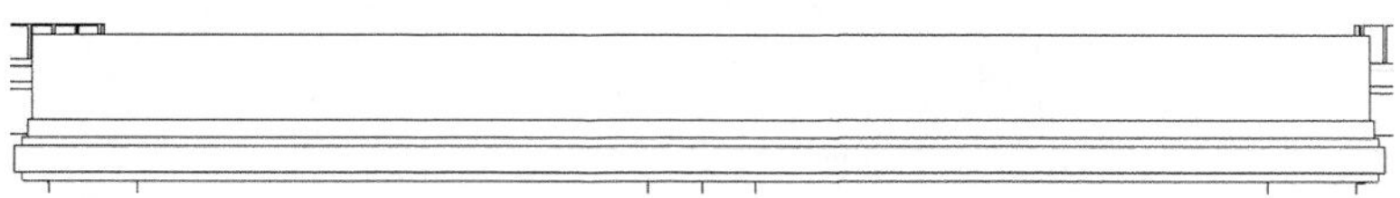

图 7-79　创建完成的二层阳台

step 41 单击【大工具集】工具栏中的【矩形】按钮，按照所给出尺寸绘制图形，方形竖条宽度为 0.06m，单击【推/拉】按钮，将宽 0.35m 的图形向内推拉 0.06m，如图 7-80 所示。使用创建栏杆底座的方法做出阳台顶部装饰，如图 7-81 所示。

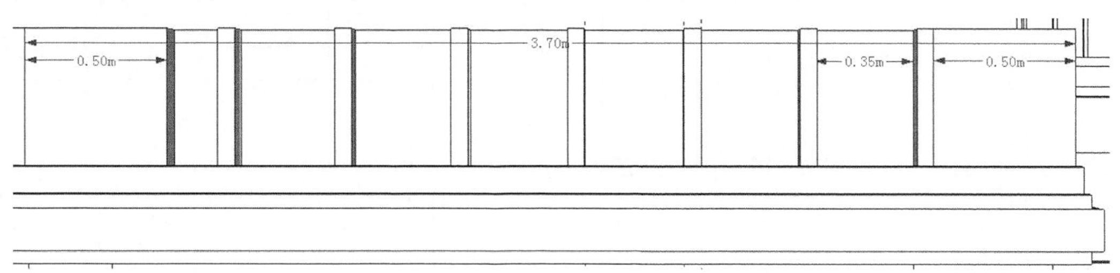

图 7-80　创建二层阳台装饰

图 7-81　创建二层阳台顶部装饰

step 42 单击【大工具集】工具栏中的【矩形】按钮，按照所给出尺寸绘制二层左侧门轮廓，如图 7-82 所示。单击【大工具集】工具栏中的【矩形】按钮▨，按照所给出尺寸绘制门，单击【推/拉】按钮◆，将内部轮廓向里推拉 0.03m，如图 7-83 所示。使用首层创建门框的方法制作二层门框轮廓，如图 7-84 所示。

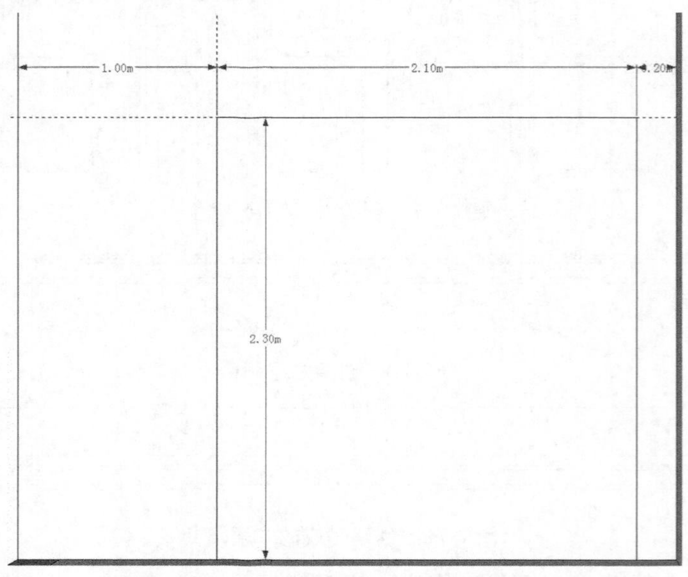

图 7-82　创建二层左侧门轮廓

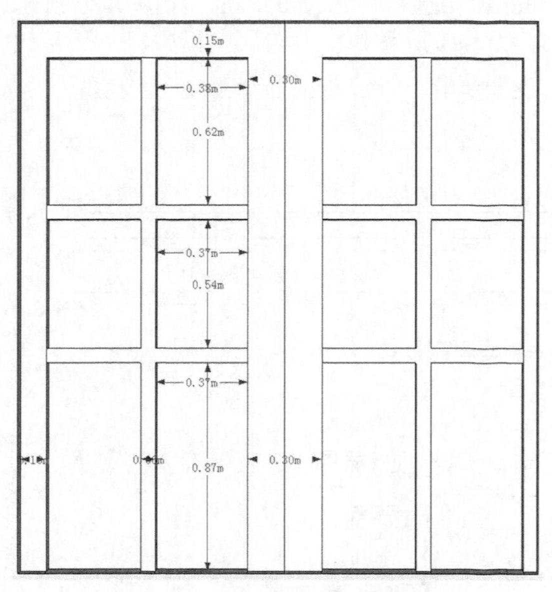

图 7-83　创建二层左侧门

图 7-84　创建二层左侧门框

step 43 单击【大工具集】工具栏中的【矩形】按钮▨，按照所给出尺寸绘制二层右侧门轮廓，如图 7-85 所示。使用上述相同的方法创建二层右侧门及门框，如图 7-86 所示。

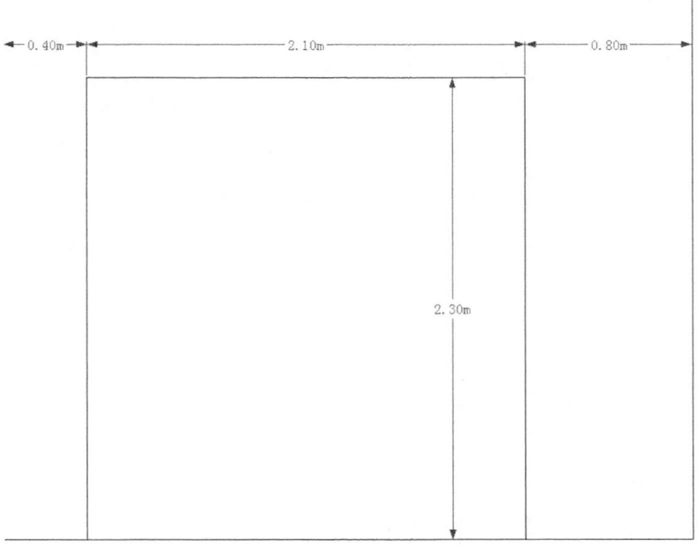

图 7-85　创建二层右侧门轮廓

图 7-86　创建二层右侧门及门框

step 44 单击【大工具集】工具栏中的【矩形】按钮▨，按照所给出尺寸绘制二层阳台处的门轮廓，如图 7-87 所示。

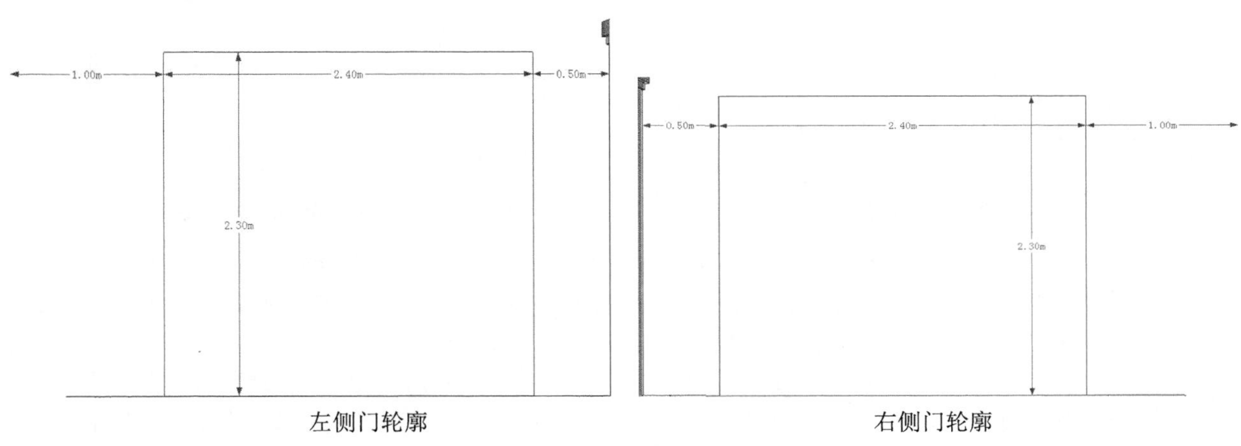

图 7-87　创建二层阳台处两侧门轮廓

step 45 单击【大工具集】工具栏中的【矩形】按钮，按照所给出尺寸绘制二层正面门轮廓，如图 7-88 所示。

step 46 单击【大工具集】工具栏中的【矩形】按钮，按照所给出尺寸绘制二层侧面窗户轮廓，如图 7-89 所示。单击【大工具集】工具栏中的【矩形】按钮，按照所给出尺寸绘制窗户轮廓，单击【推/拉】按钮，将窗户内框向内推拉 0.08m，玻璃部分向内推拉 0.08m，如图 7-90 所示。使用前面的方法创建窗框及底座，将二层窗户创建完成，如图 7-91 所示。

图 7-88　创建二层正面门轮廓

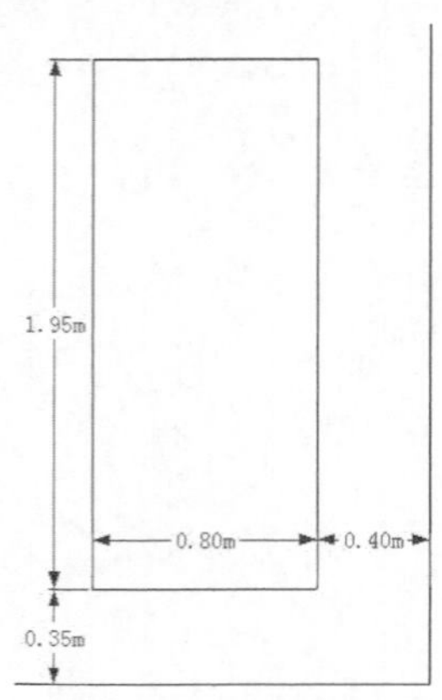

图 7-89　创建二层侧面窗户轮廓

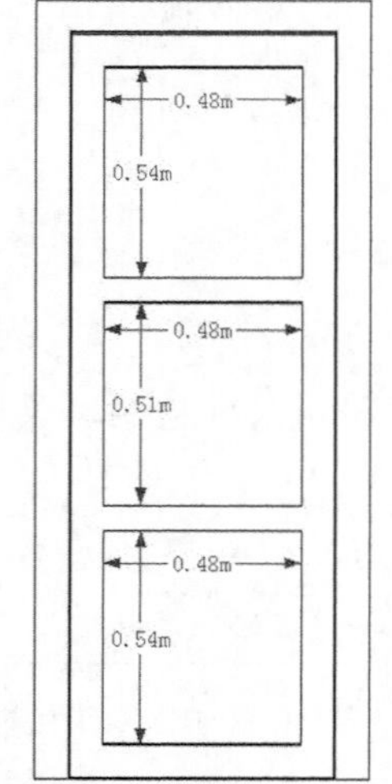

图 7-90　创建二层侧面窗户

图 7-91　创建二层侧面窗框及底座

step 47 单击【大工具集】工具栏中的【矩形】按钮，按照所给出尺寸绘制三层轮廓，单击【推/拉】按钮，将窗户内框向内推拉 2.5m，如图 7-92 所示。使用相同的制作方法，创建三层栏杆、栏杆底座及隔板，如图 7-93 所示。

step 48 单击【大工具集】工具栏中的【矩形】按钮，按照所给出尺寸绘制三层门轮廓，单击【推/拉】按钮，将门内框向内推拉 0.08m，玻璃部分向内推拉 0.08m，如图 7-94 所示。使用相同的方法创建门框及其余的门，如图 7-95 所示。

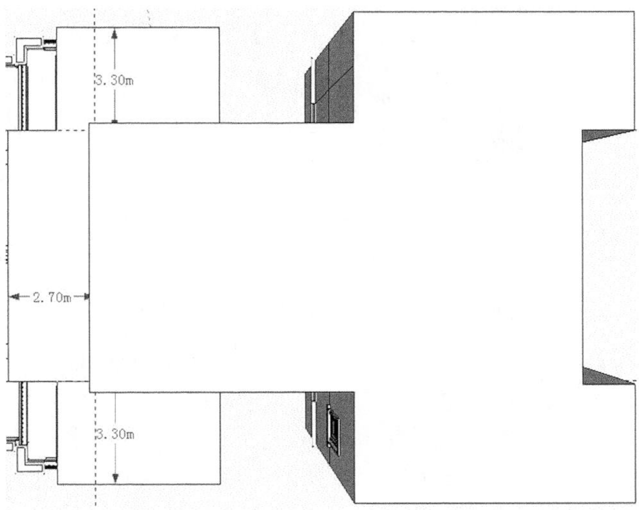

图 7-92　创建三层

图 7-93　创建三层栏杆、栏杆底座及隔板

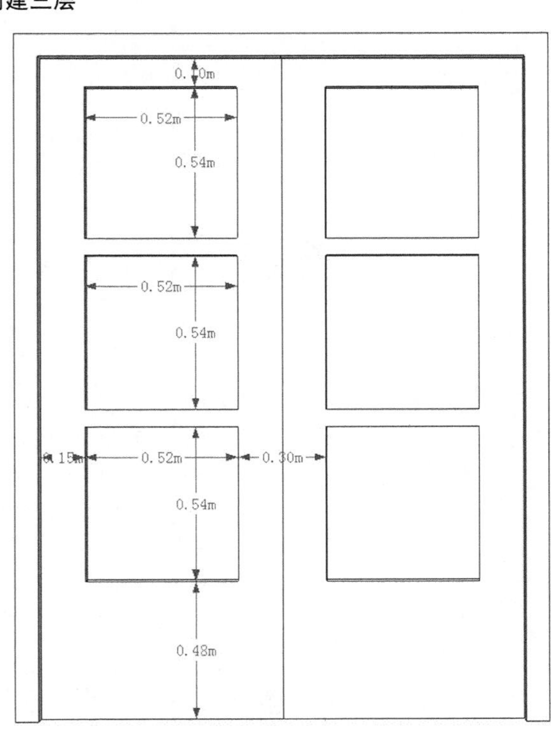

图 7-94　创建三层门轮廓

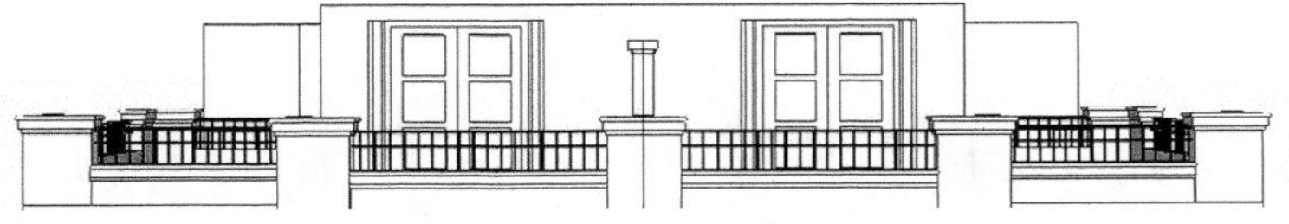

图 7-95　创建三层门框及其余的门

step 49 使用之前相同的方法创建三层侧面窗户及窗框，如图 7-96 所示。

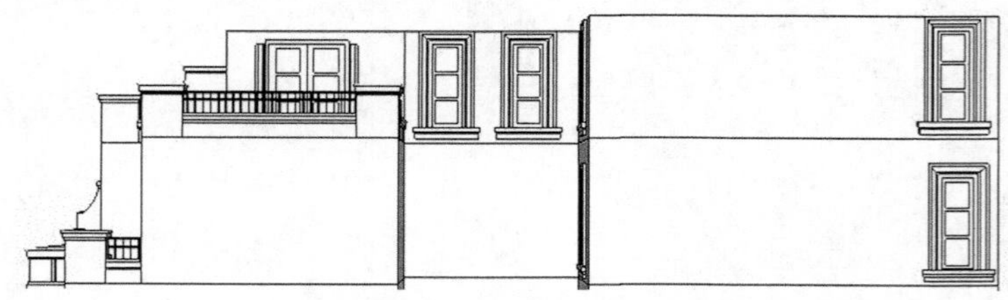

图 7-96 创建三层侧面窗户及窗框

step 50 单击【大工具集】工具栏中的【直线】按钮，在屋顶下 0.2m 处绘制四周矩形，单击【推/拉】按钮，将做好的矩形向外推拉 0.25m，如图 7-97 所示。单击【大工具集】工具栏中的【圆弧】按钮，在刚做好的屋顶上下各 0.03m 处，绘制与屋顶垂直半圆，单击【路径跟随】按钮，先选择好屋顶，然后单击【路径跟随】按钮，制作半圆形装饰，如图 7-98 所示。

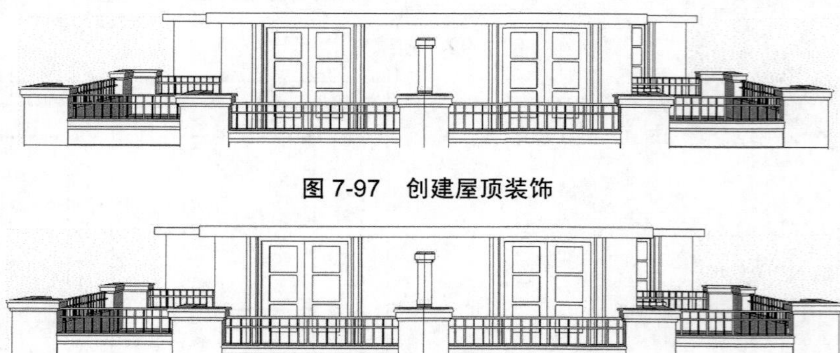

图 7-97 创建屋顶装饰

图 7-98 创建屋顶半圆形装饰

step 51 单击【大工具集】工具栏中的【偏移】按钮，将屋顶向内偏移 0.25m，单击【推/拉】按钮，将做好的屋顶向上推拉 0.4m，如图 7-99 所示。单击【大工具集】工具栏中的【偏移】按钮，将屋顶向外偏移 0.7m，单击【推/拉】按钮，将做好的屋顶向上推拉 0.05m，同样，将屋顶向外偏移 0.05m，向上推拉 0.2m。最后再将顶面向外偏移 0.05m，再向上推拉 0.05m，如图 7-100 所示。

图 7-99 继续创建屋顶装饰

图 7-100 完成屋顶装饰

step 52 单击【大工具集】工具栏中的【矩形】按钮，按照所给出的尺寸，绘制长 0.45m、宽 0.45m 的矩形，创建烟囱轮廓，单击【推/拉】按钮，将做好的烟囱轮廓向上推拉 1.45m，如图 7-101 所示。单击【大工具集】工具栏中的【偏移】按钮，将烟囱顶部向外偏移 0.05m，单击【推/拉】按钮，将顶部向上推拉 0.1m，如图 7-102 所示。

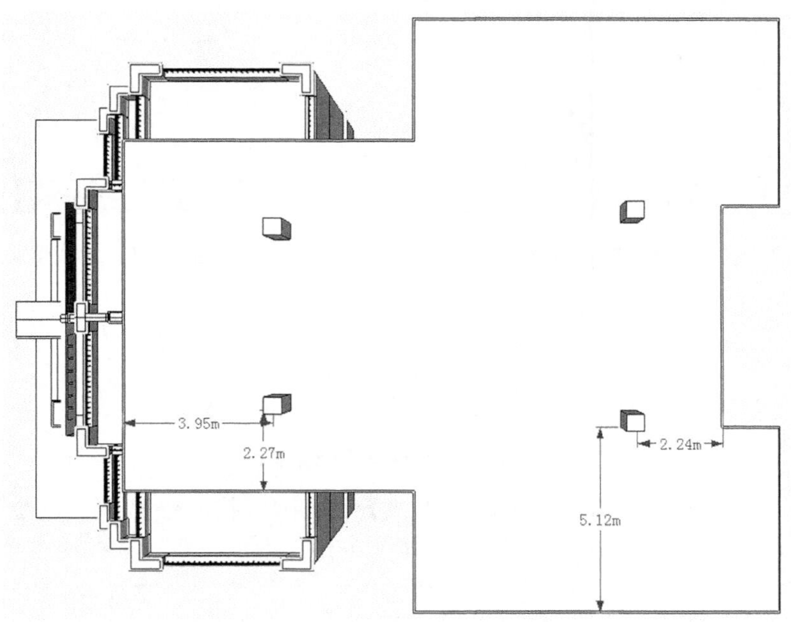

图 7-101　创建烟囱

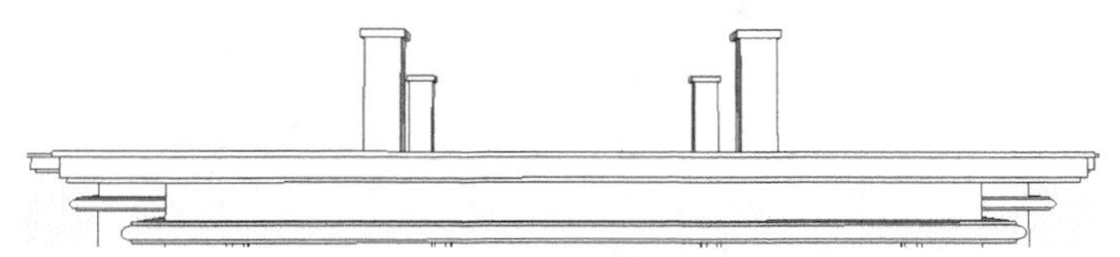

图 7-102　创建烟囱装饰

step 53 单击【大工具集】工具栏中的【偏移】按钮，将顶部分别向内偏移 0.05m、0.12m，单击【推/拉】按钮，将中间矩形向上推拉 0.3m，如图 7-103 所示。单击【大工具集】工具栏中的【直线】按钮和【圆弧】按钮，按照所给出尺寸绘制图形，单击【推/拉】按钮，将做好的图形向内推拉 0.12m，如图 7-104 所示。

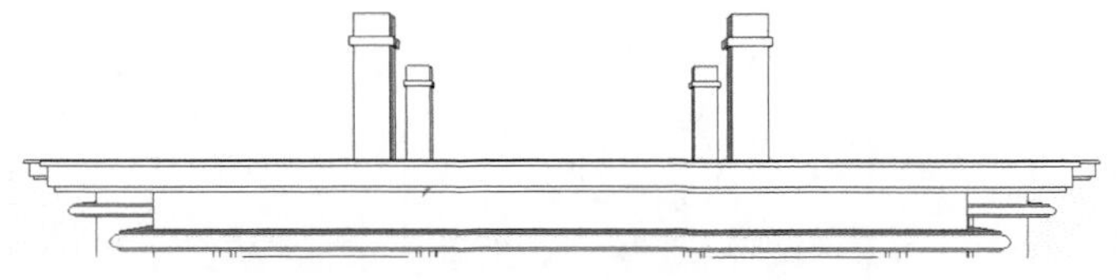

图 7-103　继续创建烟筒装饰

step 54 单击【大工具集】工具栏中的【偏移】按钮，将顶部向外偏移 0.03m，单击【推/拉】按钮，将顶部外部矩形向上推拉 0.06m，再将做好的顶部向外偏移 0.05m 并向上推拉

0.1m。最后单击【直线】按钮，在顶部中心做出高 0.1m 直线与顶面垂直，将四角连接，完成烟囱装饰，如图 7-105 所示。使用相同的方法创建其余的烟囱装饰，如图 7-106 所示。

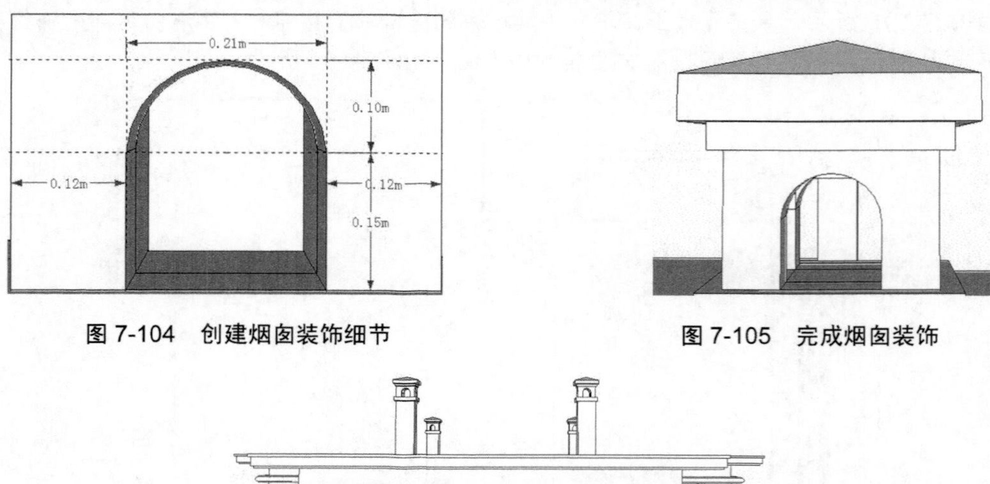

图 7-104　创建烟囱装饰细节

图 7-105　完成烟囱装饰

图 7-106　创建其余烟囱装饰

step 55 单击【大工具集】工具栏中的【直线】按钮，按所给出尺寸，绘制与屋顶垂直的直线，横向直线高 2m、竖向直线高 1m，如图 7-107 所示。

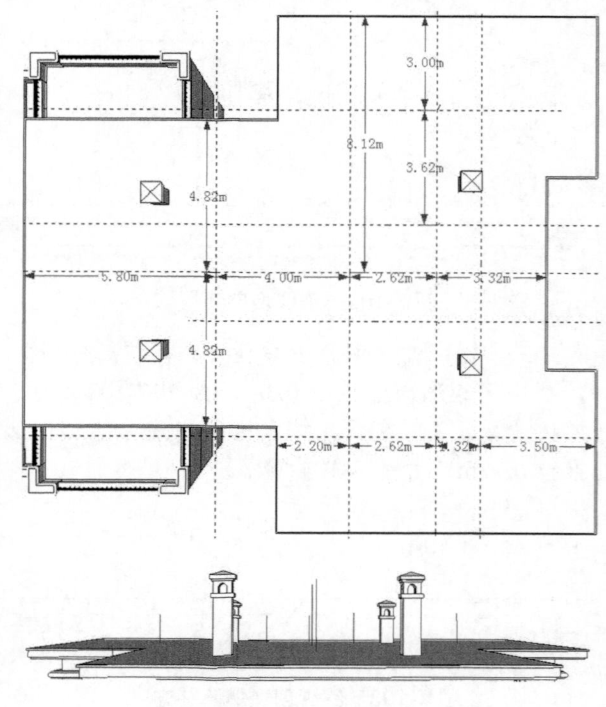

图 7-107　创建屋脊线

step 56 完成的模型，如图 7-108 所示。

图 7-108　模型完成

step 57 单击【大工具集】工具栏中的【材质】按钮，弹出【材质】对话框，选择【屋顶】列表框中的【西班牙式瓦片屋顶】材质，如图 7-109 所示，赋予屋顶材质，如图 7-110 所示。

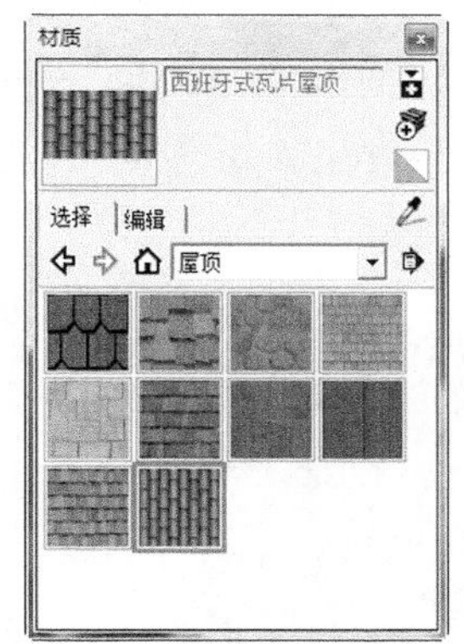

图 7-109 【材质】对话框参数设置

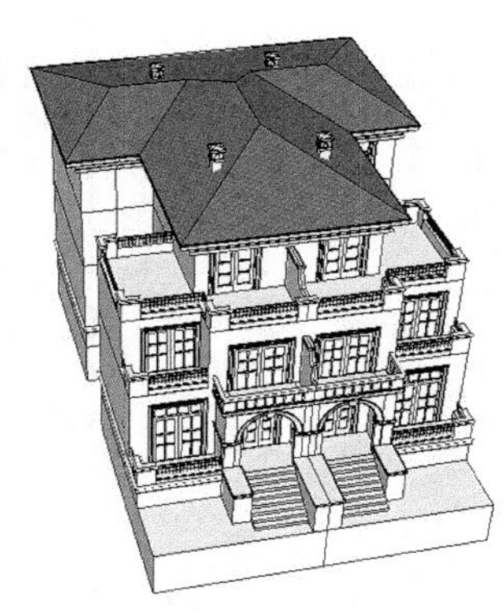

图 7-110　赋予屋顶材质

step 58 单击【大工具集】工具栏中的【材质】按钮，弹出【材质】对话框，选择材质调整颜色，如图 7-111 所示。赋予玻璃材质，如图 7-112 所示。

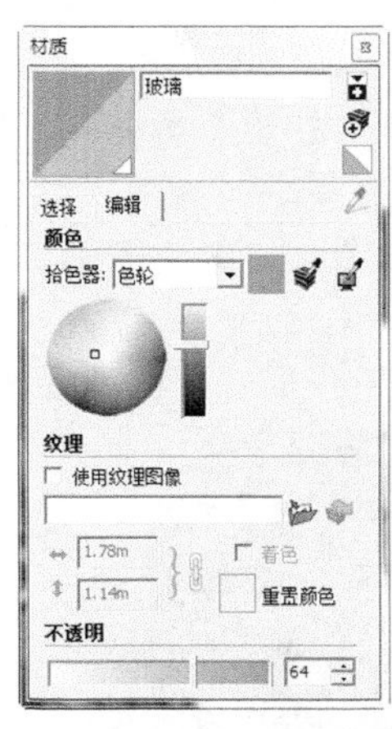

图 7-111 【材质】对话框参数设置

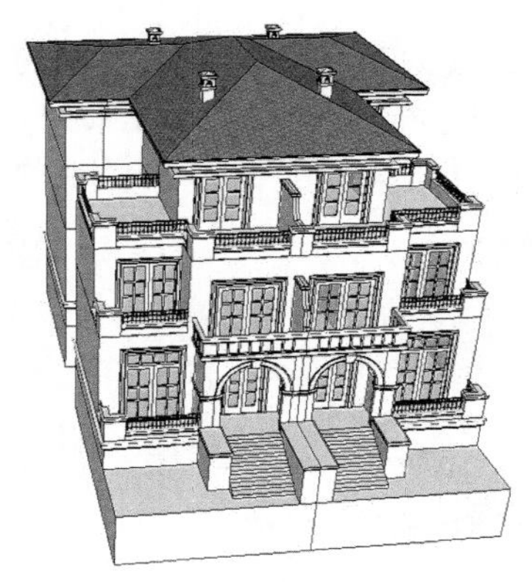

图 7-112　赋予玻璃材质

step 59 单击【大工具集】工具栏中的【材质】按钮，弹出【材质】对话框，选择材质调整颜色，如图 7-113 所示，赋予窗框材质，如图 7-114 所示。

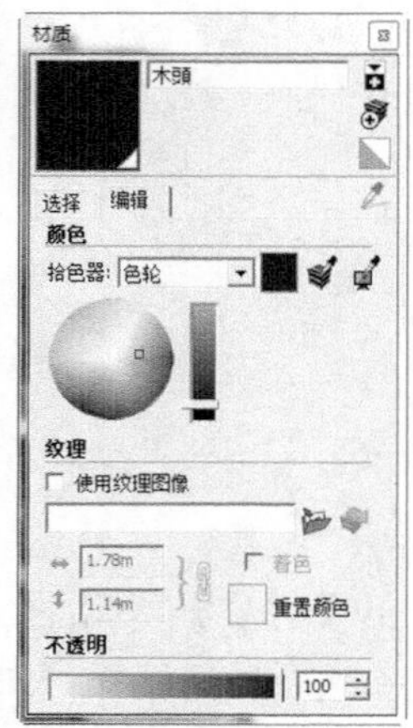

图 7-113　【材质】对话框参数设置

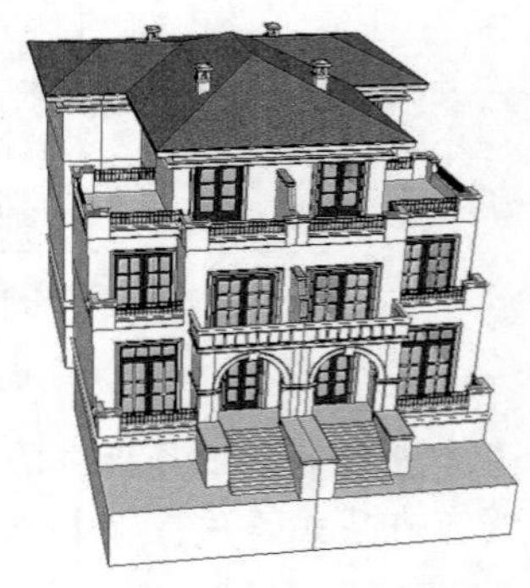

图 7-114　赋予窗框材质

step 60 单击【大工具集】工具栏中的【材质】按钮，弹出【材质】对话框，选择材质，如图 7-115 所示，赋予檐口材质，如图 7-116 所示。

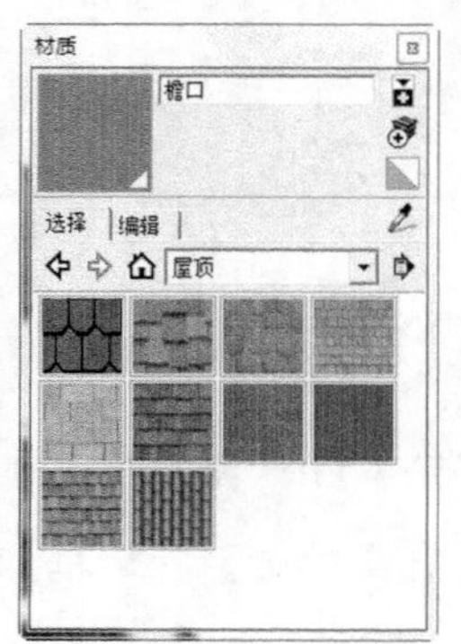

图 7-115　【材质】对话框参数设置

图 7-116　赋予檐口材质

step 61 单击【大工具集】工具栏中的【材质】按钮，弹出【材质】对话框，选择材质，如图 7-117 所示，赋予窗户外框材质，如图 7-118 所示。

step 62 单击【大工具集】工具栏中的【材质】按钮，弹出【材质】对话框，选择材质，如图 7-119 所示，赋予墙体材质，如图 7-120 所示。

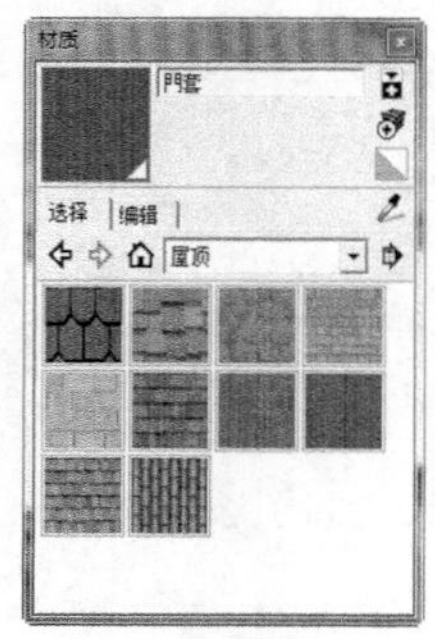

图 7-117　【材质】对话框参数设置

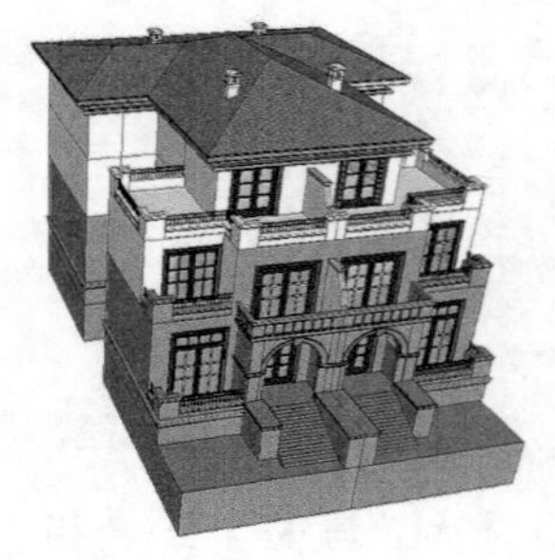

图 7-118　赋予窗户外框材质

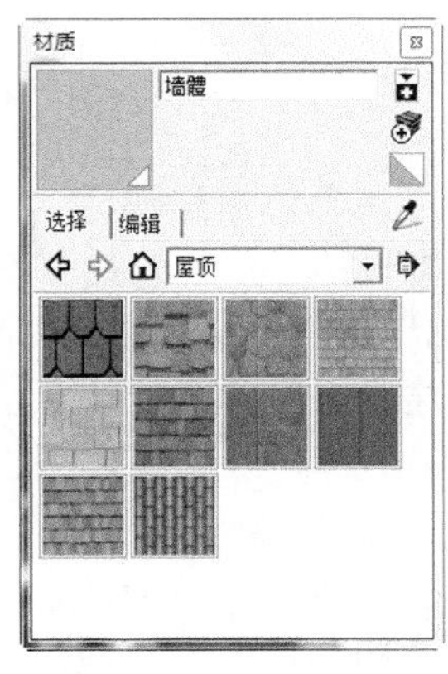

图 7-119 【材质】对话框参数设置

图 7-120 完成的模型材质

建筑设计实践：我国古建筑通常采用砖木结构，这类房屋的主要承重构件由砖、木构成。其中竖向承重构件如墙、柱等采用砖砌，水平承重构件的楼板、屋架等采用木材制作。如图 7-121 所示为某古建筑模型效果图。

图 7-121 古建筑模型效果

第3课 4课时 绘制复杂建筑草图

本课主要讲解绘制比较复杂建筑草图的方法，并讲解修建性详细规划与 SketchUp 的关系等知识，并在课后进行实际效果图案例的制作练习。

行业知识链接：建筑物的梁、柱、楼板、基础全部用钢筋混凝土制作，梁、楼板、柱、基础组成一个承重的框架，因此也称框架结构。这种结构中墙只起围护作用，用砖砌筑，此结构多用于高层或大跨度房屋建筑中。如图 7-122 所示为框架结构的会展中心建筑的效果。

图 7-122 框架结构建筑效果

7.3.1 了解复杂建筑的特征

国外高层办公建筑始于 19 世纪，法国首先广泛应用钢筋混凝土，为建筑结构方式和建筑造型提供了新的可能性；美国高层建筑建设潮流最早，数量最大，层数也最多，其中芝加哥就被人们称为"高层建筑的故乡"。我国的高层办公建筑在 20 世纪的 20—30 年代初已有初步发展，首先在上海、天津、武汉等租界地出现，如上海汇丰银行等。近年来，国内的高层办公建筑犹如雨后春笋般拔地而起，并且有越来越多的高层办公聚集在城市的中心地区，占据着重要的城市位置，塑造着新的城市景观。

对于城市而言，复杂的高层办公建筑已经超越了简单的公共办公场所这一单纯的功能意义，其标新立异的设计理念，引人注目的建筑外观以及不断推陈出新的建筑结构和材料已经成为传达精神和意识的媒介，成为体现时代精神与价值的城市地标。

随着办公模式的改变和时代的发展，当代办公建筑发生了新的变化。建筑的外部造型更加关注特色塑造，融入本土文化或彰显企业形象。人们更加关注建筑内部空间的人性化设计和环境的营造，空间布置也相对更加灵活。再者，建筑材料的使用更加注重生态与节能技术，以降低运营成本和环境污染，如上海世贸大厦、台北 101 大厦、康德那斯大厦和德国商业银行的内部休闲空间等，都比较注重建筑本身的特质表现、传统文化符号的运用、企业文化的表达以及与环境良好的对话，如图 7-123 和图 7-124 所示。

图 7-123 台北 101 大厦

图 7-124 德国商业银行

7.3.2 了解修建性详细规划与 SketchUp 的关系

修建性详细规划(site plan)是以城市总体规划、分区规划或控制性详细规划为依据，制定用以指导各项建筑和工程设施的设计和施工的规划设计，是城市详细规划的一种。修建性详细规划往往对规划成果要求比较细致，其内容依据《城市规划编制办法》应当包括下列内容：建设条件分析及综合技术经济论证；做出建筑、道路和绿地等的空间布局和景观规划设计，布置总平面图；道路交通规划设计；绿地系统规划设计；工程管线规划设计；竖向规划设计；估算工程量、拆迁量和总造价，分析投资效益。

修建性详细规划的文件和图纸包括：修建性详细规设计说明书、规划地区现状图、规划总平面图、各项专业规划图、竖向规划图及反映规划设计意图的透视图等。

大部分读者都认为 SketchUp 作为概念性层次的模型构建，能迅速表现出规划范围内的建筑空间形态。的确，SketchUp 在快速构建概念模型空间的阶段有其他软件无法比拟的优势，但是 SketchUp 在精细建模层次也不比其他软件弱，在后面的课后练习中将会为读者详细讲述 SketchUp 在精细模型构建中的运用。

7.3.3　总平面布局及交通流线分析

在建筑设计中，需要对总平面图布局进行考虑，并进行交通流线的分析，因此，在绘制一般的建筑草图中，对此最好也要有所考虑。如图 7-125 所示的建筑方案中，建筑楼梯距离路面距离为 10 米，交通流线在于十字交叉路口，路口两旁有绿植与路灯。

图 7-125　交通流线

7.3.4　运用 SketchUp 分析确定建筑形体组合

建筑具有广泛的综合性和社会性，对周边环境和人们的心理影响都是客观存在、不容忽视的。设计师在方案构思阶段首先应该对建筑的体量和形体组合进行认真考虑，只有确定了大的空间组合关系，才能继续完善和深化方案，设计出尊重周边环境、具有人文关怀的优秀作品。

如果周边地块均已审批或已建成，为了与周边建筑及环境取得良好的呼应关系，这里利用 SketchUp 搭建了几种不同组合形式的建筑体块模型，以直观便捷地分析比较它们所带来的功能上或心理上的影响，最终确定最适合本地块的建筑外部空间形体。

1. 西低东高方案分析

西低东高方案效果如图 7-126 所示，通过分析，这种组合方式具有以下缺陷。

(1) 主体高楼设计高度约 63 米，如果非常临近道路交叉口，将不利于街道交叉口开放空间的形成，对车辆行驶以及人流视线均造成较大的压迫感。

(2) 附楼部分为接待用房，临近城市支路，远离干道，不利于其社会化经营的需要。

(3) 容易对北侧的建筑造成日照遮挡，自身的采光与通风条件也欠佳。

(4) 由于本地块的控制高度与相邻的主干道两侧地块的高度相近，如果主体高楼也临近主干道布置，那么城市空间将平淡无趣、缺乏变化。而且由于建筑面积有限，大楼将以相对较小的体量湮没在相同高度的建筑群中，其形象性将大受影响。

由以上分析可知，不宜采取这种形式。相反，如果采取西高东低的方式，可能会更有利于街道开敞空间的营造和建筑本身形象的凸显。

2. 方塔方案分析

确定了采取西高东低的组合方式之后，再来分析主体高层办公楼宜采用何种形式。首先分析方塔塔楼的形式，如图 7-127 所示，从中可以看出采用方塔的形式会带来以下缺陷。

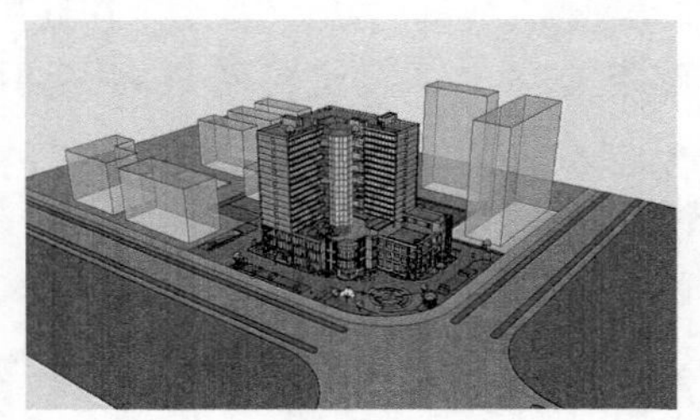

图 7-126 模型效果 1

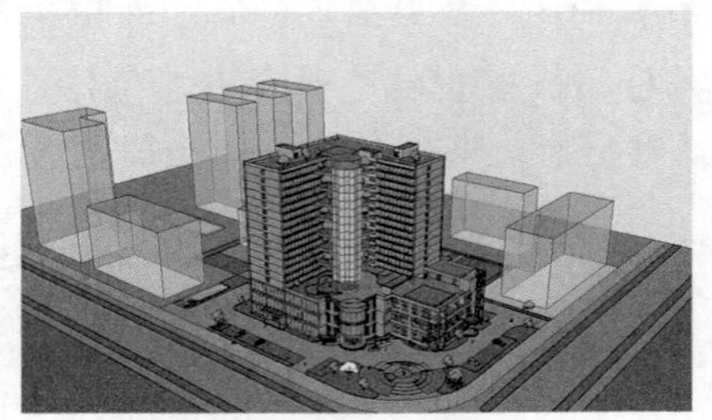

图 7-127 模型效果 2

(1) 由于场地呈狭长条状，采用塔楼将很难和用地符合，要求设置的南北朝向的室外场地将非常局促，不利于场地的组织，而且对北侧用地有较大的日照影响。

(2) 根据总面积控制和功能安排，标准层约 750 平方米，那么方塔的尺寸约 27 米×27 米。由此看来塔楼的体形过于纤细，建筑尺度不佳。

(3) 将出现大量的东西朝向房间，不利于正常采光、南北通风及建筑节能。

(4) 标准层面积较小，如果存在核心筒及环廊的话，会导致交通面积相对比率较小，使用率不高。而且核心筒的存在不利于展厅、交易大厅、会议厅等大空间的功能组织，再加上核心筒没有自然采光及通风条件，必须加压送风及人工采光功能，将增加建筑管理运营成本。

3. 异形塔方案分析

异形塔楼方案解决了建筑体形纤细、尺度不佳的问题，减弱了东西朝向的影响，但是朝向不佳的缺陷依旧突出，如图 7-128 所示。

4. 端头大进深的板式高层方案分析

板式高层组合形式如图 7-129 和图 7-130 所示，通过分析可以得到以下结论。

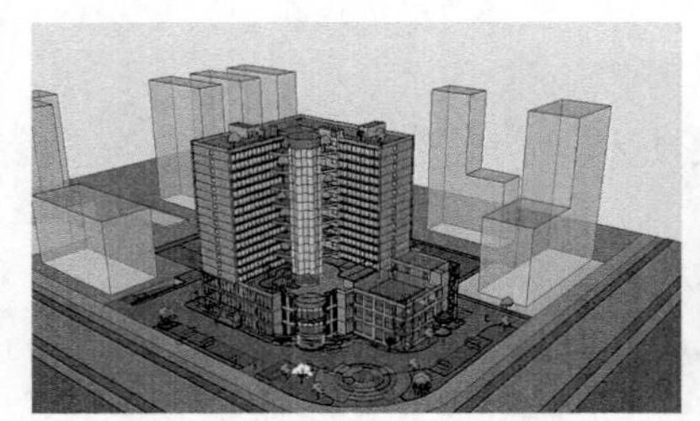

图 7-128 模型效果 3

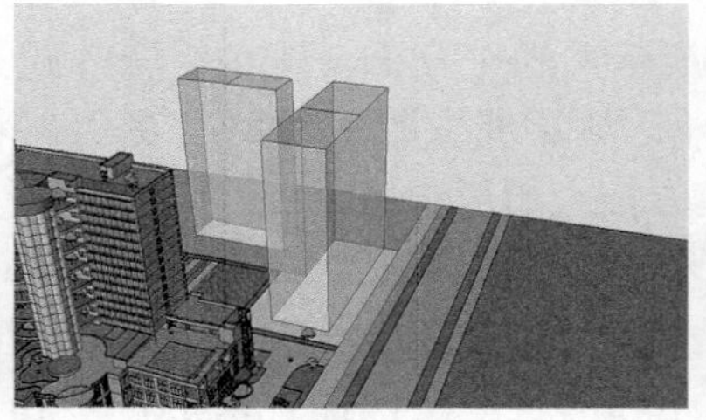

图 7-129 模型效果 4

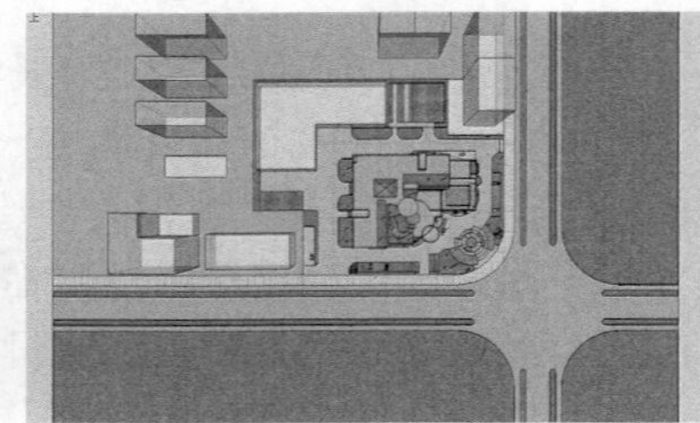

图 7-130 模型效果 5

(1) 板式高层与条状用地较为契合，有利于场地组织，将主楼置于用地东侧，避免了与北侧高层建筑间的过小间距，改善了各自的通风采光条件。

(2) 平面规整，楼层面积的使用效率高，有利于办公空间的灵活分隔，垂直交通位于大楼内廊的北侧，利于展示交易大厅、会议厅等大空间的功能布置。

(3) 使用单元均为南北朝向，有利于南北通风及自然采光，有益于使用人群的身心健康，具有良好的节能效应，避免了东西向办公空间的日照眩光现象，适合行政办公和科研办公。

(4) 东部端头利用交通空间加大进深，保证东侧宽度在 18 米左右，以化解板楼侧墙的单薄感，在保证东侧立面体量感的同时，形成良好的建筑尺度，以此营造街道交叉口完整的建筑景观。

(5) 主楼虽位于东侧，但由于建筑地处道路交叉口附近，且主干道红线宽 60 米，从两条道路来往的车流视线和人流视线分析，其南侧主立面形态完整，不受周围建筑的遮挡，能给人以完整的建筑展示面，而且主楼远离道路交叉口布置，有利于打破临街高层建筑巨大体量所形成的压迫感，易形成宜人的空间尺度。

课后练习

案例文件：ywj\07\7-3.skp、7-4.psd

视频文件：光盘→视频课堂→第 7 教学日→7.3

练习案例分析及步骤如下。

通过课后练习，可以了解到绘制复杂模型的步骤。绘制复杂模型时要注意模型之间的层次结构，模型要分组件与组，这样更能清晰明了。同时，案例还讲解了后期的渲染与修图，渲染调节过程中，注意材质的调节，还要注意渲染角度，后期处理还要对图形的界面颜色进行调整，如图 7-131 所示为案例模型的最终效果。

本案例主要练习复杂建筑模型的绘制过程，首先绘制地面，之后绘制建筑主模型和外形，再进行模型细节处理，最后添加材质并进行后期处理，本案例的绘制思路和步骤如图 7-132 所示。

图 7-131 完成后的案例效果

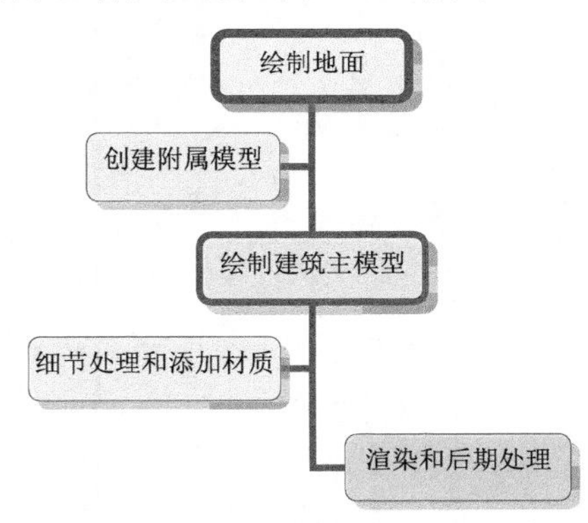

图 7-132 案例绘制思路和步骤

练习案例操作步骤如下。

step 01 单击【大工具集】工具栏中的【直线】按钮，绘制地面轮廓线，如图 7-133 所示。单击【直线】按钮，绘制地面花墙轮廓，如图 7-134 所示。

step 02 单击【大工具集】工具栏中的【直线】按钮和【圆弧】按钮，绘制建筑地面轮廓线，如图 7-135 所示。单击【直线】按钮，绘制地下车库位置轮廓，如图 7-136 所示。

step 03 单击【大工具集】工具栏中的【推/拉】按钮，推拉出地下车库，如图 7-137 所示。同样绘制出另一个地下车库，如图 7-138 所示。

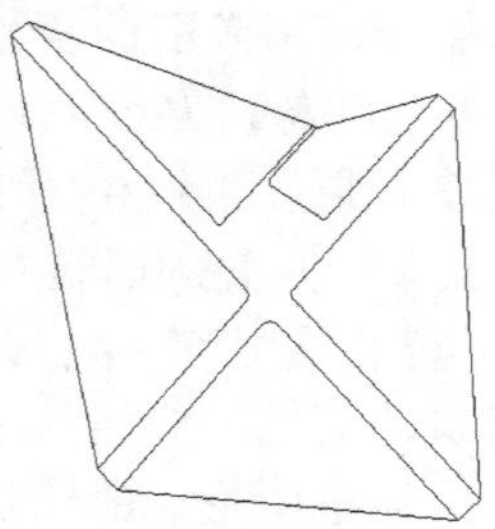

图 7-133　绘制地面轮廓线

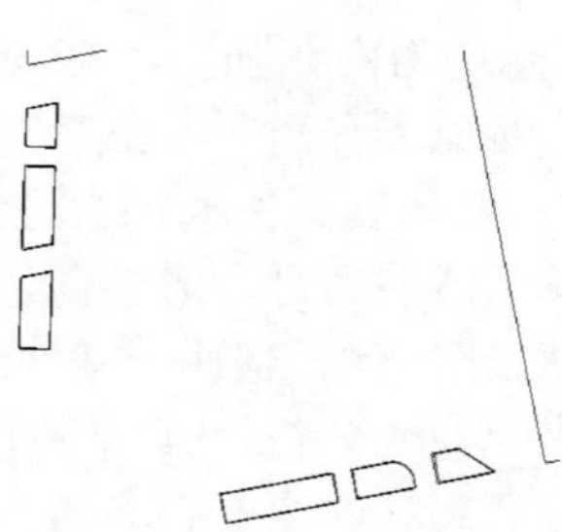

图 7-134　绘制花墙轮廓

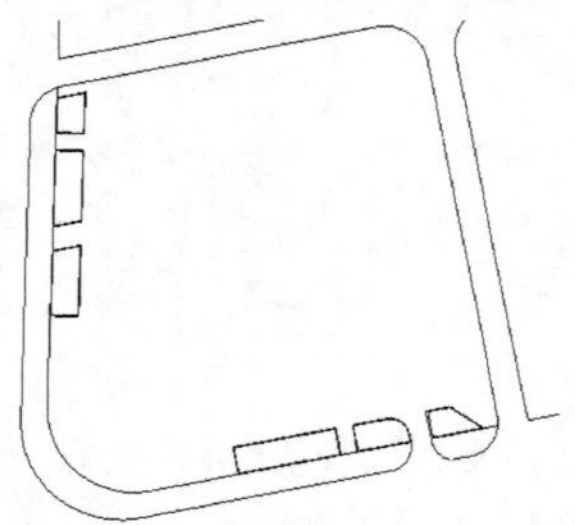

图 7-135　选择建筑地面轮廓线

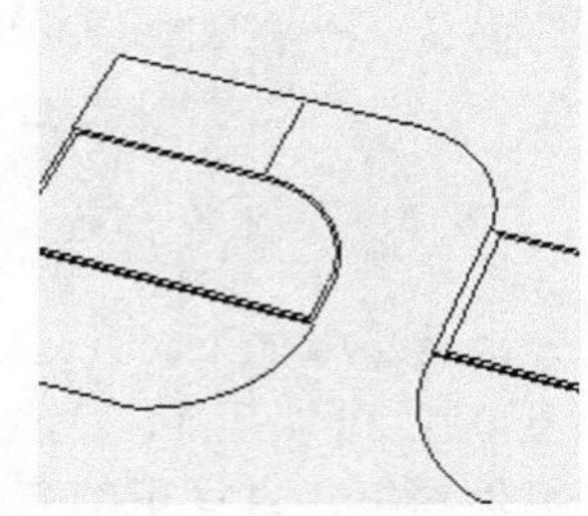

图 7-136　绘制地下车库位置

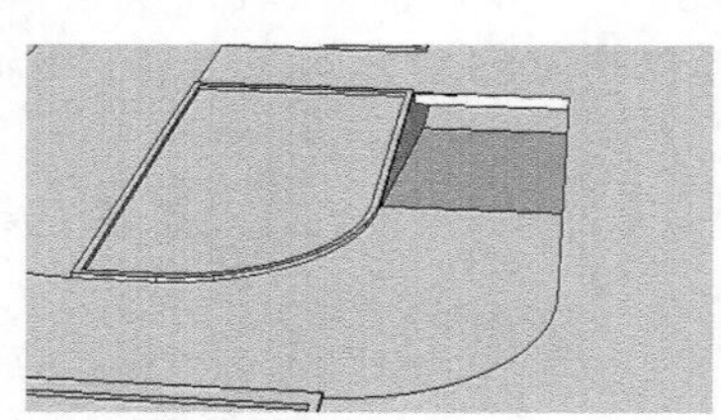

图 7-137　绘制地下车库

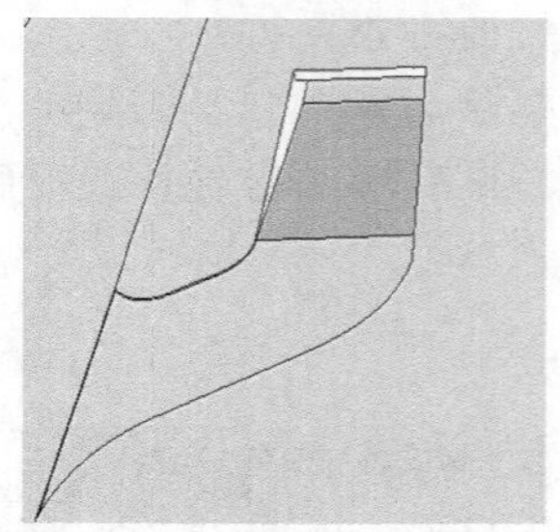

图 7-138　绘制另一个地下车库

step 04 单击【大工具集】工具栏中的【直线】按钮和【圆弧】按钮，绘制人行横道轮廓，如图 7-139 所示。

step 05 单击【大工具集】工具栏中的【直线】按钮，绘制地面装饰轮廓部分，如图 7-140 所示。单击【大工具集】工具栏中的【圆】按钮，绘制另一个地面装饰轮廓部分，如图 7-141 所示。

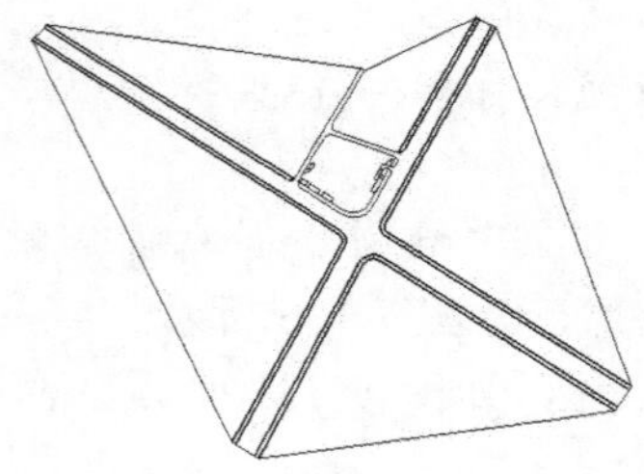

图 7-139　绘制人行横道轮廓

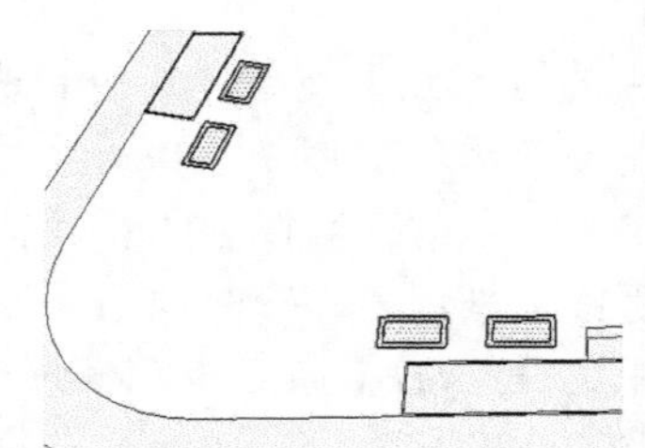

图 7-140　绘制地面装饰轮廓部分

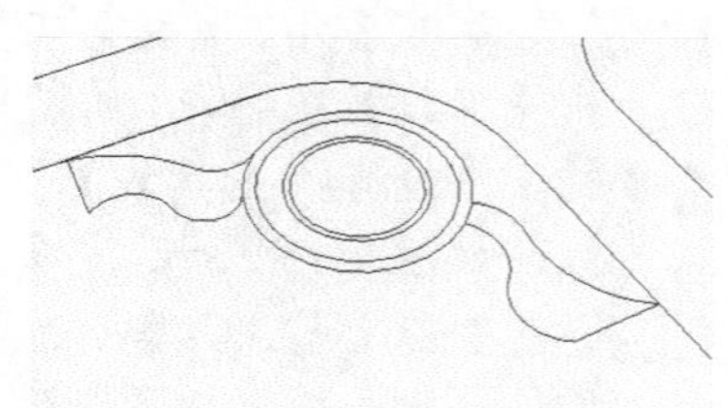

图 7-141　绘制另一个地面装饰轮廓部分

step 06 单击【大工具集】工具栏中的【圆弧】按钮，绘制商场入口地面轮廓，如图 7-142 所示。单击【推/拉】按钮，推拉图形，如图 7-143 所示。

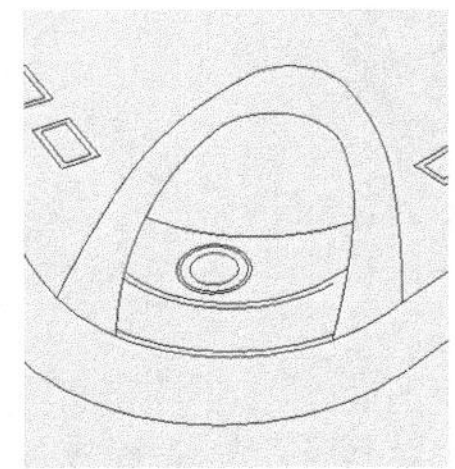

图 7-142 绘制商场入口地面轮廓

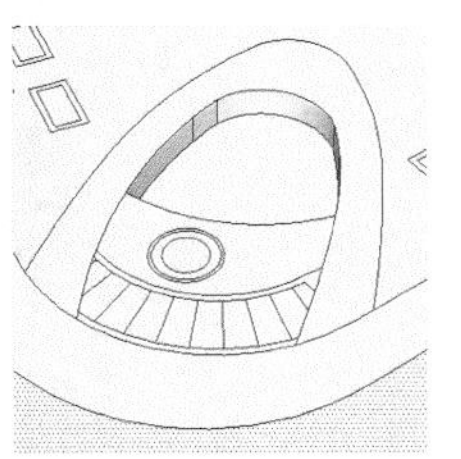

图 7-143 推拉图形

step 07 单击【大工具集】工具栏中的【圆弧】按钮，绘制台阶轮廓部分，如图 7-144 所示。单击【推/拉】按钮，推拉出台阶部分，如图 7-145 所示。

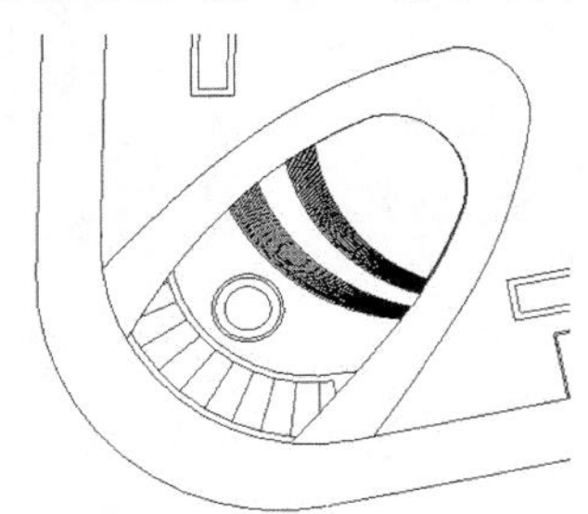

图 7-144 绘制台阶轮廓部分

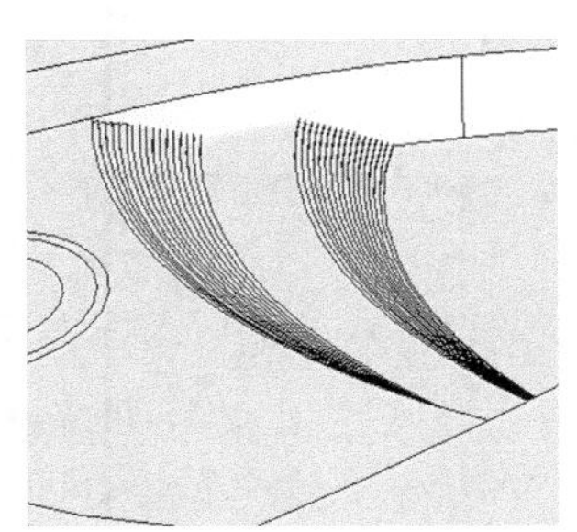

图 7-145 推拉出台阶部分

step 08 单击【大工具集】工具栏中的【直线】按钮和【圆弧】按钮，绘制商场第一层的底部轮廓，如图 7-146 所示。单击【直线】按钮，绘制商场第一层轮廓，如图 7-147 所示。

图 7-146 绘制商场底部轮廓

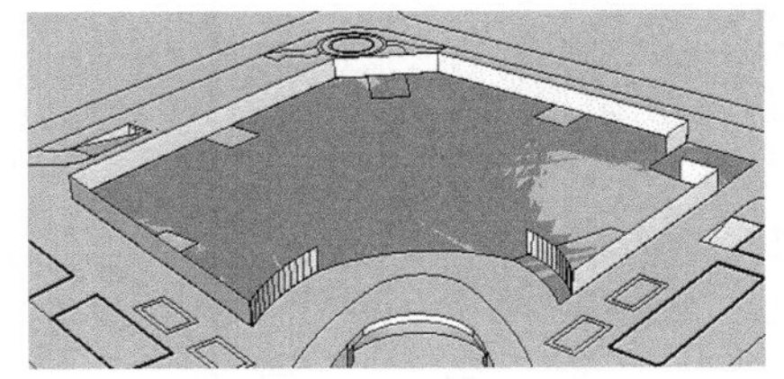

图 7-147 绘制轮廓线

step 09 单击【大工具集】工具栏中的【直线】按钮，绘制一层窗户骨架部分，如图 7-148 所示。单击【推/拉】按钮，推拉出窗户骨架部分，如图 7-149 所示。

图 7-148 绘制一层窗户骨架部分

图 7-149 绘制窗户骨架部分

step 10 单击【大工具集】工具栏中的【直线】按钮，绘制窗户玻璃部分，如图 7-150 所示。

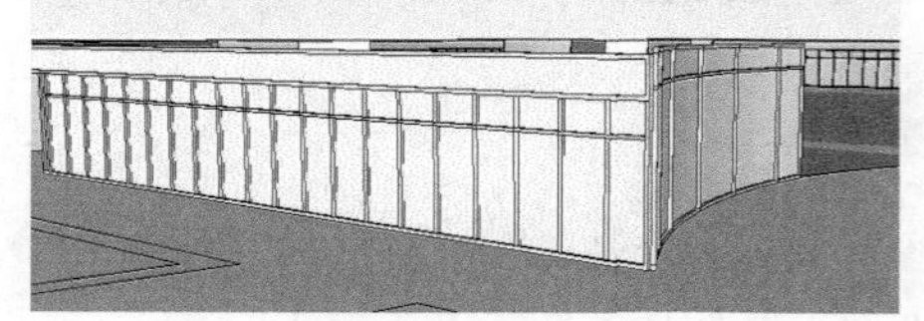

图 7-150　绘制窗户玻璃部分

step 11 单击【大工具集】工具栏中的【直线】按钮，绘制台阶的侧面轮廓，如图 7-151 所示。选择【扩展程序】|【线面辅助工具】|【拉线成面工具】命令，绘制出台阶部分，如图 7-152 所示。

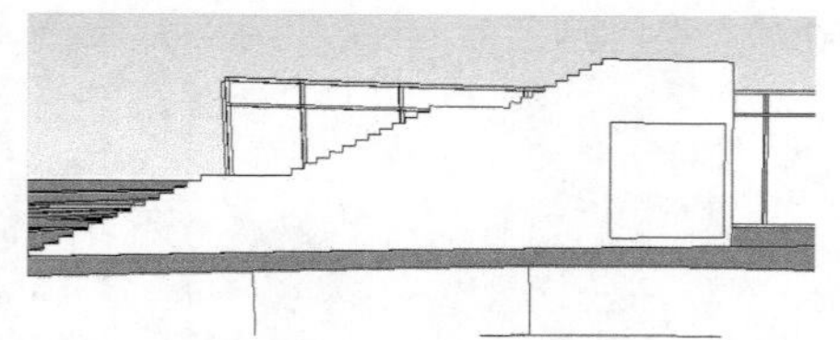

图 7-151　绘制台阶的侧面轮廓

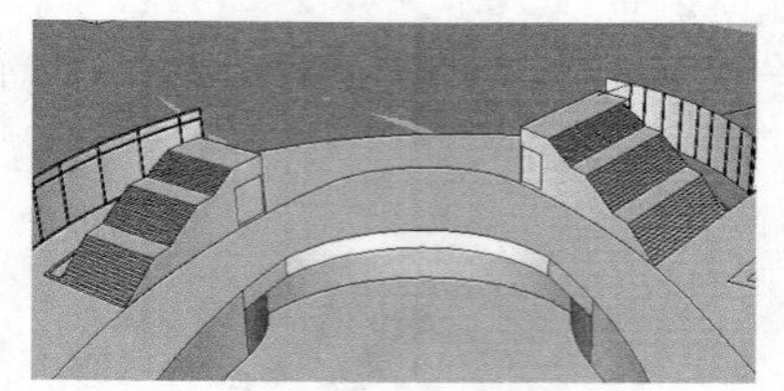

图 7-152　绘制台阶部分

step 12 单击【大工具集】工具栏中的【推/拉】按钮，推拉图形，绘制出广告墙的部分，如图 7-153 所示。然后单击【直线】按钮和【圆弧】按钮，绘制一层内部玻璃部分，如图 7-154 所示。

图 7-153　推拉图形

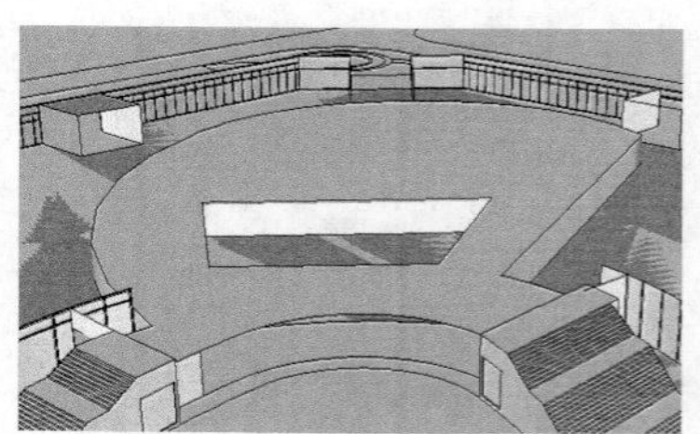

图 7-154　绘制玻璃部分

step 13 单击【大工具集】工具栏中的【直线】按钮和【圆弧】按钮，绘制二层内部轮廓线，如图 7-155 所示。选择【扩展程序】|【线面辅助工具】|【拉线成面工具】命令，绘制二层内部部分，如图 7-156 所示。

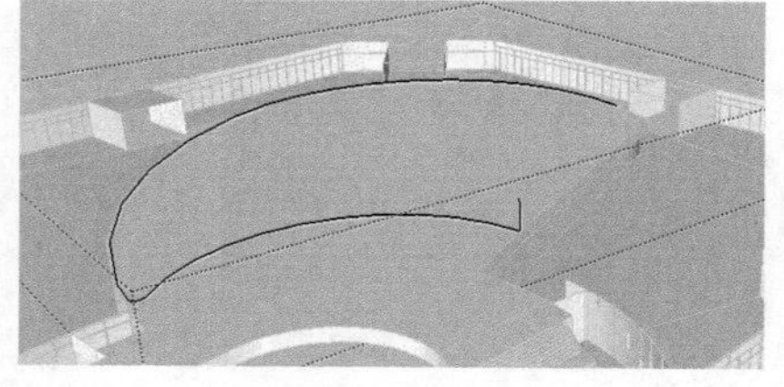

图 7-155　绘制二层内部轮廓线

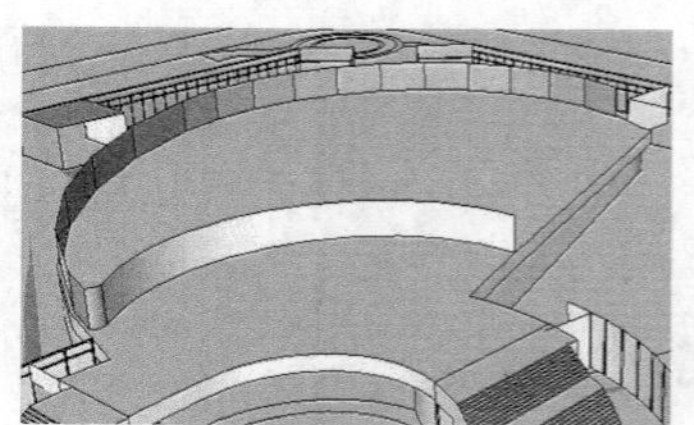

图 7-156　绘制二层内部部分

step 14 单击【大工具集】工具栏中的【直线】按钮和【圆弧】按钮，绘制二层顶部轮廓线，如图 7-157 所示。单击【推/拉】按钮，推拉一定厚度，如图 7-158 所示。

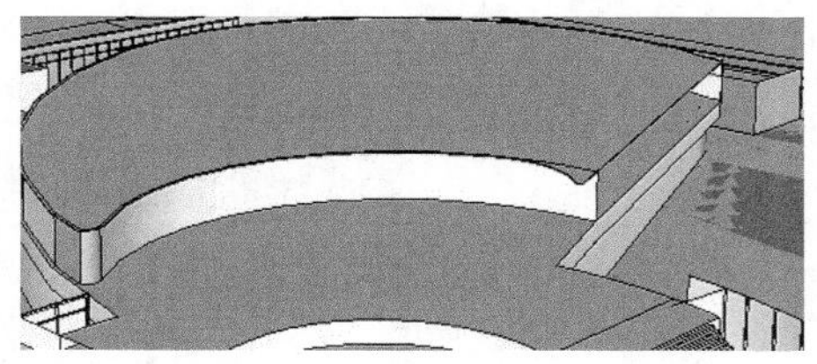

图 7-157　绘制二层顶部轮廓线

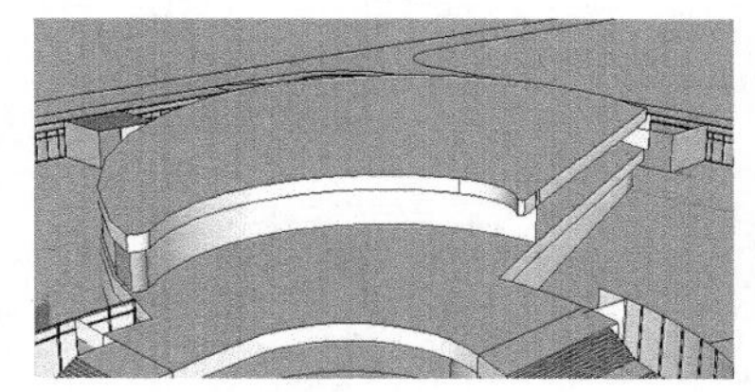

图 7-158　推拉一定厚度

step 15 绘制第三层部分，如图 7-159 所示。然后绘制第三层顶部部分，如图 7-160 所示。

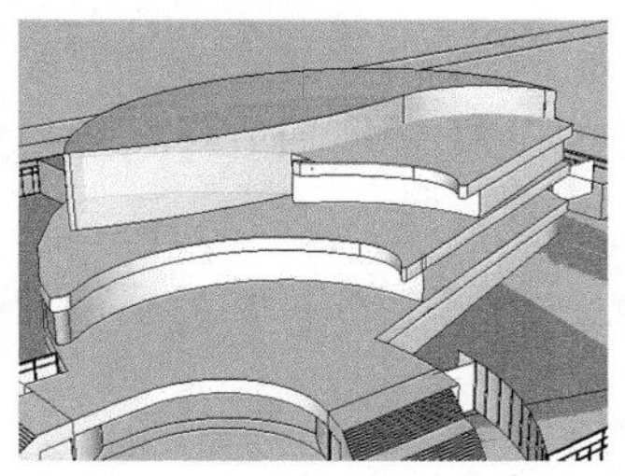

图 7-159　绘制第三层部分

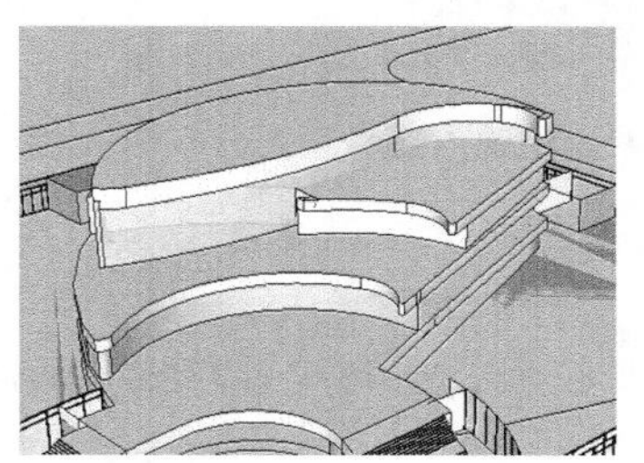

图 7-160　绘制第三层顶部部分

step 16 单击【大工具集】工具栏中的【直线】按钮和【圆弧】按钮，绘制建筑玻璃外观部分，如图 7-161 所示。再次单击【直线】按钮和【圆弧】按钮，绘制建筑外观骨架部分，如图 7-162 所示。

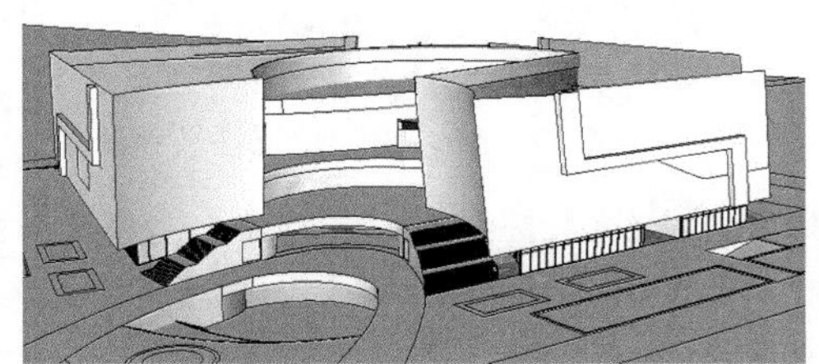

图 7-161　绘制建筑玻璃外观部分

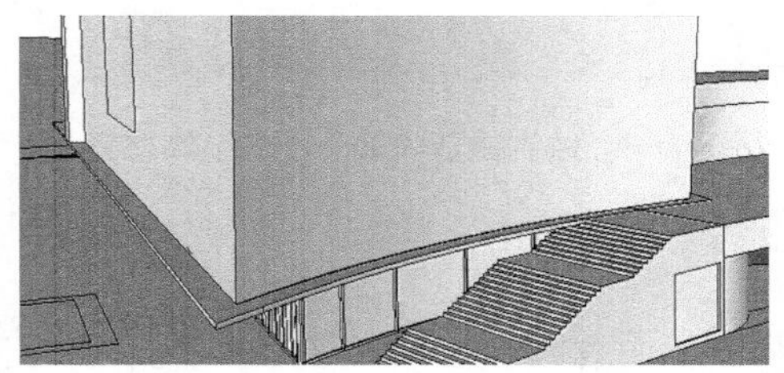

图 7-162　绘制建筑外观骨架部分

step 17 单击【大工具集】工具栏中的【直线】按钮，继续绘制建筑外观骨架部分，如图 7-163 所示。单击【大工具集】工具栏中的【移动】按钮，移动复制图形，如图 7-164 所示。

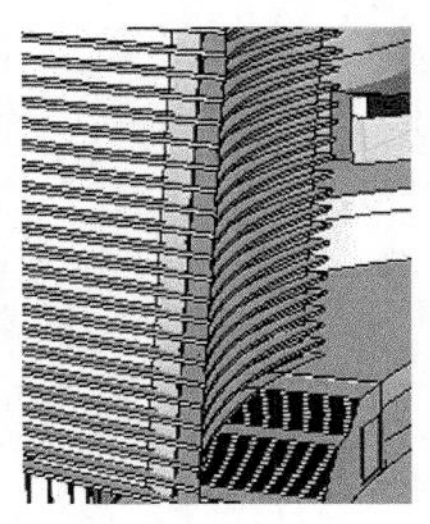

图 7-163　继续绘制建筑外观骨架部分

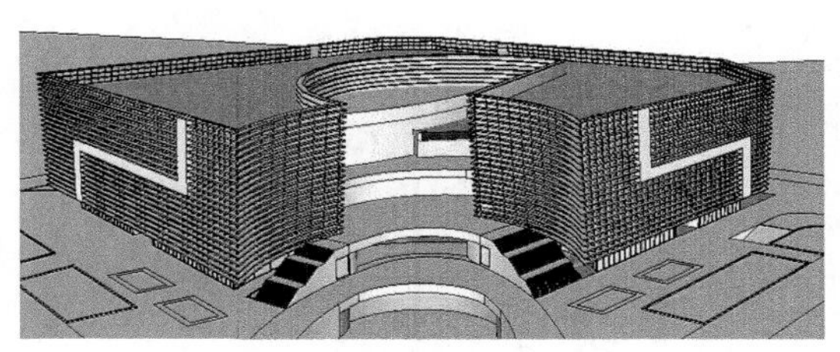

图 7-164　移动复制图形

step 18 单击【大工具集】工具栏中的【直线】按钮，绘制建筑内部骨架部分，如图 7-165 所示。

step 19 单击【大工具集】工具栏中的【直线】按钮和【推/拉】按钮，绘制楼梯台阶部分，如图 7-166 所示。单击【大工具集】工具栏中的【移动】按钮，移动复制图形，如图 7-167 所示。

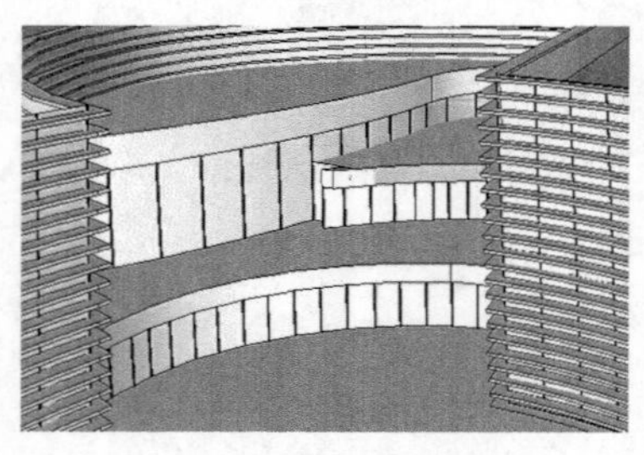
图 7-165　绘制建筑内部骨架部分

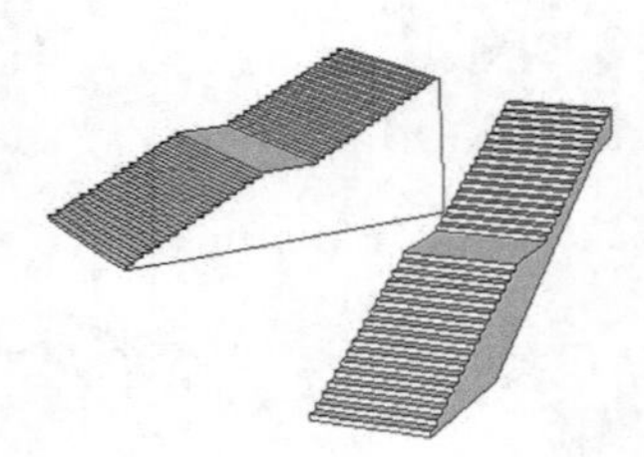
图 7-166　绘制楼梯台阶部分

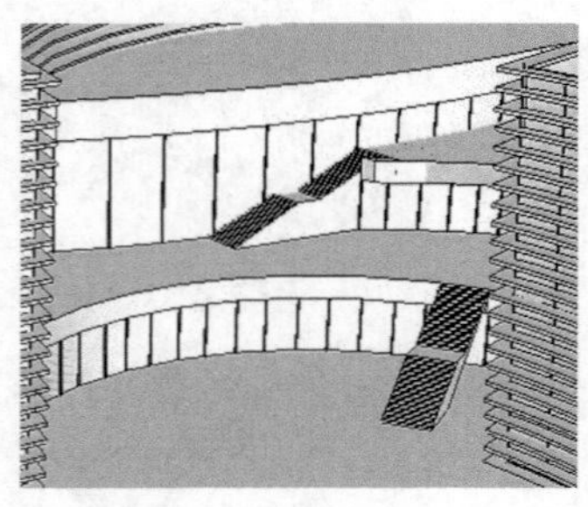
图 7-167　移动复制图形

step 20 单击【大工具集】工具栏中的【直线】按钮和【推/拉】按钮，绘制建筑内部外观的装饰部分，如图 7-168 所示。单击【大工具集】工具栏中的【直线】按钮和【圆弧】按钮，绘制建筑柱子部分，如图 7-169 所示。

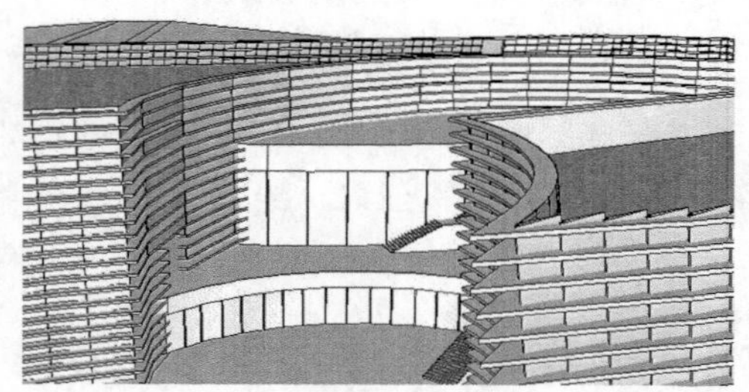
图 7-168　绘制建筑内部外观的装饰部分

图 7-169　绘制建筑柱子部分

step 21 单击【大工具集】工具栏中的【圆】按钮和【推/拉】按钮，绘制柱子部分，如图 7-170 所示。

step 22 单击【大工具集】工具栏中的【圆弧】按钮和【根据等高线创建】按钮，绘制柱子顶部雨挡轮廓，如图 7-171 所示。

图 7-170　绘制柱子部分

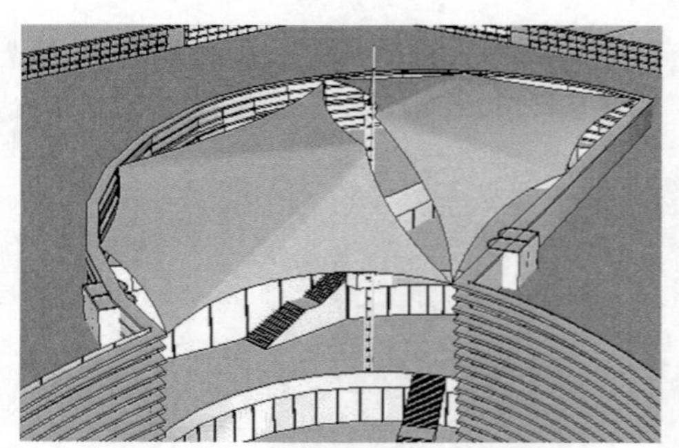
图 7-171　绘制柱子顶部雨挡轮廓

step 23 单击【大工具集】工具栏中的【矩形】按钮和【推/拉】按钮，绘制花坛部分，如图 7-172 所示。再次单击【矩形】按钮和【推/拉】按钮，绘制楼梯花坛部分，如图 7-173 所示。

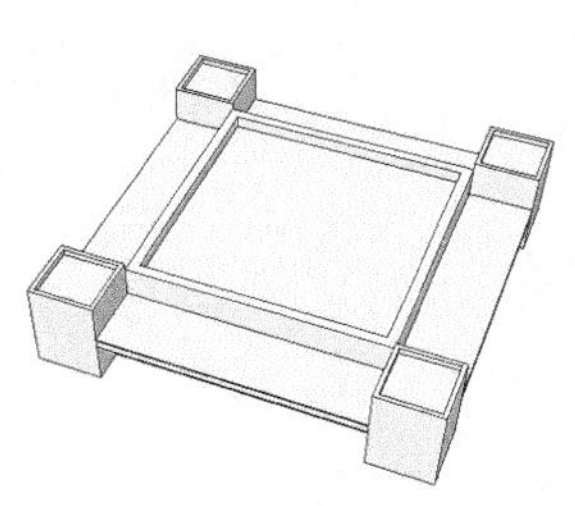

图 7-172　绘制花坛部分

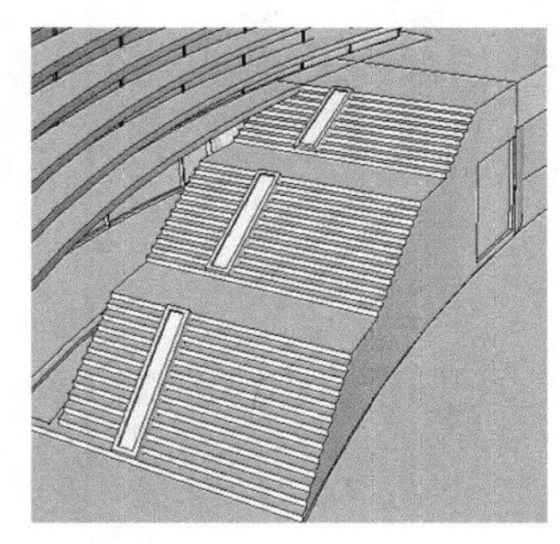

图 7-173　绘制楼梯花坛部分

step 24 单击【大工具集】工具栏中的【圆弧】按钮和【推/拉】按钮，绘制玻璃围栏部分，如图 7-174 所示。

step 25 单击【大工具集】工具栏中的【直线】按钮和【推/拉】按钮，绘制入口门，如图 7-175 所示。单击【大工具集】工具栏中的【三维文字】按钮，绘制三维文字，如图 7-176 所示。

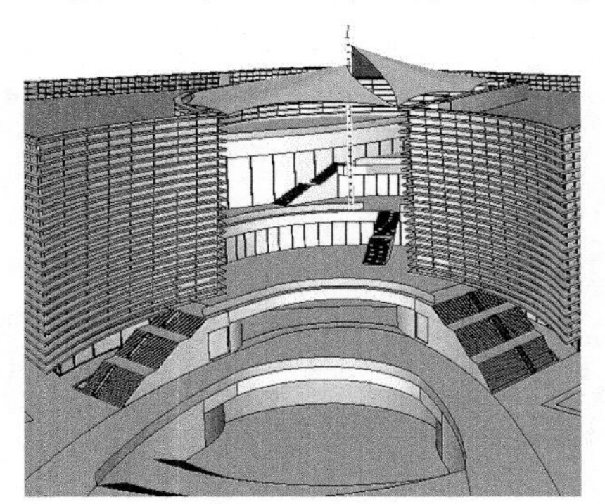

图 7-174　绘制玻璃围栏部分

图 7-175　绘制入口门

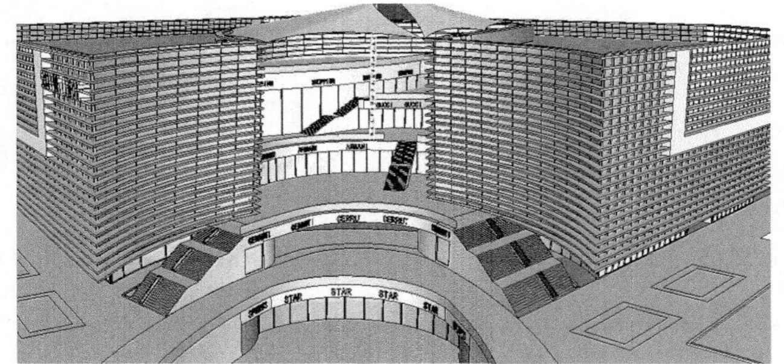

图 7-176　绘制三维文字

step 26 单击【大工具集】工具栏中的【直线】按钮和【推/拉】按钮，绘制建筑外广告箱部分，如图 7-177 所示。

step 27 单击【大工具集】工具栏中的【矩形】按钮，绘制人行横道，如图 7-178 所示。

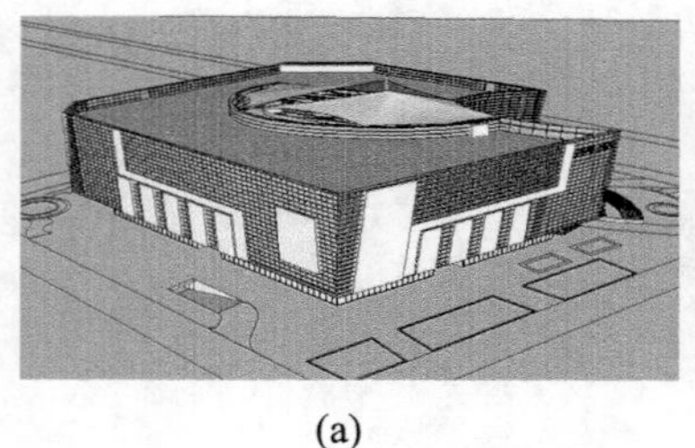

(a)

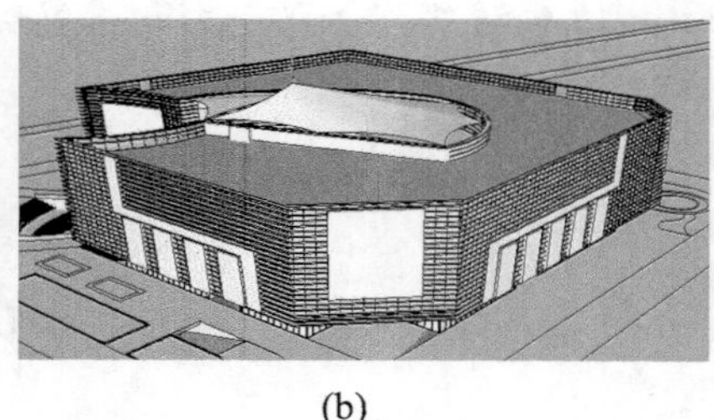

(b)

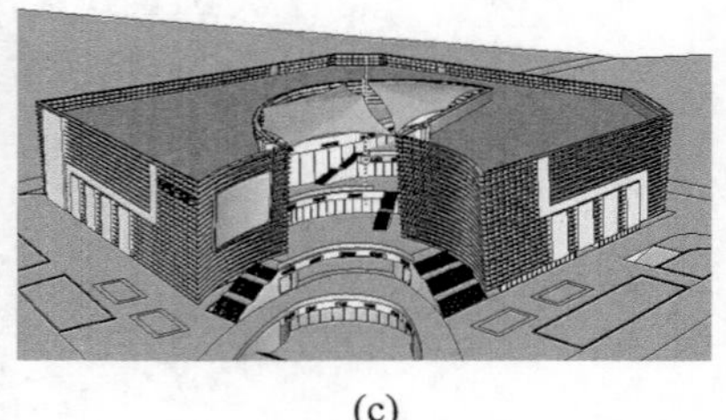

(c)

图 7-177　绘制建筑外广告箱部分

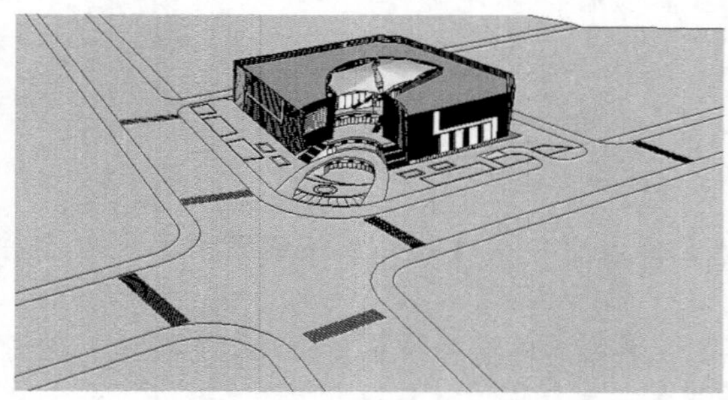

图 7-178　绘制人行横道

step 28 单击【大工具集】工具栏中的【材质】按钮，弹出【材质】对话框，选择【沥青和混凝土】列表框中的【新沥青】材质，如图 7-179 所示，赋予路面材质，如图 7-180 所示。

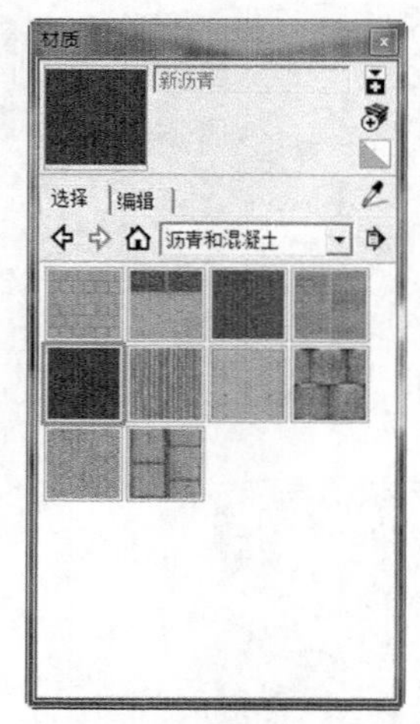

图 7-179　【材质】对话框参数设置

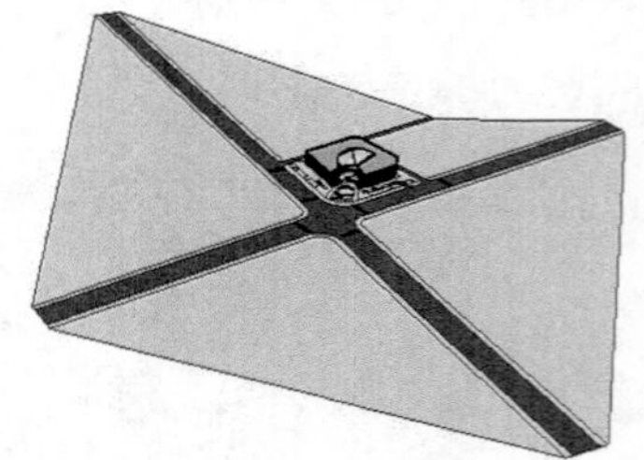

图 7-180　赋予路面材质

step 29 单击【大工具集】工具栏中的【材质】按钮，弹出【材质】对话框，选择【瓦片】列表框中的【白色多边形瓦片】材质，如图 7-181 所示，赋予人行道路面材质，如图 7-182 所示。

step 30 单击【大工具集】工具栏中的【材质】按钮，弹出【材质】对话框，选择外部材质【地砖 024.jpg】，如图 7-183 所示，赋予路面材质，如图 7-184 所示。

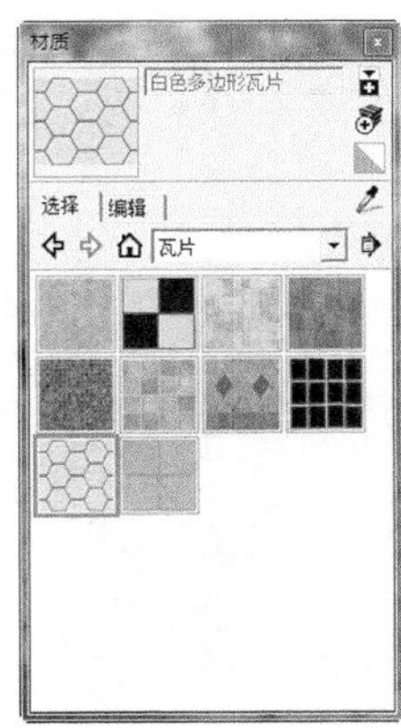

图 7-181 【材质】对话框参数设置

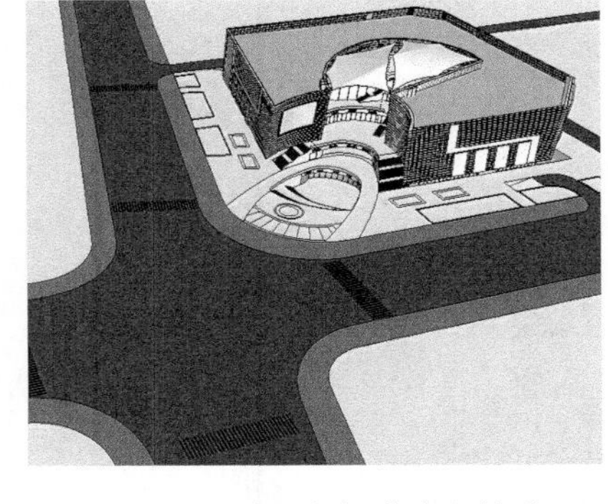

图 7-182 赋予人行道路面材质

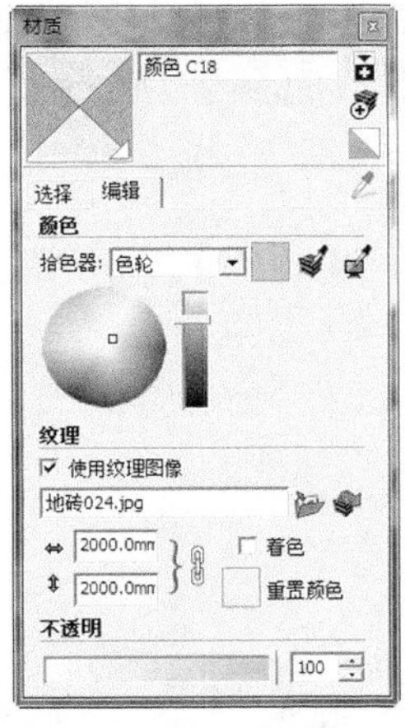

图 7-183 【材质】对话框参数设置

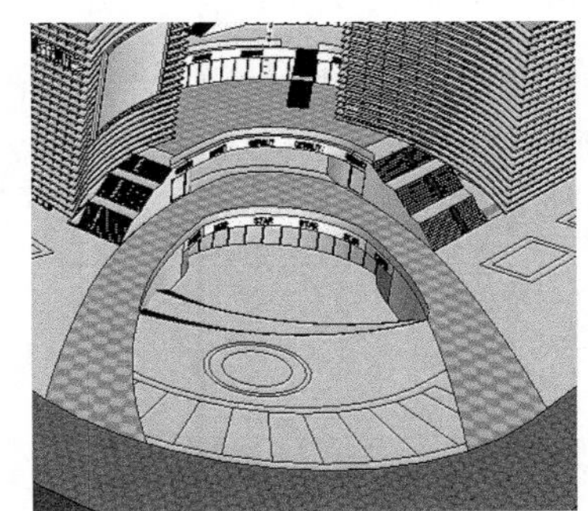

图 7-184 赋予路面材质

step 31 单击【大工具集】工具栏中的【材质】按钮，弹出【材质】对话框，选择【瓦片】列表框中的【带边石灰华瓦片】材质，如图 7-185 所示，赋予路面材质，如图 7-186 所示。

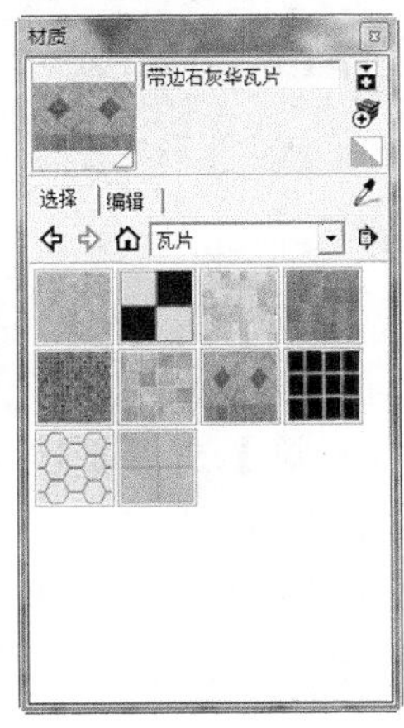

图 7-185 【材质】对话框参数设置

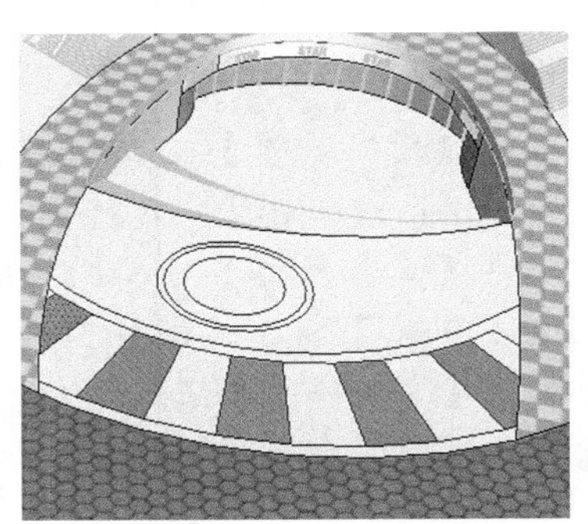

图 7-186 赋予路面材质

step 32 单击【大工具集】工具栏中的【材质】按钮，弹出【材质】对话框，选择【木质纹】列表框中的【深色地板木质纹】材质，如图 7-187 所示，赋予路面材质，如图 7-188 所示。

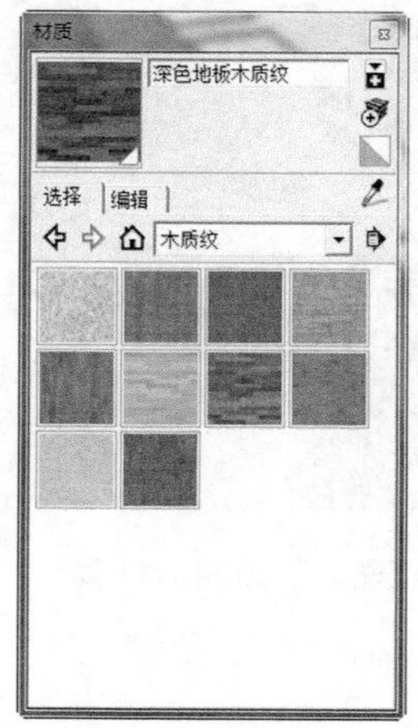

图 7-187 【材质】对话框参数设置

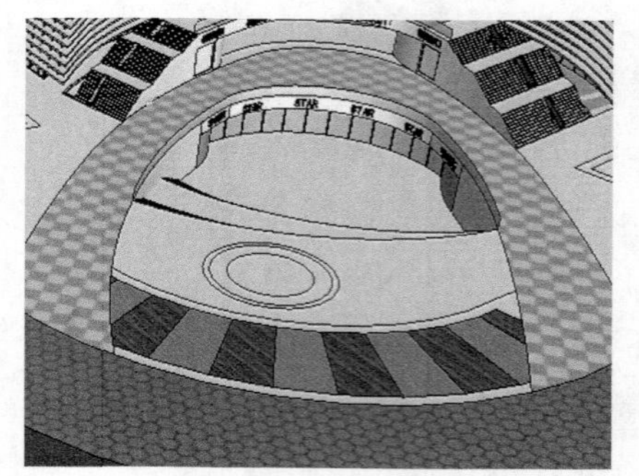

图 7-188 赋予路面材质

step 33 单击【大工具集】工具栏中的【材质】按钮，弹出【材质】对话框，选择外部材质【地砖 023.jpg】，如图 7-189 所示，赋予路面材质，如图 7-190 所示。

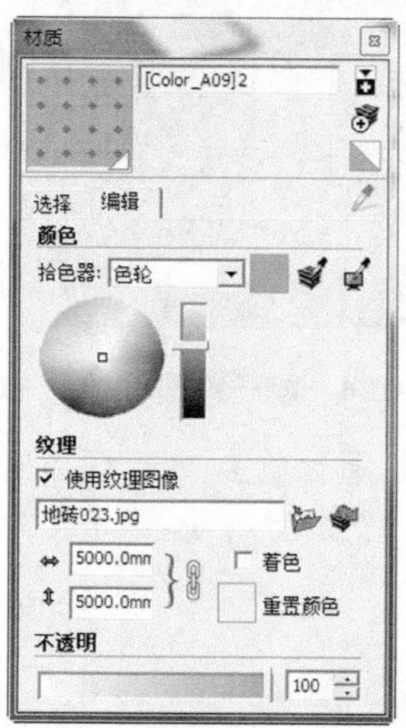

图 7-189 【材质】对话框参数设置

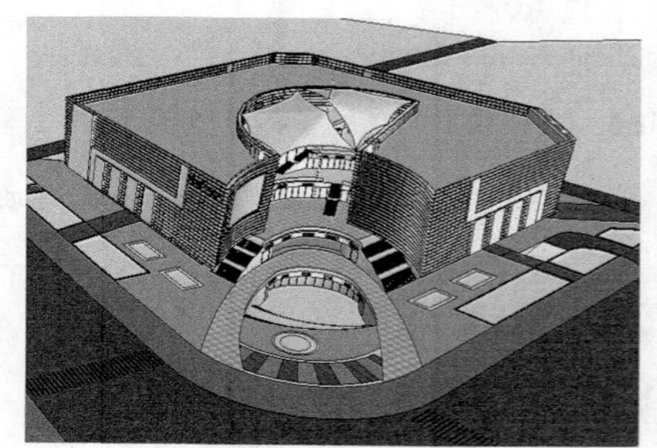

图 7-190 赋予路面材质

step 34 单击【大工具集】工具栏中的【材质】按钮，弹出【材质】对话框，选择外部材质【地砖 138.jpg】，如图 7-191 所示，赋予路面材质，如图 7-192 所示。

step 35 单击【大工具集】工具栏中的【材质】按钮，弹出【材质】对话框，选择外部材质【地砖 140.jpg】材质，如图 7-193 所示，赋予路面材质，如图 7-194 所示。

step 36 单击【大工具集】工具栏中的【材质】按钮，弹出【材质】对话框，选择【瓦片】列表框中的【自然色陶瓷瓦片】材质，如图 7-195 所示，赋予路面材质，如图 7-196 所示。

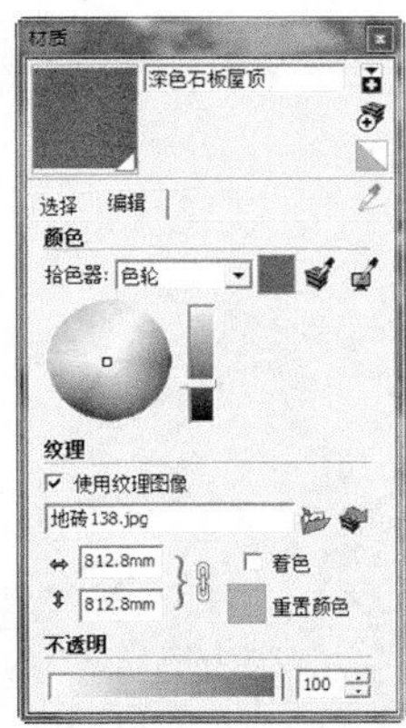

图 7-191 【材质】对话框参数设置

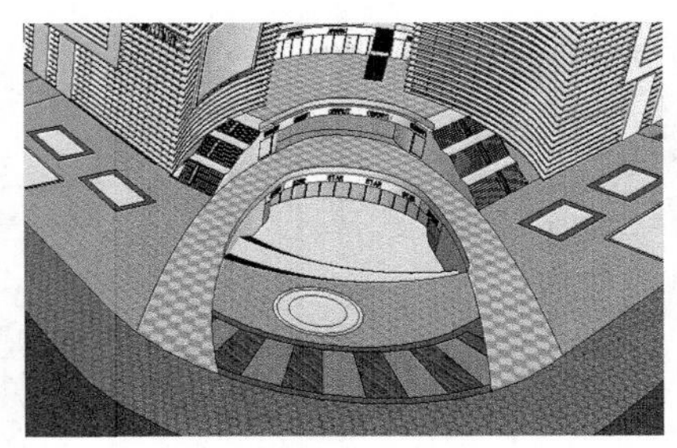

图 7-192 赋予路面材质

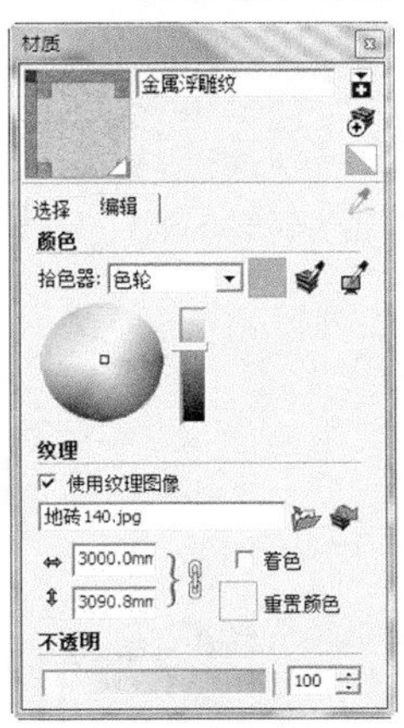

图 7-193 【材质】对话框参数设置

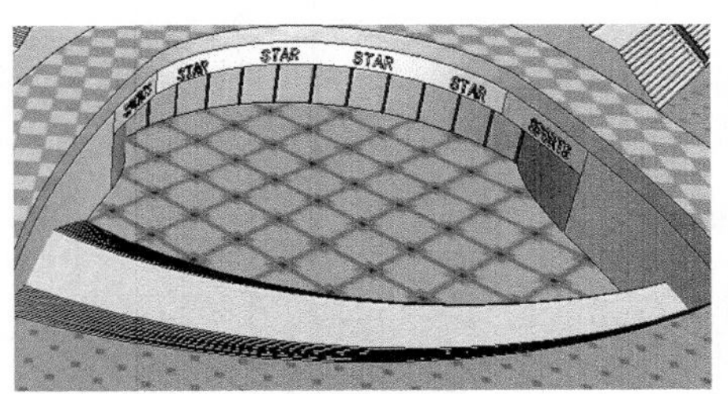

图 7-194 赋予路面材质

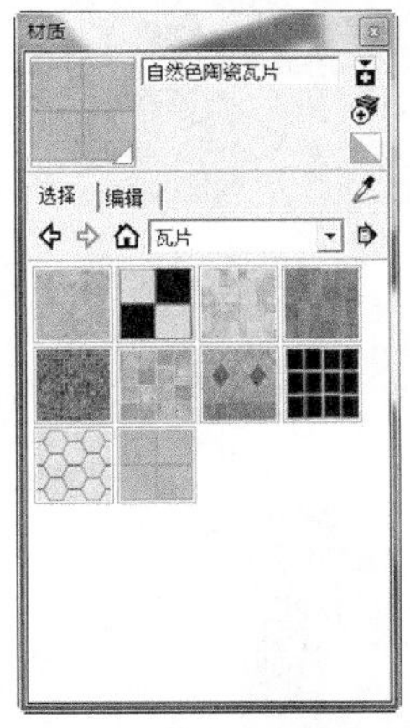

图 7-195 【材质】对话框参数设置

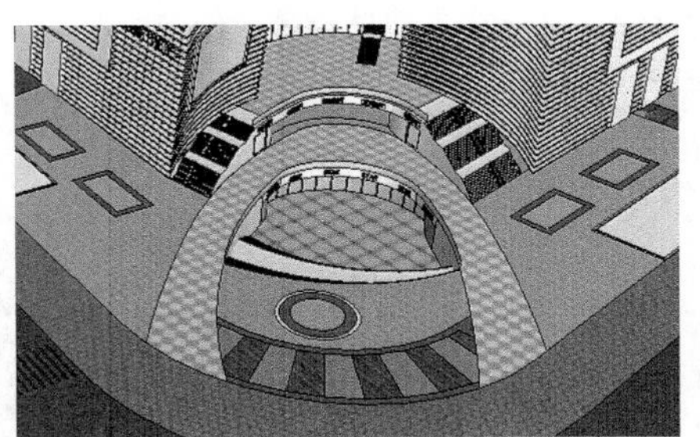

图 7-196 赋予路面材质

step 37 单击【大工具集】工具栏中的【材质】按钮，弹出【材质】对话框，选择【植被】列表框中的【草皮植被 1】材质，如图 7-197 所示，赋予草地材质，如图 7-198 所示。

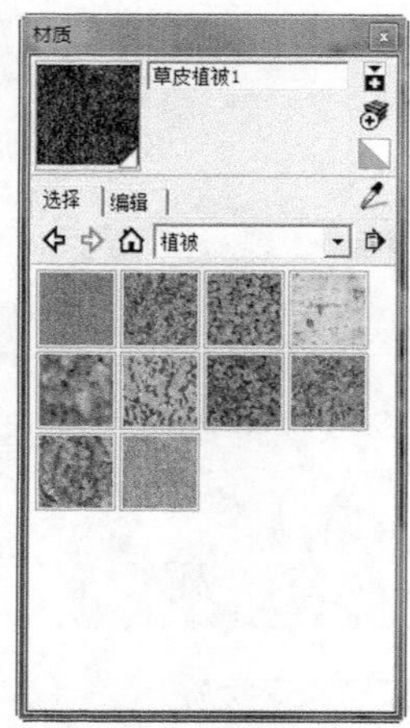

图 7-197 【材质】对话框参数设置

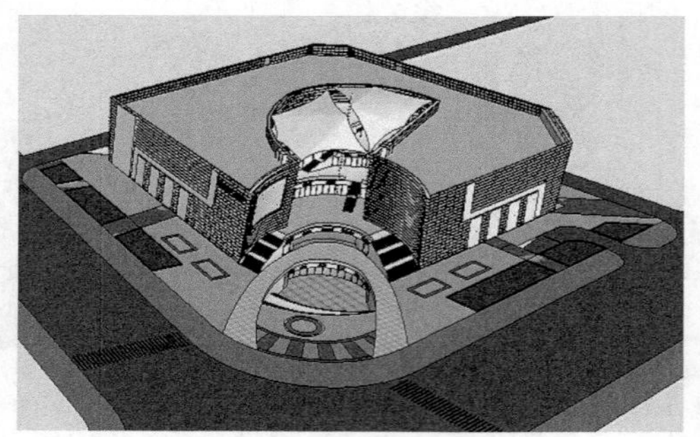

图 7-198 赋予草地材质

step 38 单击【大工具集】工具栏中的【材质】按钮，弹出【材质】对话框，选择【半透明材质】列表框中的【蓝色半透明玻璃】材质，如图 7-199 所示，赋予玻璃材质，如图 7-200 所示。

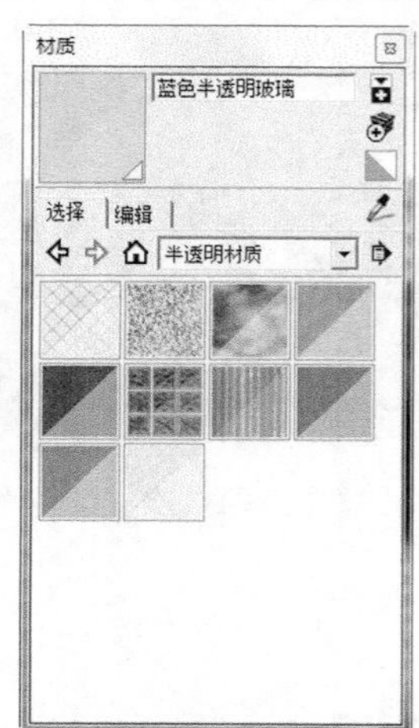

图 7-199 【材质】对话框参数设置

图 7-200 赋予玻璃材质

step 39 添加组件完成模型的创建，如图 7-201 所示。

图 7-201 完成模型的创建

step 40 用【材质】对话框的【提取材质】工具，提取材质，V-Ray 材质面板会自动跳到该材质的属性上，选择该材质后右击，在弹出的快捷菜单中选择 Create Layer(创建图层)|Ref lection(反射)命令，如图 7-202 所示，并将反射值调整为 1.0，接着单击反射层后面的 M 符号，并在弹出的对话框中选择 TexFresnel(菲涅尔)的模式，如图 7-203 所示，最后单击 OK 按钮。

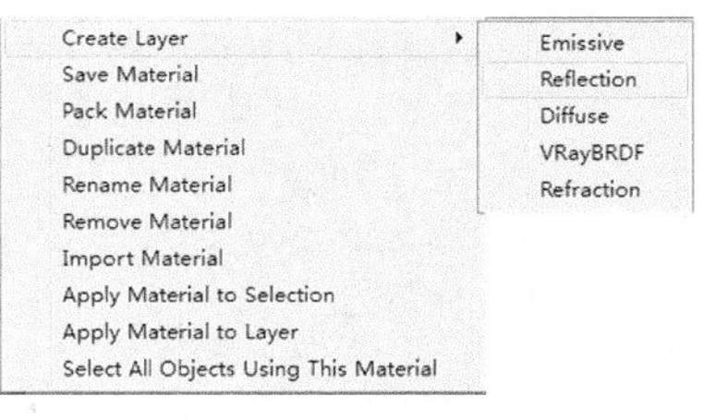

图 7-202　选择反射命令

图 7-203　选择菲涅尔选项

step 41 同理调整水纹材质，反射调整为 16，如图 7-204 所示，单击 M 符号，接着在弹出的对话框中选择 TexNoise 噪波模式，如图 7-205 所示。

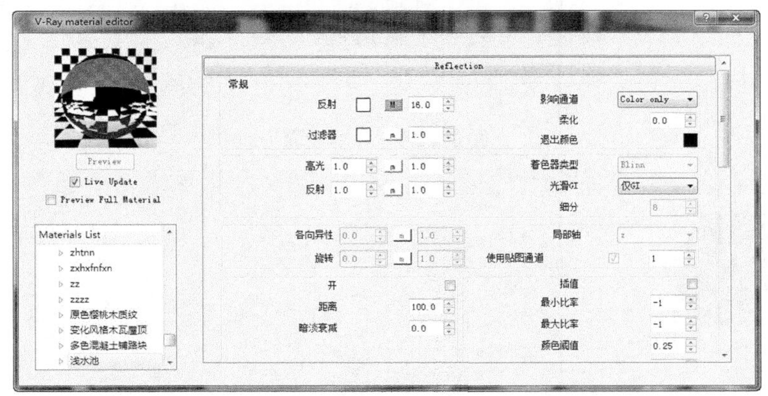

图 7-204　调整反射值

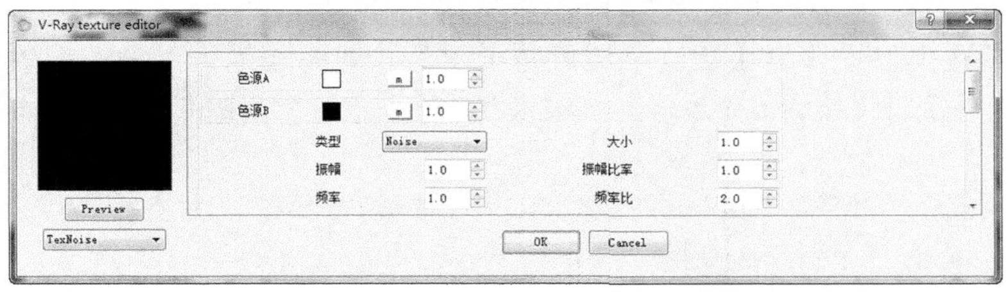

图 7-205　选择噪波模式

step 42 下面进行金属材质的设置。单击【材质】对话框的【提取材质】工具，提取材质，V-Ray 材质面板会自动跳到该材质的属性上，选择该材质后右击，在弹出的快捷菜单中选择【创建材质层】|【反射】命令，金属材质有一定的模糊反射效果，所以要把【高光】的光泽度调整为 0.8，【反射】的光泽度调整为 0.85。接着单击反射层后面的 m 号，并在弹出的对话框中选择菲尼尔模式，将【折射 IOR】调整为 6.0，如图 7-206 所示，最后单击 OK 按钮。

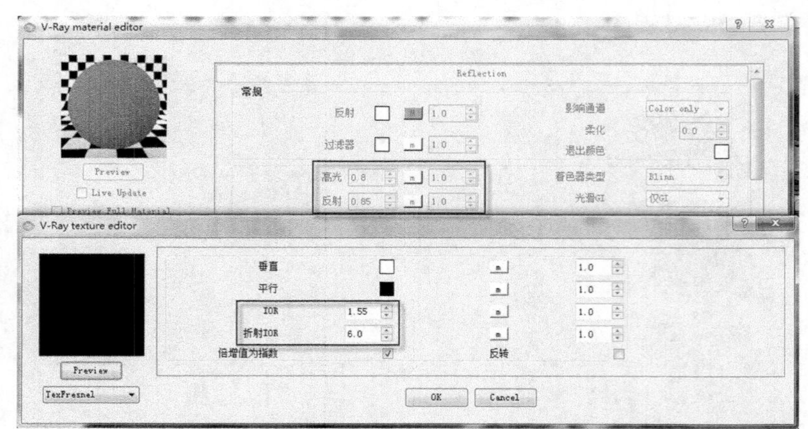

图 7-206 设置金属材质参数

step 43 打开 V-Ray 渲染设置面板，进行 Environment(环境)设置，如图 7-207 所示。全局光颜色与背景颜色的设置相同，如图 7-208 所示。

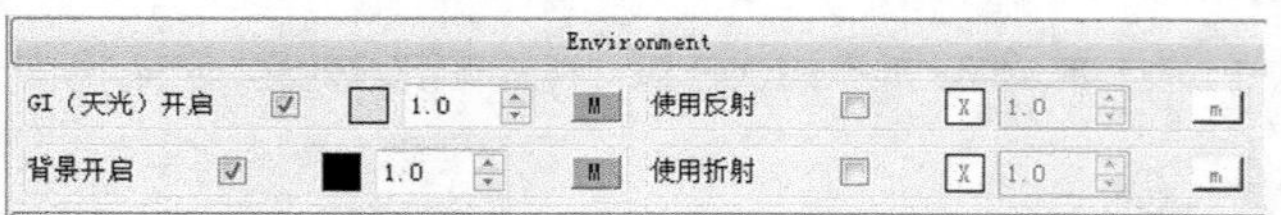

图 7-207 环境设置

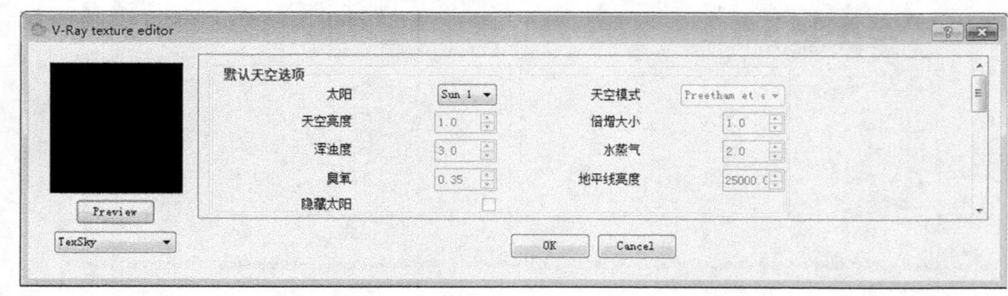

图 7-208 全局光颜色与背景颜色设置

step 44 将采样器类型更改为【自适应纯蒙特卡罗】，并将【最大细分】设置为 16，提高细节区域的采样，然后将【抗锯齿过滤器】选项组激活，并选择常用的 Catmull Rom 过滤器，如图 7-209 所示。

step 45 进一步提高 DMC sampler(纯蒙特卡罗采样器)的参数，主要提高【噪波阈值】，使图面噪波进一步减小，如图 7-210 所示。

Image Sampler
类型
自适应DMC
最小细分
1
最大细分
16
显示采样
颜色阈值
0.01
使用DMC采样阈值
抗锯齿过滤器
Catmull Rom
大小
1.0

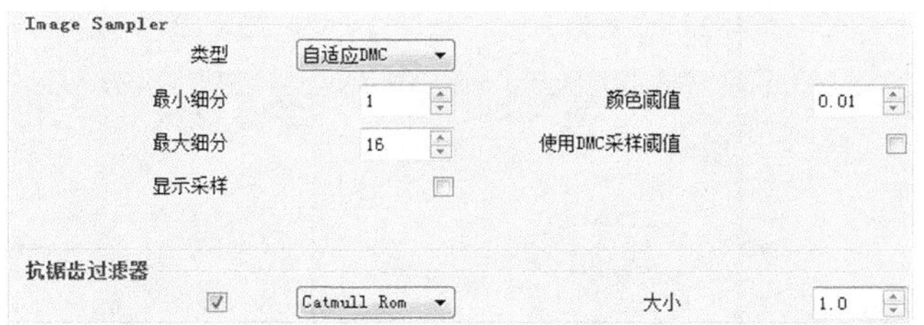

图 7-209　采样器参数设置

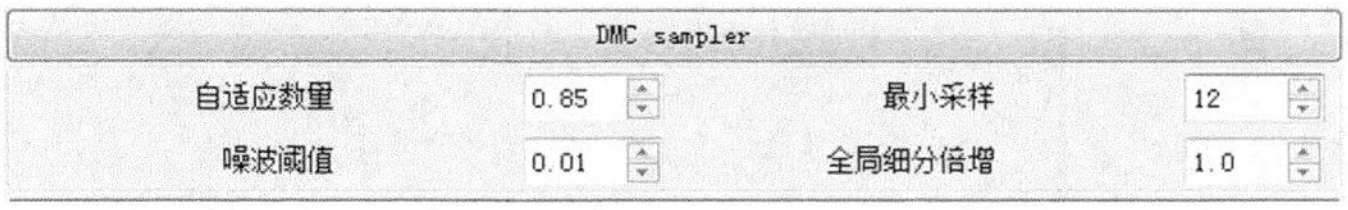

DMC sampler
自适应数量
0.85
噪波阈值
0.01
最小采样
12
全局细分倍增
1.0

图 7-210　纯蒙特卡罗采样器参数设置

step 46 修改 Irradiance map(发光贴图)中的数值，将其【最小比率】改为-3，【最大比率】改为0，如图 7-211 所示。

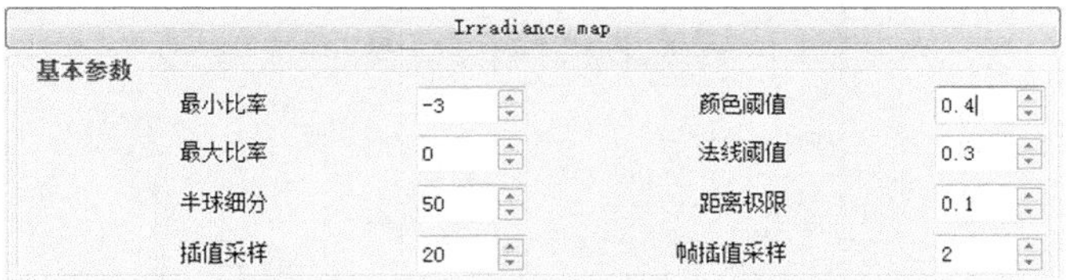

Irradiance map
基本参数
最小比率
-3
最大比率
0
半球细分
50
插值采样
20
颜色阈值
0.4
法线阈值
0.3
距离极限
0.1
帧插值采样
2

图 7-211　发光贴图参数设置

step 47 在 Light cache(灯光缓存)中将【细分】修改为 1200，如图 7-212 所示。

Light cache
计算参数
细分
1200
采样大小
0.02
单位
场景
进程数
0
深度
100
使用相机路径
储存直接光照
显示计算过程
自适应追踪
只对直接光照使用
每个采样的最小路径
16

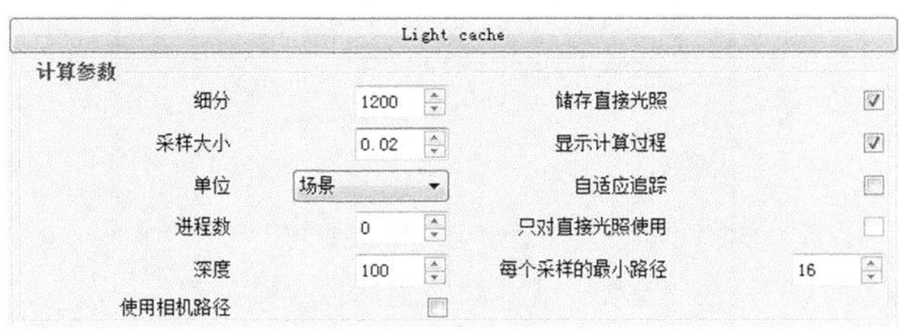

图 7-212　灯光缓存参数设置

step 48 设置完成后就可以渲染了，渲染效果如图 7-213 所示。

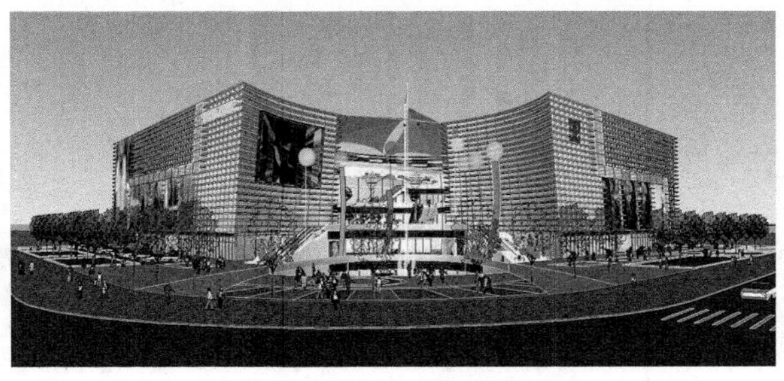

图 7-213　渲染效果

step 49 在 Photoshop 中打开前面渲染好的效果文件，如图 7-214 所示。

图 7-214　打开图片

step 50 选择【图像】|【调整】|【曲线】命令，打开【曲线】对话框，如图 7-215 所示，在其中设置曲线参数，调整曲线后的效果如图 7-216 所示。

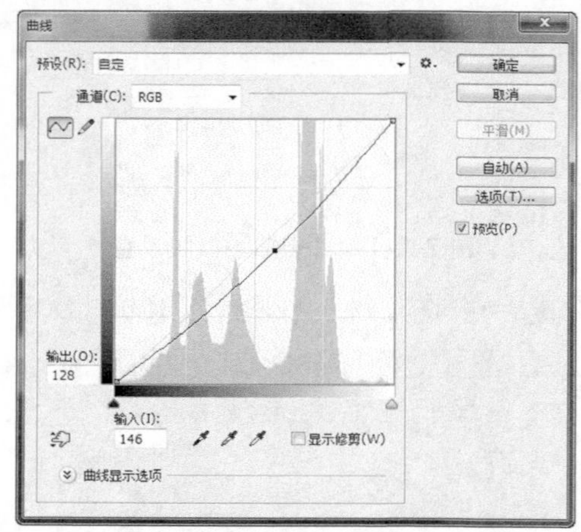

图 7-215　【曲线】对话框参数设置

图 7-216　调整曲线后的效果

step 51 选择【图像】|【调整】|【色相/饱和度】命令，打开【色相/饱和度】对话框，如图 7-217 所示，在其中设置参数，色相/饱和度调整效果如图 7-218 所示。

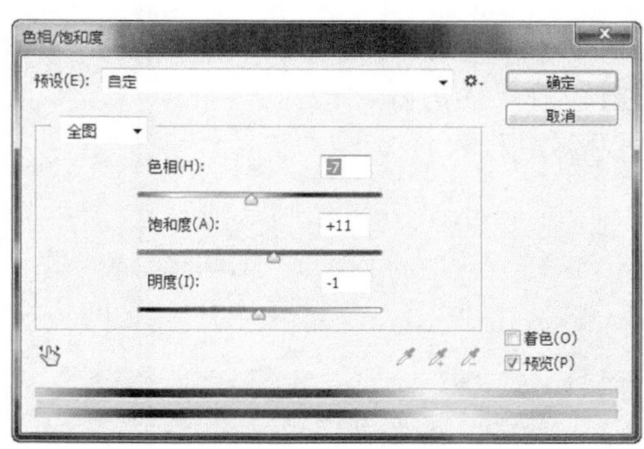

图 7-217 【色相/饱和度】对话框参数设置

图 7-218 色相/饱和度调整效果

step 52 选择【图像】|【调整】|【自然饱和度】命令，打开【自然饱和度】对话框，如图 7-219 所示，在其中设置参数，自然饱和度调整效果如图 7-220 所示，这样就完成了案例的最终制作。

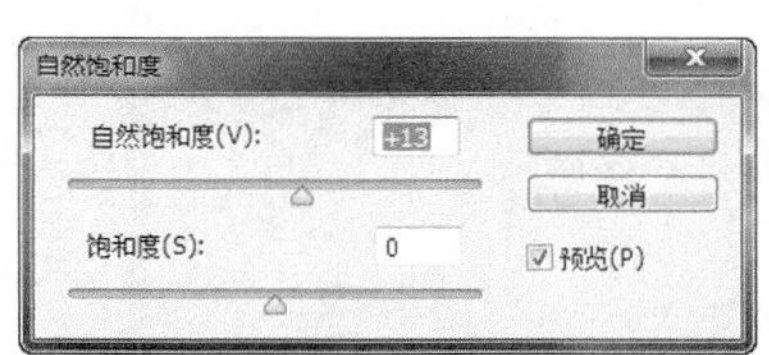

图 7-219 【自然饱和度】对话框参数设置

图 7-220 调整自然饱和度效果

建筑设计实践：民用建筑是供人们生活、居住、从事各种文化福利活动的房屋。按其用途不同，主要有两类，一类是居住建筑，供人们生活起居用的建筑物，如住宅、宿舍、宾馆、招待所；另一类是公共建筑，供人们从事社会性公共活动的建筑和各种福利设施的建筑物，如各类学校、图书馆、影剧院等。如图 7-221 所示为某公共建筑的效果图。

图 7-221 公共建筑效果图

阶段进阶练习

本教学日主要介绍了建筑草图效果的制作方法，并对模型绘制和编辑技巧进行了详细的讲解。通过本教学日的学习，读者可以进一步掌握绘制多种建筑草图模型和效果的方法。

使用本教学日学过的方法创建如图 7-222 所示的别墅建筑模型效果。

一般创建步骤和方法如下。

(1) 绘制墙体框架。

(2) 绘制窗户和门。

(3) 绘制屋顶和附件。

(4) 添加材质。

(5) 渲染并进行后期处理。

图 7-222　别墅建筑模型效果